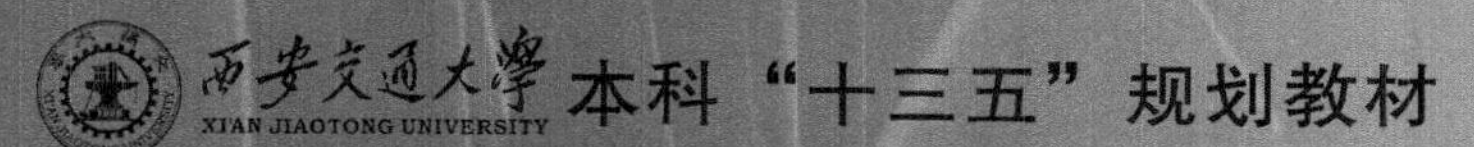

# 数学物理方程（第2版）

申建中 刘峰 编著

## 内容简介

本书是在2010年出版的《数学物理方程》基础上，根据高等学校非数学类理工科专业“数学物理方程”课程的教学要求修订再版的。本次修订保持了第1版教材的结构框架，较系统地介绍了偏微分方程定解问题的建立、分离变量法、积分变换法、格林函数法、特征线法和勒让德多项式等内容。除了在原有内容上做了较大的修改和完善外，根据教学的发展变化，增加了基于MATLAB的定解问题数值求解内容，以便加强读者对定解问题及其解的性质的直观理解。

本书以解的结构为主线，比较系统地介绍了求解偏微分方程定解问题的基本思想和主要方法。本书既可作为高等学校相关专业本科生和研究生的教材或参考书，也可供教师和科学技术工作者阅读参考。

**图书在版编目(CIP)数据**

数学物理方程/申建中，刘峰编著. —2版. —西安：西安交通大学出版社，2018.2(2021.8重印)
西安交通大学“十三五”规划教材
ISBN 978-7-5693-0416-9

Ⅰ. ①数… Ⅱ. ①申… ②刘… Ⅲ. ①数学物理方程-高等学校-教材
Ⅳ. ①O411.1

中国版本图书馆CIP数据核字(2018)第024411号

书　　名　数学物理方程(第2版)
编　　著　申建中　刘　峰
责任编辑　李慧娜

出版发行　西安交通大学出版社
(西安市兴庆南路1号　邮政编码710048)
网　　址　http://www.xjtupress.com
电　　话　(029)82668357　82667874(发行中心)
(029)82668315(总编办)
传　　真　(029)82668280
印　　刷　西安日报社印务中心

开　　本　787mm×1092mm　1/16　**印张** 12.75　**字数** 306千字
版次印次　2018年3月第2版　2021年8月第6次印刷
书　　号　ISBN 978-7-5693-0416-9
定　　价　30.00元

读者购书、书店添货如发现印装质量问题，请与本社发行中心联系、调换。
订购热线：(029)82665248　(029)82665249
投稿热线：(029)82668315
读者信箱：64424057@qq.com

# 序　言

数学物理方程作为一门大学基础课，对于非数学理工科专业无疑是十分重要的。它通过对一些具有典型意义的实际模型的深入剖析，阐明和讲述偏微分方程的基本理论、处理问题的典型技巧以及应用的物理背景。它既是数学联系其他自然科学和技术领域最重要的桥梁之一，同时也为非数学类理工科专业的后继课程提供必要的数学工具，更重要的是对培养学生应用数学理论和方法解决实际问题的能力大有裨益。把数学理论、解题方法和物理实际这三者有机地结合是本课程有别于其他课程的一个鲜明特点。因此，学习该门课程对于提高理工科大学生的综合素质有着极其重要的作用。

本课程内容广泛，综合性强，应用面广。它以描述自然现象的微分方程、微积分方程为研究对象，涉及到高等数学、线性代数、大学物理等方面的基础知识。它建立的理论和方法也能广泛地应用于自然科学与工程领域，已成为了解自然现象和理解自然规律的有力工具。例如，在电磁学、化学、力学、核能、生物学和信息科学等领域，一些重要的问题是由偏微分方程所支配的定解问题来刻画的，也正是由于这些偏微分方程的引入和研究，促进了相关学科的发展。

本课程围绕偏微分方程定解问题的求解这一中心问题，比较系统地介绍与之相关的数学理论与方法。主要包括数学模型建立、分离变量法、积分变换法、格林函数法和特征线法等内容。面对如此丰富的内容，本书力图做到叙述简明、条理清晰，既关注各部分内容之间的相互联系，又注意使各部分内容具有相互独立的单元式结构。对于一些重要结果，本书采用叙而不证的方式，重在介绍分析问题和解决问题的基本思想和方法，以使读者对所学数学理论的实际背景和本质有比较深入的理解。编者认为：只讲方法不讲原理的教学态度是不可取的。在某种意义上，数学学习就是通过方法学习，而达到明白道理的目的。只有这样，才能使读者得到思想上的升华，对所学知识能够举一反三，运用自如。为达到此目的，本教材每章都配备了比较多的练习题，其中既有不少的基本练习题，也有一些富有启发性的题目，读者可根据自己的实际情况灵活选择。另外，对于一些必要的证明，本书也不追求完备，以避免使用过多的数学知识和一些特殊的计算技巧。这样的处理使得本教材篇幅适中，内容充实，且便于掌握和应用。对于编者认为重要的内容，例如变分法和偏微分方程数值方法等，由于学时所限，本书未曾涉及。但考虑到目前教学对学生动手能力的重视，本书简明扼要地介绍了基于 MATLAB 的偏微分方程定解问题求解方法，并给出了部分例题解的图形，以增加读者对解的直观理解。如读者需进一步学习变分法和偏微分方程数值方法，可在参考文献中找到所需要的参考书目。

由于求解偏微分方程本质上是利用微分运算的逆运算——积分法，故定解问题解的表达式将不可避免地以无穷级数或含参变量积分形式给出。这样就使解的表达式显得冗长，有些公式看起来还很繁杂。编者建议：读者在学习中把主要精力放在对基本理论和方法的理解、应用以及对一些公式的推导思路上。通过认真听课、看书和做适量的习题，做到能比较熟练地应用基本理论和方法，或通过查阅各种公式，独立地解决某些具体问题就可以了。要从繁杂的公式和过量的重复性练习题中解放出来，透过现象抓本质，真正掌握和学到那些最基本的知识和方法，并深切领会数学在解决实际问题时所发挥的巨大作用，提高对数学课程学习的积极性，及分析和解决实际问题的能力。

本书分为七章，主要介绍来自物理学中三类典型方程支配的定解问题的求解思想和方法。第 1 章包括数学模型的建立、叠加原理、齐次化原理和方程的化简等。其中方程和边界条件的导出既是重点也是难点，而叠加原理的应用则贯穿整个教材，是求解偏微分方程的理论基础。建议读者认真学习这些内容，为后面章节的学习打下坚实的基础。第 2 章介绍分离变量法，首先通过弦振动问题介绍分离变量法的主要思想和求解步骤，然后给出大量例子讲解分离变量法的各种应用。第 3 章、第 7 章与第 2 章的内容相似，也是介绍分离变量法，区别仅在于特征值问题的求解要用到两类特殊函数。这两章的学习重点是两类特殊函数的定义和基本性质。这两类函数均是以无穷级数的形式给出的，其表示式稍显复杂一些，希望读者耐心地学习这些内容，并有意识地培养自己的数学运算能力和韧性。第 4 章介绍求解偏微分方程的积分变换法，它是分离变量法的推广，除可用于求解偏微分方程的一些定解问题外，目前在自然科学的其他领域也有广泛的应用。第 5 章简单介绍格林函数法，它在电磁学理论和应用研究中被广泛使用，特别是在偏微分方程理论研究中起着重要的作用。第 6 章介绍特征线法，它是求解一阶偏微分方程的基本方法，以往的大多数数学物理方程教材主要介绍三类典型的二阶方程求解，对一阶方程几乎没有涉及，内容显得有些欠缺。更重要的是三类二阶方程，求解本质上都是随着对拉普拉斯算子的不断研究而展开的，而许多一阶方程都与另一类一阶微分算子有关，这类一阶算子是伴随着偏微分方程的产生而出现的，而且在偏微分方程理论和应用研究中发挥着越来越大的作用。现今的一些学者甚至认为，这类一阶微分算子是仅次于拉普拉斯算子的一类具有广泛应用的算子。基于以上的考虑，本教材增加了特征线法这一部分内容，作为内容和方法上的互补。

本书可作为非数学类理工科学生作为教材使用，同时也希望本教材能够帮助教师灵活地组织自己的课堂教学内容。根据编者多年的教学经历，除去打 * 号的选学内容外，各章的授课学时可分别安排为：第 1 至第 3 章均为 8 学时，其余各章均为 4 学时。

本教材根据编者多年的教学经验，以及从事数学理论与应用研究的体会编著而成，并在编写时参阅了众多参考文献，列于文后参考文献中，在此谨向这些文献的作者表示诚挚的谢意。本书的出版得到了西安交通大学教务处和西安交通大学数学与统计学院的资助。

西安交通大学数学与统计学院王绵森教授审阅了本书初稿并提出了许多宝贵意见。西安交通大学数学与统计学院李惜雯教授在本书作为讲义的试用期间，对本书做了认真的审阅并提出了许多宝贵意见，在此编者对两位老师表示衷心感谢。同时，非常感谢李田副教授为本书提供了部分习题解答。西安交通大学出版社编辑李慧娜老师对本书的出版甚为关注，并提出了具体的指导和建议。对此，编者深表感谢。

限于作者的学识与水平，书中错误和不妥之处在所难免，诚请读者批评指正。

西安交通大学数学与统计学院
申建中　刘峰
2017.7.20

# 目　录

# 第1章　数学建模和基本原理介绍

用数学理论和方法研究实际问题时，首先需要建立合理的数学模型。在很多情况下，所建立的模型为偏微分方程的某种定解问题。例如，弦振动问题（即波动问题）、导热体中的温度分布及静电场中的电位分布都可用偏微分方程描述。描述这三类问题的方程分别称为弦振动方程、热传导方程和位势方程，它们的性质和求解算法构成了数学物理方程的主要研究对象。本章将首先建立这三类典型问题的方程和定解条件，并结合这些模型，介绍一些主要数学概念及研究模型的基本思想。而模型的具体求解算法将留在第2章及以后的各章中。

## §1.1　数学模型的建立

偏微分方程是包含未知函数及其偏导数的等式，本质上反映了函数的某种局部平衡关系。与我们熟悉的代数方程建立相类似，建立偏微分方程的过程主要有三步：先设所求解的未知量（一般可表示为两个或两个以上自变量的函数），然后找出所研究问题满足的等量关系式，最后利用一些基本的关系式将等量关系式两边用已知量和未知量表示即可。建立方程和定解条件的基本思想是高等数学中的“微元法”思想，而等量关系则需用到一些基本的物理知识。

### 1.1.1　弦振动方程和定解条件

**物理模型**

一根绷紧的长为 $l$ 的均匀柔软细弦，让它离开平衡位置在垂直于弦线平衡位置的外力作用下作微小横振动，求弦线上任一点在任一时刻的位移。

所谓“横振动”，是指弦的运动发生在同一平面内，且弦线上各点位移方向与弦线平衡位置相垂直。而“柔软”指弦不抗弯曲。弦在横振动时，其上各点受到张力作用，若弦线满足“柔软”的假设，那么弦线形变时的张力只抗伸长，而不抗弯曲，即反抗弯曲所产生的力矩忽略不计。

除了给弦施加的外强迫力外，弦振动时还可能受到来自于介质的阻力作用，如空气阻力、液体中振动时液体的阻力等。在考虑细弦的微小横振动时，这些阻力可认为是垂直于弦线平衡位置的，因此在下述建立方程时将阻力和外强迫力统一归结为外力，而且假设外力垂直于弦平衡位置。

**方程导出**

首先建立坐标系。以弦线所处的平衡位置为 $x$ 轴（水平方向），垂直于弦线平衡位置且通过弦线左端点的直线为 $u$ 轴建立坐标系，如图1.1所示。在该坐标系下，弦线上点 $x$ 在任意时刻 $t$，离开平衡位置的位移为 $u(x,t)$。

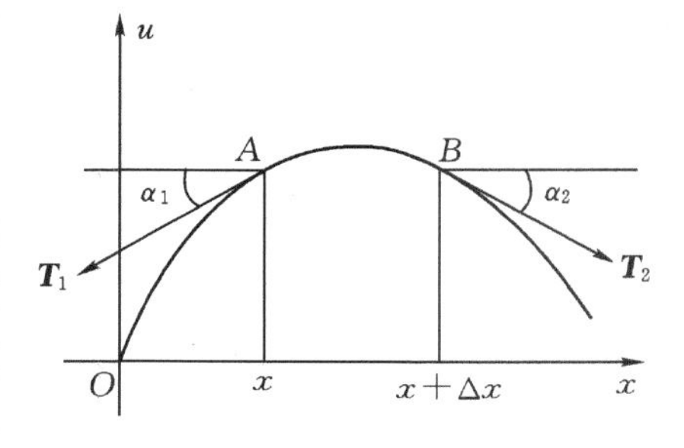

图1.1　弦作微小横振动时的受力分析

为了确定任意点（对应 $x$）的运动规律，我们考虑小区间$[x,x+\Delta x]$对应的小段弦线$\widehat{AB}$的运动情况,这里假设$\widehat{AB}$不包括弦的两个端点(端点运动情况在边界条件中讨论)。将$\widehat{AB}$视为质点,那么其运动服从牛顿第二定律。以下先分析小段弦线$\widehat{AB}$的受力情况。

假设作用在弦线上且垂直于平衡位置的外力的力密度为$f_0(x,t)$(kg/m),弦段$\widehat{AB}$在运动时两端受到的张力(即其余部分弦线对小段弦线$\widehat{AB}$的作用力)为$\boldsymbol{T}_1(x,t)$,$\boldsymbol{T}_2(x+\Delta x,t)$。

由于弦是柔软的,因而弦线$\widehat{AB}$所受张力与弦线相切,且指向小弦段的外部。假设$\boldsymbol{T}_1$和$\boldsymbol{T}_2$与水平方向的夹角分别为$\alpha_1$和$\alpha_2$,则在图1.1所示的情况下,$\boldsymbol{T}_1$和$\boldsymbol{T}_2$在$u$轴方向的投影(即$u$轴方向的分力)分别为

$$F_1=\boldsymbol{T}_1\cdot\boldsymbol{i}_u=|\boldsymbol{T}_1|\cos(\boldsymbol{T}_1,\boldsymbol{i}_u)=|\boldsymbol{T}_1|\cos\left(\frac{\pi}{2}+\alpha_1\right)=-|\boldsymbol{T}_1|\sin\alpha_1 \tag{1.1.1}$$

$$F_2=\boldsymbol{T}_2\cdot\boldsymbol{i}_u=|\boldsymbol{T}_2|\cos(\boldsymbol{T}_2,\boldsymbol{i}_u)=|\boldsymbol{T}_2|\cos\left(\frac{\pi}{2}+\alpha_2\right)=-|\boldsymbol{T}_2|\sin\alpha_2 \tag{1.1.2}$$

其中$\boldsymbol{i}_u$为$u$轴正向的单位向量。注意到在弦线作微小横振动时,$\alpha_1$和$\alpha_2$充分小,因此利用无穷小代换可得

$$\sin\alpha_1\sim\tan\alpha_1=\frac{\partial u(x,t)}{\partial x},\quad \sin\alpha_2\sim\tan\alpha_2=-\frac{\partial u(x+\Delta x,t)}{\partial x}$$

代入(1.1.1)式和(1.1.2)式,得

$$F_1\approx-|\boldsymbol{T}_1|\frac{\partial u(x,t)}{\partial x},\quad F_2\approx|\boldsymbol{T}_2|\frac{\partial u(x+\Delta x,t)}{\partial x}$$

小弦段$\widehat{AB}$受到的外力为

$$F_3=\int_x^{x+\Delta x}f_0(x,t)\mathrm{d}s=\int_x^{x+\Delta x}f_0(x,t)\sqrt{1+\left(\frac{\partial u}{\partial x}\right)^2}\mathrm{d}x \tag{1.1.3}$$

其中$\left|\frac{\partial u}{\partial x}\right|$是一个充分小的量,略去其高阶无穷小后

$$\sqrt{1+\left(\frac{\partial u}{\partial x}\right)^2}=1+\frac{1}{2}\left(\frac{\partial u}{\partial x}\right)^2+o\left(\left(\frac{\partial u}{\partial x}\right)^2\right)\approx 1$$

即$\mathrm{d}s\approx\mathrm{d}x$,代入(1.1.3)式,得

$$F_3\approx\int_x^{x+\Delta x}f_0(x,t)\mathrm{d}x=f_0(x_1,t)\Delta x$$

其中$x_1\in[x,x+\Delta x]$。根据牛顿第二定律,弦段$\widehat{AB}$的垂直运动方程为

$$|\boldsymbol{T}_2|\frac{\partial u(x+\Delta x,t)}{\partial x}-|\boldsymbol{T}_1|\frac{\partial u(x,t)}{\partial x}+f_0(x_1,t)\Delta x=\rho\Delta x\frac{\partial^2 u(x_2,t)}{\partial t^2} \tag{1.1.4}$$

其中$x_2\in[x,x+\Delta x]$。

现在讨论(1.1.4)式的进一步化简。由$\mathrm{d}s\approx\mathrm{d}x$知,在弦振动时可近似认为弦线没有伸长,所以在弦振动时可假设所受的张力大小$|\boldsymbol{T}(x,t)|$不随时间变化(胡克(Hooke)定理),即$|\boldsymbol{T}(x,t)|=|\boldsymbol{T}(x)|$。另一方面,已知弦段$\widehat{AB}$在水平方向没有运动,即水平方向所受合力为零

$$-|\boldsymbol{T}_1|\cos\alpha_1+|\boldsymbol{T}_2|\cos\alpha_2=0$$

而

$$\cos\alpha_1=\frac{1}{\sqrt{1+\tan^2\alpha_1}}=\frac{1}{\sqrt{1+\left(\frac{\partial u}{\partial x}\right)^2}}\approx 1$$

同理 $\cos\alpha_2 \approx 1$，从而 $|\boldsymbol{T}_1| \approx |\boldsymbol{T}_2|$。结合区间 $[x, x+\Delta x]$ 的任意性，我们可将 $|\boldsymbol{T}(x)|$ 近似为常数，即 $|\boldsymbol{T}(x)| = T_0$（常数）。于是(1.1.4)式可表示为

$$T_0 \frac{\partial u(x+\Delta x,t)}{\partial x} - T_0 \frac{\partial u(x,t)}{\partial x} + f_0(x_1,t)\Delta x = \rho\Delta x \frac{\partial^2 u(x_2,t)}{\partial t^2}$$

假设 $u(x,t)$ 具有二阶连续偏导数，对上式左端前两项应用微分中值定理可得

$$T_0 \frac{\partial^2 u(x_3,t)}{\partial x^2}\Delta x + f_0(x_1,t)\Delta x = \rho\Delta x \frac{\partial^2 u(x_2,t)}{\partial t^2}$$

其中 $x_3 \in (x, x+\Delta x)$。上式两边同除以 $\Delta x$，再令 $\Delta x \to 0$，便得到 $u(x,t)$ 所满足的方程

$$\frac{\partial^2 u(x,t)}{\partial t^2} = a^2 \frac{\partial^2 u(x,t)}{\partial x^2} + f(x,t), \quad 0 < x < l, t > 0 \tag{1.1.5}$$

其中 $a^2 = T_0/\rho, f(x,t) = f_0(x,t)/\rho$。

方程(1.1.5)称为一维弦振动方程(vibrating string equation)，这里的“一维”指函数 $u$ 的空间自变量的维数为 1。

为方便起见，在不发生混淆的情况下，今后将用下标表示偏导数，如 $u_x$ 和 $u_{xx}$ 分别表示 $u$ 关于 $x$ 的一阶与二阶偏导数。

弦振动方程(1.1.5)刻画了柔软均匀细弦作微小横振动时所服从的一般规律。对于具体的弦振动情况，弦的振动规律还依赖于初始时刻弦线的状态和弦线两端所受到的外界约束。我们称初始状态为弦振动方程的初始条件(initial value condition)，弦线两端点所受到的约束为边界条件(boundary value condition)。给方程施加上这些条件便构成一个具体弦振动问题的完整描述，或者说建立了一个数学模型。

**初始条件**：初始条件包含初始位移和初始速度，即弦线在时刻 $t=0$ 时各点的位移和速度，其表示形式如下：

$$u(x,0) = \varphi(x), \quad u_t(x,0) = \psi(x), \quad 0 \leqslant x \leqslant l \tag{1.1.6}$$

其中 $\varphi(x)$ 和 $\psi(x)$ 是已知函数。函数 $\varphi(x)$ 确定了初始时刻弦线的形状，而 $\psi(x)$ 则给出了弦上各点的初始速度。

**边界条件**：一般说来有如下三种情况。

(1) 已知端点的位移变化，即

$$u(0,t) = g_1(t), \quad u(l,t) = g_2(t), \quad t \geqslant 0 \tag{1.1.7}$$

其中 $g_1(x)$ 和 $g_2(x)$ 是已知函数。当 $g_1(t) = g_2(t) = 0$ 时，弦线端点没有位移变化，故称弦线具有固定端。

(2) 已知端点在垂直于弦线平衡位置的外力作用下振动，其左右两端所受外力分别为 $\overline{g}_1(t)$ 和 $\overline{g}_2(t)$，这时边界条件可表示为

$$-T_0 u_x(0,t) = \overline{g}_1(t), \quad T_0 u_x(l,t) = \overline{g}_2(t), \quad t \geqslant 0 \tag{1.1.8}$$

或

$$u_x(0,t) = g_1(t), \quad u_x(l,t) = g_2(t), \quad t \geqslant 0 \tag{1.1.9}$$

(1.1.8)式的导出类似于弦振动方程的建立。考虑左端点 $x=0$ 的情况。如图 1.2 所示，弦段 $\overset{\frown}{AB}$ 的运动方程为

$T_0 u_x(\Delta x,t) + \overline{g}_1(t) = \rho\Delta x u_{tt}(x_1,t)$，其中 $x_1 \in [0,\Delta x]$。令 $\Delta x \to 0$，则有

$$-T_0 u_x(0,t) = \overline{g}_1(t)$$

此即(1.1.8)式中第一式。

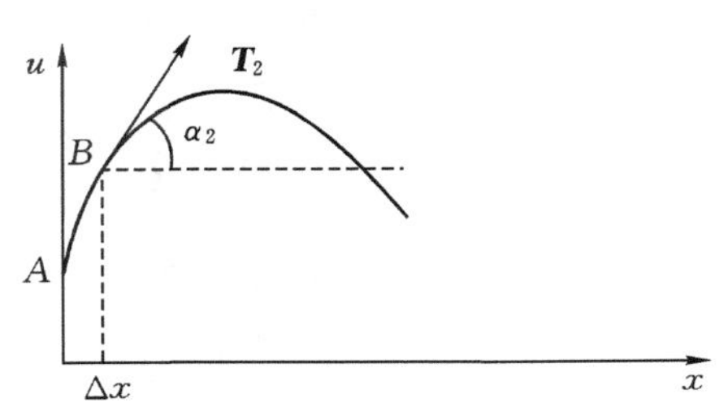

图1.2 弦线左端点受力分析

我们注意到,当小弦线$\widehat{AB}$位于弦的内部时,左端所受张力$\boldsymbol{T}_1$在$u$轴方向分力为$-T_0u_x(x,t)$。因此(1.1.8)式所述的左端点边界条件可解释为:在$x=0$端,已知的外力$\overline{g}_1(t)$起张力$\boldsymbol{T}_1$的作用。同理,在$x=l$端,$\overline{g}_2(t)$起张力$\boldsymbol{T}_2$的作用。由张力$\boldsymbol{T}_2$在$u$轴方向分力为$T_0u_x(x+\Delta x,t)$知,边界条件为$T_0u_x(l,t)=\overline{g}_2(t)$。

当$g_1(t)=g_2(t)=0$时,端点在$u$轴上作不受外力的自由振动,故称弦线具有自由端。物理上可理解为端点被限定在$u$轴的滑槽内作自由运动,而且摩擦力很小,可以忽略不计。

(3) 端点与弹性物体相连接。边界条件可表示为

$$x=0\text{ 端:}\quad u_x(0,t)-\sigma_1u(0,t)=g_1(t),\quad t\geqslant 0 \tag{1.1.10}$$

$$x=l\text{ 端:}\quad u_x(l,t)+\sigma_2u(l,t)=g_2(t),\quad t\geqslant 0 \tag{1.1.11}$$

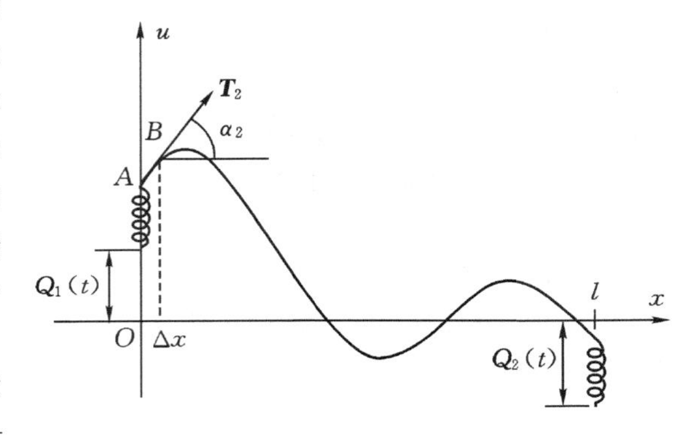

图1.3 端点与弹簧连接情况

我们用弹簧模拟两端连接的弹性物体。如图1.3所示,弦线两端分别连接在弹性系数为$k_1$、$k_2$($k_1>0,k_2>0$)的两个弹簧上,弹簧的长度分别为$l_1$和$l_2$。这两个弹簧的另一端还分别连接在由函数$Q_1(t)$和$Q_2(t)$所表示的位置上,即两个弹簧的下端也可以随时间运动。若$Q_1(t)=a,Q_2(t)=b$,表示两个弹簧的下端固定。

考虑左端点$x=0$的振动情况。在任意时刻$t$,弹簧的实际伸缩量为$u(0,t)-Q_1(t)-l_1$,故由胡克定律可知,左端点所受的弹性恢复力为$-k_1(u(0,t)-Q_1(t)-l_1)$。

与建立弦振动方程的过程完全类似,容易导出区间$[0,\Delta x]$对应的弦线$\widehat{AB}$的运动方程为

$$T_0u_x(\Delta x,t)-k_1(u(0,t)-Q_1(t)-l_1)+f_0(x_1,t)\Delta x=\rho\Delta xu_{tt}(x_2,t)$$

其中$x_1$、$x_2\in[0,\Delta x]$,$f_0$(力密度)为弦受到的外力。令$\Delta x\to 0^+$,得

$$T_0u_x(0,t)-k_1(u(0,t)-Q_1(t)-l_1)=0,\quad t\geqslant 0$$

即

$$u_x(0,t)-\sigma_1u(0,t)=g_1(t),\quad t\geqslant 0$$

其中$\sigma_1=k_1/T_0>0$,$g_1(t)=-\sigma_1(Q_1(t)+l_1)$。式(1.1.10)得证。

类似可得右端$x=l$的边界条件为

$$u_x(l,t)+\sigma_2u(l,t)=g_2(t),\quad \sigma_2=k_2/T_0>0,\quad g_2(t)=\sigma_2(Q_2(t)+l_2)$$

上述三类边界条件分别称为第一、第二和第三类边界条件。初始条件和边界条件统称为定解条件。一个微分方程连同相应的定解条件组成一个定解问题。如下定解问题是施加第一类边界条件构成的定解问题。

$$\begin{cases} u_{tt} = a^2 u_{xx} + f(x,t), & 0 < x < l, t > 0 \quad (1.1.12) \\ u(0,t) = g_1(t), u(l,t) = g_2(t), & t \geqslant 0 \quad (1.1.13) \\ u(x,0) = \varphi(x), u_t(x,0) = \psi(x), & 0 \leqslant x \leqslant l \quad (1.1.14) \end{cases}$$

这种定解问题既包含初始条件，又包含边界条件，因此常称为弦振动方程的混合问题。还需注意，弦两端所加的边界条件可以是同一类型的条件，也可以是不同类型的条件。

有些定解问题只包含初始条件，而没有边界条件。例如，当弦振动方程定义域为 $-\infty < x < \infty$ 时，则其定解问题不含边界条件而只有初始条件，可表示为

$$\begin{cases} u_{tt} = a^2 u_{xx} + f(x,t), & -\infty < x < \infty, t > 0 \quad (1.1.15) \\ u(x,0) = \varphi(x), u_t(x,0) = \psi(x), & -\infty < x < \infty \quad (1.1.16) \end{cases}$$

这种只含初始条件的定解问题，称为弦振动方程的初值问题(或柯西(Cauchy) 问题)。

**注 1**　如果考虑膜的微小振动规律，则类似于弦振动方程的建立过程可导出其方程为

$$\frac{\partial^2 u}{\partial t^2} = a^2 \left( \frac{\partial^2 u}{\partial x^2} + \frac{\partial^2 u}{\partial y^2} \right) + f(x,y,t)$$

而声波在空气中传播所满足的方程为

$$\frac{\partial^2 u}{\partial t^2} = a^2 \left( \frac{\partial^2 u}{\partial x^2} + \frac{\partial^2 u}{\partial y^2} + \frac{\partial^2 u}{\partial z^2} \right) + f(x,y,z,t)$$

上述两个方程分别称为二维和三维波动方程(wave equation)，其中"二维"或"三维"均指在 $u$ 的空间自变量的维数。一维弦振动方程也称为一维波动方程。

## 1.1.2　热传导方程和定解条件

**物理模型**

考虑三维空间中一均匀、各向同性的导热体。假定它内部有热源，并且与周围介质有热交换，求物体内部温度的分布。

一般而言，由于材料属性的差异，各点处导热特性不同，即使是在给定点处，各个方向上的导热特性也可能不同。物理上，用导热系数 $k(x,y,z)$ 描述物体的导热特性。

这里"各向同性"是指导热体内任一点在各个方向上的传热特性相同，而"均匀"则意味着 $k(x,y,z)$ 与点的位置无关。例如，当导热体由同一种金属构成时，就认为导热体具有各向同性性质。在本问题假设下，导热系数 $k(x,y,z)$ 为正常数。

**方程导出**

设导热体在空间占据的区域为 $\Omega$(如图 1.4 所示)，边界为 $\partial\Omega$，导热体的体密度为 $\rho(\mathrm{kg/m^3})$，比热容为 $c(\mathrm{J/(kg \cdot K)})$，热源强度为 $f_0(x,y,z,t)(\mathrm{J/(kg \cdot s)})$，在时刻 $t$ 导热体内点 $(x,y,z) \in \Omega$ 的温度为 $u(x,y,z,t)(\mathrm{K})$。

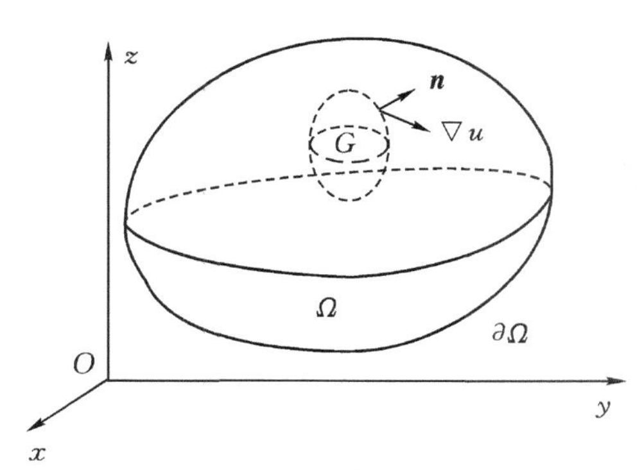

图 1.4　导热体传热分析

我们注意到，$u(x,y,z,t)$ 的变化是由热传导引起的。当热量流入(或流出) 点 $(x,y,z)$ 的邻域时，点 $(x,y,z)$ 处的温度将升高(或降低)。因此我们将注意力集中于点 $(x,y,z)$ 的

邻域内的热量变化分析。

任取点$(x,y,z)\in\Omega$的一个充分小邻域$G\subset\Omega$,$G$的边界为$\partial G$。则在充分小的时段$[t_1,t_2]$上,区域$G$内的热量变化满足如下的等量关系式。

$$\boxed{\begin{matrix}\text{热量 } Q_2\\ t=t_2\end{matrix}}-\boxed{\begin{matrix}\text{热量 } Q_1\\ t=t_1\end{matrix}}=\boxed{\begin{matrix}\text{热源生成}\\ \text{的热量 } W\end{matrix}}+\boxed{\begin{matrix}\text{通过边界 } \partial G\\ \text{流入的热量 } \Phi\end{matrix}} \tag{1.1.17}$$

此式即为热力学第二定律的积分形式。下面分别计算并简化(1.1.17)式中各项。

由于区域$G$充分小,时段$[t_1,t_2]$也充分小,所以在$G$内可视$u$为常数。利用热量计算公式$Q=mcu$,可得

$$Q_2=\rho\Delta vcu(x_1,y_1,z_1,t_2) \tag{1.1.18}$$

$$Q_1=\rho\Delta vcu(x_1,y_1,z_1,t_1) \tag{1.1.19}$$

$$W=f_0(x_1,y_1,z_1,\bar{t}_1)\rho\Delta v\Delta t \tag{1.1.20}$$

其中$(x_1,y_1,z_1)\in G$,$\bar{t}_1\in[t_1,t_2]$,$\Delta v$为区域$G$的体积,$\Delta t=t_2-t_1$。在物体均匀假设下,体密度$\rho$为常数。

为了计算通过边界流入区域$G$的热量$\Phi$,我们先考虑导热过程中,在单位时间内通过单位截面(垂直于热流动方向)的热量。该热量用一个称为热流量的向量$\boldsymbol{q}$(J/(m$^2$·s))来描述,其方向表示热量的流动方向。根据傅里叶(Fourier)热传导定律:$\boldsymbol{q}$与温度的梯度成正比,即$\boldsymbol{q}=-k(x,y,z)\nabla u$,其中$\nabla u=(u_x,u_y,u_z)$是$u$在点$(x,y,z)$的梯度,$k(x,y,z)$为导热体在点$(x,y,z)$的导热系数,与介质的性态有关,在导热体均匀、各向同性的假设下,$k(x,y,z)=k$为正常数。由于梯度$\nabla u$指向温度升高的方向,所以负号表示热量从温度高处流向温度低处。

傅里叶定理表明,热流量$\boldsymbol{q}$的方向与$-\nabla u$相同。因此在单位时间内,通过$G$的边界面元$\mathrm{d}s$,流入区域$G$的热量为$\mathrm{d}\Phi=\boldsymbol{q}\cdot(-\boldsymbol{n})\mathrm{d}s$,这里$\boldsymbol{n}$为$\partial G$的单位外法向量,$\boldsymbol{q}\cdot(-\boldsymbol{n})$为沿$-\boldsymbol{n}$方向流动的热量(其值是代数值,为方便起见,也简称为热流量)。沿$G$的边界积分,可得$\Delta t=t_2-t_1$时间内流入区域$G$的热量

$$\Phi=\iint_{\partial G}\boldsymbol{q}\cdot(-\boldsymbol{n})\mathrm{d}s\Delta t \tag{1.1.21}$$

假设$u$对空间变量具有二阶连续偏导数,对时间变量具有一阶连续偏导数,利用高斯公式可得

$$\begin{aligned}\Phi&=\iint_{\partial G}\boldsymbol{q}\cdot(-\boldsymbol{n})\mathrm{d}s\Delta t=\iint_{\partial G}k\ \nabla u\cdot\boldsymbol{n}\mathrm{d}s\Delta t\\&=\iint_{\partial G}k\ \frac{\partial u}{\partial n}\mathrm{d}s\Delta t=k\iiint_{G}\Delta u\mathrm{d}v\Delta t\\&=k\Delta u(x_2,y_2,z_2,\bar{t}_2)\Delta v\Delta t\end{aligned} \tag{1.1.22}$$

其中$\Delta u=u_{xx}+u_{yy}+u_{zz}$,$(x_2,y_2,z_2)\in G$,$\bar{t}_2\in[t_1,t_2]$。

将(1.1.18)—(1.1.20)、(1.1.22)式代入到(1.1.17)式中,可得

$$\begin{aligned}&\rho c\Delta vu(x_1,y_1,z_1,t_2)-\rho c\Delta vu(x_1,y_1,z_1,t_1)\\&=k\Delta u(x_2,y_2,z_2,\bar{t}_2)\Delta v\Delta t+f_0(x_1,y_1,z_1,\bar{t}_1)\rho\Delta v\Delta t\end{aligned}$$

应用微分中值定理于等式左端,则有

$$\rho cu_t(x_1,y_1,z_1,\bar{t}_3)\Delta v\Delta t=k\Delta u(x_2,y_2,z_2,\bar{t}_2)\cdot\Delta v\Delta t+f_0(x_1,y_1,z_1,\bar{t}_1)\rho\Delta v\Delta t$$

其中$\bar{t}_3\in(t_1,t_2)$。上式两边同除以$\Delta v\Delta t$,并令$G\to(x,y,z)$,$t_2\to t_1$,可得

$$\rho c u_t(x,y,z,t_1) = k\Delta u(x,y,z,t_1) + \rho f_0(x,y,z,t_1)$$

由 $t_1$ 的任意性知，对任意 $t > 0$，有

$$u_t(x,y,z,t) = a^2\Delta u(x,y,z,t) + f(x,y,z,t) \tag{1.1.23}$$

或简写为

$$u_t = a^2\Delta u + f \tag{1.1.24}$$

其中 $a^2 = k/(\rho c) > 0, f(x,y,z,t) = f_0(x,y,z,t)/c$。

方程(1.1.24)刻画了导热体内温度分布所服从的一般规律，称其为三维热传导方程(heat-conduction equation)。在特殊情况下，温度 $u$ 和热源 $f_0$ 只与部分空间变量有关，这时方程(1.1.24)可简化为如下一维或二维热传导方程

$$u_t = a^2 u_{xx} + f(x,t)$$

$$u_t = a^2(u_{xx} + u_{yy}) + f(x,y,t)$$

**例 1.1**　假定侧面绝热的均匀细杆内没有热源，试给出描述温度分布的方程。

**解**　在侧面绝热假设下，细杆内热量只能通过两端与外部介质交换。因此在细杆充分细的假设下，任意横截面上各点处温度可近似地认为相等，即对给定时间 $t$，细杆任意截面上温度 $u$ 只与坐标 $x$ 有关，如图 1.5 所示。这时热传导方程(1.1.24)就简化为一维热传导方程

$$u_t = a^2 u_{xx}$$

其中常数 $a^2$ 与细杆的材料性质有关。

同理考虑均匀薄板的温度分布，就可得到二维热传导方程。

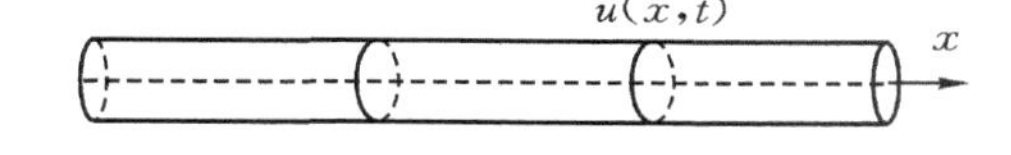


图 1.5　细杆温度分析

**注 2**　对高等数学中微积分运算比较熟练的读者，容易想到(1.1.17)式中各项也可以写成如下积分形式

$$Q_2 = \iiint_G \rho c u\,|_{t=t_2}\,\mathrm{d}v,\quad Q_1 = \iiint_G \rho c u\,|_{t=t_1}\,\mathrm{d}v$$

$$W = \int_{t_1}^{t_2}\mathrm{d}t\iiint_G \rho f_0\,\mathrm{d}v,\quad \Phi = \int_{t_1}^{t_2}\mathrm{d}t\iint_{\partial G}\boldsymbol{q}\cdot(-\boldsymbol{n})\,\mathrm{d}s$$

将上面各式代入(1.1.17)式，同样可导出方程(1.1.24)。

**注 3**　虽然方程(1.1.24)通常称为热传导方程，但它并不是仅用来描述导热体内温度分布，它还可以刻画自然界中许多其他的物理现象，如分子在介质(如空气、水……)中的扩散即为此例，因此也称(1.1.24)式为扩散方程。

对于一个给定的导热体来说，内部温度分布(在 $t > 0$ 时)显然与初始温度分布有关。不仅如此，内部温度分布与导热体边界所受到的约束也有关。譬如，加热的铁块在空气中的冷却速度慢于水中的冷却速度，其原因在于当铁块置于两种不同介质中时，通过边界面交换的热量不同。我们称这些边界约束为热传导方程的边界条件。下面对初始条件和边界条件作进一步的介绍。

**初始条件**：初始条件是指在初始时刻($t = 0$)导热体内的温度分布，即

$$u(x,y,z,0) = \varphi(x,y,z),\quad (x,y,z) \in \bar{\Omega} \tag{1.1.25}$$

其中 $\varphi(x,y,z)$ 是已知函数。

**边界条件**：边界条件通常有如下三类，分别称为第一类边界条件、第二类边界条件和第三类边界条件。

为方便起见,以下记 $\Sigma = \partial\Omega \times [0,\infty) = \{(x,y,z,t) \mid (x,y,z) \in \partial\Omega, t \geqslant 0\}$。

(1) 第一类边界条件:已知边界 $\partial\Omega$ 上的温度分布,即

$$u\Big|_{\Sigma} = g(x,y,z,t) \tag{1.1.26}$$

其中 $g$ 是已知函数。

(2) 第二类边界条件:已知通过边界 $\partial\Omega$ 上的热流量。这里热流量理解为单位时间内沿 $-\boldsymbol{n}$ 方向流过单位面积的热量,即 $-k\,\nabla u\cdot(-\boldsymbol{n}) = k\dfrac{\partial u}{\partial n}$,其中 $\boldsymbol{n}$ 为边界 $\partial\Omega$ 的单位外法向量。于是边界条件可表示为

$$k\frac{\partial u}{\partial n}\Big|_{\Sigma} = g(x,y,z,t) \tag{1.1.27}$$

其中 $g$ 是已知函数。当 $g>0$ 时,有热量流入 $\Omega$,而 $g<0$ 表示热量流出 $\Omega$,$g=0$ 表示边界绝热。

(3) 第三类边界条件:导热体置于介质之中,该介质温度已知。这时边界条件表示为

$$\frac{\partial u}{\partial n} + \sigma u = g, \quad (x,y,z,t) \in \Sigma \tag{1.1.28}$$

其中 $\sigma > 0$ 为常数,$g$ 是已知函数。

现在推导边界条件(1.1.28)。类似于热传导方程的建立,考虑边界面上任意一点 $(x,y,z)$ 的充分小区域 $G$。在 $G$ 上,等量关系式(1.1.17)仍然成立。但应注意,该小区域 $G$ 的边界由位于 $\Omega$ 内部和 $\partial\Omega$ 上的两个曲面块组成,即 $\partial G = \sigma_1 \cup \sigma_2$,其中 $\sigma_1 \subset \partial G$,$\sigma_2 \subset \Omega$,如图 1.6 所示。所以在 $[t_1,t_2]$ 时间内,流入小区域 $G$ 的热量 $\Phi$ 包括导热体通过 $\sigma_1$ 与周围介质交换的热量和通过 $\sigma_2$ 流入 $G$ 的热量。

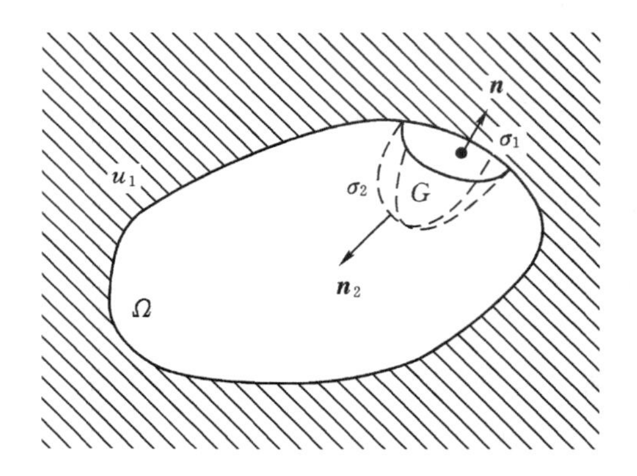


图 1.6 导热体置于介质之中的情况

根据牛顿定律(热传导的另一实验定律),从物体内部流到外部的热流量与两介质间的温度差成正比,即有 $\boldsymbol{q}_1 = k_1(u-u_1)\boldsymbol{n}$,其中 $\boldsymbol{n}$ 为 $\partial\Omega$ 的单位外法向量,$u_1(x,y,z,t)$ 为边界 $\partial\Omega$ 外侧的介质温度,$k_1$ 为两种介质之间的热交换系数,$k_1>0$。再设 $\boldsymbol{n}_2$ 为 $\sigma_2$ 上的单位外法向量,则在 $[t_1,t_2]$ 时间内,流入小区域 $G$ 的热量

$$\begin{aligned}\Phi &= \iint_{\sigma_1}(\boldsymbol{q}_1)\cdot(-\boldsymbol{n})\,\mathrm{d}s\Delta t + \iint_{\sigma_2}(\boldsymbol{q})\cdot(-\boldsymbol{n}_2)\,\mathrm{d}s\Delta t \\ &= \iint_{\sigma_1} -k_1(u-u_1)\,\mathrm{d}s\Delta t + \iint_{\sigma_2} k\frac{\partial u}{\partial n_2}\,\mathrm{d}s\Delta t\end{aligned}$$

其中两被积函数中的自变量 $t$ 均可取区间 $[t_1,t_2]$ 内的任一值 $\bar{t}$。

将 $Q_1$、$Q_2$、$W$ 和 $\Phi$ 代入到(1.1.17)式中得

$$\rho\Delta vcu(x_1,y_1,z_1,t_2)-\rho\Delta vcu(x_1,y_1,z_1,t_1)=f_0(x_1,y_1,z_1,\bar{t}_1)\rho\Delta v\Delta t$$
$$+\iint\limits_{\sigma_1}-k_1(u-u_1)\mathrm{d}s\Delta t+\iint\limits_{\sigma_2}k\frac{\partial u}{\partial n_2}\mathrm{d}s\Delta t$$

令 $\sigma_2$ 趋于 $\sigma_1$，则 $\boldsymbol{n}_2$ 趋于 $-\boldsymbol{n}$，区域 $G$ 的体积 $\Delta v$ 趋于零，于是上式可化简为

$$\iint\limits_{\sigma_1}\left[k\frac{\partial u}{\partial n}+k_1(u-u_1)\right]\mathrm{d}s=0$$

注意到 $\sigma_1$ 是边界面 $\partial\Omega$ 上任意的小曲面块，所以上述积分的被积函数

$$\left(k\frac{\partial u}{\partial n}+k_1(u-u_1)\right)\bigg|_{t=\bar{t}}=0$$

再令 $t_2\to t_1$，并用 $t$ 代替 $t_1$，则有

$$\frac{\partial u}{\partial n}+\sigma u=g,\quad(x,y,z,t)\in\Sigma$$

其中 $\sigma=k_1/k>0$，$g=\sigma u_1$。(1.1.28)式得证。

(1.1.28)式有时也记为 $\left(\frac{\partial u}{\partial n}+\sigma u\right)\Big|_{\Sigma}=g$，其物理意义是在边界上导热体与周围介质按牛顿定律进行自然的热交换。

**注 4**　(1.1.28)式也可以利用热流量公式直接给出。注意到在导热体边界内部和外部的热流量分别为 $\boldsymbol{q}=-k\nabla u$ 和 $\boldsymbol{q}_1=k_1(u-u_1)\boldsymbol{n}$，它们在 $\boldsymbol{n}$ 上的投影应相同，即等于在单位时间内流过单位截面的热量，因此有

$$\boldsymbol{q}_1\cdot\boldsymbol{n}=\boldsymbol{q}\cdot\boldsymbol{n}$$

或

$$k_1(u-u_1)=-k\frac{\partial u}{\partial n}$$

由该式可得(1.1.28)式。

**注 5**　由弦振动方程的边界条件(1.1.10)式和(1.1.28)式的推导过程可以看出，边界条件和方程的导出过程是基本相同的，区别仅在于导出方程时，要取小区间 $[x,x+\Delta x]$ 位于 $(0,l)$(或小区域 $G$ 位于 $\Omega$)之内；而在推导边界条件时，要取包含区间端点的小区间(或包含 $\Omega$ 的边界面的小区域 $G$)。

初始条件和边界条件统称为热传导方程的定解条件。求解一个具体的温度分布问题，需要给方程施加定解条件，使其构成一个定解问题。

如果热传导方程定解问题既包含初始条件也包含边界条件，那么称其为混合问题。有些定解问题可能只包含初始条件，而无边界条件。例如，当导热体体积充分大时，可认为导热体体积为无穷大，这时定解条件就只有初始条件而无边界条件，此类定解问题通常称为初值问题或柯西问题。

如果定解问题只包含边界条件，而无初始条件，则称其为边值问题。对这类定解问题在 1.1.3 小节将进行分解。

### 1.1.3　泊松方程和定解条件

在导热体温度分布问题中，如果热源 $f_0$ 和边界条件都与 $t$ 无关，则经过充分长时间后，区

域 $G$ 内各点温度 $u$ 不再随时间变化,即 $u$ 与时间 $t$ 无关,因而有 $u_t = 0$。这时热传导方程(1.1.24) 简化为

$$-\Delta u = \frac{1}{a^2} f \tag{1.1.29}$$

我们称方程(1.1.29) 为泊松(Poisson) 方程。当 $f \equiv 0$ 时,称方程(1.1.29) 为拉普拉斯(Laplace) 方程。

泊松方程描述的温度分布称为稳恒状态下的温度分布。显然这种温度分布只与热源和边界条件有关,而与初始条件无关。所以泊松方程的定解条件只有边界条件而无初始条件。应用前述三类边界条件,可分别给出如下泊松方程的三类定解问题。

(1) 泊松方程第一边值问题

$$\begin{cases} -\Delta u = f, & (x,y,z) \in \Omega \\ u = \varphi, & (x,y,z) \in \partial\Omega \end{cases} \tag{1.1.30}$$

其中 $f(x,y,z)$、$\varphi(x,y,z)$ 为已知函数。习惯上,该边界条件称为狄利克雷(Dirichlet) 条件,定解问题(1.1.30) 为狄利克雷问题。

(2) 泊松方程第二边值问题

$$\begin{cases} -\Delta u = f, & (x,y,z) \in \Omega \\ \dfrac{\partial u}{\partial n} = \varphi, & (x,y,z) \in \partial\Omega \end{cases} \tag{1.1.31}$$

定解问题(1.1.31) 常称为诺伊曼(Neumann) 问题。

(3) 泊松方程第三边值问题

$$\begin{cases} -\Delta u = f, & (x,y,z) \in \Omega \\ \left(\dfrac{\partial u}{\partial n} + \sigma u\right) = \varphi, & (x,y,z) \in \partial\Omega \end{cases} \tag{1.1.32}$$

上述定解问题(2) 与(3) 中的边界条件统称为诺伊曼条件。

在上述三个定解问题中,如果令 $f(x,y,z) = 0$,则可分别得到拉普拉斯的三类边值问题。

如果一个函数在区域 $\Omega$ 内满足拉普拉斯方程,则称 $u$ 为区域 $\Omega$ 内的调和函数。调和函数在偏微分方程的理论和应用研究中起着重要的作用,在后面的章节中要多次遇到这类函数。

**注 6** 考虑带有稳定电流的导体,如果内部无电流源,可以证明导体内的电位势满足拉普拉斯方程。类似地,对带有稳定电荷的介质,稳定电荷产生的静电势也满足泊松方程,因而拉普拉斯方程和泊松方程有时也称为位势方程。

## §1.2 定解问题的适定性

### 1.2.1 一些基本概念

含有未知函数以及未知函数偏导数的等式称为偏微分方程。方程中最高阶导数的阶数称为偏微分方程的阶数。如果方程关于未知函数及它的偏导数是线性的(一次的),则称该方程为线性偏微分方程,否则称为非线性偏微分方程。方程中不含有未知函数或它的偏导数的项称为自由项。自由项为零的方程称为齐次偏微分方程,否则称为非齐次偏微分方程。例如下面各方程均为偏微分方程。

$$x^2u_{xx}+y^2u_{yy}+\frac{1}{2}u_y=x^2y \tag{1.2.1}$$

$$xu_t-2u_{xx}+\mathrm{e}^xu=3x \tag{1.2.2}$$

$$\cos xu_{tt}-u_{xx}=0 \tag{1.2.3}$$

$$u_xu_y+2u=0 \tag{1.2.4}$$

$$u_{xxxx}+u_{yyyy}+\cos u=u_x^2+xy \tag{1.2.5}$$

其中方程(1.2.1)—(1.2.3) 是二阶线性偏微分方程,方程(1.2.1) 和(1.2.2) 是非齐次的,而方程(1.2.3) 是齐次的。方程(1.2.4) 是一阶非线性齐次方程,这是由于其中项 $u_xu_y$ 是二次项,方程(1.2.5) 是四阶非线性非齐次方程,非线性产生于 $\cos u$ 和 $u_x^2$ 两项,该方程的自由项为 $xy$。

1.1 节导出的三类方程均为二阶线性偏微分方程。

如果在一个定解问题中,方程和定解条件关于未知函数及它的偏导数都是线性的,则称该问题为线性定解问题,否则称为非线性定解问题。1.1 节建立的定解问题都是线性定解问题,而如下定解问题

$$\begin{cases}u_t-\Delta u=f(x,y,z,t), & (x,y,z)\in\Omega,t>0\\ \dfrac{\partial u}{\partial n}=u^2, & (x,y,z)\in\partial\Omega,t\geqslant 0\\ u|_{t=0}=\varphi(x,y,z), & (x,y,z)\in\bar{\Omega}\end{cases}$$

是一个非线性定解问题,这是因为其边界条件是非线性的,尽管其方程和初始条件是线性的。

一般来讲,研究线性问题比较容易,而非线性问题的研究则较为困难。本书主要讨论线性定解问题。

如果一个函数在某区域内具有偏微分方程中所有的各阶连续偏导数,并且将它代入该方程时使方程成为恒等式,则称此函数为该方程的古典解。同理,对一个定解问题,如果一个函数是该定解问题中方程的古典解,并且满足定解条件,则称此函数为该定解问题的古典解。

**例 1.2**　验证函数 $u=A\cos\omega\left(t-\dfrac{x}{a}\right)$ 是方程 $u_{tt}=a^2u_{xx}$ 的古典解。

**解**　该函数有任意阶连续偏导数,对其关于 $t$ 和 $x$ 求导,得

$$u_t=-\omega A\sin\omega\left(t-\frac{x}{a}\right),\quad u_{tt}=-A\omega^2\cos\omega\left(t-\frac{x}{a}\right)$$

$$u_x=\frac{\omega}{a}A\sin\omega\left(t-\frac{x}{a}\right),\quad u_{xx}=-\frac{\omega^2}{a^2}A\omega\cos\omega\left(t-\frac{x}{a}\right)$$

可见,$u=A\cos\omega\left(t-\dfrac{x}{a}\right)$ 满足方程 $u_{tt}=a^2u_{xx}$,因而是古典解。

我们知道,$u=A\cos\omega\left(t-\dfrac{x}{a}\right)=A\cos\omega\left(\dfrac{at-x}{a}\right)$ 表示沿 $x$ 轴正向传播的简谐波,其波速为 $a$,初始形状为 $u(x,0)=A\cos\dfrac{\omega x}{a}$。如图 1.7 所示,任意时刻 $t$ 的波形由初始波 $u(x,0)$ 沿 $x$ 轴向右平移距离 $a\Delta t$ 而得到,因此这种波称为行波。

例 1.2 表明,弦振动方程刻画了简谐波的传播特性。事实上,不仅是简谐波,许多更复杂的波都可以用方程(1.1.5) 描述。

**例 1.3**　设 $u_1(x,t)=F(x+at)$,$u_2(x,t)=G(x-at)$,$F(x)$ 与 $G(x)$ 在 $\mathbf{R}$ 上都具有二阶连续导数,试验证 $u_1$ 和 $u_2$ 在 $\mathbf{R}^2$ 上都是 $u_{tt}-a^2u_{xx}=0$ 的古典解。

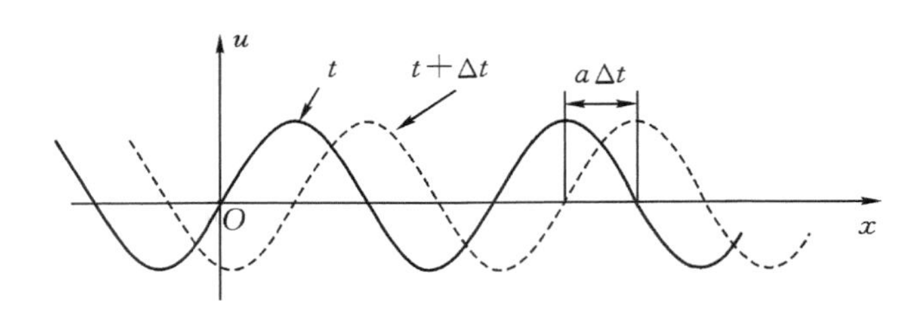


图 1.7 简谐波及沿 $x$ 轴正向传播情况示意图

**解** 显然,$u_1(x,t)$ 与 $u_2(x,t)$ 关于 $x$ 与 $t$ 都有二阶连续偏导数。直接计算可得

$$\frac{\partial u_1}{\partial x} = F'(x+at), \quad \frac{\partial^2 u_1}{\partial x^2} = F''(x+at)$$

$$\frac{\partial u_1}{\partial t} = F'(x+at)a, \quad \frac{\partial^2 u_1}{\partial t^2} = F''(x+at)a^2 = a^2F''(x+at)$$

将$\frac{\partial^2 u_1}{\partial x^2}$与$\frac{\partial^2 u_1}{\partial t^2}$代入到方程中知 $u_1(x,t)$ 满足方程,因而是古典解。类似可证 $u_2(x,t)$ 也是方程的古典解。

物理中,$u_1(x,t)=F(x+at)$ 称为左传播波,它表示波 $u_1(x,0)=F(x)$ 沿 $x$ 轴负向平移,而 $u_2(x,t)=G(x-at)$ 称为右传播波。

**例 1.4** (1) 设 $u(x,y)=\frac{1}{2\pi}\ln\frac{1}{r}, r=\sqrt{(x-x_0)^2+(y-y_0)^2}$,试验证 $u(x,y)$ 在 $\mathbf{R}^2\backslash\{(x_0,y_0)\}$ 上是方程 $u_{xx}+u_{yy}=0$ 的一个古典解。

(2) 设 $u=\frac{1}{4\pi r}, r=\sqrt{(x-x_0)^2+(y-y_0)^2+(z-z_0)^2}$,试验证 $u(x,y,z)$ 在 $\mathbf{R}^3\backslash\{(x_0,y_0,z_0)\}$ 上是方程 $u_{xx}+u_{yy}+u_{zz}=0$ 的一个古典解。

**解** (1) 由于 $u(x,y)=\frac{1}{2\pi}\ln\frac{1}{r}=-\frac{1}{2\pi}\ln r=-\frac{1}{4\pi}\ln r^2$,直接计算可得

$$u_{xx}=\frac{(x-x_0)^2}{\pi r^4}-\frac{1}{2\pi r^2}, \quad u_{yy}=\frac{(y-y_0)^2}{\pi r^4}-\frac{1}{2\pi r^2}$$

$$u_{xx}+u_{yy}=\frac{(x-x_0)^2+(y-y_0)^2}{\pi r^4}-\frac{1}{\pi r^2}=\frac{r^2}{\pi r^4}-\frac{1}{\pi r^2}=0$$

结论成立。

(2) 可类似验证。

应当注意,例 1.4 中函数 $u(x,y)=\frac{1}{2\pi}\ln\frac{1}{r}$ 和 $u=\frac{1}{4\pi r}$ 分别表示单位点电荷在 $xOy$ 平面和空间 $(x,y,z)$ 产生的电位(略去常数 $\varepsilon$),不过这里 $xOy$ 平面的点电荷实际上是平行 $z$ 轴的线电荷。例 1.4 表明,拉普拉斯方程可用来描述点电荷产生的电位分布,这就是拉普拉斯方程被称为位势方程的原因。

**例 1.5** 验证 $u(x,y)=x^2y$ 在平面 $\mathbf{R}^2$ 上是 $u_{xx}+u_{yy}=2y$ 一个古典解。

**解** 因为 $u_{xx}=2y, u_{yy}=0$,所以

$$u_{xx}+u_{yy}=2y$$

结论成立。

**例 1.6**　设 $u(x,t)=\frac{1}{2a\sqrt{xt}}e^{-\frac{x^2}{4a^2t}}$，验证 $u(x,t)$ 在 $x>0,t>0$ 上是方程 $u_t-a^2u_{xx}=0$ 的一个古典解。

本例请读者自己验证。

### 1.2.2　适定性概念

定解问题的适定性(well-posed property)是为讨论定解问题性质而建立的一个基本概念。我们知道，在对实际问题建立数学模型之后，还需对数学模型的性质作各方面的分析研究。如从应用的角度来说，我们关心它是否符合实际，其效果如何。但单纯从数学上来讲，我们主要关心两个问题：一是定解问题的解是否存在，且只有一个解，即解的存在唯一性；二是解对定解数据是否是连续依赖的。简单地讲，所谓“连续依赖”是指当定解数据有微小的改变时，定解问题的解也相应地有一个小的改变，该性质简称为解的稳定性。如果一个定解问题的解同时具有存在唯一性和稳定性，就称这个定解问题是适定的，在数学上就认为该定解问题是一个好的数学模型。显见，适定性符合大多数实际问题对定解问题的要求，它是对实际要求的抽象和概括。

值得指出的是：自然界中的一些实际问题，本身就具有多个解或者解对定解数据比较敏感，其相应的数学模型也具有类似的性质。相对于适定问题而言，这类问题的解不同时具有存在唯一性和稳定性，我们称其为不适定问题或“病态问题”(ill-posed property)。

定解问题解的存在唯一性与在什么样的函数类内寻求解有关，而解的稳定性与所考虑的函数类中选取的度量有关。在近代偏微分方程的理论[1]中，提出了与古典解不同的所谓强解、弱解、广义解等概念，从而进一步拓展了相关问题的研究范围，但这些概念涉及到较多的数学知识，这里不再介绍。本书所涉及到的定解问题的适定性，均指古典解的存在唯一性和稳定性。值得指出的是，对于书中遇到的大多数定解问题，其适定性问题都已被前人所解决，本书主要介绍定解问题的求解算法。

作为例子，下面给出一个弦振动方程定解问题的适定性结果。

考虑两端固定的弦振动方程的混合问题

$$\begin{cases}u_{tt}-a^2u_{xx}=0, & 0<x<l,t>0\\ u(0,t)=u(l,t)=0, & t\geqslant 0\\ u(x,0)=\varphi(x),\quad u_t(x,0)=\psi(x), & 0\leqslant x\leqslant l\end{cases}\tag{1.2.6}$$

**定理 1.1***[1]　设 $\varphi(x)\in C^3[0,l]$，$\psi(x)\in C^2[0,l]$，并且 $\varphi(x)$ 和 $\psi(x)$ 满足如下相容性条件：

$$\varphi(0)=\varphi(l)=\varphi''(0)=\varphi''(l)=\psi(0)=\psi(l)=0\tag{1.2.7}$$

则定解问题(1.2.6)是适定的。

**注 7**　当 $k>0$ 时，记号 $C^k[0,l]$(或 $C^{(k)}[0,l]$)表示闭区间$[0,l]$上一切 $k$ 阶连续可导的函数所组成的集合，而 $C^0[0,l]$(或 $C^{(0)}[0,l]$)表示闭区间$[0,l]$上一切连续函数所组成的集合。对于多元函数我们也常用类似的记号。设 $\Omega\subset\mathbf{R}^n$ 为有界区域，则当 $k>0$ 时，$C^k(\Omega)$ 表示所有在区域 $\Omega$ 内具有 $k$ 阶连续偏导数的函数组成的集合，$C^k(\overline{\Omega})$ 则表示所有在闭区域 $\overline{\Omega}$ 上具有 $k$ 阶连续偏导数的函数组成的集合，而 $C^0(\Omega)$ 和 $C^0(\overline{\Omega})$ 分别表示 $\Omega$ 和 $\overline{\Omega}$ 上一切连续函数组成的集合。

# §1.3 叠加原理

线性问题和非线性问题的根本区别是:线性问题的解满足所谓的叠加原理(superposition principle),而非线性问题的解一般不满足叠加原理。从物理上来讲,叠加原理是指对一个线性系统来讲,几种不同的外因同时作用时所产生的效果等于各外因单独作用时所产生的效果的叠加。例如,若干个点电荷产生的电位,可由这些点电荷各自单独存在时所产生的电位相加而得出;又如,几个外力作用在一个物体上所产生的加速度,等于这些外力单独作用在该物体上产生的加速度之和。在自然科学中这类现象广泛存在,因此可以说叠加原理是一切线性问题所共有的性质。线性偏微分方程的解同样满足叠加原理,而且对求解线性偏微分方程有着重要的作用。下面我们以两个自变量的二阶线性偏微分方程为例,比较详细地介绍这一重要原理。

## 1.3.1 二阶线性偏微分方程解的叠加原理

设未知函数为 $u(x,y)$(在讨论波动方程和热传导方程时,自变量仍记为 $x$、$t$),则二阶线性偏微分方程的一般形式为

$$a_{11}\frac{\partial^2 u}{\partial x^2}+2a_{12}\frac{\partial^2 u}{\partial x\partial y}+a_{22}\frac{\partial^2 u}{\partial y^2}+b_1\frac{\partial u}{\partial x}+b_2\frac{\partial u}{\partial y}+cu=f \tag{1.3.1}$$

其中 $a_{ij}(1\leqslant i,j\leqslant 2)$、$b_i(1\leqslant i\leqslant 2)$、$c$ 及 $f$ 均是自变量 $x$、$y$ 的函数。如果记

$$L=a_{11}\frac{\partial^2}{\partial x^2}+2a_{12}\frac{\partial^2}{\partial x\partial y}+a_{22}\frac{\partial^2}{\partial y^2}+b_1\frac{\partial}{\partial x}+b_2\frac{\partial}{\partial y}+c \tag{1.3.2}$$

则

$$Lu=a_{11}\frac{\partial^2 u}{\partial x^2}+2a_{12}\frac{\partial^2 u}{\partial x\partial y}+a_{22}\frac{\partial^2 u}{\partial y^2}+b_1\frac{\partial u}{\partial x}+b_2\frac{\partial u}{\partial y}+cu$$

于是二阶线性偏微分方程(1.3.1)可表示为

$$Lu=f$$

我们称 $L$ 为二阶偏微分算子。

设 $\alpha$、$\beta$ 是两个任意常数,$u_1(x,y)$ 和 $u_2(x,y)$ 是两个具有二阶连续偏导数的任意函数,一般简记为 $u_1$ 和 $u_2$,则利用求导运算的线性性质易证下式成立:

$$L(\alpha u_1+\beta u_2)=\alpha Lu_1+\beta Lu_2 \tag{1.3.3}$$

可见 $L$ 是一个线性算子。

除了算子 $L$ 外,如下三个二阶偏微分算子也是常用的微分算子。

$$\Box=\frac{\partial^2}{\partial t^2}-a^2\frac{\partial^2}{\partial x^2} \tag{1.3.4}$$

$$\Delta=\frac{\partial^2}{\partial x^2}+\frac{\partial^2}{\partial y^2} \tag{1.3.5}$$

$$H=\frac{\partial}{\partial t}-a^2\frac{\partial^2}{\partial x^2} \tag{1.3.6}$$

它们分别称为波算子、拉普拉斯算子和热算子。这些算子均是算子 $L$ 的特例,所以都是二阶线性偏微分算子。

利用算子 $L$ 的线性性质(1.3.3),容易验证如下结论。

**叠加原理1**　设$L$是由(1.3.2)式定义的二阶线性偏微分算子，$\alpha_i(1\leqslant i\leqslant n)$为$n$个任意常数，$f_i(x,y)(1\leqslant i\leqslant n)$为平面区域$\Omega\subset\mathbf{R}^2$内的$n$个已知函数，且$f=\sum_{i=1}^{n}\alpha_i f_i$。则如果$u_i(x,y)(1\leqslant i\leqslant n)$是如下方程在区域$\Omega$内的解

$$Lu=f_i \tag{1.3.7}$$

那么$u=\sum_{i=1}^{n}\alpha_i u_i$是方程

$$Lu=f \tag{1.3.8}$$

在区域$\Omega$内的一个解。

**注8**　叠加原理1所讨论的是线性偏微分方程解关于自由项$f$的叠加性。例如，要解方程$Lu=2f_1-3f_2$，只要解方程$Lu=f_1$和$Lu=f_2$即可，当它们可解且解分别为$u_1(x,y)$和$u_2(x,y)$时，则原方程解为$u=2u_1-3u_2$。

**注9**　叠加原理1中给出的自由项$f=\sum_{i=1}^{n}\alpha_i f_i$是有限和。对于无穷级数的情况：$f=\sum_{i=1}^{\infty}\alpha_i f_i$，如果满足条件：① 级数$f=\sum_{i=1}^{\infty}\alpha_i f_i$在区域$\Omega$内收敛，② 对应级数$u=\sum_{i=1}^{\infty}\alpha_i u_i$在区域$\Omega$内也收敛，并且可逐项求一阶和二阶偏导数，那么叠加原理1仍成立。在下面介绍的叠加原理中，若考虑无穷级数及其导数时也假设类似的条件①和②成立，今后不再说明。

根据叠加原理1，我们可得到一个简单的结论：如果$u_i(x,y)(1\leqslant i<\infty)$是区域$\Omega$内齐次方程$Lu=0$的解，那么对任意常数$\alpha_i(1\leqslant i<\infty)$，$u=\sum_{i=1}^{\infty}\alpha_i u_i$也是该方程的解。这表明，我们通过一组解，可在更大函数范围内找到方程的解，这对求解满足定解条件的解是有利的。

### 1.3.2　线性定解问题解的叠加原理

我们以弦振动方程的定解问题为例介绍定解问题解的叠加原理，其他方程的定解问题可类似讨论。

首先考虑弦两端固定的特殊情况，其定解问题表示为

$$\begin{cases}u_{tt}-a^2u_{xx}=f(x,t), & 0<x<l,t>0\\ u(0,t)=u(l,t)=0, & t\geqslant 0\\ u(x,0)=\varphi(x),u_t(x,0)=\psi(x), & 0\leqslant x\leqslant l\end{cases} \tag{1.3.9}$$

将(1.3.9)式分解为如下三个定解问题

$$\begin{cases}u_{tt}-a^2u_{xx}=f(x,t), & 0<x<l,t>0\\ u(0,t)=u(l,t)=0, & t\geqslant 0\\ u(x,0)=0,u_t(x,0)=0, & 0\leqslant x\leqslant l\end{cases} \tag{1.3.10}$$

$$\begin{cases}u_{tt}-a^2u_{xx}=0, & 0<x<l,t>0\\ u(0,t)=u(l,t)=0, & t\geqslant 0\\ u(x,0)=\varphi(x),u_t(x,0)=0, & 0\leqslant x\leqslant l\end{cases} \tag{1.3.11}$$

$$\begin{cases}u_{tt}-a^2u_{xx}=0, & 0<x<l,t>0\\ u(0,t)=u(l,t)=0, & t\geqslant 0\\ u(x,0)=0,u_t(x,0)=\psi(x), & 0\leqslant x\leqslant l\end{cases} \tag{1.3.12}$$

**叠加原理2** 如果 $u_1(x,t)$、$u_2(x,t)$ 和 $u_3(x,t)$ 分别是定解问题(1.3.10)、(1.3.11) 和 (1.3.12) 的解,那么 $u = u_1 + u_2 + u_3$ 是定解问题(1.3.9) 的解。

请读者自行验证叠加原理2。

显然,定解问题(1.3.9) 的分解是通过对方程自由项和初始条件的分解而得到的。例如自由项的分解为:$f = f + 0 + 0$。

对于更一般的情况,我们有如下结论。

**叠加原理3** 假设 $f(x,t) = \sum_{n=1}^{\infty} f_n(x,t)$,$\varphi(x) = \sum_{n=1}^{\infty}\varphi_n(x)$,$\psi(x) = \sum_{n=1}^{\infty}\psi_n(x)$,且对每个 $n \geqslant 1$,$u_n(x,t)$ 是如下问题的解

$$\begin{cases}u_{tt} - a^2 u_{xx} = f_n(x,t), & 0 < x < l, t > 0\\ u(0,t) = u(l,t) = 0, & t \geqslant 0\\ u(x,0) = \varphi_n(x), u_t(x,0) = \psi_n(x), & 0 \leqslant x \leqslant l\end{cases}$$

则 $u(x,t) = \sum_{n=1}^{\infty} u_n(x,t)$ 是定解问题(1.3.9) 的一个解。

**注10** 和注9中的说明类似,叠加原理3的证明也要用到无穷级数一致收敛性和逐项求导的相关知识,在这里我们不做专门讨论,而是假定所要求的运算性质都成立。

现在考虑含一般边界条件的定解问题:

$$\begin{cases}\Box u = u_{tt} - a^2 u_{xx} = f(x,t), & 0 < x < l, t > 0\\ u(0,t) = g_1(t), u(l,t) = g_2(t), & t \geqslant 0\\ u(x,0) = \varphi(x), u_t(x,0) = \psi(x), & 0 \leqslant x \leqslant l\end{cases} \tag{1.3.13}$$

其中 $\Box$ 为(1.3.4) 式定义的波算子。函数 $g_1(t)$ 和 $g_2(t)$ 称为边界条件的自由项。当一个端点的边界条件自由项等于零时,则称该端点的边界条件是齐次的,否则称为非齐次的。当定解问题含有非齐次边界条件(其中一个或两个边界条件都是非齐次的) 时,首先需对边界条件作齐次化处理,使两端的边界条件都转化为齐次边界条件。

所谓边界条件齐次化处理就是通过未知函数的变换,使新未知函数满足齐次边界条件。通常所采用的未知函数的变换形式为:$u(x,t) = v(x,t) + w(x,t)$,其中 $v(x,t)$ 为新的未知函数,而 $w(x,t)$ 为待求的辅助函数。

由边界条件知,欲使 $v(x,t)$ 满足齐次边界条件,只需 $w(x,t)$ 满足条件

$$w(0,t) = g_1(t), \quad w(l,t) = g_2(t)$$

即 $w(x,t)$ 与 $u(x,t)$ 满足同样的边界条件。显见,$(x,w)$ 平面上任意一条过点$(0,g_1(t))$ 与$(l,g_2(t))$ 的曲线(对任意给定的 $t$) 都满足该条件。这样的曲线有无穷多条,但最简单的曲线是过两点的直线,故可选 $w(x,t)$ 为

$$w(x,t) = g_1(t) + \frac{g_2(t) - g_1(t)}{l}x$$

在变换 $u(x,t) = v(x,t) + w(x,t)$ 下,定解问题(1.3.13) 的方程和定解条件分别转化为

$$\Box v = \Box u - \Box w = f - w_{tt} = f_1(x,t)$$

$$v(0,t) = v(l,t) = 0$$

$$v(x,0) = u(x,0) - w(x,0) = \varphi(x) - w(x,0) = \varphi_1(x)$$

$$v_t(x,0) = u_t(x,0) - w_t(x,0) = \psi(x) - w_t(x,0) = \psi_1(x)$$

这里 $f_1(x,t)$、$\varphi_1(x)$ 和 $\psi_1(x)$ 都是已知函数。于是(1.3.13) 问题化为如下定解问题：

$$\begin{cases} v_{tt}-a^2v_{xx}=f_1(x,t), & 0<x<l,t>0 \\ v(0,t)=v(l,t)=0, & t\geqslant 0 \\ v(x,0)=\varphi_1(x),v_t(x,0)=\psi_1(x), & 0\leqslant x\leqslant l \end{cases}$$

其中 $v=u-w$。至此，我们将定解问题(1.3.13) 变换为一个含齐次边界条件的定解问题。

我们特别注意到，$u$ 和辅助函数 $w$ 在两端点必须满足同样的条件。利用这一性质和边界条件的几何解释，我们再给出边界条件为如下三种情况时的辅助函数，请读者自己研读。

(1) 边界条件：$u_x(0,t)=g_1(t),u(l,t)=g_2(t)$，则

$$w(x,t)=g_1(t)(x-l)+g_2(t)$$

(2) 边界条件：$u(0,t)=g_1(t),u_x(l,t)=g_2(t)$，则

$$w(x,t)=g_2(t)x+g_1(t)$$

(3) 边界条件：$u_x(0,t)=g_1(t),u_x(l,t)=g_2(t)$，则

$$w(x,t)=g_1(t)x+\frac{g_2(t)-g_1(t)}{2l}x^2$$

上述分析表明，对于含非齐次边界条件的定解问题，其叠加原理的讨论可归结为对含齐次边界条件的定解问题的讨论。

不仅如此，特别提请读者注意，含非齐次边界条件的有限长弦振动定解问题的求解也归结为对含齐次边界条件定解问题的求解。

**例 1.7**　求方程

$$\Delta u=u_{xx}+u_{yy}=x^2+3xy-7y^2 \tag{1.3.14}$$

的任意一个解。

**解**　由叠加原理 1 可知，只需分别求出如下三个方程的一个解：

$$\Delta u=x^2,\quad \Delta u=y^2,\quad \Delta u=xy$$

易见 $u_1(x,y)=\frac{1}{12}x^4$、$u_2(x,y)=\frac{1}{12}y^4$ 和 $u_3(x,y)=\frac{1}{6}x^3y$ 分别是，上述三个方程的解，故 $u=u_1+3u_3-7u_2$ 是原方程(1.3.14) 的一个解。

**例 1.8**　将如下圆盘域上泊松方程定解问题中的方程齐次化：

$$\begin{cases} \Delta u=u_{xx}+u_{yy}=x^2+3xy+y^2, & x^2+y^2<r^2 \\ u=xy, & x^2+y^2=r^2 \end{cases} \tag{1.3.15}$$

**解**　本例仅要求用关于未知函数的变换将方程齐次化，其边界条件仍允许是非齐次的。令 $u=v+w$，并将其代入方程，得

$$v_{xx}+v_{yy}+w_{xx}+w_{yy}=x^2+3xy+y^2$$

显见，欲使 $v_{xx}+v_{yy}=0$，只需 $w_{xx}+w_{yy}=x^2+3xy+y^2$，即取 $w$ 为方程的一个解即可。

与例 1.7 类似讨论可知，$w(x,y)=u_1+u_2+3u_3=\frac{1}{12}(x^4+y^4+6x^3y)$ 是方程方程的一个解。故在变换 $v=u-w$ 下，定解问题(1.3.15) 化为

$$\begin{cases} \Delta v=0, & x^2+y^2<r^2 \\ v=xy-\frac{1}{12}(x^4+y^4+6x^3y), & x^2+y^2=r^2 \end{cases}$$

例 1.8 表明，泊松方程狄利克雷问题可转化为拉普拉斯方程狄利克雷问题。

### 1.3.3* 叠加原理的应用

本小节介绍叠加原理在求解定解问题中的应用,其过程和求解线性方程组相类似,请读者仔细研读二者的异同之处,以便更好地理解定解问题解的结构。

考虑线性方程组 $\boldsymbol{Ax}=0$,其中 $\boldsymbol{x}=(x_1,x_2\cdots,x_n)^{\mathrm{T}}\in\mathbf{R}^n$,$\boldsymbol{A}$ 为 $m\times n$ 矩阵,其秩 $\mathrm{rank}(\boldsymbol{A})=r$。则齐次线性方程组 $\boldsymbol{Ax}=0$ 的解构成 $\mathbf{R}^n$ 的一个$(n-r)$ 维线性子空间。进而,若已知 $\boldsymbol{\alpha}_k(1\leqslant k\leqslant n-r)$ 为 $\boldsymbol{Ax}=0$ 的解,且$\{\boldsymbol{\alpha}_1,\boldsymbol{\alpha}_2,\cdots,\boldsymbol{\alpha}_{n-r}\}$ 线性无关,则$\{\boldsymbol{\alpha}_1,\boldsymbol{\alpha}_2,\cdots,\boldsymbol{\alpha}_{n-r}\}$ 构成 $X_0$ 的一个基,我们称其为齐次方程 $\boldsymbol{Ax}=0$ 的基解组。因此 $\boldsymbol{Ax}=\boldsymbol{b}$ 的任一解 $\boldsymbol{x}$ 可表示为

$$\boldsymbol{x}=\sum_{k=1}^{n-r}c_k\boldsymbol{\alpha}_k+\bar{\boldsymbol{x}}$$

其中 $\bar{\boldsymbol{x}}$ 为非齐次方程 $\boldsymbol{Ax}=\boldsymbol{b}$ 的一个特解。基于这一性质,求解非齐次方程 $\boldsymbol{Ax}=\boldsymbol{b}$ 的问题就归结为找出齐次方程的一个基解组$\{\boldsymbol{\alpha}_1,\boldsymbol{\alpha}_2,\cdots,\boldsymbol{\alpha}_{n-r}\}$ 和非齐次方程的一个特解。

对于偏微分方程的线性定解问题,求解过程基本类似,即先找出相应定解问题的“基解组”,然后用基解组表示一般解。但在偏微分方程理论中,基解组中的解称为本征函数(eigenfunction)、基本解(fundamental solution) 或格林函数(Green function)。不同于线性代数方程组解表示的有限和形式,偏微分方程定解问题的解主要是以无穷级数(无穷和) 或积分形式给出。根据定积分的定义,积分形式可理解为离散无穷和的极限形式,即是无穷和的连续形式。

下面,我们以一维热传导方程柯西问题为例,说明其求解的基本思想和解的具体表示形式,这里重在说明方法而不苛求于运算的合理性。

首先我们以线密度函数为例,简单介绍广义函数 $\delta$-函数的概念。设在 $x$ 轴上有质量分布,则在区间$[x,x+\Delta x]$ 上的平均线密度为 $\bar{\rho}=\dfrac{m(\Delta x)}{\Delta x}$,其中 $m(\Delta x)$ 表示该区间上的质量。令 $\Delta x\to 0^+$,则 $\bar{\rho}$ 的极限称为线密度 $\rho(x)$,即 $\rho(x)=\lim\limits_{\Delta x\to 0^+}\bar{\rho}$。因此 $\rho(x)$ 可理解为单位长度区间上的质量。

考虑极特殊情况:在 $x=0$ 点有单位质量而其余点处无质量分布。按上述定义,$x$ 轴上的质量线密度函数可表示为

$$\delta(x)=\begin{cases}+\infty, & x=0\\ 0, & x\neq 0\end{cases}$$

由于 $\delta(x)$ 描述直线上的质量分布情况,因此其定义域应包含 $x=0$。但在此情况下,我们不能用以前学过的普通函数概念来理解函数 $\delta(x)$,因为它将点 0 映为 $+\infty$,不符合普通函数将定义区间内一点映为有限点的定义。为此,现代数学引入广义函数的概念来解释 $\delta(x)$,定义 $\delta(x)$ 为一个广义函数,常称为 $\delta$-函数。确切的广义函数定义涉及到较多的数学知识,这里不再介绍。但在应用中我们需要掌握其两个基本性质:一是 $\delta(x)$ 将 $x=0$ 映为 $+\infty$,二是 $\delta(x)$ 满足如下等式:

$$\int_{-\infty}^{\infty}\delta(x)\mathrm{d}x=1$$

该等式是显然成立的,因为函数 $\delta(x)$ 表示直线上单点单位质量分布的质量密度函数。根据此性质,如果在点 $x=\xi$ 处质量为 $m$,而其余点处无质量分布,则 $x$ 轴上的质量密度函数便是

$m\delta(x-\xi)$，其中 $\delta(x-\xi)$ 为 $\delta(x)$ 的平移。

现在考虑温度分布问题。设 $x$ 轴上有初始温度分布 $u(x,0)=\varphi(x)$，将热量与质量相对应，$\varphi(x)$ 与线密度 $\rho(x)$ 相对应，可认为 $\varphi(x)$ 表示单位长度区间上的热量。特别地，$u(x,0)=\delta(x-\xi)$ 可理解为在 $x=\xi$ 点置放了一个单位热量的点热源而产生的初始温度分布。

考虑如下定解问题：

$$\begin{cases} u_t-a^2u_{xx}=f(x,t), & -\infty<x<\infty, t>0 \\ u(x,0)=\varphi(x), & -\infty<x<\infty \end{cases} \tag{1.3.16}$$

这是一个无限长细杆上的温度分布问题。我们将此问题分解为如下两个定解问题

$$\begin{cases} u_t-a^2u_{xx}=0, & -\infty<x<\infty, t>0 \\ u(x,0)=\varphi(x), & -\infty<x<\infty \end{cases} \tag{1.3.17}$$

$$\begin{cases} u_t-a^2u_{xx}=f(x,t), & -\infty<x<\infty, t>0 \\ u(x,0)=0, & -\infty<x<\infty \end{cases} \tag{1.3.18}$$

先考虑定解问题(1.3.17) 和(1.3.18) 的特殊情形

$$\begin{cases} u_t-a^2u_{xx}=0, & -\infty<x<\infty, t>0 \\ u(x,0)=\delta(x-\xi), & -\infty<x<\infty \end{cases} \tag{1.3.19}$$

$$\begin{cases} u_t-a^2u_{xx}=\delta(x-\xi)\delta(t-\tau), & -\infty<x<\infty, t>\tau \\ u(x,0)=0, & -\infty<x<\infty \end{cases} \tag{1.3.20}$$

其中 $\xi\in\mathbf{R}$，常数 $\tau>0$。

定解问题(1.3.19) 描述了在初始时刻 $t=0$ 时，在点 $x=\xi$ 处置放一单位点热源所产生的温度分布，而问题(1.3.20) 的物理意义则是在$(x,t)$ 平面上点$(\xi,\tau)$ 处置放一个单位点热源产生的温度分布。记定解问题(1.3.19) 和定解问题(1.3.20) 的解分别为 $\Gamma(x,t,\xi)$ 和 $\Gamma(x,t,\xi,\tau)$。$\Gamma(x,t,\xi)$ 称为问题(1.3.16) 的基本解。利用这个基本解可给出定解问题(1.3.17) 和定解问题(1.3.18) 解的具体表达式。

具体方法是，将定解问题(1.3.17) 近似分解为许多个类似于问题(1.3.19) 的子问题。为此，将 $x$ 轴进行划分(如图 1.8 所示)，分别考虑每个小区间上初始温度 $\varphi(x)$ 产生的温度分布，进而给出整个直线上的温度分布。

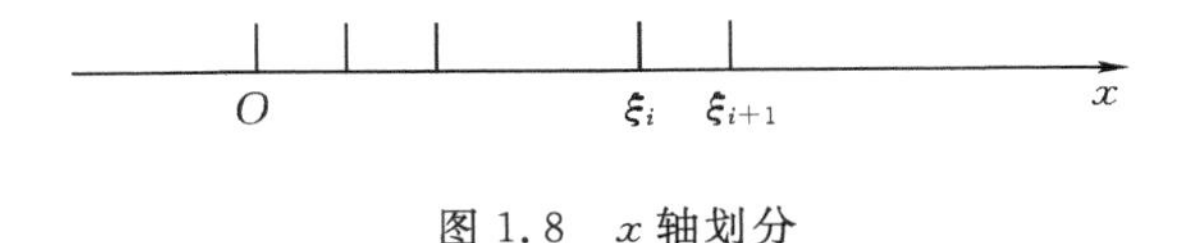


图 1.8　$x$ 轴划分

设分点为 $\xi_i(i\in\mathbf{Z})$，并在小区间$[\xi_i,\xi_{i+1}]$上将 $\varphi(x)$ 视为常数，由于 $\varphi(x)$ 表示单位长度区间上的热量，故该子区间的热量近似为 $\varphi(\eta_i)(\xi_{i+1}-\xi_i)=\varphi(\eta_i)\Delta\xi_i$，$\eta_i\in[\xi_i,\xi_{i+1}]$，将此热量视为集中到点 $x=\eta_i$ 的点热源。由于单位点热源产生的温度为 $\Gamma(x,t,\xi_i)$，故由叠加原理可知点热源 $\varphi(\eta_i)(\xi_{i+1}-\xi_i)=\varphi(\eta_i)\Delta\xi_i$ 产生的温度应为 $\Gamma(x,t,\eta_i)\varphi(\eta_i)\Delta\xi_i$。在每个小区间上做如此处理，并再次利用叠加原理可知定解问题(1.3.17) 的解近似为

$$u(x,t)\approx\sum_{i=-\infty}^{+\infty}\Gamma(x,t,\eta_i)\varphi(\eta_i)\Delta\xi_i$$

令每个子区间长度趋于零，并结合定积分的定义(形式上) 可得

$$u(x,t)=\int_{-\infty}^{+\infty}\Gamma(x,t,\xi)\varphi(\xi)\mathrm{d}\xi \tag{1.3.21}$$

类似可得定解问题(1.3.18)的解为

$$u(x,t)=\int_0^{\infty}\int_{-\infty}^{\infty}\Gamma(x,t,\xi,\tau)f(\xi,\tau)\mathrm{d}\xi\mathrm{d}\tau \tag{1.3.22}$$

**注11**　定解问题(1.3.17)和(1.3.19)的区别是,在初始时刻 $t=0$,一个是单点分布而另一个是连续分布。数学上对连续分布经常这样处理:先将连续分布离散化(划分);然后在每个子区间(小区域)上用常量代替变量,或将小区间(小区域)视为质点计算所需近似值(近似化);最后将每个小区间(小区域)上近似值相加并取极限得精确值(精确化)。这一过程本质上就是定积分的含义,其中近似化方法就是微元法。在上面(1.3.21)式的导出过程中,就是将连续热量分布 $\varphi(x)$ 近似为直线上的许多质点,即将连续函数 $\varphi(x)$ 近似离散为

$$\varphi(x)\approx\sum_{i=-\infty}^{+\infty}\varphi(\eta_i)\Delta\xi_i\delta(x-\eta_i)$$

然后利用基本解和叠加原理得出定解问题(1.3.17)解的近似表达式,最后只需形式上取极限便可得出解的积分表达式。希望读者对这一方法引起足够重视。

为帮助读者进一步理解叠加原理,我们再给出一例。考虑如下定解问题

$$\begin{cases}-\Delta u=-(u_{xx}+u_{yy})=f(x,y), & (x,y)\in\Omega\\ u=0, & (x,y)\in\partial\Omega\end{cases} \tag{1.3.23}$$

和

$$\begin{cases}-\Delta u=-(u_{xx}+u_{yy})=\delta(x-\xi)\delta(y-\eta), & (x,y)\in\Omega\\ u=0, & (x,y)\in\partial\Omega\end{cases} \tag{1.3.24}$$

其中 $\Omega\subset\mathbf{R}^2$ 为有界区域。如果将定解问题(1.3.24)的解记为 $G(x,y,\xi,\eta)$,只要将区域 $\Omega$ 进行划分,并将 $f(x,y)$ 在该区域内近似离散为

$$f(x,y)\approx\sum_{i=1}^{\infty}\sum_{j=1}^{\infty}f(\bar{\xi}_i,\bar{\eta}_j)\Delta\xi_i\Delta\eta_j\delta(x-\bar{\xi}_i)\delta(y-\bar{\eta}_j)$$

完全类似于定解问题(1.3.16)的求解过程,可得定解问题(1.3.23)的解为

$$u(x,y)=\iint\limits_{\Omega}G(x,y;\xi,\eta)f(\xi,\eta)\mathrm{d}\xi\mathrm{d}\eta \tag{1.3.25}$$

其中 $G(x,y,\xi,\eta)$ 称为定解问题(1.3.23)的格林函数。格林函数 $G(x,y,\xi,\eta)$ 的物理解释为:若在区域 $\Omega$ 中任取一点 $(\xi,\eta)$,并在此点放置一单位点热源,则该单位点热源在区域 $\Omega$ 产生的且在边界 $\partial\Omega$ 上温度为零的温度分布就是 $G(x,y,\xi,\eta)$。因此,如果 $\Omega$ 上有连续热源分布,其密度为 $f(x,y)$,则由(1.3.25)式定义的 $u(x,y)$ 便是该热源在区域 $\Omega$ 产生的温度分布,并且在边界 $\partial\Omega$ 上温度为零。

请读者在形式上给出(1.3.25)式的导出过程。

叠加原理的另一重要应用是特征函数法(eigenfunction method)。其本质是用定解问题的特征函数系表示该定解问题的解和已知数据,然后利用待定系数法确定出所求解的系数。我们将在第2章中比较系统地介绍相关的理论和方法。

## §1.4* 齐次化原理

对于线性系统,叠加原理说明多外因同时作用时所产生的效果,等于每个外因单独作用产

生的效果之和。而齐次化原理(homogenization principle) 则说明不同性质的外因作用可相互转化或称为相互等效性。掌握好这一原理，在定解问题求解时常可收到事半功倍之效。

### 1.4.1　由含参变量积分或无穷级数表示的变换

我们先从函数概念谈起。熟知，函数是由定义域和值域之间的对应法则确定的。在给出函数表达式后，容易给出其对应法则的表示。例如对于函数 $f(x)=x^2+2$，去掉自变量 $x$ 后便有

$$f(\quad)=(\quad)^2+2 \tag{1.4.1}$$

这就是 $f$ 的结构或由 $f$ 确定的对应法则。若要求 $f$ 在某点的值，只需在(1.4.1) 式两边括号中放入相应的自变量值即可。譬如

$$f(1)=(1)^2+2=3$$

$$f(\sqrt{2})=(\sqrt{2})^2+2=4$$

$$f\left(\frac{1}{t}\right)=\left(\frac{1}{t}\right)^2+2=\frac{1}{t^2}+2$$

等等。对二元函数也同样理解，如 $f(x,y)=x^2+\dfrac{x}{y}$，去掉自变量 $x$ 和 $y$ 后，用$(\quad)_1$ 和$(\quad)_2$ 分别代替 $x$ 和 $y$ 所在的位置，则有如下函数对应法则的表示

$$f((\quad)_1,(\quad)_2)=(\quad)_1^2+\frac{(\quad)_1}{(\quad)_2} \tag{1.4.2}$$

由此便有

$$f(1,2)=(1)_1^2+\frac{(1)_1}{(2)_2}=1+\frac{1}{2}=\frac{3}{2}$$

$$f(u,v)=(u)_1^2+\frac{(u)_1}{(v)_2}=u^2+\frac{u}{v}$$

$$f(x+y,x^2+y^2)=(x+y)_1^2+\frac{(x+y)_1}{(x^2+y^2)_2}=(x+y)^2+\frac{x+y}{x^2+y^2}$$

如果函数以其他形式给出也可同样理解。如在傅里叶变换中我们知道，对定义于 $\mathbf{R}$ 上的任意函数 $f(x)$，其傅里叶变换定义为

$$F(f)(\lambda)=\int_{-\infty}^{\infty}f(x)\mathrm{e}^{-\mathrm{i}x\lambda}\,\mathrm{d}x \tag{1.4.3}$$

其中 $\lambda$ 为参变量，故通常称(1.4.3) 式中积分为含参变量的广义积分。该积分确定的函数 $F(f)(\lambda)$ 与 $f$ 有关。

给定 $f(x)$，则 $F(f)(\lambda)$ 为 $\lambda$ 的函数，其对应法则可表示为

$$F(f)(\quad)=\int_{-\infty}^{\infty}f(x)\mathrm{e}^{-\mathrm{i}x(\quad)}\,\mathrm{d}x \tag{1.4.4}$$

这里 $F(f)$ 纯粹是一个函数符号，如同对 $g$、$h$ 等符号的理解。傅里叶变换便是将原来自变量为 $x$ 的函数 $f(x)$，变成自变量为 $\lambda$ 的函数 $F(f)(\lambda)$。因此它是一种由函数构成的集合之间的一种映射，数学上通常称为算子或变换。读者学过的不定积分及变上限积分等概念，还有(1.3.21) 式和(1.3.22) 式的右端表达式均属此问题。

若要计算 $F(f)$ 在某一点之值，只需在(1.4.4) 式两端括号内放入自变量的值即可。例如

$$F(f)(1)=\int_{-\infty}^{\infty}f(x)\mathrm{e}^{-\mathrm{i}x(1)}\,\mathrm{d}x=\int_{-\infty}^{\infty}f(x)\mathrm{e}^{-\mathrm{i}x}\,\mathrm{d}x$$

$$F(f)(i)=\int_{-\infty}^{\infty}f(x)\mathrm{e}^{-\mathrm{i}x(\mathrm{i})}\,\mathrm{d}x=\int_{-\infty}^{\infty}f(x)\mathrm{e}^{x}\,\mathrm{d}x$$

$$F(f)(\lambda+2)=\int_{-\infty}^{\infty} f(x)\mathrm{e}^{-\mathrm{i}x(\lambda+2)}\mathrm{d}x$$

若考虑 $f$ 在变,这时只需在(1.4.3)式两边去掉 $f$,并换成括号"(　)"即可

$$F(\quad)(\lambda)=\int_{-\infty}^{\infty}(\quad)(x)\mathrm{e}^{-\mathrm{i}x\lambda}\mathrm{d}x \tag{1.4.5}$$

(1.4.5)式表示对函数求傅里叶变换,即由傅里叶变换确定的函数到函数的映射。在求某函数的傅里叶变换时,只要在(1.4.5)式两边括号内放入该函数即可。例如

$$F(\sin x)(\lambda)=\int_{-\infty}^{\infty}\sin x\mathrm{e}^{-\mathrm{i}x\lambda}\mathrm{d}x$$

$$F(\mathrm{e}^{-x})(\lambda)=\int_{-\infty}^{\infty}\mathrm{e}^{-x}\mathrm{e}^{-\mathrm{i}x\lambda}\mathrm{d}x$$

再举一个函数变换的例子。设 $\psi(x)$ 为定义在区间 $(-\infty,\infty)$ 上的一元函数,变换 $M$ 将一元函数 $\psi(x)$ 变换为二元函数 $M_\psi(x,t)$,具体定义如下

$$M_\psi(x,t)=\frac{1}{2a}\int_{x-at}^{x+at}\psi(\alpha)\mathrm{d}\alpha \tag{1.4.6}$$

去掉(1.4.6)式中的自变量 $x$、$t$ 和函数符号 $\psi$,便有

$$M_{(\ )}((\quad)_1,(\quad)_2)=\frac{1}{2a}\int_{(\ )_1-a(\ )_2}^{(\ )_1+a(\ )_2}(\quad)(\alpha)\mathrm{d}\alpha \tag{1.4.7}$$

如要计算函数 $\sin x$ 变换后所得的函数 $M_{\sin}$ 在 $(x,t)$ 点的值,只需将函数 $\sin x$ 和 $(x,t)$ 代入到(1.4.7)式中:

$$M_{\sin}(x,t)=\frac{1}{2a}\int_{x-at}^{x+at}\sin\alpha\mathrm{d}\alpha=\frac{1}{2a}[\cos(x-at)-\cos(x+at)]$$

类似可得,函数 $M_{\sin}$ 在点 $(x+1,t-2)$ 和 $(x,t-\tau)$ 的值分别为

$$M_{\sin}(x+1,t-2)=\frac{1}{2a}\int_{(x+1)-a(t-2)}^{(x+1)+a(t-2)}\sin\alpha\mathrm{d}\alpha$$

$$=\frac{1}{2a}[\cos(x-at+1+2a)-\cos(x+at+1-2a)]$$

$$M_{\sin}(x,t-\tau)=\frac{1}{2a}\int_{x-a(t-\tau)}^{x+a(t-\tau)}\sin\alpha\mathrm{d}\alpha=\frac{1}{2a}[\cos(x-a(t-\tau))-\cos(x+a(t-\tau))]$$

在下例中,用 $f_\tau$ 表示当 $t=\tau$ 代入后由 $f(x,\tau)$ 确定的变量为 $x$ 的函数,即 $f_\tau(x)=f(x,\tau)$。另外,此处 $x$ 也可为多维变量。

**例 1.9**　设变换 $M$ 定义如(1.4.6)式所示,$\varphi(x)$ 为定义在区间 $(-\infty,\infty)$ 上的一元函数,$f(x,t)$ 在上半平面 $\{(x,t)\mid-\infty<x<\infty,t>0\}$ 内有定义,参数 $\tau\in(0,t)$。求(1)$M_\varphi(x,t)$;(2)$M_\varphi(x+1,t-2)$;(3)$M_{f_\tau}(x,t)$;(4)$M_{f_\tau}(x,t-\tau)$。

**解**　(1)$M_\varphi(x,t)=\dfrac{1}{2a}\displaystyle\int_{x-at}^{x+at}\varphi(\xi)\mathrm{d}\xi$

(2)$M_\varphi(x+1,t-2)=\dfrac{1}{2a}\displaystyle\int_{(x+1)-a(t-2)}^{(x+1)+a(t-2)}\varphi(\xi)\mathrm{d}\xi=\dfrac{1}{2a}\int_{x-at+1+2a}^{x+at+1-2a}\varphi(\xi)\mathrm{d}\xi$

(3)$M_{f_\tau}(x,t)=\dfrac{1}{2a}\displaystyle\int_{x-at}^{x+at}f(\xi,\tau)\mathrm{d}\xi$

(4)$M_{f_\tau}(x,t-\tau)=\dfrac{1}{2a}\displaystyle\int_{x-a(t-\tau)}^{x+a(t-\tau)}f(\xi,\tau)\mathrm{d}\xi$

**例 1.10**　设 $K(x,y,t)$ 为定义在上半空间 $\{(x,y,t)\mid-\infty<x,y<\infty,t>0\}$ 的函数,

$B_r(x,y)=\{(\xi,\eta)\mid(\xi-x)^2+(\eta-y)^2<r^2\}$。对任意$(x,y)$平面上有定义的二元函数$\psi(x,y)$，变换$M_\psi$定义为

$$M_\psi(x,y,t)=\frac{1}{\sqrt{\pi t}}\iint_{B_{at}(x,y)}\psi(\xi,\eta)K(\xi-x,\eta-y,t)\mathrm{d}\xi\mathrm{d}\eta$$

求(1)$M_\varphi(x,y,t+1)$；(2)$M_{f_\tau}(x,y,t-\tau)$。其中参数$\tau\in(0,t)$，$\varphi(x,y)$在$(x,y)$平面上有定义，而$f(x,y,t)$在上半空间$t>0$内有定义。

**解**　注意到此时$f_\tau(x,y)=f(x,y,\tau)$，所以

(1) $$M_\varphi(x,y,t+1)=\frac{1}{\sqrt{\pi(t+1)}}\iint_{B_{a(t+1)}(x,y)}\varphi(\xi,\eta)K(\xi-x,\eta-y,t+1)\mathrm{d}\xi\mathrm{d}\eta$$

(2) 由于 $$M_{f_\tau}(x,y,t)=\frac{1}{\sqrt{\pi t}}\iint_{B_{at}(x,y)}f(\xi,\eta,\tau)K(\xi-x,\eta-y,t)\mathrm{d}\xi\mathrm{d}\eta$$

故有

$$M_{f_\tau}(x,y,t-\tau)=\frac{1}{\sqrt{\pi(t-\tau)}}\iint_{B_{a(t-\tau)}(x,y)}f(\xi,\eta,\tau)K(\xi-x,\eta-y,t-\tau)\mathrm{d}\xi\mathrm{d}\eta$$

**例 1.11**　设函数$\varphi(x)$和$\psi(x)$在区间$[0,l]$有定义，$f(x,t)$在带状区域$\{(x,t)\mid 0\leqslant x\leqslant l,t\geqslant 0\}$有定义，参数$\tau\in(0,t)$。若变换$M$定义如下：

$$M_\psi(x,t)=\sum_{n=1}^{\infty}\frac{2}{l}\int_0^l\psi(\alpha)\sin\frac{n\pi}{l}\alpha\,\mathrm{d}\alpha\,\mathrm{e}^{-\frac{n^2\pi^2a^2}{l^2}t}\sin\frac{n\pi}{l}x$$

试求(1)$M_\varphi(x,t)$；(2)$M_{f_\tau}(x,t)$；(3)$M_{f_\tau}(x,t-\tau)$。

**解**　(1) $$M_\varphi(x,t)=\sum_{n=1}^{\infty}\frac{2}{l}\int_0^l\varphi(\alpha)\sin\frac{n\pi}{l}\alpha\,\mathrm{d}\alpha\,\mathrm{e}^{-\frac{n^2\pi^2a^2}{l^2}t}\sin\frac{n\pi}{l}x$$

(2) $$M_{f_\tau}(x,t)=\sum_{n=1}^{\infty}\frac{2}{l}\int_0^l f(\alpha,\tau)\sin\frac{n\pi}{l}\alpha\,\mathrm{d}\alpha\,\mathrm{e}^{-\frac{n^2\pi^2a^2}{l^2}t}\sin\frac{n\pi}{l}x$$

(3) $$M_{f_\tau}(x,t-\tau)=\sum_{n=1}^{\infty}\frac{2}{l}\int_0^l f(\alpha,\tau)\sin\frac{n\pi}{l}\alpha\,\mathrm{d}\alpha\,\mathrm{e}^{-\frac{n^2\pi^2a^2}{l^2}(t-\tau)}\sin\frac{n\pi}{l}x$$

### 1.4.2　常微分方程中的齐次化原理

为简单起见，本小节以一阶和二阶常系数常微分方程定解问题的求解为例，介绍齐次化原理。

考虑如下一阶常系数常微分方程柯西问题

$$\begin{cases}x'(t)+\alpha x=f(t), & t>0\\ x(0)=x_0\end{cases}\tag{1.4.8}$$

利用分离变量法可得齐次方程通解为

$$x(t)=c\mathrm{e}^{-\alpha t}\tag{1.4.9}$$

其中$c$为待定常数。为求非齐次方程的通解，利用常数变易法，即设

$$x(t)=c(t)\mathrm{e}^{-\alpha t}\tag{1.4.10}$$

并将其代入到定解问题(1.4.8)中的非齐次方程可得

$$c'(t)\mathrm{e}^{-\alpha t}-\alpha c(t)\mathrm{e}^{-\alpha t}+\alpha c(t)\mathrm{e}^{-\alpha t}=f(t)$$

故有

$$c(t)=\int_0^t \mathrm{e}^{\alpha\tau}f(\tau)\mathrm{d}\tau+\bar{c} \tag{1.4.11}$$

将(1.4.11)式代入到(1.4.10)式中得

$$x(t)=\bar{c}\mathrm{e}^{-\alpha t}+\int_0^t \mathrm{e}^{-(t-\tau)}f(\tau)\mathrm{d}\tau \tag{1.4.12}$$

由定解问题(1.4.8)中初始条件可确定出(1.4.12)式中的常数 $\bar{c}$ 为 $x_0$。因此,柯西问题(1.4.8)的解为

$$x(t)=x_0\mathrm{e}^{-\alpha t}+\int_0^t \mathrm{e}^{-\alpha(t-\tau)}f(\tau)\mathrm{d}\tau \tag{1.4.13}$$

对于(1.4.13)式,若记 $x^1(t)=M_{x_0}(t)=x_0\mathrm{e}^{-\alpha t}$,$\bar{x}(t)=\int_0^t \mathrm{e}^{-\alpha(t-\tau)}f(\tau)\mathrm{d}\tau$,则 $x^1(t)$ 和 $\bar{x}(t)$ 分别是如下两问题的解:

$$\begin{cases}x'(t)+\alpha x=0, & t>0\\ x(0)=x_0\end{cases} \tag{1.4.14}$$

$$\begin{cases}x'(t)+\alpha x=f(t), & t>0\\ x(0)=0\end{cases} \tag{1.4.15}$$

不仅如此,$\bar{x}(t)$ 还可由 $x^1(t)$ 的表达式给出,其具体过程如下。

先在 $x^1(t)$ 的表达式中用 $f(\tau)$ 替换 $x_0$ 得

$$M_{f_\tau}(t)=f(\tau)\mathrm{e}^{-\alpha t}$$

再将上式中的时间变量 $t$ 换成 $t-\tau$ 得

$$M_{f_\tau}(t-\tau)=f(\tau)\mathrm{e}^{-\alpha(t-\tau)}$$

最后,对上式在区间 $[0,t]$ 关于变量 $\tau$ 积分便得

$$\bar{x}(t)=\int_0^t \mathrm{e}^{-\alpha(t-\tau)}f(\tau)\mathrm{d}\tau$$

以上分析表明,为求解柯西问题(1.4.8),仅需求出齐次方程的柯西问题(1.4.14)的解即可,而非齐次方程柯西问题(1.4.15)的解可由方程(1.4.14)的解给出,这一步就是根据齐次化原理得到的。齐次化原理是求解常系数微分方程定解问题的一个非常有用的原理,是由数学家杜阿梅尔首次发现的。因此,齐次化原理也称为杜阿梅尔原理。

**注 12** 我们知道,求解常系数线性常微分方程定解问题的困难所在是如何求出非齐次方程的一个特解。上例说明:为求一阶非齐次方程的特解,既可以用常数变易法,也可以用齐次化原理。要说明的是,对高阶常系数线性常微分方程定解问题,齐次方程通解很易求出,而求出非齐次方程的一个特解却较为困难。即使对二阶方程,用待定系数法或拉普拉斯变换求出一个特解,一般来讲也是比较烦琐的一件事,但用齐次化原理却非常容易。

为加深读者对齐次化原理的进一步理解,再举几例加以说明。

**例 1.12** 求解如下柯西问题:

$$\begin{cases}x''(t)+2x'(t)-3x(t)=f(t), & t>0\\ x(0)=0, \quad x'(0)=1\end{cases} \tag{1.4.16}$$

其中(1)$f(t)=\mathrm{e}^t$;(2)$f(t)$ 为任意连续函数。

**解** (1)$f(t)=\mathrm{e}^t$,用三种方法求解该问题。

**方法 1** 拉普拉斯变换法。对柯西问题(1.4.16)中的方程两端取拉普拉斯变换得

$$s^2X(s)-1+2sX(s)-3X(s)=\frac{1}{s-1}$$

整理可得

$$X(s)=\frac{s}{(s-1)^2(s+3)}$$

对上式取拉普拉斯逆变换得

$$\begin{aligned}x(t)&=\frac{\mathrm{d}}{\mathrm{d}s}\left(\frac{s\mathrm{e}^{st}}{s+3}\right)\bigg|_{s=1}+\frac{\mathrm{d}}{\mathrm{d}s}\left[\frac{s\mathrm{e}^{st}}{(s-1)^2}\right]\bigg|_{s=-3}\\&=\frac{1}{16}(4t+3)\mathrm{e}^t-\frac{3}{16}\mathrm{e}^{-3t}\end{aligned}$$

**方法 2**　待定系数法。易得齐次方程通解为 $c_1\mathrm{e}^t+c_2\mathrm{e}^{-3t}$。假设非齐次方程的特解为 $\bar{x}(t)=At\mathrm{e}^t$。将 $\bar{x}(t)=At\mathrm{e}^t$ 代入到柯西问题(1.4.16) 中的方程可得 $A=\frac{1}{4}$。因此，非齐次方程的通解为

$$x(t)=c_1\mathrm{e}^t+c_2\mathrm{e}^{-3t}+\frac{1}{4}t\mathrm{e}^t$$

利用问题(1.4.16) 中的初值条件，可求出 $c_1=\frac{3}{16}$，$c_2=-\frac{3}{16}$，故有

$$x(t)=\frac{3}{16}\mathrm{e}^t-\frac{3}{16}\mathrm{e}^{-3t}+\frac{1}{4}t\mathrm{e}^t$$

**方法 3**　齐次化原理。为求解柯西问题(1.4.16)，需求解以下两个初值问题

$$\begin{cases}x''(t)+2x'(t)-3x(t)=0, & t>0\\x(0)=0, & x'(0)=b\end{cases}\tag{1.4.17}$$

$$\begin{cases}x''(t)+2x'(t)-3x(t)=f(t), & t>0\\x(0)=0, & x'(0)=0\end{cases}\tag{1.4.18}$$

易得齐次方程通解为 $c_1\mathrm{e}^t+c_2\mathrm{e}^{-3t}$。利用初值问题(1.4.17) 中的初值条件可求出 $c_1=\frac{b}{4}$，$c_2=-\frac{b}{4}$，故初值问题(1.4.17) 的解为

$$x(t)=M_b(t)=\frac{b}{4}\mathrm{e}^t-\frac{b}{4}\mathrm{e}^{-3t}=\frac{b}{4}(\mathrm{e}^t-\mathrm{e}^{-3t})\tag{1.4.19}$$

由齐次化原理可得，初值问题(1.4.18) 的解为

$$\begin{aligned}x(t)&=\int_0^t M_{f_\tau}(t-\tau)\mathrm{d}\tau\\&=\frac{1}{4}\int_0^t \mathrm{e}^\tau(\mathrm{e}^{t-\tau}-\mathrm{e}^{-3(t-\tau)})\mathrm{d}\tau\\&=\frac{1}{4}\int_0^t(\mathrm{e}^t-\mathrm{e}^{-3t}\mathrm{e}^{4\tau})\mathrm{d}\tau\\&=\frac{1}{16}(4t\mathrm{e}^t-\mathrm{e}^t+\mathrm{e}^{-3t})\end{aligned}$$

在(1.4.19) 式中，取 $b=1$ 并与上式相加得柯西问题(1.4.16) 的解为

$$x(t)=\frac{1}{16}(3\mathrm{e}^t-3\mathrm{e}^{-3t}+4t\mathrm{e}^t)$$

(2) 若 $f(t)$ 为一般的连续函数,则上面的待定系数法失效,但第一种方法仍可用。作为练习请读者利用拉普拉斯变换求出该问题的解。下面用齐次化原理求解此问题。

第一步　利用叠加原理,将原定解问题(1.4.16)分解为齐次方程定解问题(1.4.17)和非齐次方程零初值定解问题(1.4.18)。

第二步　求解齐次方程定解问题(1.4.17)。上面已求出该问题的解为

$$x_1(t) = M_b(t) = b\frac{1}{4}(e^t - e^{-3t})$$

第三步　利用齐次化原理求解定解问题(1.4.18)。

$$\begin{aligned} x_2(t) &= \int_0^t M_{f_\tau}(t-\tau)d\tau \\ &= \int_0^t f(\tau)\frac{1}{4}(e^{t-\tau} - e^{-3(t-\tau)})d\tau \end{aligned} \tag{1.4.20}$$

最后,利用叠加原理便得柯西问题(1.4.16)的解为 $x(t) = x_1(t) + x_2(t)$。

**例 1.13**　设弹性系数为 $k$ 的弹簧一端悬挂在支架上,另一端自由向下。若给弹簧下端挂有质量为 $m$ 的物体,则物体从静止位置开始以初速为零作垂直运动,求该物体的运动规律。

**解**　以静止位置为原点,垂直向下为 $x$ 轴正向建立坐标系。则所求定解问题为

$$\begin{cases} mx''(t) + kx(t) = g(t), & t > 0 \\ x(0) = 0, & x'(0) = 0 \end{cases}$$

或

$$\begin{cases} x''(t) + \omega_0^2 x(t) = f(t), & t > 0 \\ x(0) = 0, & x'(0) = 0 \end{cases} \tag{1.4.21}$$

其中 $\omega_0^2 = \frac{k}{m}$,$f(t) = \frac{g(t)}{m}$,$g(t)$ 为物体运动时受到的外力。我们用齐次化原理求解此问题。

考虑如下定解问题:

$$\begin{cases} x''(t) + \omega_0^2 x(t) = 0, & t > 0 \\ x(0) = 0, & x'(0) = b \end{cases} \tag{1.4.22}$$

易得方程通解为 $c_1\sin\omega_0 t + c_2\cos\omega_0 t$。由初始条件可确定出 $c_1 = \frac{b}{\omega_0}$,$c_2 = 0$,故有

$$x(t) = M_b(t) = \frac{b}{\omega_0}\sin\omega_0 t \tag{1.4.23}$$

由齐次化原理便得初值问题(1.4.21)的解为

$$\begin{aligned} x(t) &= \int_0^t M_{f_\tau}(t-\tau)d\tau \\ &= \int_0^t \frac{f(\tau)}{\omega_0}\sin\omega_0(t-\tau)d\tau \\ &= \frac{1}{\omega_0}\int_0^t f(\tau)\sin\omega_0(t-\tau)d\tau \end{aligned} \tag{1.4.24}$$

由(1.4.23)式可知,当外力 $g(t) = 0$ 时,物体在初速度 $x'(0) = b \neq 0$ 作用下作简谐振动,其频率为 $\omega_0$。如果物体受到外力作用时,其运动规律与外力有关(参看(1.4.24)式),一般来讲运动较为复杂。例如,当 $f(t) = \varepsilon\sin\omega t(\omega \neq \omega_0)$ 时,由(1.4.24)式可得

$$x(t) = \int_0^t M_{f_\tau}(t-\tau)d\tau$$

$$= \frac{\varepsilon}{\omega_0}\int_0^t \sin\omega\tau \sin\omega_0(t-\tau)\mathrm{d}\tau$$

$$= \frac{\varepsilon(\omega\sin\omega_0 t - \omega_0\sin\omega t)}{\omega_0(\omega^2-\omega_0^2)} \tag{1.4.25}$$

在(1.4.25)式中令 $\omega \to \omega_0$,并利用洛必达法则可得

$$\lim_{\omega\to\omega_0} x(t) = \frac{\varepsilon\sin\omega_0 t}{2\omega_0^2} - \frac{\varepsilon t}{2\omega_0}\cos\omega_0 t \tag{1.4.26}$$

在(1.4.26)式中取 $t_n = \frac{n\pi}{\omega_0}$,则有 $|x(t_n)| = \frac{n\pi\varepsilon}{2\omega_0^2}$。由此可见,不管 $\varepsilon$ 多么小,$|x(t_n)|$ 将随时间 $t_n$ 的增大而变得越来越大,最终要趋于无穷大。

**注 13**　例 1.13 所举的弹子振动问题在数学中是一个很有理论意义的问题,其中常数 $\omega_0$ 称为该系统的固有频率。若当外力为 $\varepsilon\sin\omega t$,且其频率 $\omega$ 很接近系统的固有频率 $\omega_0$ 时,$|x(t_n)|$ 将随时间 $t_n$ 的增加而最终要趋于无穷大,即弹子振动的振幅变得越来越大,进而导致弹簧在某一时刻断裂,这就是所谓的共振现象。

**例 1.14**　考虑如下三个初值问题:

$$\begin{cases} y''(t) + py'(t) + qy(t) = 0, & t > 0 \\ y(0) = 0, & y'(0) = 1 \end{cases} \tag{1.4.27}$$

$$\begin{cases} y''(t) + py'(t) + qy(t) = 0, & t > 0 \\ y(0) = 0, & y'(0) = b \end{cases} \tag{1.4.28}$$

$$\begin{cases} y''(t) + py'(t) + qy(t) = f(t), & t > 0 \\ y(0) = 0, & y'(0) = 0 \end{cases} \tag{1.4.29}$$

其中 $p$、$q$ 和 $b$ 为常数。设问题(1.4.27)的解为 $\Gamma(t)$,试用 $\Gamma(t)$ 给出问题(1.4.28)和(1.4.29)的解,并证明所得到的结果。

**解**　分两步进行。

第一步　求初值问题(1.4.28)的解。由叠加原理易得初值问题(1.4.28)的解为 $y(t) = b\Gamma(t)$。

为验证 $y(t) = b\Gamma(t)$ 确是初值问题(1.4.28)的解,对 $y(t)$ 直接求导可得

$$y'(t) = b\Gamma'(t), \quad y''(t) = b\Gamma''(t)$$

将上面两式及 $y(t) = b\Gamma(t)$ 代入到(1.4.28)中方程的左端,得

$$y''(t) + py'(t) + qy(t) = b[\Gamma''(t) + p\Gamma'(t) + q\Gamma(t)] = 0$$

即 $y(t) = b\Gamma(t)$ 满足(1.4.28)中的方程。又由 $\Gamma(0) = 0, \Gamma'(0) = 1$,可得

$$y(0) = b\Gamma(0) = 0, \quad y'(0) = b\Gamma'(0) = b$$

所以 $y(t) = b\Gamma(t)$ 也满足(1.4.28)中的初值条件。因此,$y(t) = b\Gamma(t)$ 是初值问题(1.4.28)的解。

第二步　求初值问题(1.4.29)的解。由齐次化原理可得此问题的解为

$$y(t) = \int_0^t f(\tau)\Gamma(t-\tau)\mathrm{d}\tau \tag{1.4.30}$$

现在验证(1.4.30)式确是初值问题(1.4.29)的解。注意到当 $t > \tau$ 时,$\Gamma(t-\tau)$ 满足初值问题(1.4.27)中的齐次方程,且 $\Gamma(0) = 0, \Gamma'(0) = 1$。对(1.4.30)式两端直接求导可得

$$y'(t) = f(t)\Gamma(0) + \int_0^t f(\tau)\Gamma'(t-\tau)\mathrm{d}\tau$$

$$= \int_0^t f(\tau)\Gamma'(t-\tau)\mathrm{d}\tau$$

$$y''(t) = f(t)\Gamma'(0) + \int_0^t f(\tau)\Gamma''(t-\tau)\mathrm{d}\tau$$

$$= f(t) + \int_0^t f(\tau)\Gamma''(t-\tau)\mathrm{d}\tau$$

将上面两式和(1.4.30)式代入到初值问题(1.4.29)的方程左端得

$$y''(t) + py'(t) + qy(t) = f(t) + \int_0^t f(\tau)[\Gamma''(t-\tau) + p\Gamma'(t-\tau) + q\Gamma(t-\tau)]\mathrm{d}\tau$$

$$= f(t)$$

即 $y(t) = \int_0^t f(\tau)\Gamma(t-\tau)\mathrm{d}\tau$ 满足方程,而 $y(0) = 0, y'(0) = 0$ 显然成立,问题得证。

**注 14** 上例中的结果也适用于常系数高阶常微分方程柯西问题。

### 1.4.3 偏微分方程中的齐次化原理

下面不加证明地给出关于波动方程和热传导方程定解问题的齐次化原理。

**齐次化原理 1**[1],[2] 设 $u_3(x,t) = M_\psi(x,t)$ 是定解问题(1.3.12)的解,则 $u_2(x,t) = \frac{\partial}{\partial t}M_\varphi(x,t)$ 是定解问题(1.3.11)的解,$u_1(x,t) = \int_0^t M_{f_\tau}(x,t-\tau)\mathrm{d}\tau$ 是定解问题(1.3.10)的解,而定解问题(1.3.9)的解为

$$u(x,t) = \frac{\partial}{\partial t}M_\varphi(x,t) + M_\psi(x,t) + \int_0^t M_{f_\tau}(x,t-\tau)\mathrm{d}\tau \tag{1.4.31}$$

**齐次化原理 2**[1],[2] 考虑定解问题:

$$\begin{cases} u_t = a^2 u_{xx} + f(x,t), & 0 < x < l, t > 0 \\ u(0,t) = u(l,t) = 0, & t \geqslant 0 \\ u(x,0) = \varphi(x), & 0 \leqslant x \leqslant l \end{cases}$$

若 $f = 0$ 时,定解问题的解为 $u(x,t) = M_\varphi(x,t)$。则当 $\varphi = 0, f \neq 0$ 时,定解问题的解为

$$u_2(x,t) = \int_0^t M_{f_\tau}(x,t-\tau)\mathrm{d}\tau$$

而原定解问题的解为

$$u(x,t) = M_\varphi(x,t) + \int_0^t M_{f_\tau}(x,t-\tau)\mathrm{d}\tau \tag{1.4.32}$$

**注 15** 齐次化原理对波动方程和热传导方程的柯西问题也成立,请读者写出相应的结果。另外,以上两个齐次化原理是针对一维弦振动方程和一维热传导方程的定解问题给出的结果,对于平面或空间上高维波动方程和热传导方程的定解问题,类似结论也成立。有兴趣的读者可参本书阅参考文献[1]和[2]。

## §1.5* 二阶线性方程的分类和化简

### 1.5.1 二阶线性偏微分方程的分类

为简单起见,先考虑常系数的二阶线性偏微分方程。如 1.3 节前述,两个自变量的二阶线

性方程的一般形式为

$$a_{11}\frac{\partial^2 u}{\partial x_1^2}+2a_{12}\frac{\partial^2 u}{\partial x_1\partial x_2}+a_{22}\frac{\partial^2 u}{\partial x_2^2}+b_1\frac{\partial u}{\partial x_1}+b_2\frac{\partial u}{\partial x_2}+cu=f \tag{1.5.1}$$

或

$$Lu=f \tag{1.5.2}$$

其中 $L$ 是由(1.3.2)式定义的偏微分算子，$a_{ij}(1\leqslant i,j\leqslant 2)$、$b_i(1\leqslant i\leqslant 2)$、$c$ 均为常数，而 $f$ 是自变量 $(x_1,x_2)$ 的函数。

方程(1.5.1)的化简主要是简化二阶导数项的形式。设 $\boldsymbol{A}$ 为方程(1.5.1)中二阶导数项系数所构成的二阶常数矩阵，即

$$\boldsymbol{A}=\begin{pmatrix} a_{11} & a_{12}\\ a_{21} & a_{22}\end{pmatrix}$$

其中 $a_{21}=a_{12}$。引入记号：梯度算子 $\nabla_x=\left(\frac{\partial}{\partial x_1},\frac{\partial}{\partial x_2}\right)^{\mathrm{T}}$，直接计算可得方程(1.5.1)的简洁形式为

$$\nabla_x^{\mathrm{T}}\boldsymbol{A}\,\nabla_x u+(b_1,b_2)\nabla_x u+cu=f \tag{1.5.3}$$

作自变量线性变换 $(y_1,y_2)^{\mathrm{T}}=\boldsymbol{B}(x_1,x_2)^{\mathrm{T}}$，其中 $\boldsymbol{B}=\begin{pmatrix} b_{11} & b_{12}\\ b_{21} & b_{22}\end{pmatrix}$。利用多元复合函数的链导法可得

$$\frac{\partial u}{\partial x_1}=b_{11}\frac{\partial u}{\partial y_1}+b_{21}\frac{\partial u}{\partial y_2},\quad \frac{\partial u}{\partial x_2}=b_{12}\frac{\partial u}{\partial y_1}+b_{22}\frac{\partial u}{\partial y_2}$$

即

$$\nabla_x u=\boldsymbol{B}^{\mathrm{T}}\nabla_y u$$

因此，在线性变换下，梯度算子

$$\nabla_x=\boldsymbol{B}^{\mathrm{T}}\nabla_y \tag{1.5.4}$$

将(1.5.4)式代入到(1.5.3)式中，得

$$\nabla_y^{\mathrm{T}}\boldsymbol{BAB}^{\mathrm{T}}\nabla_y u+(b_1,b_2)\boldsymbol{B}^{\mathrm{T}}\nabla_y u+cu=f \tag{1.5.5}$$

由于 $\boldsymbol{A}$ 为实对称矩阵，故存在正交矩阵 $\boldsymbol{B}$ 使得 $\boldsymbol{BAB}^{\mathrm{T}}$ 为对角阵，从而使(1.5.5)式中右端第一项成为如下标准形式：

$$\nabla_y^{\mathrm{T}}\boldsymbol{BAB}^{\mathrm{T}}\nabla_y u=\lambda_1 u_{y_1y_1}+\lambda_2 u_{y_2y_2} \tag{1.5.6}$$

其中 $\lambda_1$、$\lambda_2$ 为矩阵 $\boldsymbol{A}$ 的特征值。

若矩阵 $\boldsymbol{A}$ 正定或负定，即 $\lambda_1$、$\lambda_2$ 同号，称方程(1.5.1)为椭圆型(elliptic form)方程。若矩阵 $\boldsymbol{A}$ 非奇异且 $\lambda_1$、$\lambda_2$ 异号，称方程(1.5.1)为双曲型(hyperbolic form)方程。而当矩阵 $\boldsymbol{A}$ 奇异且 $\lambda_1$、$\lambda_2$ 其中之一为零时，称方程(1.5.1)为抛物型(parabolic form)方程。

根据上述定义，一维波动方程 $u_{tt}=a^2u_{xx}$ 是双曲型方程，一维热传导方程 $u_t=a^2u_{xx}$ 是抛物型方程，而泊松方程 $u_{xx}+u_{yy}=f(x,y)$ 是椭圆型方程。

**注 16**　对于有 $n$ 个自变量的常系数二阶线性偏微分方程，类似于上面(1.5.5)式和(1.5.6)式的结果也成立。此时，偏微分方程的化简相当于线性代数中二次型的化简问题。

对于变系数方程

$$a_{11}\frac{\partial^2 u}{\partial x_1^2}+2a_{12}\frac{\partial^2 u}{\partial x_1\partial x_2}+a_{22}\frac{\partial^2 u}{\partial x_2^2}+b_1\frac{\partial u}{\partial x_1}+b_2\frac{\partial u}{\partial x_2}+cu=f \tag{1.5.7}$$

这里系数 $a_{ij}(1\leqslant i,j\leqslant 2)$、$b_i(1\leqslant i\leqslant 2)$ 和 $c$ 均为自变量 $\boldsymbol{x}=(x_1,x_2)$ 的函数,$\boldsymbol{x}$ 属于平面上的某个区域 $\Omega$,那么方程(1.5.7)中二阶导数项系数所构成的二阶矩阵为

$$\boldsymbol{A}(\boldsymbol{x})=\begin{pmatrix}a_{11}(x_1,x_2) & a_{12}(x_1,x_2)\\ a_{12}(x_1,x_2) & a_{22}(x_1,x_2)\end{pmatrix}$$

记判别式 $\Delta(\boldsymbol{x})=-|\boldsymbol{A}(\boldsymbol{x})|=a_{12}^2(\boldsymbol{x})-a_{11}(\boldsymbol{x})a_{22}(\boldsymbol{x})$,其中 $|\boldsymbol{A}(\boldsymbol{x})|$ 为矩阵 $\boldsymbol{A}(\boldsymbol{x})$ 的行列式。和常系数方程类似,引入下面定义。

**定义 1.1**[2] 设 $\Omega$ 为平面 $(x_1,x_2)$ 上的某个区域,$\boldsymbol{x}_0=(x_{10},x_{20})\in\Omega$。

(1) 若 $\Delta(\boldsymbol{x}_0)<0$,称方程(1.5.7)在点 $\boldsymbol{x}_0$ 是椭圆型的。

(2) 若 $\Delta(\boldsymbol{x}_0)=0$,称方程(1.5.7)在点 $\boldsymbol{x}_0$ 是抛物型的。

(3) 若 $\Delta(\boldsymbol{x}_0)>0$,称方程(1.5.7)在点 $\boldsymbol{x}_0$ 是双曲型的。

如果在区域 $\Omega$ 的某一子集 $E$ 中每一点,方程(1.5.7)都是椭圆型的,就称方程(1.5.7)在 $E$ 是椭圆型的。类似可定义在某一子集 $E$ 的抛物型或双曲型方程。

对于 $n$ 个自变量的二阶线性微分方程,其一般形式为

$$\sum_{i=1}^{n}\sum_{j=1}^{n}a_{ij}(\boldsymbol{x})\frac{\partial^2 u}{\partial x_i\partial x_j}+\sum_{j=1}^{n}b_j(\boldsymbol{x})\frac{\partial u}{\partial x_j}+c(\boldsymbol{x})=f(\boldsymbol{x})\tag{1.5.8}$$

其中自变量 $\boldsymbol{x}=(x_1,x_2,\cdots,x_n)\in\Omega$,$\Omega$ 为 $\mathbf{R}^n$ 的某个区域。记方程(1.5.8)中二阶导数项系数所构成的 $n$ 阶矩阵为 $A(\boldsymbol{x})=(a_{ij}(\boldsymbol{x}))$,类似地有如下定义。

**定义 1.2**[2] 设 $\boldsymbol{x}_0=(x_{10},x_{20},\cdots,x_{n0})\in\Omega$。

(1) 若矩阵 $\boldsymbol{A}(\boldsymbol{x}_0)$ 为正定或负定的,称方程(1.5.8)在点 $\boldsymbol{x}_0$ 是椭圆型的。

(2) 若 $\boldsymbol{A}(\boldsymbol{x}_0)$ 为非奇异矩阵,其 $n$ 个特征值中有 $(n-1)$ 个同号,剩下一个异号,称方程(1.5.8)在点 $\boldsymbol{x}_0$ 是双曲型的;否则,就称方程(1.5.8)在点 $\boldsymbol{x}_0$ 是狭义双曲型的。

(3) 若 $\boldsymbol{A}(\boldsymbol{x}_0)$ 为奇异矩阵,其 $n$ 个特征值中只有一个为零,其余的 $(n-1)$ 个同号,称方程(1.5.8)在点 $\boldsymbol{x}_0$ 是抛物型的;否则,就称方程(1.5.8)在点 $\boldsymbol{x}_0$ 是狭义抛物型的。

如果在区域 $\Omega$ 的某一子集 $E$ 中每一点,方程(1.5.8)都是椭圆型的,就称方程(1.5.8)在 $E$ 是椭圆型的。类似地,可定义在某一子集 $E$ 的抛物型或双曲型方程。

**例 1.15** 设 $\Omega=\mathbf{R}^2$,讨论如下特里克米(Tricomi)方程

$$yu_{xx}+u_{yy}=0$$

的类型。

**解** 判别式 $\Delta(x,y)=-y$,由此可知,在上半平面特里科米方程是椭圆型的,在下半平面特里科米方程是双曲型的,而在 $x$ 轴上特里科米方程是抛物型的。

**例 1.16** 设 $\Omega=\mathbf{R}^4$,讨论如下方程

$$u_{x_1x_1}+4u_{x_2x_2}+6u_{x_3x_4}=\sin x_1+1$$

的类型。

**解** 由于方程二阶导数项系数为常数,故在整个区域上类型相同。该方程的二阶导数项系数矩阵为

$$\mathbf{A}=\begin{pmatrix}1&0&0&0\\0&4&0&0\\0&0&0&3\\0&0&3&0\end{pmatrix}$$

易见特征值分别为 1,4,3,−3,故该方程在区域 $\Omega$ 是双曲型的。

### 1.5.2　两个自变量二阶偏微分方程的化简

对于 $n$ 个自变量常系数的二阶线性偏微分方程,由 1.5.1 小节的讨论容易判断方程的类型,并可用线性代数中二次型化简方法将方程简化为标准型。其具体过程是,先求方程二阶导数项系数矩阵 $\boldsymbol{A}$ 的特征向量;然后利用施密特(Schmidt) 正交化方法将所得到的 $n$ 个特征向量单位正交化,并以这 $n$ 个单位正交向量作为 $n$ 个列向量生成正交矩阵 $\boldsymbol{B}$;最后,通过正交变换 $\boldsymbol{y}=\boldsymbol{Bx}$,在整个 $\mathbf{R}^n$ 上将方程化为标准型。我们将此结果以下面的定理形式给出。

**定理 1.2**　任一 $n$ 个自变量常系数的二阶线性偏微分方程,可通过正交变换化为标准型。

对于 $n$ 个自变量的变系数二阶线性偏微分方程,其化简一般不能通过线性变换来完成,而是要用到自变量之间的非线性变换。不仅如此,通常也不存在一个区域 $\Omega$ 上的整体变换将方程简化为标准型,而是在每点的某个邻域,利用局部坐标变换将方程化为标准型。一般地讲,对于线性问题所具有的整体结果,在一定条件下,非线性问题也有相应的局部结果。

下面我们限于两个自变量,举例说明变系数方程的简化方法。为此,先引入下面的定义。

**定义 1.3**　考虑如下方程

$$a_{11}\frac{\partial^2 u}{\partial x^2}+2a_{12}\frac{\partial^2 u}{\partial x\partial y}+a_{22}\frac{\partial^2 u}{\partial y^2}+b_1\frac{\partial u}{\partial x}+b_2\frac{\partial u}{\partial y}+cu=f \tag{1.5.9}$$

其中系数 $a_{ij}(1\leqslant i,j\leqslant 2)$、$b_i(1\leqslant i\leqslant 2)$、$c$ 和 $f$ 均为自变量 $x$、$y$ 的函数,$(x,y)$ 属于平面 $\mathbf{R}^2$ 上的某个区域 $\Omega$。我们称常微分方程

$$a_{11}\left(\frac{\mathrm{d}y}{\mathrm{d}x}\right)^2-2a_{12}\frac{\mathrm{d}y}{\mathrm{d}x}+a_{22}=0 \tag{1.5.10}$$

为方程(1.5.9) 的特征方程(characteristic equation)。如果 $a_{11}\neq 0$,由方程(1.5.10) 可解出

$$\frac{\mathrm{d}y}{\mathrm{d}x}=\frac{a_{12}\pm\sqrt{\Delta(x,y)}}{a_{11}} \tag{1.5.11}$$

其中 $\Delta(x,y)=a_{12}^2-a_{11}a_{22}$。称方程(1.5.11) 的积分曲线为方程(1.5.9) 的特征曲线(characteristic curve)。

若方程(1.5.9) 有两族特征曲线 $\varphi(x,y)=c_1$,$\psi(x,y)=c_2$,一般说来就可用变量代换:$\xi=\varphi(x,y)$,$\eta=\psi(x,y)$,将方程(1.5.9) 简化。当方程(1.5.9) 在点$(x_0,y_0)$ 为双曲型方程时,则 $\Delta(x_0,y_0)>0$。若进一步假设方程二阶导数项系数为连续函数,则在该点的某个邻域有 $\Delta(x,y)>0$。此时,在该邻域内方程(1.5.9) 就有两族实特征曲线。当方程(1.5.9) 在点$(x_0,y_0)$ 为椭圆型方程时,出现复特征曲线。而当方程(1.5.9) 在点$(x_0,y_0)$ 为抛物型方程时,$\Delta(x_0,y_0)=0$,可能会出现多种情况。

利用多元复合函数链导法,直接计算可得如下结果。

**定理 1.3**[2]　若 $\varphi(x,y)=c_1$,$\psi(x,y)=c_2$ 为方程(1.5.9) 在点$(x_0,y_0)$ 某个邻域的两族特征曲线,则在该邻域内 $\varphi(x,y)$ 和 $\psi(x,y)$ 分别满足以下方程

$$a_{11}\varphi_x^2+2a_{12}\varphi_x\varphi_y+a_{22}\varphi_y^2=0,\quad a_{11}\psi_x^2+2a_{12}\psi_x\psi_y+a_{22}\psi_y^2=0$$

下面我们假定方程(1.5.9) 有两族特征曲线 $\varphi(x,y)=c_1$,$\psi(x,y)=c_2$。为了化简方程,考虑变量代换

$$\begin{cases}\xi=\varphi(x,y)\\ \eta=\psi(x,y)\end{cases}$$

如果 $\varphi(x,y)$ 和 $\psi(x,y)$ 在点$(x_0,y_0)$的某个邻域二阶连续可微,且该变换在该邻域是非奇异的,即变换的雅可比(Jacobi)行列式:

$$\begin{vmatrix} \varphi_x & \varphi_y \\ \psi_x & \psi_y \end{vmatrix} \neq 0$$

直接计算可得,方程(1.5.9)可变换为为如下形式:

$$\bar{a}_{11}\frac{\partial^2 u}{\partial \xi^2}+2\bar{a}_{12}\frac{\partial^2 u}{\partial \xi \partial \eta}+\bar{a}_{22}\frac{\partial^2 u}{\partial \eta^2}+\cdots=\bar{f} \tag{1.5.12}$$

其中 $\bar{a}_{ij}(1\leqslant i,j\leqslant 2)$、$\bar{b}_i(1\leqslant i\leqslant 2)$、$\bar{f}$ 和一阶导数的系数均为自变量 $\xi$、$\eta$ 的函数,并且有

$$\bar{a}_{11}=a_{11}\varphi_x^2+2a_{12}\varphi_x\varphi_y+a_{22}\varphi_y^2$$

$$\bar{a}_{22}=a_{11}\psi_x^2+2a_{12}\psi_x\psi_y+a_{22}\psi_y^2$$

$$\bar{a}_{12}=a_{11}\varphi_x\psi_x+a_{12}(\varphi_x\psi_y+\psi_x\varphi_y)+a_{22}\varphi_y\psi_y$$

由定理1.3知,此时方程(1.5.12)中 $u_{\xi\xi}$ 和 $u_{\eta\eta}$ 的系数为零,从而方程(1.5.9)的形式得以简化。

**例 1.17** 设 $x\neq y$,试判别下列方程

$$yu_{xx}+(x+y)u_{xy}+xu_{yy}=0 \tag{1.5.13}$$

的类型并化简。

**解** 计算判别式可得

$$\Delta(x,y)=\frac{(x+y)^2}{4}-xy=\frac{(x-y)^2}{4}>0$$

故方程(1.5.13)在区域 $\Omega=\{(x\ \ y)\in \mathbf{R}^2\,|\,x\neq y\}$ 上是双曲型的。

方程(1.5.13)的特征方程为

$$y\left(\frac{\mathrm{d}y}{\mathrm{d}x}\right)^2-(x+y)\frac{\mathrm{d}y}{\mathrm{d}x}+x=0$$

当 $y\neq 0$ 时,有

$$\left(\frac{\mathrm{d}y}{\mathrm{d}x}-\frac{x}{y}\right)\left(\frac{\mathrm{d}y}{\mathrm{d}x}-1\right)=0$$

该方程等价于如下两个方程

$$\frac{\mathrm{d}y}{\mathrm{d}x}=\frac{x}{y},\quad \frac{\mathrm{d}y}{\mathrm{d}x}=1$$

解之可得两族特征线

$$y-x=c_1,\quad y^2-x^2=c_2$$

令 $\xi=y-x$,$\eta=y^2-x^2$,其雅可比行列式

$$\begin{vmatrix} -1 & 1 \\ -2x & 2y \end{vmatrix}=2(x-y)\neq 0,\quad x\neq y$$

在此变换下,通过直接计算可得方程(1.5.13)的标准型为

$$u_{\xi\eta}+\frac{1}{\xi}u_\eta=0$$

或

$$\xi u_{\xi\eta}+u_\eta=0 \tag{1.5.14}$$

值得指出的是:利用标准型(1.5.14)容易求出原方程的解。将方程(1.5.14)改写为 $(\xi u_\eta)'_\xi=0$,积分得

$$\xi u_\eta = f_1(\eta)$$

其中 $f_1(\eta)$ 为连续可导的任意函数。再积分一次便得

$$u(\xi,\eta) = \frac{1}{\xi}\int f_1(\eta)\mathrm{d}\eta$$
$$= \frac{1}{\xi}f(\eta) + g(\xi)$$

其中 $f$ 和 $g$ 为二阶连续可导的任意函数。将自变量还原为 $x$、$y$，便得方程(1.5.13) 的通解为

$$u(x,y) = \frac{1}{y-x}f(y^2-x^2) + g(y-x)$$

**例 1.18**　将特里科米方程 $yu_{xx}+u_{yy}=0$ 分别在下半平面和上半平面内化为标准型。

**解**　该方程的特征方程为 $y\left(\frac{\mathrm{d}y}{\mathrm{d}x}\right)^2+1=0$。

在下半平面，特征方程为$\frac{\mathrm{d}y}{\mathrm{d}x}=\pm\frac{1}{\sqrt{-y}}$，即 $\mathrm{d}x\pm\sqrt{-y}\mathrm{d}y=0$，其通解为 $x\pm\frac{2}{3}(-y)^{\frac{3}{2}}=c$，故特里科米方程的两族实特征曲线族分别为 $x+\frac{2}{3}(-y)^{\frac{3}{2}}=c_1$，$x-\frac{2}{3}(-y)^{\frac{3}{2}}=c_2$。

对特里科米方程 $yu_{xx}+u_{yy}=0$ 作变量代换：$\xi=x-\frac{2}{3}(-y)^{\frac{3}{2}}$，$\eta=x+\frac{2}{3}(-y)^{\frac{3}{2}}$，直接计算可得

$$u_{xx}=u_{\xi\xi}+2u_{\xi\eta}+u_{\eta\eta}$$
$$u_{yy}=(-y)(u_{\xi\xi}-2u_{\xi\eta}+u_{\eta\eta})+\frac{1}{2\sqrt{-y}}(u_\eta-u_\xi)$$

将上面两式代入到方程 $yu_{xx}+u_{yy}=0$ 并化简，得

$$u_{\xi\eta}+\frac{1}{6(\xi-\eta)}(u_\eta-u_\xi)=0$$

此即特里科米方程在下半平面的标准型。

在上半平面($y>0$)，由特征方程可得$\frac{\mathrm{d}y}{\mathrm{d}x}=\pm\frac{\mathrm{i}}{\sqrt{y}}$，即 $\mathrm{d}x\pm\mathrm{i}\sqrt{y}\mathrm{d}y=0$，其通解为 $x\pm\mathrm{i}\frac{2}{3}y^{\frac{3}{2}}=c$，等价于 $x=c_1$，$\frac{2}{3}y^{\frac{3}{2}}=c_2$，此即特里科米方程的两族实特征曲线族。对方程 $yu_{xx}+u_{yy}=0$ 作变量代换：$\xi=x$，$\eta=\frac{2}{3}y^{\frac{3}{2}}$，直接计算可得

$$u_{xx}=u_{\xi\xi},\quad u_{yy}=yu_{\eta\eta}+\frac{1}{2\sqrt{y}}u_\eta$$

将上面两式代入到方程 $yu_{xx}+u_{yy}=0$ 并化简，可得特里科米方程在上半平面的标准型

$$u_{\xi\xi}+u_{\eta\eta}+\frac{1}{3\eta}u_\eta=0$$

## 习题 1

1. 设有一根长为 $l$ 的均匀柔软细弦，当它作微小横振动时，除受内部张力外，还受到周围介质所产生的阻尼力作用，阻尼力与速度成正比(比例系数为 $b$)，试写出带有阻尼力的弦振动

方程。

2. 长为 $l$ 的均匀细杆侧面绝热，内部无热源，一端温度恒为 0 ℃ 而另一端有恒定热流 $q(\mathrm{J}/(\mathrm{s}\cdot\mathrm{m}^2))$ 流进杆内。若杆的初始温度为 $\varphi(x)(0\leqslant x\leqslant l)$，试写出细杆内温度所满足的定解问题。

3. 一个温度为 200 ℃ 的铁球置放在空气中让它自然冷却，若空气温度为27 ℃，试写出此球内的温度场 $u(x,y,z,t)$ 所满足的定解问题。

4. 长为 $l$ 的圆形管，直径充分小，一端封闭而另一端开放。管外空气中含有某种气体 $\alpha$，其浓度为 $u_0$ 并向管内扩散，试写出该扩散问题相应的定解问题，即管内气体 $\alpha$ 浓度所满足的定解问题。

5*. 有一半径为 $R$ 的管道，里面充满某种气体，其密度为 $\rho(x,t)(\mathrm{kg/m})$，气体在管道中流动的速度为 $v(x,t)(\mathrm{m/s})$，试建立该气体在管道中流动时 $\rho(x,t)$ 满足的微分方程。

6. 设有一长为 $l$ 的均匀金属细杆，侧面绝热，初始温度为零；一端$(x=0)$ 温度为 $u_0$，另一端$(x=l)$ 有热流 $q(t)(\mathrm{J/s}\cdot\mathrm{m}^2)$ 流入杆内。

(1) 若 $q(t)=\sin\omega t$，内部无热源，试写出细杆内温度所满足的定解问题。

(2) 若 $q(t)$ 同(1)，细杆内部有热源且热源强度为 $x(\mathrm{J}/(\mathrm{s}\cdot\mathrm{kg}))$，试写出细杆内温度所满足的定解问题。

7*. 设有一长为 $l$ 的绷紧的均匀柔软细弦，两端 $x=0$ 和 $x=l$ 固定。开始时在弦线的中点用一个向上的力 $\boldsymbol{F}$ 拉弦，达到稳定后放手让其振动，如果无外力作用，试写出弦线位移 $u$ 满足的定解问题。

8. 设有一长为 $l$ 的均匀柔软细弦，左端 $x=0$ 固定，右端 $x=l$ 系在一长为 $L$ 弹性系数为 $k$ 的小弹簧上，弹簧的下端固定在弦线的平衡位置。试在右端 $x=l$ 无外力施加和有一个垂直外力 $\boldsymbol{f}(t)$ 作用的两种情况下，分别写出弦线右端 $x=l$ 满足的边界条件。

9*. 设有一长为 $l$ 的均匀柔软细弦，两端 $x=0$ 和 $x=l$ 固定，在弦线中间某点处施加一个外力 $\boldsymbol{f}$(常数)，其余点无外力作用，推导弦线位移满足的定解问题。

10. 验证 $u=x^2+y^2$ 是方程

$$y\frac{\partial u}{\partial x}-x\frac{\partial u}{\partial y}=0$$

的一个解。问 $u=\varphi(x^2+y^2)$ 是否仍是该方程的解?其中 $\varphi$ 为连续可微的函数。

11. 设 $\varphi(x)$、$\psi(x)$ 具有二阶连续导数，试验证 $u=x+\varphi(y)$ 是方程

$$\frac{\partial u}{\partial x}\frac{\partial^2 u}{\partial x\partial y}-\frac{\partial u}{\partial y}\frac{\partial^2 u}{\partial x^2}=0$$

的一个解。问 $u=\psi(x+\varphi(y))$ 是否仍是该方程的解?该方程是几阶方程?是线性方程还是非线性方程?齐次还是非齐次的?

12. 求方程

$$\frac{\partial u}{\partial y}=x^2+2y$$

的通解。若要求 $u(x,y)$ 满足 $u(x,x^2)=1$，则如何确定其解 $u$?

13. 设 $f(x)$ 和 $g(x)$ 在$(-\infty,\infty)$ 内二阶连续可微，$a>0$ 为常数。求解或证明下面结果。

(1)$u_1(x,t)=f(x-at)$ 和 $u_2(x,t)=g(x+at)$ 都是方程 $u_{tt}=a^2u_{xx}$ 的解。

(2) 利用上面结果求解柯西问题：

$$\begin{cases} u_{tt}=a^2u_{xx}, & -\infty<x<\infty,t>0 \\ u(0,t)=\sin x,u_t(x,0)=0, & -\infty<x<\infty \end{cases}$$

14. 选择适当函数 $w(x,t)$，使函数代换 $v=u-w$ 将以下边界条件齐次化。

(1)$u(0,t)=t,u(2,t)=\sin t$。

(2)$u(0,t)=1,u_x(l,t)=1+t^2$。

(3)$u_x(0,t)=\varphi(t),u_x(3,t)=\psi(t)$。

(4)$u_x(0,t)=t^2,u_x(2,t)+u(2,t)=t$。

15. 选择适当函数 $w(x,t)$，使函数代换 $v=u-w$ 将以下非齐次方程齐次化。

(1)$u_t=a^2u_{xx}+xt$。

(2)$u_{xx}+u_{yy}=\sin x+xy$。

16. 考虑如下有界弦振动方程定解问题：

$$\begin{cases} u_{tt}=a^2u_{xx}, & 0<x<l,t>0 \\ u(0,t)=0,u(l,t)=0, & t\geqslant 0 \\ u(x,0)=0,u_t(x,0)=\psi(x), & 0\leqslant x\leqslant l \end{cases}$$

(1) 将 $\psi(x)$ 在$[0,l]$按正交函数系 $\left\{\sin\frac{n\pi}{l}x\right\}_{n\geqslant 1}$ 展成如下傅里叶级数：

$$\psi(x)=\sum_{n=1}^{\infty}\psi_n\sin\frac{n\pi}{l}x$$

并求出该级数的傅里叶系数 $\psi_n$。

(2) 对于任意整数 $n\geqslant 1$，试验证 $u_n(x,t)=\frac{l}{n\pi a}\psi_n\sin\frac{n\pi a}{l}t\sin\frac{n\pi}{l}x$ 是如下问题的解：

$$\begin{cases} u_{tt}=a^2u_{xx}, & 0<x<l,t>0 \\ u(0,t)=0,u(l,t)=0, & t\geqslant 0 \\ u(x,0)=0,u_t(x,0)=\psi_n\sin\frac{n\pi}{l}x, & 0\leqslant x\leqslant l \end{cases}$$

(3) 利用上述(2) 的结果，试写出原定解问题的解。

(4) 试给出如下定解问题的解：

$$\begin{cases} u_{tt}=a^2u_{xx}, & 0<x<l,t>0 \\ u(0,t)=0,u(l,t)=0, & t\geqslant 0 \\ u(x,0)=\varphi(x),u_t(x,0)=0, & 0\leqslant x\leqslant l \end{cases}$$

17*. 考虑如下半无界热方程定解问题：

$$\begin{cases} u_t=a^2u_{xx}, & 0<x<\infty,t>0 \\ u_x(0,t)=0, & t\geqslant 0 \\ u(x,0)=\varphi(x), & 0\leqslant x<\infty \end{cases}$$

若对于任意的 $\xi>0$，当 $\varphi(x)=\delta(x-\xi)$ 时该问题的解为 $G(x,t,\xi)$，试给出原问题解的表达式。

18*. 设 $\varphi(x)$ 和 $\psi(x)$ 在实轴上有定义，算子 $M_\varphi(x,y)$ 定义为

$$M_\varphi(x,y)=\frac{y}{\pi}\int_{-\infty}^{+\infty}\frac{\varphi(\xi)}{(x-\xi)^2+y^2}\mathrm{d}\xi$$

试求 $M_\varphi(x+y,x-y)$，$M_\psi(x+y,x^2+y^2)$。

19*. 考虑如下定解问题：

$$\begin{cases}u_{tt}=a^2u_{xx}+f(x,t), & 0<x<l,t>0\\ u_x(0,t)=u_x(l,t)=0, & t\geqslant 0\\ u(x,0)=0,u_t(x,0)=\psi(x), & 0\leqslant x\leqslant l\end{cases}$$

(1) 定义 $M_\psi(x,t)$ 如下

$$M_\psi(x,t)=\psi_0 t+\sum_{n=1}^{\infty}\psi_n\sin\frac{n\pi a}{l}t\cos\frac{n\pi}{l}x$$

其中 $\psi_0=\frac{1}{l}\int_0^l\psi(\alpha)\mathrm{d}\alpha,\psi_n=\frac{2}{n\pi a}\int_0^l\psi(\alpha)\cos\frac{n\pi\alpha}{l}\mathrm{d}\alpha,n\geqslant 1$。验证 $M_\psi(x,t)$ 中级数的每一项都满足所给定解问题的齐次方程和边界条件。

(2) 试写出 $M_\varphi(x,t),M_{f_\tau}(x,t-\tau)$。

(3) 若 $M_\psi(x,t)$ 是所给定解问题当 $f(x,t)=0$ 时的解，问当 $f(x,t)\neq 0,\psi(x)=0$ 时所给定解问题的解怎么表示？又 $\frac{\partial}{\partial t}M_\varphi(x,t)$ 是哪一个定解问题的解？

20*. 考虑如下定解问题：

$$\begin{cases}u_{tt}=a^2(u_{xx}+u_{yy})+f(x,y,t), & (x,y)\in\mathbf{R}^2,t>0\\ u(x,y,0)=\varphi(x,y),u_t(x,y,0)=\psi(x,y), & (x,y)\in\mathbf{R}^2\end{cases}$$

若 $\varphi(x,y)=0,f(x,y,t)=0$ 时，该定解问题的解为

$$u_2(x,y,t)=\frac{1}{2\pi a}\iint\limits_{B_{at}(x,y)}\frac{\psi(\xi,\eta)}{\sqrt{a^2t^2-r^2}}\mathrm{d}\xi\mathrm{d}\eta$$

其中 $r^2=(\xi-x)^2+(\eta-y)^2,B_{at}(x,y)=\{(\xi,\eta)\mid r<at\}$。试写出当 $\varphi(x,y)=0,\psi(x,y)=0$，但 $f(x,y,t)$ 不为零时原定解问题的解。

21*. 考虑如下定解问题：

$$\begin{cases}u_t=a^2(u_{xx}+u_{yy})+f(x,y,t), & (x,y)\in\mathbf{R}^2,t>0\\ u(x,y,0)=\varphi(x,y), & (x,y)\in\mathbf{R}^2\end{cases}$$

若当 $f(x,y)=0$ 时该定解问题的解为

$$u_1(x,y,t)=\frac{1}{4a^2\pi t}\iint\limits_{\mathbf{R}^2}\varphi(\xi,\eta)\mathrm{e}^{-\frac{r^2}{4a^2t}}\mathrm{d}\xi\mathrm{d}\eta$$

其中 $r^2=(\xi-x)^2+(\eta-y)^2$，试写出当 $\varphi(x,y)=0$ 而 $f(x,y)$ 不为零时原定解问题的解。

22*. [不同介质热传导问题] 设一长为 $2l$ 的金属细杆，其中一半($0\leqslant x\leqslant l$) 是导热系数为 $k_1$，线密度为 $\rho_1$ 的均匀铁杆，而另一半是导热系数 $k_2$，线密度为 $\rho_2$ 的均匀铜杆。如果该金属细杆内部无热源，侧面绝热，左端($x=0$) 有恒定热流 $q$(J/s) 流进杆内，右端温度为常温 $u_0$，初始温度分布为 $\varphi(x)$，试推导金属细杆内温度 $u(x,t)$ 满足的定解问题。

23*. [活动边界问题] 设有一半无限长($x\geqslant 0$) 的金属细杆，其侧面绝热内部无热源，初始温度为 $\varphi(x)$。如果左端($x=0$) 在高温下开始燃烧，且燃烧点处温度为 $g(t)$，燃烧的速度(即单位时间燃烧的金属细杆长度) 为 $a$(cm/s)，试写出未被燃烧的金属细杆内的温度 $u(x,t)$ 满足的定解问题。

24*. [一相斯特藩问题] 设有一长为 $l$ 的金属细杆，侧面和右端($x=l$) 绝热，内部无热源且初始温度为 $\varphi(x)$。如果在左端($x=0$) 有恒定热流 $q$(J/s) 流进杆内且 $q$ 很大，从而导致金属

细杆左端慢慢燃烧，即在该金属熔点时由固态金属转化为同温度的液态金属，试推导金属细杆左端满足的边界条件，并写出未被燃烧的金属细杆内温度 $u(x,t)$ 满足的定解问题。这里假设该金属的潜热（单位质量的该金属完全熔化所需要的热量）为 $L$(J/g)。

25*.［冻结问题 —— 两相斯特藩问题］[2] 设有一半无界（$x \geqslant 0$）侧面绝热的细空心管，开始时里面装有温度为 $c(c > 0)$ 的温水，内部无热源。如果将管子左端（$x = 0$）温度控制在零度以下的常温 $c_0$，则管子中的水就会慢慢结成冰。设冰的潜热为 $L$(J/g)，$t$ 时刻冰水界面在 $x = \rho(t) > 0$ 处，这里 $\rho(t)$ 是未知的，需要求解该冻结问题后得知。试利用与习题 24 类似的方法推导冰水界面 $x = \rho(t)$ 处的边界条件，并写出冰温 $u(x,t)$ 和水温 $v(x,t)$ 满足的定解问题。

26*.［边界辐射问题］傅里叶热学定律和牛顿热学定律反映了热能在同一介质或两种不同介质中传导的规律，即能量交换的定量表示形式。正是基于这些热力学基本定律，根据能量守恒得到了本章中的热传导方程定解问题。在热力学理论中还有一个基本定律叫斯特藩-玻尔兹曼定律[2]：在物体表面，热量向外辐射的热流为 $\boldsymbol{q} = \sigma[u^4 - v^4]\boldsymbol{n}$(J/m$^2$ · s)，其中 $\sigma$ 为辐射系数，$\boldsymbol{n}$ 为物体边界的单位外法向量，$u$ 为物体表面的温度，而 $v$ 为物体周围介质的温度。现有一长为 $l$ 的金属细杆，侧面和右端（$x = l$）绝热，内部无热源且初始温度为 $\varphi(x)$。设在左端（$x = 0$）外的温度为 10 度，在该端只考虑热辐射作用而不考虑热量的传导（如导热系数充分小时可忽略传导作用），试推导金属细杆左端满足的边界条件，并写出金属细杆内温度 $u(x,t)$ 满足的定解问题。

27. 利用平面上的拉普拉斯方程 $\Delta u = 0$，完成以下工作：

(1) 利用极坐标变换 $x = r\cos\theta, y = r\sin\theta$，将拉普拉斯方程转化为如下形式：

$$u_{rr} + \frac{1}{r}u_r + \frac{1}{r^2}u_{\theta\theta} = 0$$

(2) 证明：对任意的正整数 $n$，函数 $r^n\cos n\theta, r^n\sin n\theta$ 都是平面上的调和函数。

(3) 设 $\Omega$ 为圆心在坐标原点的单位圆盘，考虑如下定解问题：

$$\begin{cases} -\Delta u = 0, & (x,y) \in \Omega \\ u = \cos\theta - 2\sin 3\theta, & (x,y) \in \partial\Omega \end{cases}$$

试利用叠加原理和上面(2)中的结果求出该定解问题的解。

28*.［能量积分］考虑如下有界弦振动方程定解问题：

$$\begin{cases} u_{tt} = a^2 u_{xx}, & 0 < x < l, t > 0 \\ u(0,t) = 0, u(l,t) = 0, & t \geqslant 0 \\ u(x,0) = 0, u_t(x,0) = \psi(x), & 0 \leqslant x \leqslant l \end{cases}$$

(1) 对任意时刻 $t > 0$，求出弦线在该时刻的动能表达式。

(2) 证明对任意时刻 $t > 0$，弦线在该时刻的弹性势能为 $\dfrac{\boldsymbol{T}}{2}\displaystyle\int_0^l u_x^2(x,t)\mathrm{d}x$，其中 $\boldsymbol{T}$ 为弦线的张力，弦线在平衡位置（$u = 0$）为零势能。

(3) 试写出弦线在任意时刻 $t$ 的总能量表示式。

29*. 考虑如下弹性支撑边界的有界弦振动方程定解问题：

$$\begin{cases} u_{tt} = a^2 u_{xx}, & 0 < x < l, t > 0 \\ u_x(0,t) = u, u_x(l,t) = -2u, & t \geqslant 0 \\ u(x,0) = 0, u_t(x,0) = \psi(x), & 0 \leqslant x \leqslant l \end{cases}$$

(1) 试求弦线在任意时刻 $t > 0$ 的动能表达式。

(2) 试求弦线在任意时刻 $t > 0$ 的势能表达式。

30*.[极值原理] 证明以下结果:

(1) 设 $\alpha(x) \in C[0,l]$ 且大于零,$y(x) \in C^2[0,l]$。如果 $y(x)$ 满足不等式

$$-y'' + \alpha(x)y \geqslant 0, \quad x \in [0,l], \quad y(0) \geqslant 0, \quad y(l) \geqslant 0$$

则有 $y(x) \geqslant 0, x \in [0,l]$。给出这个结果的几何解释。

(2) 对任意 $T > 0$,记 $\bar{\Omega}(T) = [0,l] \times [0,T]$,矩形闭区域 $\bar{\Omega}(T)$ 的下底和侧边称为该区域的抛物边界,记为 $\partial_p \bar{\Omega}(T)$,即

$$\partial_p \bar{\Omega}(T) = \{(x,0) \mid 0 \leqslant x \leqslant l\} \cup \{(x,t) \mid 0 \leqslant t \leqslant T, x = 0, l\}$$

再设 $u(x,t)$ 在闭区域 $\bar{\Omega}(T)$ 上有二阶连续偏导数。如果 $u(x,t)$ 满足不等式

$$u_t - a^2 u_{xx} \geqslant 0, \quad (x,t) \in \bar{\Omega}(T), \quad u \geqslant 0, \quad (x,t) \in \partial_p \bar{\Omega}(T)$$

则有 $u(x,t) \geqslant 0, (x,t) \in \bar{\Omega}(T)$。给出这个结果的物理解释。

# 第2章 分离变量法

分离变量法是求解偏微分方程定解问题的最常用方法之一，它和积分变换法一起统称为傅里叶方法。分离变量法的本质是把偏微分方程定解问题通过变量分离，转化为一个特征值问题和一个常微分方程的定解问题，并把原定解问题的解表示成按特征函数展开的级数形式。本章介绍两个自变量的偏微分方程定解问题的分离变量法，更多变量的情形放在其他章节中专门讨论。

## §2.1 特征值问题

为了更好地理解特征值问题，我们首先对矩阵特征值问题作一个简单的回顾，然后介绍二阶微分算子的特征值问题。

### 2.1.1 矩阵特征值问题

设 $\boldsymbol{A}$ 为一 $n$ 阶实矩阵，$\boldsymbol{A}$ 可视为 $\mathbf{R}^n$ 到自身的线性变换。则变换 $\boldsymbol{A}$ 的特征值问题(eigenvalue problem) 即是求方程

$$\boldsymbol{A}\boldsymbol{x} = \lambda\boldsymbol{x}, \boldsymbol{x} \in \mathbf{R}^n \tag{2.1.1}$$

的非零解，其中 $\lambda \in \mathbf{C}$ 为待定常数。如果对某个 $\lambda$，方程(2.1.1) 有非零解 $\mathbf{x}_\lambda \in \mathbf{R}^n$，就称 $\lambda$ 为矩阵 $\boldsymbol{A}$ 的特征值(eigenvalue)，相应的 $\boldsymbol{x}_\lambda$ 称为矩阵 $\boldsymbol{A}$ 的特征向量(eigenvector)。熟知，$\boldsymbol{A}$ 的线性无关的特征向量不多于 $n$ 个。

若 $\boldsymbol{A}$ 为一 $n$ 阶实对称矩阵，那么 $\boldsymbol{A}$ 可对角化，即存在正交矩阵 $\boldsymbol{T}$ 使得

$$\boldsymbol{T}^{-1}\boldsymbol{A}\boldsymbol{T} = \boldsymbol{D} \tag{2.1.2}$$

其中 $\boldsymbol{D} = \mathrm{diag}(\lambda_1, \lambda_2, \cdots, \lambda_n)$ 为实对角阵。设 $\boldsymbol{T} = [\boldsymbol{T}_1 \quad \boldsymbol{T}_2 \quad \cdots \quad \boldsymbol{T}_n]$，其中 $\boldsymbol{T}_i$ 为矩阵 $\boldsymbol{T}$ 的第 $i$ 列元素组成的列向量($1 \leqslant i \leqslant n$)，则(2.1.2) 式可写为如下形式：

$$\boldsymbol{A}[\boldsymbol{T}_1, \boldsymbol{T}_2, \cdots, \boldsymbol{T}_n] = [\boldsymbol{T}_1, \boldsymbol{T}_2, \cdots, \boldsymbol{T}_n]\boldsymbol{D}$$

等价于

$$\boldsymbol{A}\boldsymbol{T}_i = \lambda_i\boldsymbol{T}_i, \quad 1 \leqslant i \leqslant n \tag{2.1.3}$$

上式说明，正交矩阵 $\boldsymbol{T}$ 的每个列向量 $\boldsymbol{T}_i$ 都是矩阵 $\boldsymbol{A}$ 的特征向量，且是相互正交的。因而这 $n$ 个特征向量可作为 $\mathbf{R}^n$ 的一组基，使得 $\mathbf{R}^n$ 中任意向量都可由该组基线性表示，这种性质称为特征向量组的完备性(completeness)。特征向量组的这种完备性和正交性在线性问题求解中有重要的应用，下面举例说明。

在下面两个例子中均取 $\boldsymbol{A}$ 为 $n$ 阶非奇异实矩阵，并且假设 $\boldsymbol{A}$ 有 $n$ 个线性无关的特征向量 $\boldsymbol{T}_i(i = 1, 2, \cdots, n)$，对应的特征值为 $\lambda_i$，$1 \leqslant i \leqslant n$。在此假设下，$\boldsymbol{A}$ 的所有特征值非零。

**例 2.1** 设 $\boldsymbol{b} \in \mathbf{R}^n$，求解线性方程组 $\boldsymbol{A}\boldsymbol{x} = \boldsymbol{b}$。

**解** 由于 $\boldsymbol{A}$ 的特征向量组 $\{\boldsymbol{T}_i \mid 1 \leqslant i \leqslant n\}$ 线性无关，故可作为 $\mathbf{R}^n$ 的一组基。将 $\boldsymbol{x}$、$\boldsymbol{b}$ 按此

基分别展开为 $\boldsymbol{x}=\sum_{i=1}^{n}x_i\boldsymbol{T}_i$,$\boldsymbol{b}=\sum_{i=1}^{n}b_i\boldsymbol{T}_i$,则 $\boldsymbol{Ax}=\boldsymbol{b}$ 等价于

$$\sum_{i=1}^{n}x_i\boldsymbol{A}\boldsymbol{T}_i=\sum_{i=1}^{n}b_i\boldsymbol{T}_i$$

或

$$\sum_{i=1}^{n}x_i\lambda_i\boldsymbol{T}_i=\sum_{i=1}^{n}b_i\boldsymbol{T}_i$$

比较上式两边 $\boldsymbol{T}_i$ 的系数可得

$$x_i=\lambda_i^{-1}b_i,\quad 1\leqslant i\leqslant n$$

代入 $\boldsymbol{x}=\sum_{i=1}^{n}x_i\boldsymbol{T}_i$ 可得原问题的解。

**例 2.2** 设 $\boldsymbol{x}^0\in\mathbf{R}^n$,$\boldsymbol{x}(t)\in\mathbf{R}^n$, $t>0$。求解如下非齐次常微分方程组

$$\frac{\mathrm{d}\boldsymbol{x}}{\mathrm{d}t}=\boldsymbol{Ax}+\boldsymbol{f}(t),\quad \boldsymbol{x}(0)=\boldsymbol{x}^0 \tag{2.1.4}$$

其中 $\boldsymbol{f}(t)$ 为已知向量函数。

**解** 类似于例 2.1,将 $\boldsymbol{x}$、$\boldsymbol{x}^0$、$\boldsymbol{f}(t)$ 按基 $\{\boldsymbol{T}_i\,|\,1\leqslant i\leqslant n\}$ 分别展开为

$$\boldsymbol{x}(t)=\sum_{i=1}^{n}x_i(t)\boldsymbol{T}_i,\quad \boldsymbol{x}^0=\sum_{i=1}^{n}x_i^0\boldsymbol{T}_i,\quad \boldsymbol{f}(t)=\sum_{i=1}^{n}f_i(t)\boldsymbol{T}_i$$

则初值问题(2.1.4)等价于

$$\sum_{i=1}^{n}\frac{\mathrm{d}x_i(t)}{\mathrm{d}t}\boldsymbol{T}_i=\sum_{i=1}^{n}x_i(t)\boldsymbol{A}\boldsymbol{T}_i+\sum_{i=1}^{n}f_i(t)\boldsymbol{T}_i,\quad x_i(0)=x_i^0,1\leqslant i\leqslant n$$

或

$$\sum_{i=1}^{n}\frac{\mathrm{d}x_i(t)}{\mathrm{d}t}\boldsymbol{T}_i=\sum_{i=1}^{n}(\lambda_ix_i(t)+f_i(t))\boldsymbol{T}_i,\quad x_i(0)=x_i^0,1\leqslant i\leqslant n$$

比较上式两边 $\boldsymbol{T}_i$ 的系数可得

$$\frac{\mathrm{d}x_i(t)}{\mathrm{d}t}=\lambda_ix_i(t)+f_i(t),\quad x_i(0)=x_i^0,1\leqslant i\leqslant n$$

于是

$$x_i(t)=x_i^0\mathrm{e}^{\lambda_it}+\int_0^t f_i(\tau)\mathrm{e}^{\lambda_i(t-\tau)}\mathrm{d}\tau \tag{2.1.5}$$

将(2.1.5)式代入 $\boldsymbol{x}(t)=\sum_{i=1}^{n}x_i(t)\boldsymbol{T}_i$ 便得初值问题(2.1.4)的解。

例 2.1 与例 2.2 表明,若将所求解和相关函数按 $\boldsymbol{A}$ 的特征向量展开,则原问题的求解可转化为对展开系数的计算,从而简化了所研究的问题。这种展开也称为将函数向向量组做分解(或投影),其关键是求原问题对应的特征向量。

### 2.1.2 一个二阶线性微分算子的特征值问题

本章偏微分方程定解问题涉及到的特征值问题属于二阶线性微分算子 $A=-\dfrac{\mathrm{d}^2}{\mathrm{d}x^2}$ 的特征值问题。如 1.3 节所述,该微分算子是一种线性变换,它作用于函数组成的空间上。一般取函数空间为

$$H = \{X(x) \in C^2[0,l] \mid X(x) \text{ 在端点 } x = 0、l \text{ 满足齐次边界条件}\}$$

其中齐次边界条件可以是不同类型的。下面先取边界条件为 $X(0) = 0, X(l) = 0$。

类似于矩阵特征值问题，微分算子 $A$ 的特征值问题可表示为

$$AX(x) = \lambda X(x), \quad X(x) \in H \tag{2.1.6}$$

注意到 $X(x)$ 满足已给的齐次边界条件，故(2.1.6)式等价于

$$\begin{cases} X''(x) + \lambda X(x) = 0, & 0 < x < l \\ X(0) = X(l) = 0 \end{cases} \tag{2.1.7}$$

可见二阶线性微分算子 $A = -\dfrac{\mathrm{d}^2}{\mathrm{d}x^2}$ 的特征值问题可表示为带有边界条件的常微分方程定解问题，其非零解称为 $A$ 的特征函数，相应的 $\lambda$ 称为特征值。求解特征值问题就是要找到特征值问题(2.1.7)的所有特征函数和特征值。

首先证明，要使特征值问题(2.1.7)具有非零解，$\lambda$ 必须非负。

设 $X(x)$ 是相应于 $\lambda$ 的一个非零解，用 $X(x)$ 乘以问题(2.1.7)的方程两端，并在$[0,l]$上积分，可得

$$X''(x)X(x) + \lambda X(x)X(x) = 0$$

$$\int_0^l X''(x)X(x)\mathrm{d}x + \lambda\int_0^l X^2(x)\mathrm{d}x = 0$$

$$X(x)X'(x)\Big|_0^l - \int_0^l (X'(x))^2\mathrm{d}x + \lambda\int_0^l X^2(x)\mathrm{d}x = 0$$

由于 $X(0) = X(l) = 0$，故有

$$\lambda\int_0^l X^2(x)\mathrm{d}x = \int_0^l (X'(x))^2\mathrm{d}x$$

$$\lambda = \frac{\int_0^l (X'(x))^2\mathrm{d}x}{\int_0^l X^2(x)\mathrm{d}x} \geqslant 0 \tag{2.1.8}$$

当 $\lambda = 0$ 时，方程 $X''(x) + \lambda X(x) = 0$ 的通解为 $X(x) = c_1 + c_2 x$。利用边界条件 $X(0) = X(l) = 0$ 可得 $c_1 = c_2 = 0$，即 $X(x) = 0$，因此，$\lambda = 0$ 不是特征值。

当 $\lambda > 0$ 时，方程 $X''(x) + \lambda X(x) = 0$ 的通解为

$$X(x) = c_1\cos\sqrt{\lambda}x + c_2\sin\sqrt{\lambda}x \tag{2.1.9}$$

由边界条件 $X(0) = X(l) = 0$，得

$$0 = c_1, \quad 0 = c_1\cos\sqrt{\lambda}l + c_2\sin\sqrt{\lambda}l$$

或

$$c_2\sin\sqrt{\lambda}l = 0$$

为了求得方程(2.1.7)的非零解，取 $c_2$ 不为零，这时

$$\sin\sqrt{\lambda}l = 0$$

注意到$\sqrt{\lambda}l > 0$，从而有

$$\sqrt{\lambda}l = n\pi, \quad n \geqslant 1, n \in \mathbf{Z}$$

$$\lambda_n = \left(\frac{n\pi}{l}\right)^2, \quad n \geqslant 1$$

取 $c_2 = 1$,即相关函数中取其一,并将 $\lambda_n$ 之值代入(2.1.9)式,便得

$$X_n(x) = \sin\frac{n\pi}{l}x, \quad n \geqslant 1$$

故特征值问题(2.1.7)的特征值和特征函数分别为

$$\lambda_n = \left(\frac{n\pi}{l}\right)^2, \quad X_n(x) = \sin\frac{n\pi}{l}x, \quad n \geqslant 1 \tag{2.1.10}$$

在傅里叶级数理论中,我们知道函数系 $\left\{\sin\frac{n\pi}{l}x \mid n \geqslant 1\right\}$ 是正交函数系,即

$$\int_0^l \sin\frac{n\pi}{l}x\sin\frac{m\pi}{l}x\,\mathrm{d}x = \begin{cases}0, & n \neq m \\ l/2, & n = m\end{cases}$$

而且在区间 $[0,l]$ 上,任意分段光滑的连续函数 $f(x)$ 可按该特征函数系展成傅里叶正弦级数

$$f(x) = \sum_{n=1}^{\infty} f_n \sin\frac{n\pi}{l}x$$

其傅里叶系数

$$f_n = \frac{2}{l}\int_0^l f(x)\sin\frac{n\pi}{l}x\,\mathrm{d}x$$

换言之,$f(x)$ 可由特征函数系表示,如同 $\mathbf{R}^n$ 中任意向量可由基线性表示一样,我们称这种性质为特征函数系的完备性。理论上,特征函数系的正交性和完备性有进一步的深入讨论,读者可参阅参考文献[1]与[4]中的施图姆-刘维尔(Sturm-Liouville)定理。

当齐次边界条件不同时,微分算子 $A = -\frac{\mathrm{d}^2}{\mathrm{d}x^2}$ 有不同的特征函数和特征值。下述定理综述了几种不同的情况,是求解定解问题所要用到的基本结论。

**定理 2.1**[1],[4] 考虑二阶线性微分算子 $A = -\frac{\mathrm{d}^2}{\mathrm{d}x^2}$ 的特征值问题

$$\begin{cases}X''(x) + \lambda X(x) = 0, & 0 < x < l \\ X^{(k)}(0) = 0, & X^{(m)}(l) = 0\end{cases} \tag{2.1.11}$$

其中 $0 \leqslant k$、$m \leqslant 1$,$k,m$ 均为整数。则该问题的所有特征值非负,且满足(从小到大排序后)

$$0 \leqslant \lambda^{(1)} < \lambda^{(2)} < \cdots < \lambda^{(n)} < \cdots \to \infty$$

与 $\lambda^{(n)}$ 对应的特征函数系 $\{X_n(x)\}_{n\geqslant 1}$ 在 $[0,l]$ 上是相互正交的,即

$$\int_0^l X_i(x)X_j(x)\,\mathrm{d}x = 0, \quad i \neq j$$

而在区间 $[0,l]$ 上,任意分段光滑的连续函数 $f(x)$ 可按特征函数系 $\{X_n(x)\}_{n\geqslant 1}$ 展开为如下的傅里叶级数

$$f(x) = \sum_{n=1}^{\infty} f_n X_n(x)$$

其中傅里叶系数为

$$f_n = \int_0^l f(x)X_n(x)\,\mathrm{d}x \Big/ \int_0^l X_n^2(x)\,\mathrm{d}x, \quad n \geqslant 1$$

证明略。

积分 $\int_0^l X_n^2(x)\,\mathrm{d}x$ 称为 $X_n(x)$ 的平方模,其值与特征函数形式有关。如前所述,在边界条件

$X(0)=0, X(l)=0$ 下，特征函数为 $X_n(x)=\sin\frac{n\pi}{l}x$，容易求得其平方模为 $\int_0^l X_n^2(x)\mathrm{d}x=\frac{l}{2}$，此时 $f_n=\frac{2}{l}\int_0^l f(x)X_n(x)\mathrm{d}x, n\geqslant 1$。在其他边界条件的情况下，请读者自行推导相应的特征函数，并计算各种特征函数的平方模。

除(2.1.11)式给出的各种形式的边界条件外，求解特征值问题还会涉及到其他形式的边界条件。

**例 2.3**　求解如下特征值问题：

$$\begin{cases}\Phi''(\theta)+\lambda\Phi(\theta)=0, & 0\leqslant\theta\leqslant 2\pi\\ \Phi(0)=\Phi(2\pi), & \Phi'(0)=\Phi'(2\pi)\end{cases}\tag{2.1.12}$$

**解**　类似于(2.1.8)式的证明，易证特征值问题(2.1.12)的特征值 $\lambda\geqslant 0$。当 $\lambda=0$ 时，$\Phi(\theta)=c_1+c_2\theta$，由边界条件可得 $c_2=0$，即 $\Phi(\theta)=c_1$。所以 $\lambda=0$ 是特征值，对应的特征函数可取为 $\Phi_0(\theta)=1$。

当 $\lambda>0$ 时，方程的通解为

$$\Phi(\theta)=c_1\cos\sqrt{\lambda}\theta+c_2\sin\sqrt{\lambda}\theta$$

求导得

$$\Phi'(\theta)=-c_1\sqrt{\lambda}\sin\sqrt{\lambda}\theta+c_2\sqrt{\lambda}\cos\sqrt{\lambda}\theta$$

由边界条件可得

$$\begin{cases}c_1=c_1\cos(2\pi\sqrt{\lambda})+c_2\sin(2\pi\sqrt{\lambda})\\ c_2\sqrt{\lambda}=-c_1\sqrt{\lambda}\sin(2\pi\sqrt{\lambda})+c_2\sqrt{\lambda}\cos(2\pi\sqrt{\lambda})\end{cases}$$

或

$$\begin{cases}c_1[1-\cos(2\pi\sqrt{\lambda})]-c_2\sin(2\pi\sqrt{\lambda})=0\\ c_1\sin(2\pi\sqrt{\lambda})+c_2[1-\cos(2\pi\sqrt{\lambda})]=0\end{cases}\tag{2.1.13}$$

由于 $\Phi(\theta)$ 非零，故 $c_1$、$c_2$ 不能同时为零。换言之，齐次方程组(2.1.13)的系数行列式必为零，即 $1-\cos(2\pi\sqrt{\lambda})=0$，解之可得

$$\lambda_n=n^2,\quad n=1,2,3\cdots$$

对应的特征函数为

$$\Phi_n(\theta)=c_n\cos n\theta+d_n\sin n\theta,\quad n=1,2,3\cdots$$

其中 $c_n$ 和 $d_n$ 是不全为零的任意常数。因此每个特征值 $\lambda_n=n^2(n=1,2,3\cdots)$，有两个特征函数：$\cos n\theta$、$\sin n\theta$。

综合 $\lambda_0=0$ 与 $\lambda_n=n^2$ 两种情况可知，方程(2.1.12)的特征值和特征函数分别为

$$\lambda_0=0,\lambda_n=n^2,\Phi_0(\theta)=1,\Phi_n(\theta)=\{\cos n\theta,\sin n\theta\},n=1,2,3\cdots$$

注意到，特征值问题(2.1.12)的特征函数都是以 $2\pi$ 为周期的周期函数，因此它们都是如下带有周期条件的特征值问题

$$\begin{cases}\Phi''(\theta)+\lambda\Phi(\theta)=0, & -\infty<\theta<+\infty\\ \Phi(\theta)=\Phi(2\pi+\theta), & -\infty<\theta<+\infty\end{cases}\tag{2.1.14}$$

的特征函数。反之，特征值问题(2.1.14)的特征函数均能满足(2.1.12)的方程和边界条件。所以特征值问题(2.1.14)与特征值问题(2.1.12)等价，即两个特征值问题具有相同的特征值和

特征函数。

**定理 2.2** 特征值问题(2.1.14)的特征值和特征函数分别为

$$\lambda_0 = 0, \Phi_0(\theta) = 1; \lambda_n = n^2, \quad \Phi_n(\theta) = \{\cos n\theta, \sin n\theta\}, \quad n \geqslant 1$$

**注 1** 特征函数 $\Phi_n$ 有时也表示成等价的形式:$\Phi_n(\theta) = c_n \cos n\theta + d_n \sin n\theta, n \geqslant 0$。所谓等价是指两个函数组可相互线性表示。

# §2.2 分离变量法

本节结合具体定解问题介绍分离变量法(method of separation of variables)。所讨论的定解问题仅限于一维弦振动方程、一维热传导方程混合问题以及平面上一些特殊区域上的位势方程边值问题。高维定解问题的处理放在其他章节中介绍。

## 2.2.1 弦振动方程定解问题

分离变量法源于齐次方程 $u_{tt} = a^2 u_{xx}$(包括热传导方程 $u_t = a^2 u_{xx}$)具有无穷多个变量分离形式的解 $u_n(x,t) = X_n(x) T_n(t)$,其中 $X_n(t)$ 和 $T_n(t)$ 分别为某个特征值问题的特征函数和常微分方程的解。而这些解 $u_n(x,t)$ 的叠加形成了傅里叶级数,从而提供了在更大范围内寻找定解问题解的可能。

我们以如下波动方程定解问题为例,说明分离变量法的基本思想。

$$\begin{cases} u_{tt} - a^2 u_{xx} = 0, & 0 < x < l, t > 0 \\ u_x(0,t) = 0, u_x(l,t) = 0, & t \geqslant 0 \\ u(x,0) = \varphi(x), u_t(x,0) = \psi(x), & 0 \leqslant x \leqslant l \end{cases} \tag{2.2.1}$$

设 $u(x,t) = X(x)T(t)$,代入到方程中,得

$$T''(t)X(x) - a^2 X''(x)T(t) = 0$$

将等式作变量分离

$$\frac{X''(x)}{X(x)} = \frac{T''(t)}{a^2 T(t)}$$

上式左端是 $x$ 的函数,而右端是 $t$ 的函数,因此二者相等的充要条件是它们都等于同一常数,令此常数为 $-\lambda$,则有

$$\frac{X''(x)}{X(x)} = -\lambda, \quad \frac{T''(t)}{a^2 T(t)} = -\lambda$$

或

$$X''(x) + \lambda X(x) = 0, \quad T''(t) + a^2 \lambda T(t) = 0$$

这表明,欲求 $u(x,t) = X(x)T(t)$,只需求解上述两个常微分方程即可。显然这种变量分离形式的解有无穷多个。

再考虑边界条件。由给定的边界条件知,$X'(0)T(t) = 0, X'(l)T(t) = 0$。为求得非零解 $u(x,t)$,我们假定 $T(t)$ 非零,则有

$$X'(0) = X'(l) = 0$$

由此便得特征值问题

$$\begin{cases} X''(x) + \lambda X(x) = 0, & 0 < x < l \\ X'(0) = X'(l) = 0 \end{cases}$$

其特征值和特征函数分别为

$$\lambda_n = \left(\frac{n\pi}{l}\right)^2, \quad X_n(x) = \cos\frac{n\pi}{l}x, \quad n \geqslant 0$$

作为练习，该特征值问题的求解和特征函数平方模的计算留给读者。

将 $\lambda_n$ 代入方程 $T''(t) + a^2\lambda T(t) = 0$，容易求得其通解为

$$T_0(t) = C_0 + D_0 t$$

$$T_n(t) = C_n \cos a\sqrt{\lambda_n}t + D_n \sin a\sqrt{\lambda_n}t, \quad n \geqslant 1$$

至此，我们求得方程的无穷多个解：$u_n(x,t) = X_n(x)T_n(t), n \geqslant 0$，且这些解均满足边界条件，但不一定能满足初始条件。

为了求得满足初始条件的解，我们将这无穷个解 $u_n(x,t)$ 叠加成如下级数形式的解（叠加原理）

$$u(x,t) = \sum_{n=0}^{\infty} u_n(x,t) = \frac{c_0 + d_0 t}{2} + \sum_{n=1}^{\infty}\left(c_n \cos\frac{n\pi a}{l}t + d_n \sin\frac{n\pi a}{l}t\right)\cos\frac{n\pi}{l}x \quad (2.2.2)$$

其中 $c_0 = 2C_0, d_0 = 2D_0, c_n = C_n, d_n = D_n, n \geqslant 1$。由于 $u_n(x,t)$ 满足齐次边界条件，因而上述解 $u(x,t)$ 也满足齐次边界条件。

由初始条件可得

$$\varphi(x) = \frac{c_0}{2} + \sum_{n=1}^{\infty} c_n \cos\frac{n\pi}{l}x$$

$$\psi(x) = \frac{\mathrm{d}_0}{2} + \sum_{n=1}^{\infty} d_n \frac{n\pi a}{l}\cos\frac{n\pi}{l}x$$

上述两式右端均是余弦傅里叶级数。因而欲使 $u(x,t)$ 满足初始条件，必须将 $\varphi(x)$ 和 $\psi(x)$ 按特征函数系展成级数

$$\varphi(x) = \frac{\varphi_0}{2} + \sum_{n=1}^{\infty} \varphi_n \cos\frac{n\pi}{l}x$$

$$\psi(x) = \frac{\psi_0}{2} + \sum_{n=1}^{\infty} \psi_n \cos\frac{n\pi}{l}x$$

并分别按 $\varphi(x)$ 和 $\psi(x)$ 的傅里叶系数 $\varphi_n$ 和 $\psi_n$ 取对应的 $c_n$ 和 $d_n$，即

$$c_n = \varphi_n = \frac{2}{l}\int_0^l \varphi(\alpha)\cos\frac{n\pi}{l}\alpha\,\mathrm{d}\alpha, \quad n \geqslant 0$$

$$d_0 = \psi_0 = \frac{2}{l}\int_0^l \psi(\alpha)\,\mathrm{d}\alpha, \quad d_n = \frac{l}{n\pi a}\psi_n = \frac{2}{n\pi a}\int_0^l \psi(\alpha)\cos\frac{n\pi}{l}\alpha\,\mathrm{d}\alpha, \quad n > 0$$

将 $c_n$ 和 $d_n$ 代入(2.2.2)式便可得到定解问题(2.2.1)的解。

上述求解定解问题的方法称为分离变量法。从解的表达式来看，该方法实际上是将问题的解按特征函数系展开成傅里叶级数。

我们特别注意到，要得到变量分离的解 $u(x,t) = X(x)T(t)$，波动方程必须是齐次的。对于非齐次波动方程 $u_{tt} - a^2 u_{xx} = f(x,t)$ 来说，我们无法找到变量分离形式的解。

但是，定解问题(2.2.1)的特征函数 $\left\{\cos\frac{n\pi}{l}x\right\}_{n\geqslant 0}$ 是正交完备的，因此不论方程是否齐次，其解 $u$ 都可按特征函数系展开成傅里叶级数

$$u(x,t) = \sum_{n=0}^{\infty} T_n(t)\cos\frac{n\pi}{l}x$$

这为我们求解定解问题提供了另一种思路，即将傅里叶系数 $T_n(t)$ 作为待定函数，通过待定系数法确定，进而给出定解问题的解 $u$。这种通过 $T_n(t)$ 求解定解问题的方法称为待定系数法，或特征函数。该方法与前述分离变量法本质上是相同的，这是因为两种方法都是将解 $u$ 按特征函数系展开，即将 $u$ 向特征函数系做正交分解，所以我们把特征函数法也视为变量分离法。

**例 2.4** 求解两端固定弦振动方程的混合问题

$$\begin{cases} u_{tt}-a^2u_{xx}=A, \quad 0<x<l,t>0 \\ u(0,t)=0,u(l,t)=0, \quad t\geqslant 0 \\ u(x,0)=\varphi(x),u_t(x,0)=\psi(x), \quad 0\leqslant x\leqslant l \end{cases} \tag{2.2.3}$$

其中 $A$ 为常数。

**解** 注意到方程是非齐次的，因此必须用特征函数法求解。以下分四步求解。

第一步 导出并求解特征值问题。即利用变量分离法导出该定解问题的特征值问题并求解。

令 $u(x,t)=X(x)T(t)$，将其代入到方程所对应的齐次方程中得

$$T''(t)X(x)-a^2X''(x)T(t)=0$$

或

$$\frac{X''(x)}{X(x)}=\frac{T''(t)}{a^2T(t)}$$

令上式左端为 $-\lambda$，则有

$$X''(x)+\lambda X(x)=0, \quad T''(t)+a^2\lambda T(t)=0$$

根据边界条件，$X(0)T(t)=0,X(l)T(t)=0$。由于 $T(t)$ 非零，所以 $X(0)=X(l)=0$。因而定解问题的特征值问题为

$$\begin{cases} X''(x)+\lambda X(x)=0, \quad 0<x<l \\ X(0)=X(l)=0 \end{cases}$$

其特征值和特征函数分别为：$\lambda_n=\left(\frac{n\pi}{l}\right)^2,X_n(x)=\sin\frac{n\pi}{l}x,n\geqslant 1$。

第二步 正交分解。设

$$u(x,t)=\sum_{n=1}^{\infty}T_n(t)X_n(x)=\sum_{n=1}^{\infty}T_n(t)\sin\frac{n\pi}{l}x \tag{2.2.4}$$

其中 $T_n(t)$ 为待定函数。再将 $\varphi(x)$、$\psi(x)$ 和自由项 $f(x,t)=A$ 按特征函数系 $\{X_n(x)\}_{n\geqslant 1}$ 展开成傅里叶级数

$$\varphi(x)=\sum_{n=1}^{\infty}\varphi_nX_n(x)=\sum_{n=1}^{\infty}\varphi_n\sin\frac{n\pi}{l}x \tag{2.2.5}$$

$$\psi(x)=\sum_{n=1}^{\infty}\psi_nX_n(x)=\sum_{n=1}^{\infty}\psi_n\sin\frac{n\pi}{l}x \tag{2.2.6}$$

$$A=\sum_{n=1}^{\infty}f_nX_n(x)=\sum_{n=1}^{\infty}f_n\sin\frac{n\pi}{l}x \tag{2.2.7}$$

这里 $\varphi_n$、$\psi_n$ 和 $f_n$ 分别为 $\varphi(x)$、$\psi(x)$ 和 $f(x,t)$ 的傅里叶系数，具体表示如下

$$\varphi_n=\frac{2}{l}\int_0^l\varphi(\alpha)\sin\frac{n\pi}{l}\alpha\,d\alpha$$

$$\psi_n = \frac{2}{l}\int_0^l \psi(\alpha)\sin\frac{n\pi}{l}\alpha\,d\alpha$$

$$f_n = \frac{2}{l}\int_0^l A\sin\frac{n\pi}{l}\alpha\,d\alpha = \frac{2A}{n\pi}[1-(-1)^{n+1}]$$

第三步　应用待定系数法确定 $T_n(t)$。假设级数(2.2.4)可逐项求导，并将(2.2.4)式和(2.2.7)式代入定解问题(2.2.3)的方程中

$$\sum_{n=1}^{\infty} T''_n(t)X_n(x) - a^2\sum_{n=1}^{\infty} T_n(t)X''_n(x) = \sum_{n=1}^{\infty} f_n X_n(x)$$

注意到 $X_n(x)$ 是特征函数，即有 $X''_n(x) = -\lambda_n X_n(x)$，代入上式可得

$$\sum_{n=1}^{\infty} T''_n(t)X_n(x) - a^2\sum_{n=1}^{\infty} T_n(t)(-\lambda_n X_n(x)) = \sum_{n=1}^{\infty} f_n X_n(x)$$

或

$$\sum_{n=1}^{\infty}(T''_n(t) + a^2\lambda_n T_n(t))X_n(x) = \sum_{n=1}^{\infty} f_n X_n(x) \tag{2.2.8}$$

比较等式(2.2.8)两端 $X_n(x)$ 的系数可得

$$T''_n(t) + a^2\lambda_n T_n(t) = f_n,\quad n \geqslant 1 \tag{2.2.9}$$

为了求得 $T_n(t)$ 满足的初始条件，在(2.2.4)式中令 $t=0$，并结合(2.2.5)—(2.2.6)式，得

$$\varphi(x) = \sum_{n=1}^{\infty} T_n(0)X_n(x) = \sum_{n=1}^{\infty} \varphi_n X_n(x)$$

$$\psi(x) = \sum_{n=1}^{\infty} T'_n(0)X_n(x) = \sum_{n=1}^{\infty} \psi_n X_n(x)$$

由此知

$$T_n(0) = \varphi_n,\quad T'_n(0) = \psi_n,\quad n \geqslant 1 \tag{2.2.10}$$

结合(2.2.9)—(2.2.10)式，可知 $T_n(t)(n \geqslant 1)$ 是如下二阶常系数非齐次方程初值问题的解

$$\begin{cases} T''_n(t) + a^2\lambda_n T_n(t) = f_n,\quad t > 0 & (2.2.11) \\ T_n(0) = \varphi_n,\quad T'_n(0) = \psi_n & (2.2.12) \end{cases}$$

第四步　求解关于 $T_n(t)$ 的初值问题。容易求得方程(2.2.11)对应的齐次方程的基础解系为

$$v_1(t) = \cos(a\sqrt{\lambda_n}t) = \cos\frac{n\pi a}{l}t,\quad v_2(t) = \sin(a\sqrt{\lambda_n}t) = \sin\frac{n\pi a}{l}t \tag{2.2.13}$$

注意到 $f_n$ 为常数，所以(2.2.11)式有常数特解 $\overline{T}_n(t) = B_n$，代入方程可得

$$\overline{T}_n(t) = \frac{f_n}{a^2\lambda_n}$$

结合(2.2.13)式知，方程(2.2.11)的通解为

$$T_n(t) = c_n\cos\frac{n\pi a}{l}t + d_n\sin\frac{n\pi a}{l}t + \frac{f_n}{a^2\lambda_n}$$

根据初始条件

$$\varphi_n = T_n(0) = c_n + \frac{f_n}{a^2\lambda_n},\quad \psi_n = T'(0) = d_n\frac{n\pi a}{l}$$

故有

$$T_n(t) = \left(\varphi_n - \frac{f_n}{a^2\lambda_n}\right)\cos\frac{n\pi a}{l}t + \frac{\psi_n l}{n\pi a}\sin\frac{n\pi a}{l}t + \frac{f_n}{a^2\lambda_n}$$

将上式代入到(2.2.4)式中,便得定解问题(2.2.3)的解为

$$\begin{aligned} u(x,t) &= \sum_{n=1}^{\infty} T_n(t)\sin\frac{n\pi}{l}x \\ &= \sum_{n=1}^{\infty}\left[\left(\varphi_n - \frac{f_n}{a^2\lambda_n}\right)\cos\frac{n\pi a}{l}t + \frac{\psi_n l}{n\pi a}\sin\frac{n\pi a}{l}t + \frac{f_n}{a^2\lambda_n}\right]\sin\frac{n\pi}{l}x \end{aligned} \tag{2.2.14}$$

应当注意,当定解问题的边界条件不同时,其相应的特征值和特征函数也不同。在求解定解问题时,$u$、$\varphi$、$\psi$ 和自由项必须按该定解问题的特征函数系做正交分解,只有这样所求得的解 $u$ 才能自动满足边界条件。

图 2.1 给出了例 2.4 的解曲面 $u = u(x,t)$,$0 \leqslant x \leqslant 2$,$0 \leqslant t \leqslant 5$,其中 $A = 0$,$\varphi(x,t) = 0$,$\psi(x,t) = x(x-2)$。平面 $t = 0$ 与解曲面的交线就是弦的初始形状,而平面 $t = t_0$($t_0 \leqslant 5$)与解曲面的交线就是弦在此时刻的形状。由图可见,在无外力作用的情况下,弦端点固定,内部各点由于非零初始速度而作横振动。

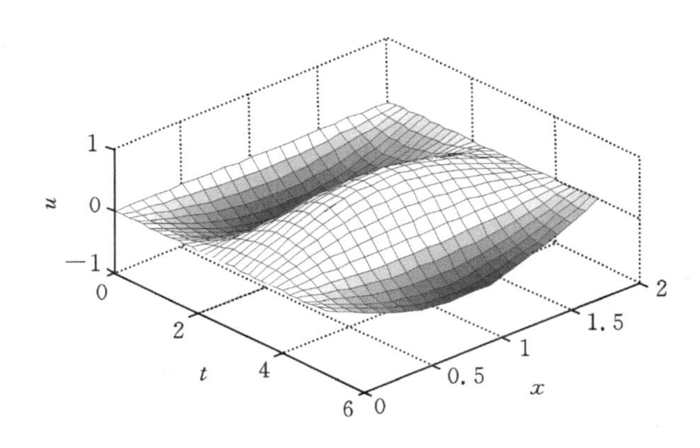


图 2.1 例 2.4 弦振动问题的解曲面

**注 2** 利用分离变量法求解定解问题(2.2.3)时,需要假设(2.2.4)式右端级数可逐项求导。而通过 $\Sigma$ 号求导需要对无穷级数施加某些条件,在这里就不做专门讨论了。今后遇到此类问题,我们均假设一切运算是可行的,即对求解过程只作形式上的推导而不考虑对问题应加什么条件。通常称这样得出的解为形式解。验证形式解是否为真解的问题,属于偏微分方程正则性理论的范畴。一般地讲,偏微分方程定解问题的解大多数是以无穷级数或含参变量积分形式给出的。对这两类函数可微性的研究需要较深的数学知识,也有一定的难度,有兴趣的读者可查阅参考文献[1]和[2]。本书只求定解问题的形式解。

**注 3** 当 $f(x,t) = A = 0$ 时,由(2.2.14)式可以看出,两端固定弦振动的解是许多简单振动 $u_n(x,t) = \left(\varphi_n\cos\frac{n\pi a}{l}t + \frac{\psi_n l}{n\pi a}\sin\frac{n\pi a}{l}t\right)\sin\frac{n\pi}{l}x$ 的叠加。当 $x = x_k = \frac{kl}{n}(1 \leqslant k \leqslant n-1)$ 时,对任意 $t$ 都有 $u_n(x_k,t) = 0$,即在弦振动过程中 $u_n(x,t)$ 有 $(n+1)$ 个点永远保持不动,这样的振动称为驻波而 $x_k$ 称为该驻波的节点。当 $x_k = \frac{2k+1}{2n}l(1 \leqslant k \leqslant n-1)$ 时,由于 $|\sin x_k| =$

1,所以在这些点上振幅最大,称这些点为驻波的腹点。因此,求特征函数实际上就是求由偏微分方程及边界条件所构成的系统所固有的一切驻波。利用由系统本身所确定的简单振动来表示更复杂的振动,这便是分离变量法求解波动问题的物理解释。

**例 2.5**　设有一长为 $l$ 的均匀柔软细弦作微小横振动,其线密度为 $\rho$。若 $x=0$ 端为自由端,而 $x=l$ 端固定,初始速度和初始位移均为零,并在振动时受到垂直于弦线的外力作用,该外力的力密度为 $\sin\omega t$。试求此弦的振动规律。

**解**　根据假设,描述弦振动规律的定解问题可表示为

$$\begin{cases}u_{tt}-a^2u_{xx}=\rho^{-1}\sin\omega t, & 0<x<l,t>0\\ u_x(0,t)=0,u(l,t)=0, & t\geqslant 0\\ u(x,0)=0,u_t(x,0)=0, & 0\leqslant x\leqslant l\end{cases}\tag{2.2.15}$$

这是一个非齐次弦振动方程的定解问题。我们用特征函数法求解该问题。

与例 2.4 类似推导可知,该定解问题的特征值问题为

$$\begin{cases}X''(x)+\lambda X(x)=0, & 0<x<l\\ X'(0)=0, & X(l)=0\end{cases}\tag{2.2.16}$$

其解为

$$\lambda_n=\left(\frac{(2n+1)\pi}{2l}\right)^2,\quad X_n(x)=\cos\frac{(2n+1)\pi}{2l}x,\quad n\geqslant 0$$

假设定解问题的形式解为

$$u(x,t)=\sum_{n=0}^{\infty}T_n(t)\cos\frac{(2n+1)\pi}{2l}x=\sum_{n=0}^{\infty}T_n(t)X_n(x)\tag{2.2.17}$$

将自由项 $\rho^{-1}\sin\omega t$ 按特征函数系 $\{X_n(x)\}_{n\geqslant 0}$ 展开成傅里叶级数

$$\frac{1}{\rho}\sin\omega t=\sum_{n=0}^{\infty}f_n(t)X_n(x)$$

其中

$$\begin{aligned}f_n(t)&=\frac{2}{l}\int_0^l\frac{1}{\rho}\sin(\omega t)\cos\left(\frac{2n+1}{2l}\pi\alpha\right)\mathrm{d}\alpha\\&=\frac{4(-1)^n}{(2n+1)\pi\rho}\sin\omega t\\&\triangleq k_n\sin\omega t\end{aligned}$$

将(2.2.17)式代入定解问题(2.2.15)的方程中,得

$$\sum_{n=0}^{\infty}T''_n(t)X_n(x)-a^2\sum_{n=0}^{\infty}T_n(t)X''_n(x)=\sum_{n=0}^{\infty}f_n(t)X_n(x)$$

利用 $X''_n(x)=-\lambda_nX_n(x)$,得

$$\sum_{n=0}^{\infty}(T''_n(t)+a^2\lambda_nT_n(t))X_n(x)=\sum_{n=0}^{\infty}f_n(t)X_n(x)$$

比较两端 $X_n(x)$ 的系数可得

$$T''_n(t)+a^2\lambda_nT_n(t)=k_n\sin\omega t,\quad t>0,n\geqslant 0\tag{2.2.18}$$

根据定解问题(2.2.15)的初始条件,有

$$0=\sum_{n=0}^{\infty}T_n(0)X_n(x),\quad 0=\sum_{n=0}^{\infty}T'_n(0)X_n(x)$$

即 $T_n(t)$ 满足如下初始条件

$$T_n(0)=0,\quad T'_n(0)=0,\quad n\geqslant 0 \tag{2.2.19}$$

方程(2.2.18) 和(2.2.19) 构成了求解 $T_n(t)$ 的初值问题。假设 $\overline{T}_n(t)$ 是方程(2.2.18) 的一个特解,则(2.2.18) 式的通解为

$$T_n(t)=c_1\cos a\sqrt{\lambda_n}t+c_2\sin a\sqrt{\lambda_n}t+\overline{T}_n(t),\quad n\geqslant 0$$

特解 $\overline{T}_n(t)$ 可用常数变易法求解。但方程(2.2.18) 的自由项是正弦函数 $k_n\sin\omega t$,故以下用观察法求解。

**情形 1** 对任意 $n\geqslant 0,\omega^2\neq a^2\lambda_n$。

设 $\overline{T}_n(t)=A_n\sin\omega t$,代入方程(2.2.18),容易求得

$$A_n=\frac{k_n}{a^2\lambda_n-\omega^2}$$

因此,方程(2.2.18) 的通解为

$$T_n(t)=c_1\cos a\sqrt{\lambda_n}t+c_2\sin a\sqrt{\lambda_n}t+\frac{k_n}{a^2\lambda_n-\omega^2}\sin\omega t \tag{2.2.20}$$

由初始条件(2.2.19) 式知

$$c_1=0,\quad c_2=\frac{\omega k_n}{a\sqrt{\lambda_n}(\omega^2-a^2\lambda_n)}$$

将所得 $T_n(t)$ 代入到(2.2.17) 式中便得定解问题(2.2.15) 的解为

$$u(x,t)=\sum_{n=0}^{\infty}\frac{k_n}{\omega^2-a^2\lambda_n}\left(\frac{\omega}{a\sqrt{\lambda_n}}\sin a\sqrt{\lambda_n}t-\sin\omega t\right)\cos\frac{(2n+1)\pi}{2l}x$$

**情形 2** 存在某个 $n\geqslant 0$,使得 $\omega^2=a^2\lambda_n$。

不妨假设 $\omega^2=a^2\lambda_0$,而当 $n\geqslant 1$ 时,$\omega^2\neq a^2\lambda_n$。这时只需重新求解特解 $\overline{T}_0(t)$,对所有 $n\geqslant 1$,情形 1 的讨论仍成立,即方程(2.2.18) 满足初始条件(2.2.19) 的解 $T_n(t)$ 仍由(2.2.20) 式给出。以下求解 $\overline{T}_0(t)$。

将 $\omega^2=a^2\lambda_0$ 代入方程(2.2.18),则该方程可表示为

$$T''_0(t)+\omega^2T_0(t)=k_0\sin\omega t \tag{2.2.21}$$

先考虑如下方程的特解

$$T''(t)+\omega^2T(t)=k_0e^{i\omega t}$$

令 $\overline{T}(t)=Ate^{i\omega t}$,代入上述方程可得 $A=-\frac{k_0 i}{2\omega}$,故有

$$\overline{T}(t)=\frac{k_0t}{2\omega}\sin\omega t-i\frac{k_0t}{2\omega}\cos\omega t$$

取其虚部便得方程(2.2.21) 的一个特解

$$\overline{T}_0(t)=\mathrm{Im}[\overline{T}(t)]=-\frac{k_0t}{2\omega}\cos\omega t$$

于是方程(2.2.21) 的通解为

$$T_0(t)=c_1\cos\omega t+c_2\sin\omega t-\frac{k_0t}{2\omega}\cos\omega t$$

由初始条件(2.2.19) 知,$c_1=0,c_2=\frac{k_0}{2\omega^2}$,所以

$$T_0(t) = \frac{k_0}{2\omega^2}\sin\omega t - \frac{k_0 t}{2\omega}\cos\omega t$$

最后，将所有 $T_n(t)$ 代入(2.2.17) 式中便得定解问题(2.2.15) 的解为

$$\begin{aligned} u(x,t) &= \sum_{n=0}^{\infty} T_n(t)X_n(x) = T_0(t)X_0(x) + \sum_{n=1}^{\infty} T_n(t)X_n(x) \\ &= \left(\frac{k_0}{2\omega^2}\sin\omega t - \frac{k_0 t}{2\omega}\cos\omega t\right)\cos\frac{\pi}{2l}x \\ &\quad + \sum_{n=1}^{\infty} \frac{k_n}{\omega^2 - a^2\lambda_n}\left(\frac{\omega}{a\sqrt{\lambda_n}}\sin a\sqrt{\lambda_n}t - \sin\omega t\right)\cos\frac{(2n+1)\pi}{2l}x \end{aligned} \tag{2.2.22}$$

图 2.2 给出了例 2.5 的解曲面：$u = u(x,t)$，$0 \leqslant x \leqslant 2$，$0 \leqslant t \leqslant 30$，其中方程对应的系数 $\rho = 1$，$a = 1$，$l = 2$，$\omega = \sqrt{\lambda_4} = 9\pi/4$。

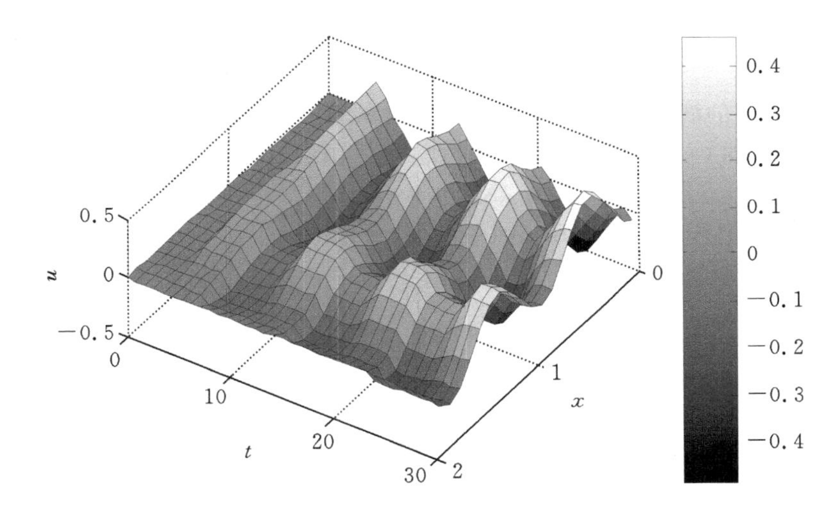


图 2.2　例 2.5 的解 $u = u(x,t)$，$0 \leqslant x \leqslant 2$，$0 \leqslant t \leqslant 30$

上述解(2.2.22) 包含一个有限项和一个级数。可证明其中的级数是有界的，但第一项 $u_0(x,t) = T_0(t)\cos\frac{\pi}{2l}x = \left(\frac{k_0}{2\omega^2}\sin\omega t - \frac{k_0 t}{2\omega}\cos\omega t\right)\cos\frac{\pi}{2l}x$ 是无界的，如取 $t_k = \frac{2k\pi}{\omega}$，有

$$u_0(x,t_k) = -\frac{k_0 t_k}{2\omega}\cos\frac{\pi}{2l}x$$

可见其振幅 $\frac{k_0 t_k}{2\omega}$ 随 $t_k$ 的增大而趋于无穷大，从而导致弦线在某一时刻断裂，这种现象在物理上称为共振。注意到上述共振现象发生于第一波函数分量 $u_0(x,t)$，其条件是周期外力的频率 $\omega$ 等于系统的第一固有频率 $a\sqrt{\lambda_0}$，参看求解过程的情形 2。一般地讲，当周期外力的频率 $\omega$ 很接近或等于系统的某个固有频率 $a\sqrt{\lambda_n}$ 时，系统都会有共振现象发生，即弦线上一些点的振幅将随着时间的增大而不断变大，导致弦线在某一时刻断裂。

图 2.2 给出的就是以 $\omega$ 为第五固有频率 $a\sqrt{\lambda_4}$ 时的解曲面。由图可见，当时间增大时，一些时间点上的弦的振幅逐渐增大(注意观察灰度的变化)，这就是共振现象。

### 2.2.2 热传导方程定解问题

特征函数法同样适用于热传导方程的定解问题,而且基本步骤不变。

**例 2.6** 求解如下热方程定解问题

$$\begin{cases} u_t = a^2 u_{xx}, & 0 < x < l, t > 0 \\ u(0,t) = u_0, u_x(l,t) = \sin\omega t, & t \geqslant 0 \\ u(x,0) = 0, & 0 \leqslant x \leqslant l \end{cases} \tag{2.2.23}$$

其中 $u_0$ 为常数。

**解** 注意到边界条件是非齐次的,所以需先将边界条件齐次化。设 $v = u - w$,其中 $w(x,t) = u_0 + x\sin\omega t$。则定解问题(2.2.23)转化为

$$\begin{cases} v_t - a^2 v_{xx} = -\omega x\cos\omega t, & 0 < x < l, t > 0 \\ v(0,t) = 0, v_x(l,t) = 0, & t \geqslant 0 \\ v(x,0) = -u_0, & 0 \leqslant x \leqslant l \end{cases} \tag{2.2.24}$$

该问题是非齐次方程的混合问题,需用特征函数法求解。

定解问题(2.2.24)的特征值问题为

$$\begin{cases} X''(x) + \lambda X(x) = 0, & 0 < x < l \\ X(0) = 0, & X'(l) = 0 \end{cases}$$

容易求得特征值和特征函数分别为

$$\lambda_n = \left(\frac{(2n+1)\pi}{2l}\right)^2, \quad X_n(x) = \sin\frac{(2n+1)\pi}{2l}x, \quad n \geqslant 0$$

于是设定解问题的形式解为

$$v(x,t) = \sum_{n=0}^{\infty} T_n(t)\sin\frac{(2n+1)\pi}{2l}x = \sum_{n=0}^{\infty} T_n(t)X_n(x) \tag{2.2.25}$$

将 $\varphi(x) = -u_0$,自由项 $f(x,t) = -\omega x\cos\omega t$ 分别按特征函数系 $\{X_n(x)\}_{n\geqslant 0}$ 展成傅里叶级数

$$-\omega x\cos\omega t = \sum_{n=0}^{\infty} f_n(t)X_n(x) \tag{2.2.26}$$

$$-u_0 = \sum_{n=0}^{\infty} \varphi_n X_n \tag{2.2.27}$$

其中

$$\begin{aligned} f_n(t) &= \frac{2}{l}\int_0^l (-1)\omega\alpha\cos\omega t\sin\frac{(2n+1)\pi}{2l}\alpha\,\mathrm{d}\alpha \\ &= \frac{8\omega l(-1)^{n+1}}{(2n+1)^2\pi^2}\cos\omega t \triangleq k_n\cos\omega t \end{aligned}$$

$$\varphi_n = \frac{2}{l}\int_0^l (-u_0)\sin\frac{(2n+1)\pi}{2l}\alpha\,\mathrm{d}\alpha = \frac{-4u_0}{(1+2n)\pi}$$

将(2.2.25)和(2.2.26)式代入到定解问题(2.2.24)中的方程,得

$$\sum_{n=0}^{\infty} T'_n(t)X_n(x) - a^2\sum_{n=0}^{\infty} T_n(t)X''_n(x) = \sum_{n=0}^{\infty} k_n\cos\omega t X_n(x)$$

将 $X''_n(x) = -\lambda_n X_n(x)$ 代入上式

$$\sum_{n=0}^{\infty} (T'_n(t) + a^2\lambda_n T_n(t))X_n(x) = \sum_{n=0}^{\infty} k_n\cos\omega t X_n(x)$$

比较两端 $X_n(x)$ 的系数可得

$$T'_n(t)+a^2\lambda_n T_n(t)=k_n\cos\omega t$$

在(2.2.25)式中令 $t=0$,并结合(2.2.27)式得

$$-u_0=\sum_{n=0}^{\infty}T_n(0)X_n(x)=\sum_{n=0}^{\infty}\varphi_n X_n(x)$$

即 $T_n(0)=\varphi_n$。于是 $T_n(t)$ 满足如下初值问题

$$\begin{cases}T'_n(t)+a^2\lambda_n T_n(t)=k_n\cos\omega t, & t>0\\ T_n(0)=\varphi_n\end{cases}\tag{2.2.28}$$

问题(2.2.28)中方程的自由项为余弦函数,故设其特解为 $\overline{T}_n(t)=A_n\cos\omega t+B_n\sin\omega t$。将 $\overline{T}_n(t)$ 代入方程,可得

$$A_n=\frac{a^2\lambda_n k_n}{\omega^2+a^4\lambda_n^2},\quad B_n=\frac{\omega k_n}{\omega^2+a^4\lambda_n^2}$$

于是定解问题(2.2.28)中方程的通解为

$$T_n(t)=C_n e^{-a^2\lambda_n t}+\frac{a^2\lambda_n k_n}{\omega^2+a^4\lambda_n^2}\cos\omega t+\frac{\omega k_n}{\omega^2+a^4\lambda_n^2}\sin\omega t$$

在上式中令 $t=0$,得

$$\varphi_n=C_n+\frac{a^2\lambda_n k_n}{\omega^2+a^4\lambda_n^2},\quad 或\quad C_n=\varphi_n-\frac{a^2\lambda_n k_n}{\omega^2+a^4\lambda_n^2}$$

从而

$$T_n(t)=\frac{k_n}{\omega^2+a^4\lambda_n^2}\left[\left(\varphi_n\frac{\omega^2+a^4\lambda_n^2}{k_n}-a^2\lambda_n\right)e^{-a^2\lambda_n t}+a^2\lambda_n\cos\omega t+\omega\sin\omega t\right]\tag{2.2.29}$$

最后将(2.2.29)式代入到(2.2.25)式中可得定解问题(2.2.24)的解。而定解问题(2.2.23)的解为

$$\begin{aligned}u(x,t)&=w(x,t)+v(x,t)\\&=u_0+x\sin\omega t+\sum_{n=0}^{\infty}\frac{k_n}{\omega^2+a^4\lambda_n^2}\left[\left(\varphi_n\frac{\omega^2+a^4\lambda_n^2}{k_n}-a^2\lambda_n\right)e^{-a^2\lambda_n t}\right.\\&\quad\left.+a^2\lambda_n\cos\omega t+\omega\sin\omega t\right]\sin\frac{(2n+1)\pi}{2l}x\end{aligned}$$

图 2.3 给出了例 2.6 的解曲面:$u=u(x,t)$,$0\leqslant x\leqslant 2$,$0\leqslant t\leqslant 10$,其中 $u_0=0$,$a=1$,

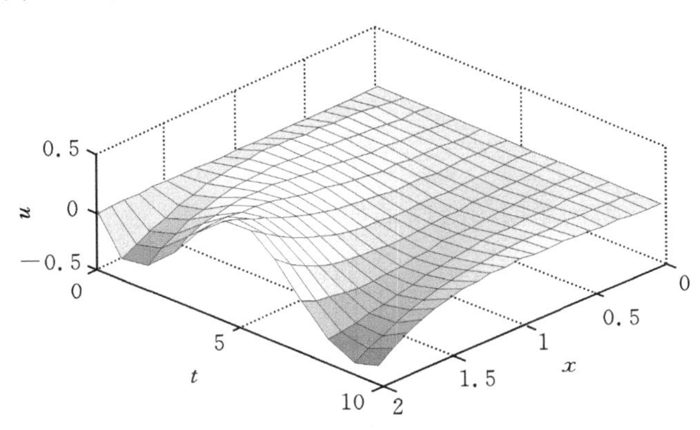


图 2.3　例 2.6 的解 $u=u(x,t)$,$0\leqslant x\leqslant 2$,$0\leqslant t\leqslant 10$

$\omega=2\pi$。由图可见,在细杆的左端点 $x=0$ 温度始终为零,而右端点 $x=2$ 由于有热量流入(或流出)导致温度在不断地变化。

### 2.2.3 平面上位势方程边值问题

考虑矩形域上泊松方程边值问题

$$\begin{cases}u_{xx}+u_{yy}=f(x,y), & a<x<b,c<y<d\\ u(a,y)=g_1(y),u(b,y)=g_2(y), & c\leqslant y\leqslant d\\ u(x,c)=f_1(x),u(x,d)=f_2(x), & a\leqslant x\leqslant b\end{cases}\tag{2.2.30}$$

不妨设 $f_1(x)=f_2(x)=0$ 或 $g_1(y)=g_2(y)=0$。否则,可利用边界条件齐次化方法将其中一组边界条件化为齐次边界条件。

**例 2.7** 求解如下矩形域上狄利克雷问题

$$\begin{cases}u_{xx}+u_{yy}=0, & 0<x<2,0<y<1\\ u(0,y)=0,u(2,y)=0, & 0\leqslant y\leqslant 1\\ u(x,0)=0,u(x,1)=x(x-2), & 0\leqslant x\leqslant 2\end{cases}\tag{2.2.31}$$

**解** 注意到方程和关于 $x$ 的一组边界条件是齐次的,所以我们直接用分离变量法求解该问题。令 $u(x,y)=X(x)Y(y)$,并将其代入到方程中

$$X''(x)Y(y)+X(x)Y''(y)=0$$

$$\frac{X''(x)}{X(x)}=-\frac{Y''(y)}{Y(y)}=-\lambda$$

由边界条件可得 $X(0)Y(y)=0,X(2)Y(y)=0$,即 $X(0)=0,X(2)=0$,因而有

$$\begin{cases}X''(x)+\lambda X(x)=0, & 0<x<2\\ X(0)=0, \quad X(2)=0\end{cases}\tag{2.2.32}$$

$$Y''(y)-\lambda Y(y)=0\tag{2.2.33}$$

(2.2.32) 式便是定解问题(2.2.31) 的特征值问题,其解为

$$\lambda_n=\left(\frac{n\pi}{2}\right)^2, \quad X_n(x)=\sin\frac{n\pi}{2}x, \quad n\geqslant 1$$

将 $\lambda_n$ 代入到方程(2.2.33) 中,可解得该方程的两个线性无关解 $e^{\frac{n\pi}{2}y}$ 和 $e^{-\frac{n\pi}{2}y}$。这两个解的线性组合 $\operatorname{sh}\frac{n\pi}{2}y$ 和 $\operatorname{ch}\frac{n\pi}{2}y$ 也是方程(2.2.33) 的解,且线性无关,所以方程(2.2.33) 通解可表示为

$$Y_n(y)=c_n\operatorname{sh}\frac{n\pi}{2}y+d_n\operatorname{ch}\frac{n\pi}{2}y$$

利用叠加原理,可得定解问题(2.2.31) 的如下形式解

$$u(x,y)=\sum_{n=1}^{\infty}X_n(x)Y_n(y)=\sum_{n=1}^{\infty}\left(c_n\operatorname{sh}\frac{n\pi}{2}y+d_n\operatorname{ch}\frac{n\pi}{2}y\right)\sin\frac{n\pi}{2}x$$

该解 $u(x,y)$ 显然满足(2.2.31) 式中关于 $x$ 的边界条件。

利用关于 $y$ 的边界条件,可得

$$0=\sum_{n=1}^{\infty}d_n\sin\frac{n\pi}{2}x$$

$$x(x-2)=\sum_{n=1}^{\infty}\left(c_n\text{sh}\,\frac{n\pi}{2}+d_n\text{ch}\,\frac{n\pi}{2}\right)\sin\frac{n\pi}{2}x$$

其中傅里叶系数

$$d_n=0$$

$$c_n\text{sh}\,\frac{n\pi}{2}+d_n\text{ch}\,\frac{n\pi}{2}=\frac{2}{2}\int_0^2\alpha(\alpha-2)\sin\frac{n\pi}{2}\alpha\mathrm{d}\alpha=\frac{16[(-1)^n-1]}{n^3\pi^3}$$

由上式可得

$$c_n=\frac{16[(-1)^n-1]}{n^3\pi^3\text{sh}\,\frac{n\pi}{2}}$$

故定解问题(2.2.31)式的解为

$$u(x,y)=\sum_{n=1}^{\infty}\frac{16[(-1)^n-1]}{n^3\pi^3\text{sh}\,\frac{n\pi}{2}}\text{sh}\,\frac{n\pi}{2}y\sin\frac{n\pi}{2}x$$

图 2.4 给出了例 2.7 的解曲面 $u=u(x,y)$，$0\leqslant x\leqslant 2$，$0\leqslant y\leqslant 1$。

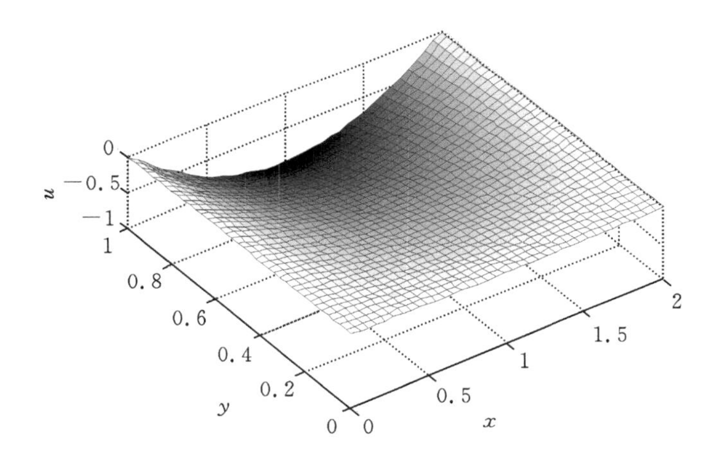


图 2.4　例 2.7 的解曲面 $u=u(x,y)$

对于圆域、扇形域和圆环域上的泊松方程边值问题，其求解方法和矩形域上的定解问题无本质区别，只是在此时要利用极坐标。

设 $x=\rho\cos\theta$，$y=\rho\sin\theta$，则

$$u_{xx}+u_{yy}=u_{\rho\rho}+\frac{1}{\rho}u_\rho+\frac{1}{\rho^2}u_{\theta\theta}$$

请读者自行验证上式。根据上式，二维拉普拉斯方程在极坐标系下可表示为

$$u_{\rho\rho}+\frac{1}{\rho}u_\rho+\frac{1}{\rho^2}u_{\theta\theta}=0 \tag{2.2.34}$$

该方程仍是齐次方程。

为方便起见，我们仍用 $u(\rho,\theta)$ 表示极坐标系下的函数 $u(\rho\cos\theta,\rho\sin\theta)$。令 $u(\rho,\theta)=R(\rho)\Phi(\theta)$，将其代入方程(2.2.34)可得

$$R''(\rho)\Phi(\theta)+\frac{1}{\rho}R'(\rho)\Phi(\theta)+\frac{1}{\rho^2}R(\rho)\Phi''(\theta)=0$$

$$\frac{1}{\rho^2}R(\rho)\Phi''(\theta)=-\left(R''(\rho)+\frac{1}{\rho}R'(\rho)\right)\Phi(\theta)$$

变量分离为

$$\frac{\Phi''(\theta)}{\Phi(\theta)}=-\frac{R''(\rho)+\frac{1}{\rho}R'(\rho)}{\frac{1}{\rho^2}R(\rho)}=-\lambda$$

故有

$$\Phi''(\theta)+\lambda\Phi(\theta)=0 \tag{2.2.35}$$

$$\rho^2R''(\rho)+\rho R'(\rho)-\lambda R(\rho)=0 \tag{2.2.36}$$

方程(2.2.35)结合一定的边界条件可构成特征值问题,而方程(2.2.36)是欧拉(Euler)方程,用如下方法求解。

作自变量变换:$\rho=\mathrm{e}^s$,即 $s=\ln\rho$,代入(2.2.36)式可得

$$\frac{\mathrm{d}R}{\mathrm{d}\rho}=\frac{\mathrm{d}R}{\mathrm{d}s}\frac{\mathrm{d}s}{\mathrm{d}\rho}=R'_s\frac{1}{\rho}$$

$$\frac{\mathrm{d}^2R}{\mathrm{d}\rho^2}=\frac{\mathrm{d}R'_s}{\mathrm{d}\rho}\cdot\frac{1}{\rho}-R'_s\frac{1}{\rho^2}=R''_{ss}\frac{1}{\rho^2}-R'_s\frac{1}{\rho^2}$$

将以上各式代入方程(2.2.36),得

$$R''_{ss}-\lambda R=0 \tag{2.2.37}$$

即通过自变量替换,欧拉方程可化为一个常系数的二阶方程,因此只要给定 $\lambda$,就可通过方程(2.2.37)的求解给出欧拉方程(2.2.36)的解。

**例 2.8** 求如下扇形域上狄利克雷问题

$$\begin{cases}u_{xx}+u_{yy}=0, & x>0,y>0,x^2+y^2<4\\ u(x,0)=0, & 0\leqslant x\leqslant 2\\ u(0,y)=0, & 0\leqslant y\leqslant 2\\ u(x,y)=xy, & x^2+y^2=4\end{cases} \tag{2.2.38}$$

的有界解。

**解** 作自变量变换:$x=\rho\cos\theta,y=\rho\sin\theta$,则定解问题(2.2.38)化为

$$\begin{cases}u_{\rho\rho}+\frac{1}{\rho}u_\rho+\frac{1}{\rho^2}u_{\theta\theta}=0, & 0<\theta<\frac{\pi}{2},0<\rho<2\\ u(\rho,0)=0,u\left(\rho,\frac{\pi}{2}\right)=0, & 0\leqslant\rho\leqslant 2\\ u(2,\theta)=2\sin 2\theta, & 0\leqslant\theta\leqslant\frac{\pi}{2}\end{cases} \tag{2.2.39}$$

注意到边界条件分为两组:一组是直边上关于 $\theta$ 的边界条件,另一组是圆弧上关于 $\rho$ 的边界条件,而关于 $\theta$ 的边界条件是齐次的,故可直接用分离变量法求解定解问题。

令 $u(\rho,\theta)=R(\rho)\Phi(\theta)$。利用(2.2.35)和(2.2.36)式,并结合边界条件可得

$$\begin{cases}\Phi''(\theta)+\lambda\Phi(\theta)=0, & 0<\theta<\pi/2\\ \Phi(0)=0, & \Phi(\pi/2)=0\end{cases} \tag{2.2.40}$$

$$\rho^2 R''(\rho) + \rho R'(\rho) - \lambda R(\rho) = 0 \tag{2.2.41}$$

定解问题(2.2.40) 便是定解问题(2.2.39) 的特征值问题，其特征值和特征函数分别为

$$\lambda_n = \left(\frac{n\pi}{\pi/2}\right)^2 = 4n^2, \quad \Phi_n(\theta) = \sin 2n\theta, \quad n \geqslant 1$$

将 $\lambda_n$ 代入到(2.2.41) 式中，并作自变量变换 $\rho = e^s$，可得

$$R''_{ss} - 4n^2 R = 0, \quad n \geqslant 1$$

其通解为

$$R_n(\rho) = c_n e^{2ns} + d_n e^{-2ns} = c_n \rho^{2n} + d_n \rho^{-2n}, \quad 0 < \rho < 2$$

注意到本题求有界解，故有 $|R(0)| < \infty$，即 $d_n = 0$。从而有

$$R_n(\rho) = c_n \rho^{2n}$$

记 $u_n(\rho,\theta) = R_n(\rho)\Phi_n(\theta)$，则对每个 $n \geqslant 1$，$u_n(\rho,\theta)$ 都满足问题(2.2.39) 中的方程和关于 $\theta$ 的边界条件。

根据叠加原理，定解问题(2.2.39) 的形式解

$$u(\rho,\theta) = \sum_{n=1}^{\infty} R_n(\rho)\Phi_n(\theta) = \sum_{n=1}^{\infty} c_n \rho^{2n} \sin 2n\theta \tag{2.2.42}$$

也满足方程和关于 $\theta$ 的边界条件。为使定解问题(2.2.39) 中的非齐次边界条件 $u(2,\theta) = 2\sin\theta$ 也得以满足，在(2.2.42) 式中令 $\rho = 2$，则有

$$\sum_{n=1}^{\infty} c_n 2^{2n} \sin 2n\theta = 2\sin 2\theta \tag{2.2.43}$$

比较上式两边特征函数 $\Phi_n(\theta) = \sin 2n\theta$ 的系数得

$$c_1 = \frac{1}{2}, \quad c_n = 0 (n \neq 1)$$

将 $c_1$、$c_n(n \neq 1)$ 代入(2.2.42) 式中，便得定解问题(2.2.39) 的解为

$$u(\rho,\theta) = \frac{1}{2}\rho^2 \sin 2\theta$$

于是定解问题(2.2.38) 的解为

$$u(x,y) = xy$$

**例 2.9**　求解圆域上拉普拉斯方程狄利克雷问题

$$\begin{cases} u_{\rho\rho} + \dfrac{1}{\rho}u_\rho + \dfrac{1}{\rho^2}u_{\theta\theta} = 0, & 0 < \rho < a, 0 \leqslant \theta < 2\pi \\ u(a,\theta) = \varphi(\theta), & 0 \leqslant \theta \leqslant 2\pi \end{cases} \tag{2.2.44}$$

**解**　令 $u(\rho,\theta) = R(\rho)\Phi(\theta)$。将 $u$ 关于极角 $\theta$ 的定义域延拓到 $\mathbf{R}$，并注意到函数 $u(\rho,\theta)$ 是单值的，所以 $u(\rho,\theta)$ 的定义域延拓后，$\Phi(\theta)$ 是以 $2\pi$ 为周期的周期函数。将 $u(\rho,\theta) = R(\rho)\Phi(\theta)$ 代入方程中，可得

$$\begin{cases} \Phi''(\theta) + \lambda\Phi(\theta) = 0, & -\infty < \theta < \infty \\ \Phi(\theta) = \Phi(2\pi + \theta) \end{cases} \tag{2.2.45}$$

$$\rho^2 R''(\rho) + \rho R'(\rho) - \lambda R(\rho) = 0 \tag{2.2.46}$$

定解问题(2.2.45) 便是定解问题(2.2.44) 的特征值问题，由定理 2.2 知其特征值和特征函数分别为

$$\lambda_n = n^2, \quad \Phi_n(\theta) = C_n \cos n\theta + D_n \sin n\theta, \quad n \geqslant 0$$

将 $\lambda_n = n^2$ 代入(2.2.46)式,并作变量替换 $\rho = e^s$,则方程(2.2.46)化为

$$R''_{ss} - \lambda_n R = 0, \quad n \geqslant 0$$

对于 $\lambda_0 = 0$,方程(2.2.46)的解为

$$R_0(\rho) = A_0 + B_0 s = A_0 + B_0 \ln\rho$$

根据实际问题(如稳恒状态的温度分布问题)要求,$u(\rho,\theta)$ 在圆心 $\rho = 0$ 处必须有界,这称为自然边界条件,通常记为 $|u(0,\theta)| < \infty$。所以 $R_n(\rho)$ 在区间 $0 < \rho < a$ 上必须有界,由此知 $B_0 = 0$,$R_0(\rho) = A_0$。

对于特征值 $\lambda_n = n^2 (n \geqslant 1)$,方程(2.2.46)的通解为

$$R_n(\rho) = A_n e^{ns} + B_n e^{-ns} = A_n\rho^n + B_n\rho^{-n}$$

利用自然边界条件 $|u(0,\theta)| < \infty$,可得 $B_n = 0$,即

$$R_n(\rho) = A_n\rho^n, \quad n \geqslant 1$$

根据叠加原理,原定解问题有如下的形式解

$$u(\rho,\theta) = \sum_{n=0}^{\infty} R_n(\rho)\Phi_n(\theta) = \frac{a_0}{2} + \sum_{n=1}^{\infty} \rho^n (a_n \cos n\theta + b_n \sin n\theta) \tag{2.2.47}$$

其中 $a_0 = 2A_0C_0, a_n = A_nC_n, b_n = A_nD_n, n \geqslant 1$。

根据边界条件 $u(a,\theta) = \varphi(\theta)$

$$\frac{a_0}{2} + \sum_{n=1}^{\infty} a^n (a_n \cos n\theta + b_n \sin n\theta) = \varphi(\theta)$$

所以

$$a_n = \frac{1}{a^n \pi}\int_0^{2\pi} \varphi(\tau)\cos n\tau \, d\tau, \quad n \geqslant 0$$

$$b_n = \frac{1}{a^n \pi}\int_0^{2\pi} \varphi(\tau)\sin n\tau \, d\tau, \quad n \geqslant 1$$

将以上各式代入到(2.2.47)式中便得原定解问题的解为

$$\begin{aligned} u(\rho,\theta) &= \frac{1}{2\pi}\int_0^{2\pi} \varphi(\tau) d\tau + \sum_{n=1}^{\infty} \left(\frac{\rho}{a}\right)^n \left[\frac{1}{\pi}\int_0^{2\pi} \varphi(\tau)\cos n\tau \, d\tau \cos n\theta + \frac{1}{\pi}\int_0^{2\pi} \varphi(\tau)\sin n\tau \, d\tau \sin n\theta\right] \\ &= \frac{1}{2\pi}\int_0^{2\pi} \varphi(\tau) d\tau + \sum_{n=1}^{\infty} \left(\frac{\rho}{a}\right)^n \frac{1}{\pi}\int_0^{2\pi} \varphi(\tau)\cos n(\theta - \tau) d\tau \end{aligned} \tag{2.2.48}$$

图 2.5 给出了例 2.9 的解 $u$ 在直角坐标系下的图形,其中 $\varphi(\theta) = \sin^2\theta = y^2, a = 1$。

值得指出,我们可以求出(2.2.48)式中级数的和函数。事实上,若记 $q = \frac{\rho}{a}$,则有 $0 < q < 1$,且

$$\begin{aligned} u(\rho,\theta) &= \frac{1}{2\pi}\int_0^{2\pi} \left[\varphi(\tau) + 2\sum_{n=1}^{\infty} q^n \varphi(\tau)\cos n(\theta - \tau)\right] d\tau \\ &= \frac{1}{2\pi}\int_0^{2\pi} \varphi(\tau)\left(1 + 2\mathrm{Re}\left[\sum_{n=1}^{\infty} q^n e^{in(\theta-\tau)}\right]\right) d\tau \\ &= \frac{1}{2\pi}\int_0^{2\pi} \varphi(\tau)\left(1 + 2\mathrm{Re}\left[\frac{q e^{i(\theta-\tau)}}{1 - q e^{i(\theta-\tau)}}\right]\right) d\tau \end{aligned}$$

将上式整理后可得

$$u(\rho,\theta) = \frac{1}{2\pi}\int_0^{2\pi} \frac{(a^2 - \rho^2)\varphi(\tau)}{a^2 + \rho^2 - 2a\rho\cos(\theta - \tau)} d\tau \tag{2.2.49}$$

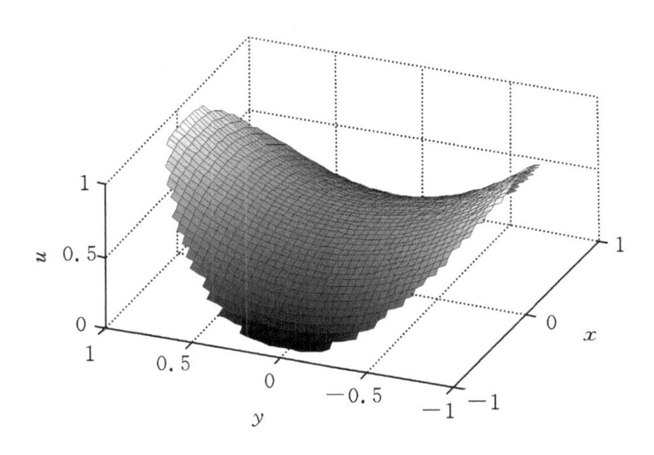


图 2.5　例 2.9 的解 $u=u(x,y)$

(2.2.49) 式称为圆域上调和函数的泊松公式。

例 2.8 与 2.9 讨论了扇形域和圆域上的拉普拉斯方程定解问题。对于泊松方程定解问题，由于包含自由项需要利用特征函数方法求解。请读者自行研读其求解过程。

**注 4**　上面例 2.4 至例 2.9 几个定解问题的求解思想和主要过程，是伟大的数学家和物理学家傅里叶给出的，详细内容见参考文献[5]。在这部名著中，傅里叶首次利用偏微分方程来研究热问题，并系统地介绍了分离变量法的基本思想和主要步骤。

# §2.3*　基于 MATLAB 的定解问题求解方法

MATLAB 偏微分方程工具箱(PDE toolbox) 提供了基于 pdetool 和函数 pdepe() 两种求解偏微分方程(PDE) 方法。pdetool 的图形用户界面 GUI 涵盖了 PDE 处理的各个方面。在 GUI 上，只要进行鼠标的简单操作就可构造解的定义区域、PDE 及定解条件，并实现解的可视化。pdetool 采用有限元法求解 PDE，但这对未学过 PDE 数值解法的读者不会造成影响，只要按照 pdetool 演示程序给出的步骤逐步操作便可求解定解问题，使我们摆脱烦琐的编程工作。同时，GUI 可配合命令操作，方便解的后续处理。

pdetool 所求解的方程都定义在平面区域 $\Omega\subset\mathbf{R}^2$ 上，且只能求解二阶方程，所求解的方程包括椭圆型方程、抛物型方程及双曲型方程。

调用函数 pdepe() 可求解一维方程，但不包含双曲型方程。

本节以我们所学过的定解问题为例，简要介绍 pdetool 和函数 pdepe() 的使用方法，更详细地介绍请读者参阅该工具箱的演示程序和说明。

## 2.3.1　基于 pdetool 的偏微分方程求解方法

应用 pdetool 可求解如下三类方程。

**椭圆型方程：**　$$-\nabla\cdot(c\nabla u)+au=f,(x,y)\in\Omega \tag{2.3.1}$$

**抛物型方程：**　$$\mathrm{d}u_t-\nabla\cdot(c\nabla u)+au=f,(x,y)\in\Omega \tag{2.3.2}$$

**双曲型方程：**　$$\mathrm{d}u_{tt}-\nabla\cdot(c\nabla u)+au=f,(x,y)\in\Omega \tag{2.3.3}$$

其中 $\Omega \subset \mathbf{R}^2$ 是平面上有界区域,$c$、$a$、$f$ 和 $d$ 是定义在 $\Omega$ 上的函数,$c$ 也可以是 $\Omega$ 上 $2\times 2$ 的矩阵函数,符号"$\nabla$"为梯度算子,即 $\nabla u = (u_x, u_y)$,"•"表示向量内积。对于抛物型和双曲型方程来说,$c$、$a$、$f$ 和 $d$ 也可以依赖于时间 $t$。注意到,当 $c=1$ 时,$\nabla \cdot (c\nabla u) = \Delta u$,所以椭圆型方程包含了第 1 章介绍的泊松方程,而抛物型方程和双曲型方程分别包含了第 1 章介绍的热方程和波动方程。

pdetool 将边界条件归结为如下两类。

**狄里克雷**(Dirichlet) **条件**:$hu = r, (x,y) \in \partial\Omega$ (2.3.4)

**诺伊曼**(Neumann) **条件**:$\boldsymbol{n} \cdot (c\nabla u) + qu = g, (x,y) \in \partial\Omega$ (2.3.5)

其中 $h$、$r$、$q$ 和 $g$ 是定义在 $\Omega$ 边界上的函数,$\boldsymbol{n}$ 是 $\Omega$ 边界的外法向量。注意到,当 $c=1$ 时,$\boldsymbol{n} \cdot (c\nabla u) = \frac{\partial u}{\partial n}$,所以 pdetool 定义的诺伊曼条件包含了第 1 章所定义的第二类和第三类边界条件。

pdetool 定义的**初始条件**类型为:$u|_{t=0} = \varphi, u_t|_{t=0} = \psi$。

对于上述三类方程,pdetool 将求解定解问题的过程分为如下 6 步。

① 定义 PDE 的定义域 $\Omega$。pdetool 所求解的方程定义在平面区域 $\Omega \subset \mathbf{R}^2$ 上。GUI 提过了 4 种基本实体图形,即多边形、矩形、圆和椭圆,通过这些基本图形的并、交和差的集合代数运算就可构造出所需要的区域 $\Omega$。

② 定义边界条件。GUI 定义了狄利克雷和诺伊曼两种边界条件,并规定边界条件的形式为(2.3.4) 和(2.3.5) 式所示的形式,用户只需填入相应的系数即可。

③ 定义方程 PDE。GUI 规定了椭圆型方程、抛物型方程及双曲型方程三种方程的形式。只需将欲求解的方程与规定方程形式(2.3.1)—(2.3.3) 式做比较,填入相应的系数即可。

④ 创建三角形网格。在 PDE 数值求解时,需要将定义域做离散化处理,三角形网格剖分便是离散化方法之一。点击图标"Δ"可产生初始网格,点击加细图标可进一步加细所产生的网格,网格的粗细将影响 PDE 解的精度。没有学过 PDE 数值求解的读者只需形式操作即可。

⑤ 求解 PDE。在求解 PDE 之前,还需在 Solve 下拉菜单的 Parameters 中填写需要的参数,如在求解热方程和波动方程时,须填写初始条件及时间等。

⑥PDE 解的处理。GUI 提供了多种绘图模式,也可以用向量的形式将解输出到工作站(workspace)。在 Plot 下拉菜单的 Parameters 中可选择绘图方式,解的图形可在 GUI 编辑窗口中显示,也可在另一个窗口以 3D 的形式给出。

为便于理解,我们通过具体的算例来讨论求解过程。

**例 2.10** 求解如下圆域上泊松方程定解问题

$$\begin{cases} u_{xx} + u_{yy} = -10, & x^2 + y^2 < 1 \\ u = 0, & x^2 + y^2 = 1 \end{cases}$$

**解** 该问题的方程是椭圆类型的,与(2.3.1) 式相比较可知,$a=0$,$c=1$,$f=10$,$\Omega$ 是单位圆盘。边界条件属狄利克雷边界条件,与(2.3.4) 式比较可知,$h=1$,$r=0$。

首先在 MATLAB 命令窗口运行 pdetool 打开如图 2.6 所示的 PDEToolbox 用户界面。上部为菜单栏和工具条,下部是编辑窗口。然后按以下步骤操作。

第一步 构造区域 $\Omega$。在 Option 下拉菜单中可选择 Grid(不是必须的)。在 draw 中点击 circle,或点击工具条中图标"○",然后在编辑窗口中拖拉鼠标做图,双击所做的圆,打开对话框填入圆心和半径。在这一步通过图形集合运算可获得不同形状的区域 $\Omega$,但本例无需做集合

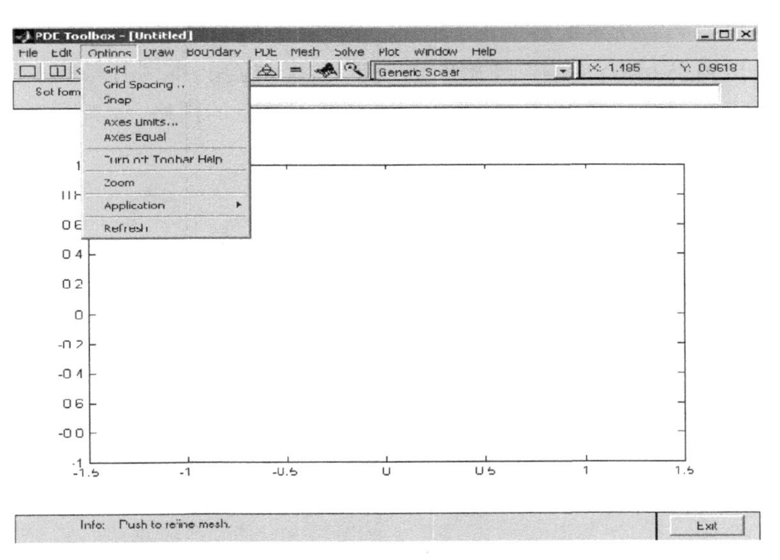


图 2.6　pdetool 编辑窗口

运算。

第二步　定义边界条件。首先点击工具条上图标“$\partial\Omega$”，编辑窗口会自动显示 $\Omega$ 边界。然后在 Boundary 下拉菜单中选中 Speicify Boundary Conditions，打开对话框，选 Dirichlet，并填入 $h=1, r=0$。

第三步　定义 PDE。点击图标“PDE”，或在 PDE 下拉菜单中选中 PDE Speicification，打开对话框，选方程类型为 Elliptic，填入 $c=1, a=0, f=10$。

第四步　创建三角形网格。在 Mesh 下拉菜单中，点击 Initialize Mesh 构造初始网格点击 Refine Mesh 加细网格，再点击 Jiggle Mesh 改进网格质量。在本步骤中，也可通过点击工具条上三角形图标建立网格。

第五步　求解方程。点击工具条上图标“=”，或在 Solve 下拉菜单中点击 Solve，便可在编辑窗口中看到以彩色图(这里用灰度图)表示的方程解，如图 2.7 所示。

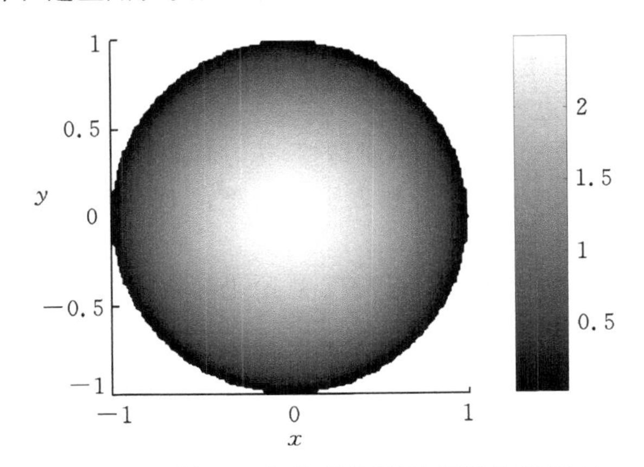


图 2.7　例 2.10 解的彩色图(这里以灰度表示)

第六步　解的后处理。在 Plot 的 Parameters 中给出了多种绘图方式。如选择 3Dplot，则可在新窗口中看到如图 2.8 所示的解曲面。若点击 Solve 下拉菜单中 Export Solution,则可将解以向量的形式输出到 Workspace,以便解的进一步处理和应用,本例省略此步骤。

图 2.7 选择了较细的三角网格,而图 2.8 则选择了较粗的网格。读者可观察网格对数值解的影响。

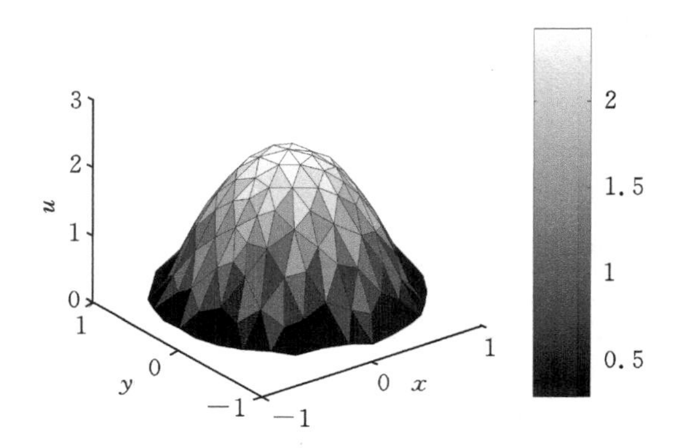


图 2.8　例 2.10 解的 3D 曲面图

例 2.10 所给定解问题描述了有源($f=10$)圆盘上稳恒温度分布问题,其真解为 $u=\frac{5}{2}(1-x^2-y^2)$,其特点是在半径为 $r\leqslant 1$ 的同心圆周上温度相同,我们在图 2.7 和 2.8 中可直观地观察到此性质。

**例 2.11**　求解如下矩形域上热传导方程定解问题

$$\begin{cases} u_t=4(u_{xx}+u_{yy})+\mathrm{e}^{-x^2-y^2}, & -1<x<1,-0.5<y<0.5,t>0 \\ u(-1,y,t)=0,u(1,y,t)=0, & -0.5\leqslant y\leqslant 0.5,t\geqslant 0 \\ u_y(x,-0.5,t)=0,u_y(x,0.5,t)=0, & -1\leqslant x\leqslant 1,t\geqslant 0 \\ u(x,y,0)=0, & -1\leqslant x\leqslant 1,-0.5\leqslant y\leqslant 0.5 \end{cases}$$

**解**　该方程为抛物型方程,与(2.3.2)式相比较可知,$d=1,c=4,a=0,f=\mathrm{e}^{-x^2-y^2}$。该定解问题定义于矩形区域 $\Omega$: $-1\leqslant x\leqslant 1,-0.5\leqslant y\leqslant 0.5$。

与椭圆型方程求解过程相同。一旦启动了 GUI,容易在编辑窗口构造矩形区域 $\Omega$,并通过点击图标"∂Ω"确定边界。但应注意,由于矩形四个边上的条件有所不同,需分别双击 $\Omega$ 的四个边打开对话框,并填入相应的边界条件。

在定义方程时,打开 PDE Specification 对话框,选方程类型为 Parabolic,并填入方程系数:$d=1,c=4,a=0,f=\mathrm{e}^{-x^2-y^2}$,其中函数表示必须符合 MATLAB 语言表示方式。如 $f=$ exp(− x.∧2 − y.∧2)。

在生成三角网格时,先点击三角形图标"Δ",初始化网格。再点击 Refine 或加细网格的三角形图标,加细网格。

最后,在 Solve 下拉菜单中点击 Parameters,打开对话框,填入时间 $t$ 和初始条件,本例取 $t=1$,即画出 $u=u(x,y,1)$ 的图形。

本例选择 3D 绘图,结果如图 2.9 所示。由图 2.9 可见,在边界 $x=\pm 1$ 上温度保持为零,而另两边上的温度分布由于与外界没有热量交换,因此其变化只受热源的影响。

**例 2.12**　求解如下圆域上波动方程的定解问题

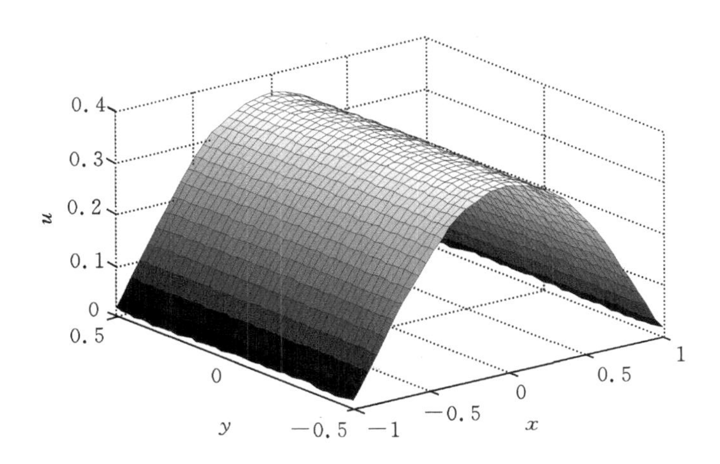


图 2.9　例 2.11 的解曲面 $u = u(x,y,1)$

$$\begin{cases}u_{tt} = u_{xx} + u_{yy}, & x^2 + y^2 < 9, t > 0 \\ u = 0, & x^2 + y^2 = 9, t \geqslant 0 \\ u\mid_{t=0} = 2e^{-(x^2+y^2)/0.1}, u_t\mid_{t=0} = 0, & x^2 + y^2 \leqslant 9\end{cases}$$

**解**　该问题的方程为双曲型方程，与(2.3.3)式比较可知，$d = 1, c = 1, a = 0, f = 0$，定义域 $\Omega$ 为圆域 $x^2 + y^2 < 9$。

类似于例 2.10 与例 2.11 的求解过程，可得该定解问题的数值解。图 2.10 给出了解曲面 $u = u(x,y,1)$ 的 3D 图形。由图可见，解曲面的形状类似于在平静的水面投下一枚石头后激起的波纹。如欲观察水面随时间的波动情况，可选择不同的时间计算解曲面。事实上，结合命令行可以以动画的形式显示水面的波动情况，对此有兴趣的读者参阅 pdetool 的说明。

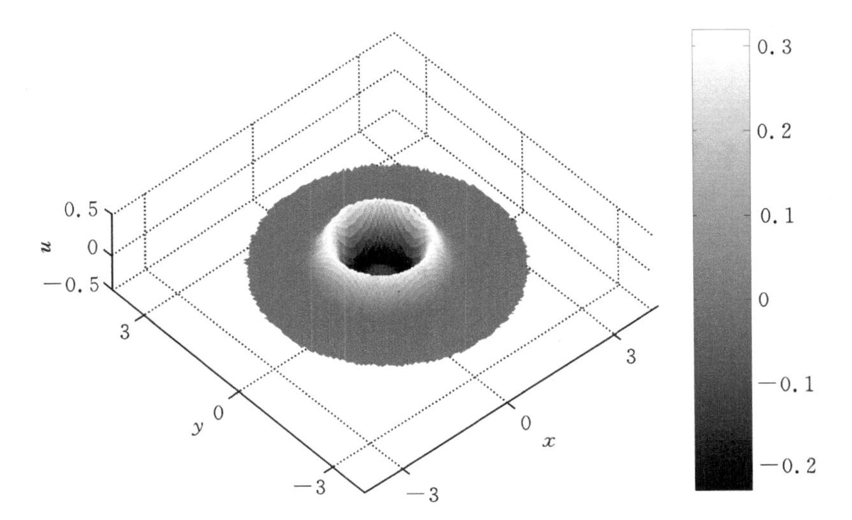


图 2.10　例 2.12 的解曲面 $u = u(x,y,1), x^2 + y^2 \leqslant 9$

### 2.3.2 基于函数 pdepe() 的偏微分方程求解

函数 pdepe() 用来求解如下一维抛物型或椭圆型方程

$$c\left(x,t,u,\frac{\partial u}{\partial x}\right)\frac{\partial u}{\partial t}=x^{-m}\frac{\partial}{\partial x}\left(x^m f\left(x,t,u,\frac{\partial u}{\partial x}\right)\right)+s\left(x,t,u,\frac{\partial u}{\partial x}\right)$$

$$t_0\leqslant t\leqslant t_f,a\leqslant x\leqslant b \tag{2.3.6}$$

其中 $m=0,1,2$。若 $u$ 是标量函数,则 $c$、$f$ 和 $s$ 是标量函数;若 $u$ 是列向量,即(2.3.6)式为方程组时,$f$ 和 $s$ 是列向量,$c$ 是对角矩阵。若 $m>0$,则需取 $a\geqslant 0$。以下我们仅考虑 $u$ 是标量函数的情况。

显然,第 1 章所建立的热传导方程是方程(2.3.6)的特例。但(2.3.6)式不包含波动方程。换言之,函数 pdepe() 不能求解波动方程。

函数 pdepe() 假定方程(2.3.6)的初值条件为

$$u(x,t_0)=u_0(x) \tag{2.3.7}$$

在 $x=a$ 或 $x=b$ 的边界条件均为如下形式

$$p(x,t,u)+q(x,t)f(x,t,u,u_x)=0 \tag{2.3.8}$$

其中 $p$、$q$ 和 $f$ 均为已知函数。显见,第1章所建立的关于有限区间的第一类、第二类和第三类边界条件均是(2.3.8)式的特例。

函数 pdepe() 调用格式如下。

sol = pdepe($m$,pdefun,icfun,bcfun,xmesh,tspan)

$m$:比较(2.3.6)式与欲求解的方程可确定 $m$。

pdefun:定义方程,即定义方程(2.3.6)中的函数 $c$、$f$ 和 $s$,其形式如下:

$[c,f,s]$ = pdefun($x,t,u,u_x$)

其中 $c$、$f$ 和 $s$ 为列向量。

icfun:定义方程(2.3.6)的初始条件,其形式如下:

$u$ = icfun($x$)

返回解在 $x$ 的初始值。

bcfun:定义边界条件(2.3.8)式中的 $p$ 和 $q$,其形式如下:

$[pl,ql,pr,qr]$ = bcfun($xl,ul,xr,ur,t$)

其中 $ul$ 和 $ur$ 分别是左边界 $xl=a$ 和右边界 $xr=b$ 的近似解,$pl$ 和 $ql$ 是列向量,分别对应于边界 $xl=a$ 的 $p$ 和 $q$。类似地,$pr$ 和 $qr$ 对应边界 $xr=b$ 的情况。当 $m>0$,且 $a=0$ 时,解的有界性要求 $f$ 在 $a=0$ 处为 0。因此 pdepe() 函数默认了这一假设条件(进而不考虑 $pl$ 和 $ql$ 的返回值)。

xmesh:由用户提供长度不小于 3 的 $x$ 网格点$[x_1,x_2,\cdots,x_n]$,其中 $x_1$ 和 $x_n$ 分别与边界点 $a$ 和 $b$ 对应。

tspan:将区间$[t_0,t_f]$离散化为$[t_0,t_1,t_2,\cdots,t_f]$,其长度不小于 3。

函数 pdepe() 输出是三维向量,sol($i,j,k$) 表示 $u$ 的第 $k$ 个分量在时间 tspan($i$) 和网格点 xmesh($j$) 的解的近似值。

显然,调用 pdepe() 求解定解问题需要编写必要的代码。下例为来自 MATLAB 的示例。

**例 2.13** 求解下列定解问题

$$\begin{cases} u_t = \dfrac{1}{\pi^2} u_{xx}, & 0 < x < 1, t > 0 \\ u(0,t) = 0, \pi e^{-t} + u_x(1,t) = 0, & t \geqslant 0 \\ u(x,0) = \sin(\pi x), & 0 \leqslant x \leqslant 1 \end{cases}$$

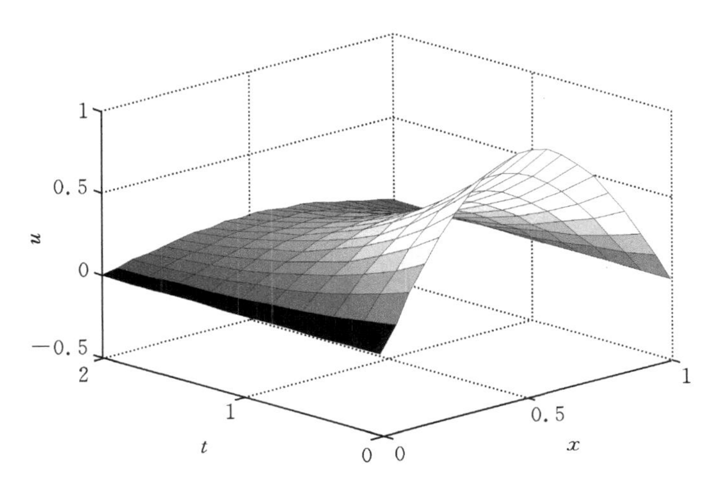


图 2.11　例 2.13 定解问题的解曲面 $u = u(x,t), 0 \leqslant x \leqslant 1, 0 \leqslant t \leqslant 2$

与方程(2.3.6)比较可知，$m = 0, c = \pi^2, f = u_x, s = 0$。求解该定解问题的程序如下：

```
% 求解例 2.13 热方程定解问题并绘图
x = linspace(0,1,20);                         %x 定义区间[0,1]离散化
t = linspace(0,2,10);                         % 取时间区间为[0,2],并离散化
m = 0;
sol = pdepe(m,@pdefun,@pdex1ic,@bcfun,x,t);   % 求解定解问题
u = sol(:,:,1);                               % 本问题中 u 只有一个分量
surf(x,t,u)                                   % 绘图
xlabel('Distance x')
ylabel('Time t')

% 定义方程
function [c,f,s] = pdefun(x,t,u,dudx)
c = pi^2;
f = dudx;                                     %dudx = u_x
s = 0;

% 定义初始条件
function u0 = pdex1ic(x)
u0 = sin(pi * x);
```

```
% 定义边界条件
function [pl,ql,pr,qr] = bcfun(xl,ul,xr,ur,t)
pl = ul;
ql = 0;
pr = pi * exp(- t);
qr = 1;
```

程序运行结果如图2.11所示。平面 $t=0$ 与解曲面的交线即为初始条件,其数值解为 $u=$ sol(1,:,1)。平面 $x=0$ 和 $x=1$ 分别与解曲面的交线为边界条件。在左端 $x=0,u=0$,但在右端 $x=1,u=$ sol(:,end,1),其值不恒为0。

# 习题 2

1. 设有如下定解问题

$$\begin{cases} u_{tt}-a^2u_{xx}=f(x,t), & 0<x<l,t>0 \\ u(0,t)=0,u_x(l,t)=0, & t\geqslant 0 \\ u(x,0)=\varphi(x),u_t(x,0)=\psi(x), & 0\leqslant x\leqslant l \end{cases}$$

利用分离变量法导出该定解问题的特征值问题并求解。

2. 求解下列特征值问题

(1) $\begin{cases} X''(x)+\lambda X(x)=0, & 0<x<l \\ X'(0)=X'(l)=0 \end{cases}$

(2) $\begin{cases} X''(x)+\lambda X(x)=0, & -1<x<1 \\ X(-1)=0, & X(1)=0 \end{cases}$

(3) $\begin{cases} X''(x)+\lambda X(x)=0, & 0<x<l \\ X'(0)=0, & X(l)=0 \end{cases}$

(4) $\begin{cases} X''(x)+\lambda X(x)=0, & 0<x<2l \\ X(0)=X(2l), & X'(0)=X'(2l) \end{cases}$

3*. 考虑下面特征值问题

$$\begin{cases} X''(x)+\lambda X(x)=0, & 0<x<l \\ X(0)=0, & X'(l)+X(l)=0 \end{cases}$$

(1) 证明一切特征值 $\lambda>0$。

(2) 证明不同的特征值对应的特征函数是正交的。

(3) 求出所有的特征值和相应的特征函数。

4. 设 $p(x)$ 和 $q(x)$ 在区间 $[0,l]$ 一阶连续可导,且 $p(x)>0,q(x)\geqslant 0$。考虑如下特征值问题

$$\begin{cases} -\dfrac{\mathrm{d}}{\mathrm{d}x}\left[p(x)\dfrac{\mathrm{d}}{\mathrm{d}x}X(x)\right]+q(x)X(x)=\lambda X(x), & 0<x<l \\ X(0)=0, & X(l)=0 \end{cases}$$

(1) 证明一切特征值 $\lambda\geqslant 0$。

(2) 证明不同的特征值对应的特征函数是正交的。

5.求解下列弦振动方程的定解问题

(1)$\begin{cases}u_{tt}-a^2u_{xx}=0, & 0<x<l,t>0\\ u_x(0,t)=0,u_x(l,t)=0, & t\geqslant 0\\ u(x,0)=x,u_t(x,0)=0, & 0\leqslant x\leqslant l\end{cases}$

(2)$\begin{cases}u_{tt}-a^2u_{xx}=0, & 0<x<l,t>0\\ u(0,t)=0,u_x(l,t)=0, & t\geqslant 0\\ u(x,0)=\sin\dfrac{3}{2l}\pi x,u_t(x,0)=\sin\dfrac{5}{2l}\pi x, & 0\leqslant x\leqslant l\end{cases}$

(3)$\begin{cases}u_{tt}-u_{xx}+4u=0, & 0<x<1,t>0\\ u(0,t)=0,u(1,t)=0, & t\geqslant 0\\ u(x,0)=x^2-x,u_t(x,0)=0, & 0\leqslant x\leqslant 1\end{cases}$

(4)$\begin{cases}u_{tt}-u_{xx}-4u=2\sin^2 x, & 0<x<\pi,t>0\\ u_x(0,t)=0,u_x(\pi,t)=0, & t\geqslant 0\\ u(x,0)=0,u_t(x,0)=0, & 0\leqslant x\leqslant \pi\end{cases}$

(5)$\begin{cases}u_{tt}-u_{xx}=2, & 0<x<l,t>0\\ u(0,t)=u_x(l,t)=0, & t\geqslant 0\\ u(x,0)=0,u_t(x,0)=A, & 0\leqslant x\leqslant l\end{cases}$

6.求解下列热传导方程的定解问题

(1)$\begin{cases}u_t-a^2u_{xx}=\cos\dfrac{x}{2}, & 0<x<\pi,t>0\\ u_x(0,t)=1,u(\pi,t)=\pi, & t\geqslant 0\\ u(x,0)=0, & 0\leqslant x\leqslant \pi\end{cases}$

(2)$\begin{cases}u_t-a^2u_{xx}=2u, & 0<x<1,t>0\\ u_x(0,t)=0,u(1,t)=0, & t\geqslant 0\\ u(x,0)=\sin\pi x, & 0\leqslant x\leqslant 1\end{cases}$

(3)$\begin{cases}u_t-a^2u_{xx}+b^2u=0, & 0<x<l,t>0\\ u(0,t)=0,u(l,t)=0, & t\geqslant 0\\ u(x,0)=\varphi(x), & 0\leqslant x\leqslant l\end{cases}$

(4)$\begin{cases}u_t-a^2u_{xx}=xt, & 0<x<l,t>0\\ u_x(0,t)=0,u_x(l,t)=0, & t\geqslant 0\\ u(x,0)=1, & 0\leqslant x\leqslant l\end{cases}$

7.求解下面位势方程定解问题

(1)$\begin{cases}u_{xx}+u_{yy}=x, & 0<x<a,0<y<b\\ u_y(x,0)=0,u_y(x,b)=0, & 0\leqslant x\leqslant a\\ u(0,y)=0,u(a,y)=Ay, & 0\leqslant y\leqslant b\end{cases}$

(2)$\begin{cases}u_{xx}+u_{yy}=0, & y>0,x>y,x^2+y^2<4\\ u(x,0)=0,0\leqslant x\leqslant 2,u(x,x)=0, & 0\leqslant x\leqslant\sqrt{2}\\ u(x,y)=x+y, & x^2+y^2=4\end{cases}$

(3) $\begin{cases} u_{xx}+u_{yy}=0, & x^2+y^2<4 \\ u(x,y)=1+x, & x^2+y^2=4 \end{cases}$

(4) $\begin{cases} u_{xx}+u_{yy}=xy, & 1<x^2+y^2<4 \\ u(x,y)=0, & x^2+y^2=1 \\ u(x,y)=x+y, & x^2+y^2=4 \end{cases}$

8*. 设 $\varphi(x)$ 在区间 $[0,l]$ 的傅里叶展开式为

$$\varphi(x)=\sum_{k=1}^{\infty}c_k\sin\frac{k\pi x}{l} \tag{1}$$

其部分和为 $S_n(x)=\sum\limits_{k=1}^{n}c_k\sin\dfrac{k\pi x}{l}$,求解或证明以下结果。

(1) 设 $\varphi(x)\in C[0,l]$,求 $\int_0^l[\varphi(x)-S_n(x)]^2\mathrm{d}x$

(2) 证明下面贝塞尔不等式

$$\sum_{k=1}^{\infty}c_k^2\leqslant\frac{2}{l}\int_0^l\varphi^2(x)\mathrm{d}x \tag{2}$$

(3) 设 $\varphi(x)\in C^2[0,l]$,$\varphi(x)$ 的二阶导数的傅里叶展开式为

$$\varphi''(x)=\sum_{n=1}^{\infty}d_n\sin\frac{n\pi x}{l}$$

如果 $\varphi(0)=\varphi(l)=0$,利用分部积分法证明

$$|d_n|=An^2|c_n|,\quad n\geqslant 1 \tag{3}$$

其中 $A$ 为正常数。

(4) 利用(2)式和(3)式证明(1)式中的三角级数在区间 $[0,l]$ 上一致收敛,并且可以逐项求导。

9*. 考虑如下定解问题

$$\begin{cases} u_t=a^2u_{xx}, & 0<x<l,t>0 \\ u_x(0,t)=0,u_x(l,t)=0, & t\geqslant 0 \\ u(x,0)=\varphi(x), & 0\leqslant x\leqslant l \end{cases}$$

(1) 给出该定解问题的物理解释。

(2) 当经过充分长的时间后,导热杆上的温度分布 $u(x,t)$ 如何?

(3) 求极限 $\lim\limits_{t\to+\infty}u(x,t)$。

10*. 考虑如下定解问题

$$\begin{cases} u_t=a^2u_{xx}, & 0<x<l,t>0 \\ u(0,t)=A,u_x(l,t)=B, & t\geqslant 0 \\ u(x,0)=\varphi(x), & 0\leqslant x\leqslant l \end{cases}$$

其中 $A$ 和 $B$ 为常数。

(1) 给出该定解问题的物理解释。

(2) 求极限 $\lim\limits_{t\to+\infty}u(x,t)$。

11*. 考虑下面定解问题

$$\begin{cases} u_{tt}-u_{xx}+2u_t+u=0, & 0<x<\pi, t>0 \\ u(0,t)=u(\pi,t)=0, & t\geqslant 0 \\ u(x,0)=x, u_t(x,0)=0, & 0\leqslant x\leqslant \pi \end{cases}$$

(1) 解释该定解问题方程中各项的物理意义。

(2) 推导出问题的特征值问题并求解。

(3) 写出该问题解的待定表示式,并求出表达式中第一特征函数的系数。

12*. 考虑下面定解问题

$$\begin{cases} u_{tt}-u_{xx}=f(x,t), & 0<x<\pi, t>0 \\ u_x(0,t)=u_x(\pi,t)=0, & t\geqslant 0 \\ u(x,0)=\varphi(x), u_t(x,0)=\psi(x), & 0\leqslant x\leqslant \pi \end{cases}$$

(1) 写出该定解问题的特征值和特征函数 $\lambda_n, X_n(x), n\geqslant 0$。

(2) 如果 $\varphi(x)=0, \psi(x)=0$,而 $f(x,t)=\sin\sqrt{\lambda_{10}}t$,求解该定解问题。

(3) 如果 $f(x,t)=0$,证明 $\forall\tau>0$,下面等式

$$\int_0^l [u_t^2(x,\tau)+u_x^2(x,\tau)]\mathrm{d}x=\int_0^l [\psi^2(x)+\varphi_x^2(x)]\mathrm{d}x$$

成立,解释该等式的物理意义。

(4) 证明上述定解问题的解是唯一的。

# 第 3 章　贝塞尔函数

对两个自变量的偏微分方程，我们在第 2 章中比较系统地介绍了分离变量法的基本思想以及求解相应定解问题的主要步骤。本章讨论多于两个自变量的情形，其求解过程和两个自变量情形基本相同，区别仅在于特征值问题的求解要用到一类特殊函数 —— 贝塞尔(Bessel)函数。

本章首先对二阶常微分方程解的性质和幂级数解法做一简单回顾，为学习贝塞尔级数提供一些必要的基础知识。3.2 节讨论贝塞尔方程的幂级数解法及贝塞尔方程的特征值问题。由贝塞尔方程引入的贝塞尔函数是一类重要的特殊函数，在其他一些学科也有广泛应用。但限于篇幅，我们仅列举了贝塞尔函数的一些基本性质，并未加以证明。3.3 节介绍自变量多于两个的方程定解问题的分离变量法。

## §3.1*　二阶线性常微分方程的幂级数解法

### 3.1.1　常系数二阶线性微分方程的基解组

熟知，对于常系数线性常微分方程，只要求出其特征方程的根，就很容易写出齐次方程的基解组，以及通解的表达式。

**例 3.1**　求解下列齐次微分方程

(1)$y''-3y'+2y=0$。

(2)$y''+4y'+13y=0$。

(3)$y''+4y'+4y=0$。

**解**　(1) 该微分方程的特征方程为

$$\lambda^2-3\lambda+2=0$$

特征根为 $\lambda_1=1,\lambda_2=2$，故方程的基解组为$\{\mathrm{e}^x,\mathrm{e}^{2x}\}$，通解为 $y=c\mathrm{e}^x+d\mathrm{e}^{2x}$，其中 $c$、$d$ 为任意常数。

(2) 特征方程为

$$\lambda^2+4\lambda+13=0$$

特征根为 $\lambda_1=-2+3\mathrm{i},\lambda_2=-2-3\mathrm{i}$，是一对共轭复数，由此知方程的基解组为$\{\mathrm{e}^{(-2+3\mathrm{i})x},\mathrm{e}^{(-2-3\mathrm{i})x}\}$。

注意到

$$\mathrm{e}^{-2x}\cos 3x=\frac{1}{2}(\mathrm{e}^{(-2+3\mathrm{i})x}+\mathrm{e}^{(-2-3\mathrm{i})x})$$

$$\mathrm{e}^{-2x}\sin 3x=\frac{1}{2\mathrm{i}}(\mathrm{e}^{(-2+3\mathrm{i})x}-\mathrm{e}^{(-2-3\mathrm{i})x})$$

所以实值函数 $e^{-2x}\cos3x$、$e^{-2x}\sin3x$ 也是方程的解，且线性无关，因此 $\{e^{-2x}\cos3x, e^{-2x}\sin3x\}$ 构成了方程的实基解组。方程的通解可表示为 $y = ce^{-2x}\cos3x + de^{-2x}\sin3x$。

(3) 特征方程为

$$\lambda^2 + 4\lambda + 4 = 0$$

特征根为 $\lambda_1 = \lambda_2 = -2$，即 $\lambda = -2$ 是二重特征根。此时，方程的基解组为 $\{e^{-2x}, xe^{-2x}\}$，通解为 $y = ce^{-2x} + dxe^{-2x}$。

在(3) 的基解组中，方程的解 $xe^{-2x}$ 可用摄动方法[4] 获得，其基本思想在贝塞尔函数研究中也有重要应用。为此，下面我们通过本例对摄动法作一个简单介绍。

对 $\forall\varepsilon > 0$，考虑齐次方程

$$y'' + (4+\varepsilon)y' + (4+2\varepsilon)y = 0 \tag{3.1.1}$$

方程(3.1.1) 称为方程(3) 的摄动方程。易得方程(3.1.1) 的特征根为 $\lambda_1 = -2, \lambda_2 = -2-\varepsilon$，所以方程(3.1.1) 的基解组为 $\{e^{-2x}, e^{(-2-\varepsilon)x}\}$。令

$$y_\varepsilon(x) = \frac{e^{(-2-\varepsilon)x} - e^{-2x}}{(-\varepsilon)} = e^{-2x}\frac{e^{-\varepsilon x} - 1}{(-\varepsilon)} \tag{3.1.2}$$

则 $y_\varepsilon(x)$ 仍是(3.1.1) 式的解。当 $\varepsilon$ 趋于零时，方程(3.1.1) 趋向于例 3.1(3) 的方程。可以证明[4]：当 $\varepsilon$ 趋于零时，$y_\varepsilon(x)$ 趋于方程(3) 的一个解。利用洛必达法则可得

$$\lim_{\varepsilon\to0} y_\varepsilon(x) = \lim_{\varepsilon\to0} e^{-2x}\frac{(-x)e^{-\varepsilon x}}{(-1)} = xe^{-2x}$$

此即例 3.1 中(3) 的另一个与解 $e^{-2x}$ 线性无关的解。

一般而言，如果二阶常系数微分方程的特征方程有两个不同的实根 $\rho_1$、$\rho_2$，那么微分方程的基解组为 $\{e^{\rho_1 x}, e^{\rho_2 x}\}$；如果有两个共轭的虚根 $\rho_{1,2} = \alpha \pm \beta i$，那么微分方程的基解组为 $\{e^{\alpha x}\cos\beta x, e^{\alpha x}\sin\beta x\}$；如果有一个重根 $\rho_1$，那么微分方程的基解组为 $\{e^{\rho_1 x}, xe^{\rho_1 x}\}$。该结论也可推广到高阶常系数微分方程，请看下例。

**例 3.2** 求解下列齐次微分方程

(1) $y^{(3)} - y'' + y' - y = 0$。

(2) $y^{(6)} - 2y^{(4)} - y'' + 2y = 0$。

(3) $y^{(5)} + 8y^{(3)} + 16y' = 0$。

**解** (1) 特征方程为

$$\lambda^3 - \lambda^2 + \lambda - 1 = 0$$

因式分解为

$$(\lambda - 1)(\lambda^2 + 1) = 0$$

特征根为 $\lambda_1 = 1, \lambda_2 = i, \lambda_3 = -i$，故微分方程的基解组为 $\{e^x, \cos x, \sin x\}$。

(2) 特征方程为

$$\lambda^6 - 2\lambda^4 - \lambda^2 + 2 = 0$$

因式分解为

$$(\lambda^2 - 2)(\lambda^2 - 1)(\lambda^2 + 1) = 0$$

由此可得特征根 $\lambda_{1,2} = \pm 1, \lambda_{3,4} = \pm i, \lambda_{5,6} = \pm\sqrt{2}$，故微分方程的基解组为 $\{e^x, e^{-x}, \cos x, \sin x, e^{\sqrt{2}x}, e^{-\sqrt{2}x}\}$。

(3) 特征方程为

$$\lambda^5+8\lambda^3+16\lambda=0$$

因式分解为

$$\lambda(\lambda^2+4)^2=0$$

故特征根为$\lambda_1=0,\lambda_2=2\mathrm{i},\lambda_3=-2\mathrm{i}$,其中$\lambda_2$和$\lambda_3$都是该特征方程的二重根,由此可知微分方程的基解组为$\{1,\cos2x,\sin2x,x\cos2x,x\sin2x\}$。

### 3.1.2 变系数二阶线性微分方程的幂级数解法

变系数二阶线性常微分方程形式如下

$$y''+p(x)y'+q(x)y=0 \tag{3.1.3}$$

与常系数二阶线性微分方程相同,其基解组仍由两个线性无关的解组成。但遗憾的是寻找方程(3.1.3)的基解组是一件困难的事,在无特殊技巧的情况下,常采用幂级数法,通过幂级数系数的确定求出级数形式的基解组或一个非零解,因而涉及到幂级数的形式选择与收敛性等问题。历史上对幂级数解法有很多研究,相关理论和方法已比较成熟,有兴趣的读者可查阅参考文献[4]。下面,我们不加证明地给出要用到的两个主要结论,作为今后求解一些特征值问题的理论基础。

**定理3.1**[4] 如果$p(x)$、$q(x)$在$x_0$的邻域内$B_\delta(x_0)=\{x\in\mathbf{R}\mid |x-x_0|<\delta\}$解析,即在该邻域可展成泰勒(Taylor)级数,则方程(3.1.3)在$B_\delta(x_0)$内有如下形式的解析解

$$y(x)=\sum_{k=0}^{\infty}a_k(x-x_0)^k \tag{3.1.4}$$

其中$a_k(k\geqslant0)$可由待定系数法求出。

**定理3.2**[4] 如果函数$(x-x_0)p(x)$、$(x-x_0)^2q(x)$在$x_0$的邻域$B_\delta(x_0)=\{x\in\mathbf{R}\mid |x-x_0|<\delta\}$内解析,即$x_0$最多为$p(x)$与$q(x)$的一阶和二阶极点。则在去心邻域$\{x\in\mathbf{R}\mid 0<|x-x_0|<\delta\}$内,方程(3.1.3)有如下形式的级数解

$$y(x)=(x-x_0)^\rho\sum_{k=0}^{\infty}a_k(x-x_0)^k \tag{3.1.5}$$

其中$a_0\neq0,\rho\in\mathbf{R}$。常数$\rho$和$a_k(k\geqslant0)$可由待定系数法求出。

下面应用定理3.1求解一些变系数线性常微分方程,而定理3.2的应用将在下节介绍。

**例3.3** 求解下列方程

(1)$y''+xy'+y=0$。

(2)$y''+(\sin x)y=0$。

**解** (1) 此题中$p(x)=x,q(x)=1$,它们都是$\mathbf{R}$上解析函数。根据定理3.1,可设解为$y(x)=\sum_{k=0}^{\infty}a_kx^k,x\in\mathbf{R}$。将该级数求一阶和二阶导数,并将$y(x)$、$y'(x)$和$y''(x)$代入到原方程中,可得

$$\sum_{k=2}^{\infty}k(k-1)a_kx^{k-2}+\sum_{k=1}^{\infty}ka_kx^k+\sum_{k=0}^{\infty}a_kx^k=0$$

或

$$\sum_{k=0}^{\infty}(k+1)(k+2)a_{k+2}x^k+\sum_{k=0}^{\infty}ka_kx^k+\sum_{k=0}^{\infty}a_kx^k=0$$

令上式中$x^k(k\geqslant0)$系数为零可得

$$(k+1)(k+2)a_{k+2}+(k+1)a_k=0,\quad k\geqslant 0$$

此即

$$a_{k+2}=-\frac{1}{k+2}a_k,\quad k\geqslant 0 \tag{3.1.6}$$

由(3.1.6)式易得

$$a_{2k}=\frac{(-1)^k}{(2k)!!}a_0,\quad a_{2k+1}=\frac{(-1)^k}{(2k+1)!!}a_1,\quad k\geqslant 0$$

将上面的结果代入到 $y(x)=\sum\limits_{k=0}^{\infty}a_k x^k$,得

$$\begin{aligned}y(x)&=a_0\sum_{k=0}^{\infty}\frac{(-1)^k}{(2k)!!}x^{2k}+a_1\sum_{k=0}^{\infty}\frac{(-1)^k}{(2k+1)!!}x^{2k+1}\\&=a_0y_1(x)+a_1y_2(x)\end{aligned}$$

其中$(2k)!!$表示$(2k)$的半阶乘,其值为小于或等于$2k$的一切偶正整数之乘积,而$(2k+1)!!$值为小于或等于$(2k+1)$的一切奇正整数之乘积,$a_0$、$a_1$ 为任意常数。由于 $y_1(x)$ 和 $y_2(x)$ 线性无关,故方程的基解组为$\{y_1(x),y_2(x)\}$。

(2) 此题中 $p(x)=0,q(x)=\sin x$,它们都是 $\mathbf{R}$ 上的解析函数。根据定理 3.1,可设解为 $y(x)=\sum\limits_{k=0}^{\infty}a_kx^k,x\in\mathbf{R}$。将该级数及二阶导数代入到原方程中得

$$\sum_{k=2}^{\infty}k(k-1)a_kx^{k-2}+\sin x\sum_{k=0}^{\infty}a_kx^k=0$$

或

$$\sum_{k=0}^{\infty}(k+1)(k+2)a_{k+2}x^k+\sin x\sum_{k=0}^{\infty}a_kx^k=0 \tag{3.1.7}$$

将 $q(x)=\sin x$ 的泰勒级数

$$\sin x=\sum_{k=0}^{\infty}\frac{(-1)^k}{(2k+1)!}x^{2k+1}$$

代入到(3.1.7)式中得

$$\sum_{k=0}^{\infty}(k+1)(k+2)a_{k+2}x^k+\sum_{k=0}^{\infty}\frac{(-1)^k}{(2k+1)!}x^{2k+1}\sum_{k=0}^{\infty}a_kx^k=0$$

展开可得

$$2a_2+(a_0+3\cdot 2\cdot a_3)x+(a_1+4\cdot 3a_4)x^2+\left(-\frac{1}{3!}a_0+a_2+5\cdot 4a_5\right)x^3+\cdots=0$$

由此可得

$$a_2=0,a_3=-\frac{1}{3!}a_0,a_4=-\frac{1}{3\cdot 4}a_1,a_5=(-1)^2\frac{1}{5!}a_0,\cdots$$

将这些系数代入到 $y(x)=\sum\limits_{k=0}^{\infty}a_kx^k$,得

$$\begin{aligned}y(x)&=a_0\left(1-\frac{1}{3!}x^3+\frac{1}{5!}x^5+\cdots\right)+a_1\left(x-\frac{1}{3\cdot 4}x^4+\frac{1}{2\cdot 3\cdot 5\cdot 6}x^6-\cdots\right)\\&=a_0y_1(x)+a_1y_2(x)\end{aligned}$$

其中 $a_0$、$a_1$ 为任意常数,$\{y_1(x),y_2(x)\}$ 为方程的基解组。

# §3.2 贝塞尔函数

本节主要介绍一类特殊函数 —— 贝塞尔函数。这类函数的表示需要用到另一类特殊函数——Γ 函数,因此我们首先介绍 Γ 函数的概念。

## 3.2.1 Γ 函数

考虑广义积分$\int_0^\infty x^{\alpha-1}\mathrm{e}^{-x}\mathrm{d}x$。由广义积分收敛性判别法可知,当 $\alpha>0$ 时,广义积分收敛,因此该广义积分定义了一个参变量 $\alpha$ 的函数,该函数通常称为 Γ 函数,记为 $\Gamma(\alpha)$,即

$$\Gamma(\alpha)=\int_0^\infty x^{\alpha-1}\mathrm{e}^{-x}\mathrm{d}x,\quad \alpha>0 \tag{3.2.1}$$

显见,$\Gamma(\alpha)>0$。如下性质是 $\Gamma(\alpha)$ 的常用性质。

(1)$\Gamma(1)=1,\Gamma\left(\frac{1}{2}\right)=\sqrt{\pi}$ (3.2.2)

事实上

$$\Gamma(1)=\int_0^\infty x^0\mathrm{e}^{-x}\mathrm{d}x=\int_0^\infty \mathrm{e}^{-x}\mathrm{d}x=-\mathrm{e}^{-x}\Big|_0^\infty=1$$

为求 $\Gamma\left(\frac{1}{2}\right)$,令 $I=\int_0^\infty \mathrm{e}^{-x^2}\mathrm{d}x$,并记 $\sigma_R=\{(x,y)\,|\,x\geqslant 0,y\geqslant 0,x^2+y^2\leqslant R^2\}$。利用极坐标变换可得

$$\begin{aligned}I^2&=\int_0^\infty \mathrm{e}^{-x^2}\mathrm{d}x\int_0^\infty \mathrm{e}^{-y^2}\mathrm{d}y=\int_0^\infty\int_0^\infty \mathrm{e}^{-(x^2+y^2)}\mathrm{d}x\mathrm{d}y\\&=\lim_{R\to\infty}\iint_{\sigma_R}\mathrm{e}^{-(x^2+y^2)}\mathrm{d}x\mathrm{d}y=\lim_{R\to\infty}\int_0^{\pi/2}\mathrm{d}\theta\int_0^R \mathrm{e}^{-r^2}r\mathrm{d}r\\&=\lim_{R\to\infty}\frac{\pi}{4}\int_0^R \mathrm{e}^{-r^2}\mathrm{d}r^2=\lim_{R\to\infty}\frac{\pi}{4}(-\mathrm{e}^{-r^2})\Big|_0^R=\frac{\pi}{4}\end{aligned}$$

故有

$$\begin{aligned}\Gamma\left(\frac{1}{2}\right)&=\int_0^\infty x^{-1/2}\mathrm{e}^{-x}\mathrm{d}x=2\int_0^\infty \mathrm{e}^{-x}\mathrm{d}(x^{1/2})(\text{令 } u=x^{1/2})\\&=2\int_0^\infty \mathrm{e}^{-u^2}\mathrm{d}u=2I=\sqrt{\pi}\end{aligned}$$

(2) 递推公式

$$\Gamma(\alpha+1)=\alpha\Gamma(\alpha),\quad \alpha>0 \tag{3.2.3}$$

事实上

$$\begin{aligned}\Gamma(\alpha+1)&=\int_0^\infty x^\alpha\mathrm{e}^{-x}\mathrm{d}x=\int_0^\infty x^\alpha\mathrm{d}(-\mathrm{e}^{-x})=x^\alpha(-\mathrm{e}^{-x})\Big|_0^\infty+\int_0^\infty \mathrm{e}^{-x}\mathrm{d}x^\alpha\\&=\int_0^\infty \alpha x^{\alpha-1}\mathrm{e}^{-x}\mathrm{d}x=\alpha\int_0^\infty x^{\alpha-1}\mathrm{e}^{-x}\mathrm{d}x=\alpha\Gamma(\alpha)\end{aligned}$$

反复利用递推公式可得如下两个公式。

$$\Gamma(n+1)=n!$$

$$\Gamma\left(n+\frac{1}{2}\right)=\frac{(2n-1)!!}{2^n}\sqrt{\pi}$$

可见，$\Gamma(\alpha)$ 是 $n!$ 的推广。但需注意在一般情况下，我们不能给出 $\Gamma(\alpha)$ 的初等函数表示。

为了应用方便，通常利用递推公式，将 $\Gamma(\alpha)$ 的定义域由 $\{\alpha > 0\}$ 延拓为 $R\backslash\{n \in \mathrm{Z} \mid n \leqslant 0\}$。首先将递推公式(3.2.3)改写为

$$\Gamma(\alpha) = \frac{\Gamma(\alpha+1)}{\alpha} \tag{3.2.4}$$

当 $-1<\alpha<0$ 时，由于 $0<\alpha+1<1$，使得 $\Gamma(\alpha+1)$ 在 $-1<\alpha<0$ 上有定义，从而可按(3.2.4)式定义 $\Gamma(\alpha)$，即将 $\Gamma(\alpha)$ 的定义延拓到 $-1<\alpha<0$，但在端点 $-1$ 和 $0$ 无定义。同理，当 $\Gamma(\alpha)$ 在 $-1<\alpha<0$ 上有定义时，$\Gamma(\alpha+1)$ 在区间 $-2<\alpha<-1$ 有定义，可按(3.2.4)式定义 $\Gamma(\alpha)$ 在区间 $-2<\alpha<-1$ 上的值，如此继续，便可将 $\Gamma(\alpha)$ 的定义域扩充到实轴上除去负整数和零的点集上。

由(3.2.4)式知

$$\lim_{\alpha\to 0^+}\Gamma(\alpha) = \lim_{\alpha\to 0^+}\frac{\Gamma(\alpha+1)}{\alpha} = +\infty, \quad \lim_{\alpha\to 0^-}\Gamma(\alpha) = -\infty$$

进一步可验证，在负整数处 $\Gamma(\alpha)$ 的左、右极限或为正无穷大或为负无穷大。

习惯上约定：$\Gamma(-n) = \infty, \dfrac{1}{\Gamma(-n)} = 0$，其中 $n$ 为非负整数。

**注1**　利用关于含参变量广义积分的可微性结果[20]可证：$\Gamma(\alpha)$ 在区间 $(0,\infty)$ 内有二阶连续导数，并且还可以通过积分号求导，即有

$$\Gamma'(\alpha) = \int_0^\infty x^{\alpha-1}\ln x \cdot \mathrm{e}^{-x}\mathrm{d}x, \quad \Gamma''(\alpha) = \int_0^\infty x^{\alpha-1}(\ln x)^2\mathrm{e}^{-x}\mathrm{d}x$$

显见，$\Gamma''(\alpha) > 0$，即 $\Gamma(\alpha)$ 在 $(0,\infty)$ 内是下凸的，因而 $\Gamma(\alpha)$ 在区间 $(0,\infty)$ 有唯一的极小值点 $\alpha_0$。注意到 $\Gamma(1) = \Gamma(2) = 1$，根据罗尔定理可知 $\alpha_0$ 介于1和2之间。利用数值计算方法可以求出 $\alpha_0$ 和 $\Gamma(\alpha_0)$ 的近似值为

$$\alpha_0 \approx 1.4616321, \quad \Gamma(\alpha_0) = \min\{\Gamma(\alpha) \mid \alpha > 0\} \approx 0.8856032$$

$\Gamma(\alpha)$ 的图形如图3.1所示。

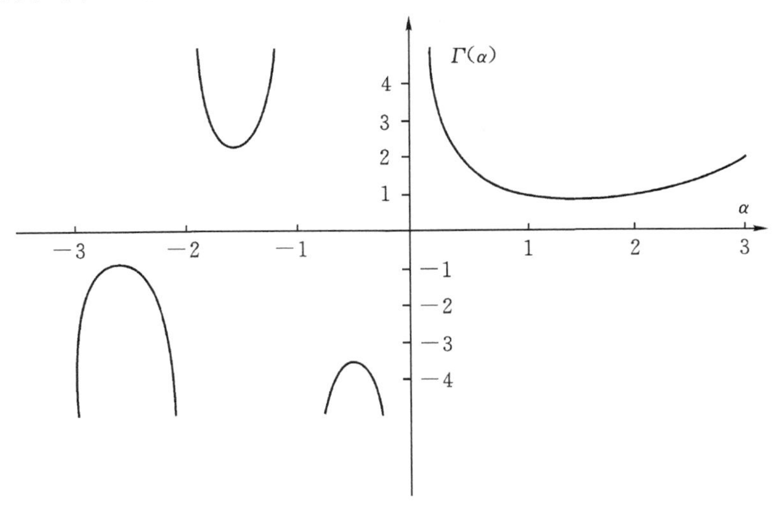


图3.1　Γ函数

**例 3.4**　计算下列积分

(1)$\int_0^{\infty} x^6 \mathrm{e}^{-x^2}\mathrm{d}x$；　(2)$\int_{-\infty}^{\infty} x^4 \mathrm{e}^{-\frac{x^2}{2}}\mathrm{d}x$

**解**　(1) 对积分作变量代换 $x=\sqrt{t}$,则

$$\int_0^{\infty} x^6 \mathrm{e}^{-x^2}\mathrm{d}x = \frac{1}{2}\int_0^{\infty} t^3 \mathrm{e}^{-t} t^{-\frac{1}{2}}\mathrm{d}t = \frac{1}{2}\int_0^{\infty} t^{\frac{5}{2}} \mathrm{e}^{-t}\mathrm{d}t = \frac{1}{2}\Gamma\left(\frac{7}{2}\right) = \frac{1}{2}\Gamma\left(3+\frac{1}{2}\right)$$

$$= \frac{1}{2}\times\frac{5!!}{2^3}\sqrt{\pi}$$

$$= \frac{15}{16}\sqrt{\pi}$$

(2) 对积分作变量代换 $x=\sqrt{2t}$,则

$$\int_{-\infty}^{\infty} x^4 \mathrm{e}^{-\frac{x^2}{2}}\mathrm{d}x = 2\int_0^{\infty} x^4 \mathrm{e}^{-\frac{x^2}{2}}\mathrm{d}x = 4\sqrt{2}\int_0^{\infty} t^{\frac{3}{2}} \mathrm{e}^{-t}\mathrm{d}t$$

$$= 4\sqrt{2}\Gamma\left(\frac{5}{2}\right) = 4\sqrt{2}\times\frac{3!!}{2^2}\sqrt{\pi}$$

$$= 3\sqrt{2\pi}$$

### 3.2.2　贝塞尔方程和贝塞尔函数

二阶线性常微分方程

$$x^2 y'' + xy' + (x^2 - r^2)y = 0 \tag{3.2.5}$$

称为 $r$ 阶贝塞尔方程,其中常数 $r \geqslant 0$。

将方程改写为(3.1.3)式的形式,则 $p(x)=\frac{1}{x}$,$q(x)=1-\frac{r^2}{x^2}$,函数 $xp(x)$ 和 $x^2q(x)$ 在 $\mathbf{R}$ 上解析。根据定理 3.2,$r$ 阶贝塞尔方程有如下形式的级数解

$$y(x) = x^{\rho}\sum_{n=0}^{\infty} a_n x^n = \sum_{n=0}^{\infty} a_n x^{n+\rho},\quad a_0 \neq 0 \tag{3.2.6}$$

其中 $\rho$ 和 $a_n(n\geqslant 0)$ 为待定常数。将(3.2.6)式代入到(3.2.5)式中,可得

$$x^2\sum_{n=0}^{\infty}(n+\rho)(n+\rho-1)a_n x^{n+\rho-2} + x\sum_{n=0}^{\infty}(n+\rho)a_n x^{n+\rho-1} + (x^2-r^2)\sum_{n=0}^{\infty} a_n x^{n+\rho} = 0$$

将上式整理为

$$\sum_{n=0}^{\infty}[(n+\rho)^2 - r^2]a_n x^n + \sum_{n=0}^{\infty} a_n x^{n+2} = 0$$

或

$$(\rho^2 - r^2)a_0 + [(1+\rho)^2 - r^2]a_1 x + \sum_{n=2}^{\infty}[(n+\rho)^2 - r^2]a_n x^n + \sum_{n=2}^{\infty} a_{n-2} x^n = 0$$

比较上式两端 $x^n$ 的系数,则有

$$\begin{cases}(\rho^2 - r^2)a_0 = 0\\ [(1+\rho)^2 - r^2]a_1 = 0\\ [(n+\rho)^2 - r^2]a_n + a_{n-2} = 0,\quad n\geqslant 2\end{cases} \tag{3.2.7}$$

由于 $a_0\neq 0$,故有 $\rho^2 - r^2 = 0$,即 $\rho_1 = r$,$\rho_2 = -r$。

**情形 1**　$\rho = \rho_1 = r \geqslant 0$。由(3.2.7)可得

$$a_1 = 0$$

$$a_n = -\frac{a_{n-2}}{(n+\rho)^2 - r^2} = -\frac{a_{n-2}}{n(n+2r)}, \quad n \geqslant 2$$

于是当足指标为奇数时，有

$$a_{2k-1} = 0, \quad k \geqslant 1$$

当足指标为偶数时，有

$$a_2 = -\frac{a_0}{2(2+2r)} = -\frac{a_0}{2^2(1+r)}$$

$$a_4 = -\frac{a_2}{4(4+2r)} = -\frac{a_2}{2^3(2+r)} = (-1)^2 \frac{a_0}{2^4 \cdot 2(2+r)(1+r)}$$

$$a_6 = -\frac{a_4}{6(6+2r)} = -\frac{a_4}{2^2 \cdot 3(3+r)} = (-1)^3 \frac{a_0}{2^6 \cdot 3!(3+r)(2+r)(1+r)}$$

$$\cdots$$

一般有

$$\begin{aligned} a_{2k} &= (-1)^k \frac{a_0}{2^{2k} \cdot k!(k+r)(k-1+r) \cdot \cdots \cdot (1+r)} \\ &= (-1)^k \frac{\Gamma(1+r)a_0}{2^{2k} \cdot k!\Gamma(k+r+1)} \end{aligned}$$

选取 $a_0 = \dfrac{1}{2^r\Gamma(1+r)}$，则有

$$a_{2k} = (-1)^k \frac{1}{2^r \cdot 2^{2k} \cdot k!\Gamma(k+r+1)} \tag{3.2.8}$$

将以上所得 $a_n$ 代入到(3.2.6)式中便得(3.2.5)式的一个解 $y_1(x)$，此函数称为 $r$ 阶贝塞尔函数，通常记为 $J_r(x)$，即

$$J_r(x) = \left(\frac{x}{2}\right)^r \sum_{k=0}^{\infty} (-1)^k \frac{1}{k!\Gamma(k+r+1)} \left(\frac{x}{2}\right)^{2k} \tag{3.2.9}$$

**情形2** $\rho = \rho_2 = -r < 0$。这时仍取 $a_{2k-1} = 0, k \geqslant 1$，显然满足方程(3.2.7)。对于 $a_{2k}$，其递推关系(即(3.2.7)式中第三个方程)为

$$4k(k-r)a_{2k} + a_{2k-2} = 0, \quad k \geqslant 1 \tag{3.2.10}$$

由于 $a_{2k}$ 的系数可能等于零，需要分两种情况讨论。

① 如果 $r$ 不为正整数，则(3.2.10)式中 $a_{2k}$ 的系数均不为零，类似于(3.2.8)式的推导，可得一组系数

$$a_{2k} = (-1)^k \frac{1}{2^{-r} \cdot 2^{2k} \cdot k!\Gamma(k-r+1)}, \quad k \geqslant 0 \tag{3.2.11}$$

由此可得贝塞尔方程的另一个幂级数解 $y_2(x)$。显见，只需将(3.2.9)式右端 $r$ 换为 $-r$ 就可得到 $y_2(x)$ 的表达式。

② 如果 $r = l$ 为正整数，则(3.2.10)式中 $a_{2l}$ 的系数等于零，进而可得 $a_{2l-2} = 0, a_{2l-4} = 0, \cdots, a_0 = 0$，这与假设 $a_0 \neq 0$ 矛盾。这说明，在 $\rho = -r = -l$ 时，$l$ 阶贝塞尔方程不存在形式如(3.2.6)式的级数解。为了求得 $J_r(x)$ 之外的另一个非零解，我们设 $l$ 阶贝塞尔方程的幂级数解为

$$y_2(x)=x^{-l}\sum_{k=l}^{\infty}a_{2k}x^{2k}=\sum_{k=l}^{\infty}a_{2k}x^{2k-l} \tag{3.2.12}$$

即去除了级数(3.2.6)的前 $2l$ 项,因此 $a_{2k}$ 所满足的方程是(3.2.7)式在 $k>l$ 时的特殊情况,可表示如下

$$4k(k-l)a_{2k}+a_{2k-2}=0,\quad k>l$$

此即方程(3.2.10)在 $k>l$ 的情况,因而只需令(3.2.11)中 $r=l$ 便可得到幂级数 $y_2(x)$ 的一组系数

$$a_{2k}=(-1)^k\frac{1}{2^{-l}\cdot 2^{2k}\cdot k!\Gamma(k-l+1)},\quad k\geqslant l$$

将此系数代入(3.2.12)式可得贝塞尔方程的一个非零解 $y_2(x)$。注意到当 $0\leqslant k\leqslant l-1$ 时,$\dfrac{1}{\Gamma(k-l+1)}=0$,所以 $y_2(x)$ 仍然可以表示为

$$\begin{aligned}y_2(x)&=\sum_{k=l}^{\infty}(-1)^k\frac{1}{2^{-r}\cdot 2^{2k}\cdot k!\Gamma(k-r+1)}x^{2k-r}\\&=\sum_{k=0}^{\infty}(-1)^k\frac{1}{2^{-r}\cdot 2^{2k}\cdot k!\Gamma(k-r+1)}x^{2k-r},\quad r=l\end{aligned}$$

该表达式与情况 ① 中 $y_2(x)$ 的表达式相同。

综合 ① 与 ② 两种情况,在 $\rho=\rho_2=-r$ 时,对任意实数 $r$,我们都可求得 $r$ 阶贝塞尔方程(3.2.5)的一个非零解 $y_2(x)$。解 $y_2(x)$ 称为 $-r$ 阶贝塞尔函数,通常记为 $J_{-r}(x)$,其表示形式如下

$$J_{-r}(x)=\left(\frac{x}{2}\right)^{-r}\sum_{k=0}^{\infty}(-1)^k\frac{1}{k!\Gamma(k-r+1)}\left(\frac{x}{2}\right)^{2k} \tag{3.2.13}$$

至此,对任意实数 $r>0$,我们都给出了 $r$ 阶贝塞尔方程(3.2.5)的两个解 $J_r(x)$ 和 $J_{-r}(x)$,只有当 $r=0$ 时,给出了方程(3.2.5)的一个解 $J_0(x)$。接下来需要讨论的问题是:当 $r>0$ 时,$J_r(x)$ 和 $J_{-r}(x)$ 是否线性相关?即它们是否能构成 $r$ 阶贝塞尔方程的基解组。

考虑 $J_r(x)$ 和 $J_{-r}(x)$ 的表达式(3.2.9)和(3.2.13)。当 $r>0$ 不为整数时,两表达式中的幂级数在 $x=0$ 时都不等于 0,但 $\left(\dfrac{x}{2}\right)^r$ 在 $x=0$ 时为零,而 $\left(\dfrac{x}{2}\right)^{-r}$ 在 $x=0$ 的右侧邻域无界,这说明 $J_r(x)$ 和 $J_{-r}(x)$ 是线性无关的,它们构成了 $r$ 阶贝塞尔方程的的一个基解组。

当 $r=n(n\geqslant 1)$ 为正整数时,直接计算可得

$$\begin{aligned}J_{-n}(x)&=\left(\frac{x}{2}\right)^{-n}\sum_{k=n}^{\infty}(-1)^k\frac{1}{k!\Gamma(k-n+1)}\left(\frac{x}{2}\right)^{2k}\quad(\text{令 }k-n=j)\\&=\left(\frac{x}{2}\right)^{-n}\sum_{j=0}^{\infty}(-1)^{j+n}\frac{1}{(n+j)!\Gamma(j+1)}\left(\frac{x}{2}\right)^{2n+2j}\\&=(-1)^n\left(\frac{x}{2}\right)^{n}\sum_{j=0}^{\infty}(-1)^{j}\frac{1}{j!\Gamma(j+n+1)}\left(\frac{x}{2}\right)^{2j}\\&=(-1)^nJ_n(x)\end{aligned}$$

可见 $J_{-n}(x)$ 和 $J_n(x)$ 是线性相关的。

此外当 $r=0$ 时,我们只找到了方程(3.2.5)的一个非零解。因此当 $r$ 为非负整数 $n$ 时,还需寻找另一个与 $J_n(x)$ 线性无关的解,以便找到 $n$ 阶贝塞尔方程的基解组。

类似于例3.1中(3)的方程求解过程，我们使用摄动方法求 $n$ 阶贝塞尔方程的另一个与 $J_n(x)$ 线性无关的解。

对于任意的非负整数 $n \geqslant 0$，假设 $r$ 为满足 $n < r < n+1$ 的任意实数，定义函数

$$N_r(x) = \frac{J_r(x)\cos(r\pi) - J_{-r}(x)}{\sin(r\pi)}$$

显然，$N_r(x)$ 是 $r$ 阶贝塞尔方程的解，且与 $J_r(x)$ 线性无关。

当 $r$ 趋向于 $n$ 时，$N_r(x)$ 中分子与分母均趋向于零，即 $N_r(x)$ 是未定式（“$\frac{0}{0}$”型）。利用洛必达法则可得

$$\begin{aligned}\lim_{r\to n^+} N_r(x) &= \lim_{r\to n^+} \frac{\frac{\partial}{\partial r}(J_r(x))\cos(r\pi) - \pi\sin(r\pi)J_r(x) - \frac{\partial}{\partial r}(J_{-r}(x))}{\pi\cos(r\pi)} \\ &= \frac{1}{\pi}\left[\lim_{r\to n^+}\frac{\partial}{\partial r}J_r(x) - (-1)^n \lim_{r\to n^+}\frac{\partial}{\partial r}J_{-r}(x)\right]\end{aligned}$$

经过冗长的推导，可证明上述极限存在，而且极限是 $n$ 阶贝塞尔方程的一个解[2]，通常记为 $N_n(x)$。$N_n(x)$ 称为第二类贝塞尔函数或诺伊曼函数。进一步还可证明[2]：$\lim\limits_{x\to 0^+} N_n(x) = -\infty$。而 $J_n(x)$ 在 $x=0$ 附近有界，所以 $N_n(x)$ 与 $J_n(x)$ 线性无关，即 $J_n(x)$ 和 $N_n(x)$ 构成 $n$ 阶贝塞尔方程的一个基解组。

图3.2给出了 $N_0(x)$ 和 $N_1(x)$ 的图形（$x > 0$）。由图可见，$N_n(x)$ 是无界函数，且当 $x \to +\infty$ 时是振荡衰减的。

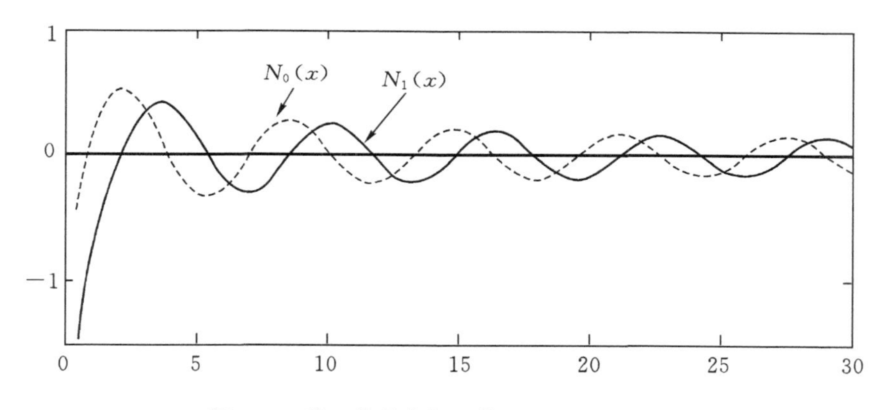


图3.2 第二类贝塞尔函数 $N_0(x)$ 和 $N_1(x)$

总结上述，对任意 $r \geqslant 0$（包括整数和非整数的情况），$r$ 阶贝塞尔方程的通解可表示为

$$y(x) = cJ_r(x) + dN_r(x)$$

其中 $c$、$d$ 为任意常数。

在特殊情况，即 $r > 0$，且不为整数时，$r$ 阶贝塞尔方程的通解也可表示为

$$y(x) = cJ_r(x) + dJ_{-r}(x)$$

**注2** 记 $J_r(x)$ 表达式(3.2.9)中幂级数部分的系数为 $c_k$，直接计算可得

$$\lim_{k\to\infty}\frac{|c_k|}{|c_{k+1}|} = \lim_{k\to\infty}\frac{(k+1)!\Gamma(k+r+2)2^{2k+2}}{k!\Gamma(k+r+1)2^{2k}} = \lim_{k\to\infty}4(k+1)(k+r+1) = \infty$$

所以 $J_r(x)$ 表达式(3.2.9)中的幂级数的收敛半径为无穷大,即 $J_r(x)$ 表达式中的幂级数在 $\mathbf{R}$ 上收敛并且其和函数解析。同理可证,$J_{-r}(x)$ 表达式中的幂级数也是 $\mathbf{R}$ 上的解析函数。

**例 3.5** 证明 $J_{1/2}(x) = \sqrt{\dfrac{2}{\pi x}}\sin x$。

**证明** 由(3.2.9)式得

$$
\begin{aligned}
J_{1/2}(x) &= \left(\frac{x}{2}\right)^{\frac{1}{2}} \sum_{k=0}^{\infty} \frac{(-1)^k}{k!\Gamma\left(k+\dfrac{1}{2}+1\right)}\left(\frac{x}{2}\right)^{2k} \\
&= \left(\frac{x}{2}\right)^{\frac{1}{2}} \sum_{k=0}^{\infty} \frac{(-1)^k 2^{k+1}}{k!(2k+1)!!\sqrt{\pi}}\left(\frac{x}{2}\right)^{2k} \\
&= \left(\frac{x}{2}\right)^{\frac{1}{2}} \sum_{k=0}^{\infty} \frac{(-1)^k}{2^{k-1}\cdot k!(2k+1)!!\sqrt{\pi}} x^{2k} \\
&= \sqrt{\frac{2}{\pi x}} \sum_{k=0}^{\infty} \frac{(-1)^k}{2^k\cdot k!(2k+1)!!} x^{2k+1} \\
&= \sqrt{\frac{2}{\pi x}} \sum_{k=0}^{\infty} \frac{(-1)^k}{(2k+1)!} x^{2k+1} \\
&= \sqrt{\frac{2}{\pi x}} \sin x
\end{aligned}
$$

例 3.5 表明,当 $x \to +\infty$ 时,$J_{1/2}(x)$ 是振荡衰减的,且有无穷多个实零点。

**注 3** 贝塞尔函数在数学物理方程中有许多应用,它不仅可用来求解 $r$ 阶贝塞尔方程,还可通过变量代换求解其他的方程,而这些方程在求解与拉普拉斯算子相关的定解问题中发挥着很大的作用。本章练习题中的第 13 题中给出了一些例子,请读者利用贝塞尔函数求出这些问题的解。

### 3.2.3 贝塞尔函数的性质

整数阶贝塞尔函数具有和三角函数 $\sin x$ 和 $\cos x$ 相类似性质,下面分别介绍。

(1) 奇偶性:对任意非负整数 $n$,由(3.2.9)式可得

$$J_n(x) = (-1)^n J_n(-x)$$

所以,当 $n$ 为奇数时,$J_n(x)$ 为奇函数;当 $n$ 为偶数时,$J_n(x)$ 为偶函数。

(2) 零点分布:$J_n(x) = 0$ 的根称为 $J_n(x)$ 的零点。可证明[2]:$J_n(x)$ 无复零点,但有无穷多个实零点,它们在 $x$ 轴上关于原点对称分布。由(3.2.9)式容易看出 $J_0(0) = 1$,即 $x = 0$ 不是 $J_0(x)$ 的零点,但 $x = 0$ 是 $J_n(x)(n \geqslant 1)$ 的 $n$ 重零点。除 $x = 0$ 外,$J_n(x)$ 的其他零点均为单零点。

通常记 $J_n(x)$ 的第 $m$ 个正零点为 $\mu_m^{(n)}(m \geqslant 1)$。进一步可证明[2]:当 $m \to \infty$ 时,$\mu_m^{(n)} \to \infty$,$\mu_{m+1}^{(n)} - \mu_m^{(n)} \to \pi$;并且当 $x \to \infty$ 时,$J_n(x)$ 具有如下渐近表达式

$$J_n(x) = \sqrt{\frac{2}{\pi x}}\cos\left(x - \frac{n\pi}{2} - \frac{\pi}{4}\right) + O\left(\frac{1}{x^{3/2}}\right)$$

可见,$J_n(x)$ 是一个振荡衰减函数。

图 3.3 给出了 $J_0(x)$、$J_1(x)$、$J_2(x)$ 和 $J_3(x)$ 的图形,其中 $x \geqslant 0$。

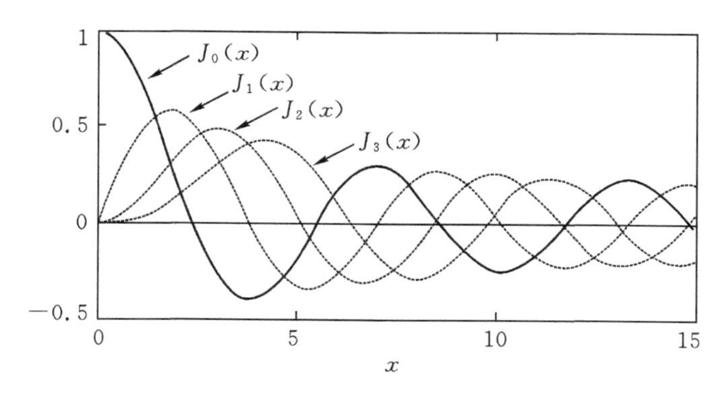


图3.3　第一类贝塞尔函数

(3) 递推公式：

$$(x^n J_n(x))' = x^n J_{n-1}(x) \tag{3.2.14}$$

$$(x^{-n} J_n(x))' = -x^{-n} J_{n+1}(x) \tag{3.2.15}$$

事实上，由(3.2.9)式可得

$$\begin{aligned}
\frac{\mathrm{d}}{\mathrm{d}x}(x^n J_n(x)) &= \frac{\mathrm{d}}{\mathrm{d}x}\left(2^n \sum_{k=0}^{\infty}(-1)^k \frac{1}{k!\Gamma(k+n+1)}\left(\frac{x}{2}\right)^{2k+2n}\right) \\
&= 2^n \sum_{k=0}^{\infty}(-1)^k \frac{k+n}{k!\Gamma(k+n+1)}\left(\frac{x}{2}\right)^{2k+2n-1} \\
&= 2^n \sum_{k=0}^{\infty}(-1)^k \frac{1}{k!\Gamma(k+n)}\left(\frac{x}{2}\right)^{2k+2n-1} \\
&= x^n\left(\frac{x}{2}\right)^{n-1} \sum_{k=0}^{\infty}(-1)^k \frac{1}{k!\Gamma(k+n)}\left(\frac{x}{2}\right)^{2k} \\
&= x^n J_{n-1}(x)
\end{aligned}$$

同理可证(3.2.15)式。

将(3.2.14)和(3.2.15)两式左端导数求出并整理得

$$nJ_n(x) + xJ'_n(x) = xJ_{n-1}(x)$$

$$-nJ_n(x) + xJ'_n(x) = -xJ_{n+1}(x)$$

在上面两式中分别消去 $J_n(x)$ 和 $J_n'(x)$ 可得

$$J_{n-1}(x) + J_{n+1}(x) = \frac{2n}{x}J_n(x) \tag{3.2.16}$$

$$J_{n-1}(x) - J_{n+1}(x) = 2J_n'(x) \tag{3.2.17}$$

(3.2.16)和(3.2.17)式也是常用的贝塞尔函数的递推公式。这些递推公式反映了 $J_n(x)$ 与其相邻阶贝塞尔函数之间的关系。特别地，由(3.2.16)式知，任意阶贝塞尔函数 $J_n(x)$ 可由 $J_0(x)$ 和 $J_1(x)$ 表示。

值得指出，对任意非负实数 $r$，若将(3.2.14)—(3.2.17)式中 $n$ 替换为 $r$，则公式仍然成立。请读者自行证明。

**例3.6**　计算积分 $\int x^3 J_0(x)\mathrm{d}x$。

**解**　根据递推公式(3.2.14)

$$\begin{aligned}\int x^3 J_0(x)\mathrm{d}x &= \int x^2 \frac{\mathrm{d}}{\mathrm{d}x}(xJ_1(x))\mathrm{d}x \\ &= x^3 J_1(x) - 2\int x^2 J_1(x)\mathrm{d}x \\ &= x^3 J_1(x) - 2\int \frac{\mathrm{d}}{\mathrm{d}x}(x^2 J_2(x))\mathrm{d}x \\ &= x^3 J_1(x) - 2x^2 J_2(x) + C\end{aligned}$$

**例 3.7** 计算积分$\int xJ_2(x)\mathrm{d}x$。

**解** 根据递推公式(3.2.15)

$$\begin{aligned}\int xJ_2(x)\mathrm{d}x &= -\int x^2(x^{-1}J_1(x))'\mathrm{d}x \\ &= -xJ_1(x) + 2\int J_1(x)\mathrm{d}x \\ &= -xJ_1(x) - 2J_0(x) + C\end{aligned}$$

**例 3.8** 证明 $J_2(x) = J''_0(x) - \frac{1}{x}J'_0(x)$。

**证明** 在(3.2.15)中取 $n = 0$ 得

$$J'_0(x) = -J_1(x)$$

于是

$$J''_0(x) = -J'_1(x)$$

再利用递推公式(3.2.16)和(3.2.17),可得

$$J''_0(x) = -J'_1(x) = -\frac{1}{2}[J_0(x) - J_2(x)]$$

$$-\frac{1}{x}J'_0(x) = \frac{1}{x}J_1(x) = \frac{1}{2}[J_0(x) + J_2(x)]$$

将上述二式相加即得所证等式成立。

### 3.2.4 贝塞尔方程的特征值问题

在第 2 章我们遇到的特征值问题,都是二阶线性微分算子$A = -\frac{\mathrm{d}^2}{\mathrm{d}x^2}$带有不同边界条件下的特征值问题。当空间变量为二维时,我们需要讨论二阶线性微分算子 $A = -\Delta = -\left(\frac{\partial^2}{\partial x^2} + \frac{\partial^2}{\partial y^2}\right)$ 的特征值问题,即方程 $-\Delta u = \lambda u$ 和某种齐次边界条件构成的特征值问题。

我们已经知道,在极坐标系下

$$\Delta u = u_{\rho\rho} + \frac{1}{\rho}u_\rho + \frac{1}{\rho^2}u_{\theta\theta}$$

因此,二阶线性微分算子 $-\Delta$ 在圆域上的特征值问题即由方程

$$-\left(u_{\rho\rho} + \frac{1}{\rho}u_\rho + \frac{1}{\rho^2}u_{\theta\theta}\right) = \lambda u(\rho,\theta),\quad 0 < \rho < \rho_0,\quad 0 \leqslant \theta \leqslant 2\pi \tag{3.2.18}$$

和齐次边界条件构成。边界条件为 $u(\rho_0,\theta) = 0$(狄利克雷边界条件),或 $u_\rho(\rho_0,\theta) = 0$(诺伊曼条件)。

下面利用分离变量法求解方程(3.2.18)。令 $u(\rho,\theta)=R(\rho)\Phi(\theta)$，并将其代入到(3.2.18)式中，可得

$$R''(\rho)\Phi(\theta)+\frac{1}{\rho}R'(\rho)\Phi(\theta)+\frac{1}{\rho^2}R(\rho)\Phi''(\theta)=-\lambda R(\rho)\Phi(\theta)$$

整理为

$$\left[R''(\rho)+\frac{1}{\rho}R'(\rho)+\lambda R(\rho)\right]\Phi(\theta)=-\frac{1}{\rho^2}R(\rho)\Phi''(\theta)$$

作变量分离

$$-\frac{\Phi''(\theta)}{\Phi(\theta)}=\frac{R''(\rho)+\frac{1}{\rho}R'(\rho)+\lambda R(\rho)}{\frac{1}{\rho^2}R(\rho)}=\mu$$

结合 $u(r,\theta)$ 关于 $\theta$ 的周期性，可得

$$\begin{cases}\Phi''(\theta)+\mu\Phi(\theta)=0, & 0\leqslant\theta\leqslant 2\pi\\ \Phi(\theta)=\Phi(\theta+2\pi)\end{cases}\tag{3.2.19}$$

$$\rho^2R''(\rho)+\rho R'(\rho)+(\lambda\rho^2-\mu)R(\rho)=0\tag{3.2.20}$$

(3.2.19)式是带有周期性条件的特征值问题，由第2章定理2.3知其特征值和特征函数分别为

$$\mu_n=n^2,\quad \Phi_n(\theta)=\{\cos n\theta,\sin n\theta\},\quad n\geqslant 0$$

将 $\mu_n=n^2$ 代入到方程(3.2.20)中便得

$$\rho^2R''(\rho)+\rho R'(\rho)+(\lambda\rho^2-n^2)R(\rho)=0\tag{3.2.21}$$

当 $\lambda=0$ 时，方程(3.2.21)为欧拉方程。当 $\lambda>0$ 时，作自变量变换 $x=\sqrt{\lambda}\rho$，并记 $y(x)=R(\rho)=R(x/\sqrt{\lambda})$，则方程(3.2.21)化为如下 $n$ 阶贝塞尔方程

$$x^2y''(x)+xy'(x)+(x^2-n^2)y(x)=0\tag{3.2.22}$$

因此方程(3.2.21)与齐次边界条件构成的特征值问题称为 $n$ 阶贝塞尔方程的特征值问题。

在狄利克雷条件 $u(\rho_0,\theta)=R(\rho_0)\Phi(\theta)=0$ 下，$R(\rho_0)=0$，$n$ 阶贝塞尔方程的特征值问题可表示为

$$\begin{cases}\rho^2R''(\rho)+\rho R'(\rho)+(\lambda\rho^2-n^2)R(\rho)=0, & 0<\rho<\rho_0\\ R(\rho_0)=0, & |R(0)|<+\infty\end{cases}\tag{3.2.23}$$

其中 $|R(0)|<+\infty$ 是自然边界条件。

**定理3.3**　设 $n$ 为任意非负整数，$\mu_m^{(n)}(m\geqslant 1)$ 为 $J_n(x)$ 的第 $m$ 个正零点。则特征值问题(3.2.23)的特征值和特征函数分别为

$$\lambda_m=\left(\frac{\mu_m^{(n)}}{\rho_0}\right)^2,\quad R_m(\rho)=J_n\left(\frac{\mu_m^{(n)}}{\rho_0}\rho\right),\quad m\geqslant 1\tag{3.2.24}$$

并且对任意 $m$、$k$，有

$$\int_0^{\rho_0}\rho R_m(\rho)R_k(\rho)\mathrm{d}\rho=\delta_{mk}\frac{\rho_0^{\ 2}}{2}[J'_n(\mu_m^{(n)})]^2\tag{3.2.25}$$

其中

$$\delta_{mk}=\begin{cases}1, & m=k\\ 0, & m\neq k\end{cases}$$

等式(3.2.25)表明,当 $m \neq k$ 时,$\int_0^{\rho_0} \rho R_m(\rho) R_k(\rho) \mathrm{d}\rho = 0$,该性质称为加权正交性,也就是说特征函数系 $\{R_m(\rho)\}_{m\geqslant 1}$ 在区间 $[0,\rho_0]$ 上关于权函数 $\rho$ 是加权正交的。积分 $\int_0^{\rho_0} \rho R_m^2(\rho) \mathrm{d}\rho$ 称为 $R_m(\rho)$ 关于权函数 $\rho$ 的平方模,由(2.2.25)式知,该平方模为 $\frac{\rho_0^2}{2}[J'_n(\mu_m^{(n)})]^2$。

鉴于该定理证明方法在特征值问题中具有典型性,下面给出该定理的详细证明,也请读者认真学习这一证明方法。

定理3.3证明如下。由于证明过程比较长,以下分四步完成。为书写简单起见,在下面的证明中有时会略去自变量 $\rho$,将 $R(\rho)$ 简记为 $R$,$R'(\rho)$ 简记为 $R'$。

第一步　欲证特征值 $\lambda > 0$。将(3.2.23)式的方程两边同除以 $\rho$,并写成如下形式

$$(\rho R')' + \left(\lambda\rho - \frac{n^2}{\rho}\right)R = 0$$

用 $R$ 乘上式两端,并在区间 $[0,\rho_0]$ 上积分

$$\int_0^{\rho_0} R(\rho R')' \mathrm{d}\rho + \lambda\int_0^{\rho_0} \rho R^2 \mathrm{d}\rho - n^2\int_0^{\rho_0} \frac{R^2}{\rho}\mathrm{d}\rho = 0$$

应用分部积分法及边界条件 $R(\rho_0) = 0$,可得

$$-\int_0^{\rho_0} \rho(R')^2 \mathrm{d}\rho + \lambda\int_0^{\rho_0} \rho R^2 \mathrm{d}\rho - n^2\int_0^{\rho_0} \frac{R^2}{\rho}\mathrm{d}\rho = 0$$

对于特征值 $\lambda$,相应的特征函数 $R$ 不恒等于零,因而由上式可得

$$\lambda = \frac{\int_0^{\rho_0} \left[\rho(R')^2 + n^2\frac{R^2}{\rho}\right]\mathrm{d}\rho}{\int_0^{\rho_0} \rho R^2 \mathrm{d}\rho} \geqslant 0$$

显见 $\lambda$ 不能为0。否则,由上式知 $\rho(R')^2 + n^2\frac{R^2}{\rho} = 0$,即 $n = 0$,且 $R'(\rho)$ 恒等于零(或 $R(\rho)$ 为常数)。另一方面,由 $R(\rho_0) = 0$ 知 $R(\rho)$ 不能取常数,所以特征值 $\lambda > 0$。

第二步　求解特征值问题。如前所述,在变换 $x = \sqrt{\lambda}\rho$ 下,(3.2.23)式中的方程化为 $n$ 阶贝塞尔方程(3.2.22),其通解为 $y(x) = C_1 J_n(x) + C_2 N_n(x)$,所以特征值问题(3.2.23)中方程的通解为

$$R(\rho) = C_1 J_n(\sqrt{\lambda}\rho) + C_2 N_n(\sqrt{\lambda}\rho) \tag{3.2.26}$$

由自然边界条件 $|R(0)| < +\infty$ 知,$C_2 = 0$。由 $R(\rho_0) = 0$ 得

$$C_1 J_n(\sqrt{\lambda}\rho_0) = 0$$

为求得非零解 $R(\rho)$,取 $\sqrt{\lambda}\rho_0$ 为 $J_n(x)$ 的正零点,即

$$\sqrt{\lambda}\rho_0 = \mu_m^{(n)}, \quad m \geqslant 1$$

$$\lambda_m = \left(\frac{\mu_m^{(n)}}{\rho_0}\right)^2, \quad m \geqslant 1$$

将 $\lambda_m$ 代入到(3.2.26)式之中,并略去非零常数 $C_1$,可得

$$R_m(\rho) = J_n\left(\frac{\mu_m^{(n)}}{\rho_0}\rho\right), \quad m \geqslant 1$$

$\lambda_m$ 和 $R_m(\rho)$ 便是特征值问题(3.2.23)的特征值和特征函数。

第三步　证明特征函数系$\{R_m(\rho)\mid m\geqslant 1\}$关于权函数$\rho$的正交性。设$m\neq k$，则$R_m(\rho)$和$R_k(\rho)$分别满足如下两个方程

$$(\rho R'_m)'+\left(\lambda_m\rho-\frac{n^2}{\rho}\right)R_m=0 \tag{3.2.27}$$

$$(\rho R'_k)'+\left(\lambda_k\rho-\frac{n^2}{\rho}\right)R_k=0 \tag{3.2.28}$$

用$R_k$乘(3.2.27)式两端，$R_m$乘(3.2.28)式两端，然后将两式相减得

$$R_k(\rho R'_m)'-R_m(\rho R'_k)'+(\lambda_m-\lambda_k)\rho R_mR_k=0$$

或

$$(\lambda_m-\lambda_k)\rho R_mR_k=R_m(\rho R'_k)'-R_k(\rho R'_m)'$$

上式两边关于$\rho$在区间$[0,\rho_0]$上积分得

$$(\lambda_m-\lambda_k)\int_0^{\rho_0}\rho R_mR_k\mathrm{d}\rho=\int_0^{\rho_0}R_m(\rho R'_k)'\mathrm{d}\rho-\int_0^{\rho_0}R_k(\rho R'_m)'\mathrm{d}\rho \tag{3.2.29}$$

记等式右端为$I$，利用分部积分法可得

$$\begin{aligned}I&=(\rho R_mR'_k)\Big|_0^{\rho_0}-\int_0^{\rho_0}\rho R'_mR'_k\mathrm{d}\rho-(\rho R_kR'_m)\Big|_0^{\rho_0}+\int_0^{\rho_0}\rho R'_mR'_k\mathrm{d}\rho\\&=\rho_0R_m(\rho_0)R'_k(\rho_0)-\rho_0R_k(\rho_0)R'_m(\rho_0)=0\end{aligned}$$

注意到$\lambda_m\neq\lambda_k$，由(3.2.29)式知

$$\int_0^{\rho_0}\rho R_m(\rho)R_k(\rho)\mathrm{d}\rho=0$$

这说明特征函数系$\{R_m(\rho)\}$关于权函数$\rho$是正交的。

第四步　计算$R_m(\rho)$关于权函数$\rho$的平方模。记$\alpha_1=\sqrt{\lambda_m}=\dfrac{\mu_m^{(n)}}{\rho_0}$，并取$\alpha$使得$|\alpha-\alpha_1|\ll 1$。直接验证可得：$R_1(\rho)=J_n(\alpha_1\rho)$，$R(\rho)=J_n(\alpha\rho)$分别是如下两问题的解

$$\begin{cases}\rho^2R_1''(\rho)+\rho R_1'(\rho)+(\alpha_1^2\rho^2-n^2)R_1(\rho)=0, & 0<\rho<\rho_0\\ R_1(\rho_0)=0, & |R_1(0)|<+\infty\end{cases} \tag{3.2.30}$$

$$\begin{cases}\rho^2R''(\rho)+\rho R'(\rho)+(\alpha^2\rho^2-n^2)R(\rho)=0, & 0<\rho<\rho_0\\ R(\rho_0)\neq 0, & |R(0)|<+\infty\end{cases} \tag{3.2.31}$$

类似于第一步，将(3.2.30)和(3.2.31)式中的方程化为如下形式

$$(\rho R'_1(\rho))'+\left(\alpha_1^2\rho-\frac{n^2}{\rho}\right)R_1(\rho)=0 \tag{3.2.32}$$

$$(\rho R'(\rho))'+\left(\alpha^2\rho-\frac{n^2}{\rho}\right)R(\rho)=0 \tag{3.2.33}$$

用$R(\rho)$和$R_1(\rho)$分别乘(3.2.32)和(3.2.33)两式，并相减得

$$R(\rho)(\rho R'_1(\rho))'-R_1(\rho)(\rho R'(\rho))'+(\alpha_1^2-\alpha^2)\rho R_1(\rho)R(\rho)=0$$

对上式两端在区间$(0,\rho_0)$上积分

$$\begin{aligned}(\alpha_1^2-\alpha^2)\int_0^{\rho_0}\rho R_1(\rho)R(\rho)\mathrm{d}\rho&=[\rho R_1(\rho)R'(\rho)-\rho R'_1(\rho)R(\rho)]\Big|_0^{\rho_0}\\&=-\rho_0R'_1(\rho_0)R(\rho_0)\\&=-\rho_0\alpha_1J_n(\alpha\rho_0)J'_n(\alpha_1\rho_0)\end{aligned}$$

于是

$$\int_0^{\rho_0} \rho R_1(\rho)R(\rho)\mathrm{d}\rho = \frac{\rho_0\alpha_1 J_n(\alpha\rho_0)J'_n(\alpha_1\rho_0)}{\alpha^2-\alpha_1^2}$$

上式两端令 $\alpha \to \alpha_1$,并利用洛必达法则可得

$$\begin{aligned}\int_0^{\rho_0} \rho R_1^2(\rho)\mathrm{d}\rho &= \lim_{\alpha\to\alpha_1}\int_0^{\rho_0} \rho R_1(\rho)R(\rho)\mathrm{d}\rho \\ &= \lim_{\alpha\to\alpha_1}\frac{\rho_0\alpha_1 J_n(\alpha\rho_0)J'_n(\alpha_1\rho_0)}{\alpha^2-\alpha_1^2} \\ &= \lim_{\alpha\to\alpha_1}\frac{\rho_0\alpha_1\rho_0 J'_n(\alpha\rho_0)J'_n(\alpha_1\rho_0)}{2\alpha} \\ &= \frac{\rho_0^2}{2}[J'_n(\mu_m^{(n)})]^2\end{aligned}$$

定理3.3得证。

**定理3.4**[2] 设 $f(\rho)$ 在区间 $[0,\rho_0]$ 连续,且具有分段连续的一阶导数,则在区间 $[0,\rho_0]$ 上,$f(\rho)$ 可按(3.2.24)式给出的特征函数系 $\{R_m(\rho)\mid m\geqslant 1\}$ 展开成级数

$$f(\rho)=\sum_{m=1}^{\infty}A_m R_m(\rho)=\sum_{m=1}^{\infty}A_m J_n\left(\frac{\mu_m^{(n)}}{\rho_0}\rho\right) \tag{3.2.34}$$

其中

$$A_m=\frac{2}{[\rho_0 J'_n(\mu_m^{(n)})]^2}\int_0^{\rho_0}\rho f(\rho)J_n\left(\frac{\mu_m^{(n)}}{\rho_0}\rho\right)\mathrm{d}\rho(m\geqslant 1)$$

(3.2.34)式右端级数称为 $f(\rho)$ 的傅里叶-贝塞尔级数,通常也称 $f(\rho)$ 的广义傅里叶级数或简称为傅里叶级数,$A_m$ 称为 $f(\rho)$ 关于特征函数系 $\{R_m(\rho)\mid m\geqslant 1\}$ 的傅里叶系数。

定理3.4表明,特征函数系 $\{R_m(\rho)\mid m\geqslant 1\}$ 不仅是加权正交的,而且是完备的。

如果边界条件为诺伊曼边界条件 $u_\rho(\rho,\theta)\mid_{\rho_0}=0$,则由 $u=R(\rho)\Phi(\theta)$ 知,$R'(\rho_0)=0$,所以在诺伊曼边界条件下,$n$ 阶贝塞尔方程的特征值问题为

$$\begin{cases}\rho^2R''(\rho)+\rho R'(\rho)+(\lambda\rho^2-n^2)R(\rho)=0, & 0<\rho<\rho_0\\ R'(\rho_0)=0, & \mid R(0)\mid<+\infty\end{cases} \tag{3.2.35}$$

其中 $\rho_0$ 是一个正常数,$n$ 为非负整数。

**定理3.5*** 设 $n$ 为非负整数,$\alpha_m(m\geqslant 1)$ 为 $J'_n(x)$ 的正零点。则(3.2.35)式的特征值和特征函数分别为

$$\text{当 } n\geqslant 1 \text{ 时},\lambda_m=\left(\frac{\alpha_m}{\rho_0}\right)^2,R_m(\rho)=J_n\left(\frac{\alpha_m}{\rho_0}\rho\right),m\geqslant 1 \tag{3.2.36}$$

$$\text{当 } n=0 \text{ 时},\lambda_0=0,R_0(\rho)=1;\lambda_m=\left(\frac{\alpha_m}{\rho_0}\right)^2,R_m(\rho)=J_0\left(\frac{\alpha_m}{\rho_0}\rho\right),m\geqslant 1 \tag{3.2.37}$$

特征函数系 $\{R_m(\rho)\mid m\geqslant 1\}$ 关于权函数 $\rho$ 是正交的,且有

$$\int_0^{\rho_0}\rho R_m(\rho)R_k(\rho)\mathrm{d}\rho=\delta_{mk}\frac{\rho_0{}^2}{2}\left[1-\frac{n^2}{\alpha_m^2}\right]J_n^2(\alpha_m) \tag{3.2.38}$$

特征函数系 $\{R_m(\rho)\mid m\geqslant 1\}$ 也是完备的。

定理3.5的证明和定理3.4的证明完全类似,作为练习,请读者自己完成。定理3.5中特征函数系完备性的证明可查阅参考文献[2]。

### 3.2.5 圆域上拉普拉斯算子的特征值问题

利用定理3.3并结合特征值问题(3.2.19)可得如下结果。

**定理 3.6***[2] 考虑圆域上拉普拉斯算子特征值问题

$$\begin{cases}-\left(u_{\rho\rho}+\dfrac{1}{\rho}u_{\rho}+\dfrac{1}{\rho^{2}}u_{\theta\theta}\right)=\lambda u(\rho,\theta), & 0<\rho<\rho_0, 0\leqslant\theta\leqslant 2\pi\\ u(\rho_0,\theta)=0, \ |u(0,\theta)|<\infty, & 0\leqslant\theta\leqslant 2\pi\end{cases}$$

该问题的特征值和特征函数分别为

$$\lambda_{n,m}=\left(\frac{\mu_m^{(n)}}{\rho_0}\right)^2$$

$$u_{n,m}(\rho,\theta)=\left\{J_n\left(\frac{\mu_m^{(n)}}{\rho_0}\rho\right)\cos n\theta, J_n\left(\frac{\mu_m^{(n)}}{\rho_0}\rho\right)\sin n\theta\right\} \tag{3.2.39}$$

其中 $n\geqslant 0, m\geqslant 1$。特征函数系 $\{u_{n,m}(\rho,\theta)\mid n\geqslant 0, m\geqslant 1\}$ 关于权函数 $\rho$ 是正交的，且有

$$\int_0^{2\pi}\int_0^{\rho_0}\rho u_{n,m}^2(\rho,\theta)\mathrm{d}\rho\mathrm{d}\theta=\begin{cases}\pi\dfrac{\rho_0^2}{2}[J'_n(\mu_m^{(n)})]^2, & n\geqslant 1\\ 2\pi\dfrac{\rho_0^2}{2}[J'_0(\mu_m^{(0)})]^2, & n=0\end{cases} \tag{3.2.40}$$

特征函数系 $\{u_{n,m}(\rho,\theta)\mid n\geqslant 0, m\geqslant 1\}$ 也是完备的。

**注 4** 本节简单地介绍了两类函数，即 $\Gamma$ 函数和贝塞尔函数，它们都是特殊函数。其中一个由含参变量的广义积分给出，而另一个则由无穷级数的形式给出。一般说来，偏微分方程的解均具有这样的形式，希望读者能逐渐习惯这类函数。

**例 3.9** 将函数 $f(\rho)=\rho$ 在区间 $[0,2]$ 上按正交函数系 $\left\{J_1\left(\frac{\mu_m^{(1)}}{2}\rho\right)\mid m\geqslant 1\right\}$ 展成傅里叶级数。

**解** 由于 $f(\rho)$ 在区间 $[0,2]$ 上连续且具有一阶连续导数，由定理 3.4 知

$$f(\rho)=\sum_{m=1}^{\infty}A_mJ_1\left(\frac{\mu_m^{(1)}}{2}\rho\right)$$

其中

$$A_m=\frac{1}{2[J'_1(\mu_m^{(1)})]^2}\int_0^2\rho^2J_1\left(\frac{\mu_m^{(1)}}{2}\rho\right)\mathrm{d}\rho$$

令 $x=\frac{\mu_m^{(1)}}{2}\rho$，则有

$$\begin{aligned}A_m&=\frac{4}{(\mu_m^{(1)})^3[J'_1(\mu_m^{(1)})]^2}\int_0^{\mu_m^{(1)}}x^2J_1(x)\mathrm{d}x\\&=\frac{4}{(\mu_m^{(1)})^3[J'_1(\mu_m^{(1)})]^2}(x^2J_2(x))\Big|_0^{\mu_m^{(1)}}\\&=\frac{4J_2(\mu_m^{(1)})}{\mu_m^{(1)}[J'_1(\mu_m^{(1)})]^2}\end{aligned}$$

根据递推公式 $(x^{-1}J_1(x))'=-x^{-1}J_2(x)$，或 $-x^{-2}J_1(x)+x^{-1}J'_1(x)=-x^{-1}J_2(x)$，可得 $J'_1(\mu_m^1)=-J_2(\mu_m^1)$。故 $f(\rho)$ 的傅里叶级数展开式为

$$\rho=\sum_{m=1}^{\infty}\frac{4}{\mu_m^1J_2(\mu_m^1)}J_1\left(\frac{\mu_m^1}{2}\rho\right)$$

**例 3.10** 设 $\lambda_n(n\geqslant 1)$ 是函数 $J'_0(x)$ 的正零点，试证明

$$\int_0^R\rho J_0\left(\frac{\lambda_i}{R}\rho\right)J_0\left(\frac{\lambda_j}{R}\rho\right)\mathrm{d}\rho=\begin{cases}0, & i\neq j\\ \dfrac{R^2}{2}[J_0(\lambda_i)]^2, & i=j\end{cases}$$

**证明** 在递推公式(3.2.15)中取 $n=0$,得

$$J'_0(x)=-J_1(x)$$

因此,$\lambda_n(n\geqslant 1)$ 是 $J_1(x)$ 的正零点,即 $\lambda_i=\mu_i^{(1)}$。

记 $I=\int_0^R \rho J_0\left(\frac{\lambda_i}{R}\rho\right)J_0\left(\frac{\lambda_j}{R}\rho\right)\mathrm{d}\rho$,对该积分作变量代换 $x=\frac{\lambda_i}{R}\rho$,可得

$$I=\left(\frac{R}{\lambda_i}\right)^2\int_0^{\lambda_i}xJ_0(x)J_0\left(\frac{\lambda_j}{\lambda_i}x\right)\mathrm{d}x=\left(\frac{R}{\lambda_i}\right)^2\int_0^{\lambda_i}J_0\left(\frac{\lambda_j}{\lambda_i}x\right)\frac{\mathrm{d}}{\mathrm{d}x}(xJ_1(x))\mathrm{d}x$$

$$=\left(\frac{R}{\lambda_i}\right)^2\left[xJ_1(x)J_0\left(\frac{\lambda_j}{\lambda_i}x\right)\Big|_0^{\lambda_i}-\frac{\lambda_j}{\lambda_i}\int_0^{\lambda_i}xJ_1(x)J'_0\left(\frac{\lambda_j}{\lambda_i}x\right)\mathrm{d}x\right]$$

$$=-\left(\frac{R}{\lambda_i}\right)^2\left(\frac{\lambda_j}{\lambda_i}\right)\int_0^{\lambda_i}xJ_1(x)J'_0\left(\frac{\lambda_j}{\lambda_i}x\right)\mathrm{d}x$$

$$=\left(\frac{R}{\lambda_i}\right)^2\left(\frac{\lambda_j}{\lambda_i}\right)\int_0^{\lambda_i}xJ_1(x)J_1\left(\frac{\lambda_j}{\lambda_i}x\right)\mathrm{d}x$$

将积分变量 $x$ 还原为积分变量 $\rho$,即再作自变量变换 $x=\frac{\lambda_i}{R}\rho$,得

$$I=\left(\frac{\lambda_j}{\lambda_i}\right)\int_0^R\rho J_1\left(\frac{\lambda_i}{R}\rho\right)J_1\left(\frac{\lambda_j}{R}\rho\right)\mathrm{d}\rho=\left(\frac{\lambda_j}{\lambda_i}\right)\int_0^R\rho J_1\left(\frac{\mu_i^{(1)}}{R}\rho\right)J_1\left(\frac{\mu_j^{(1)}}{R}\rho\right)\mathrm{d}\rho$$

利用定理3.3中(3.2.25)式可得

$$I=\begin{cases}0, & i\neq j\\ \frac{R^2}{2}[J'_1(\lambda_i)]^2, & i=j\end{cases}$$

又因为 $(xJ_1(x))'=xJ_0(x)$,即 $J_1(x)+xJ'_1(x)=xJ_0(x)$,取 $x=\lambda_i=\mu_i^{(1)}$,得

$$J'_1(\lambda_i)=J_0(\lambda_i)$$

由此可得

$$I=\begin{cases}0, & i\neq j\\ \frac{R^2}{2}[J_0(\lambda_i)]^2, & i=j\end{cases}$$

## §3.3 多个自变量分离变量法举例

用分离变量法求解 $n$ 个($n\geqslant 3$)自变量的偏微分方程定解问题时,其过程和两个自变量的情形类似。为简单起见,所举例子中均取第一类边界条件。对其他类型的边界条件,区别只是由定解问题导出的特征值问题不同,而求解过程基本上是相同的。

### 3.3.1 圆柱体或圆域上定解问题

**例3.11** 设圆柱体 $\Omega=\{(x,y,z)\mid x^2+y^2<1\}$ 为各向同性均匀导热体,其边界温度为0,初始温度为 $\varphi(x,y,z)$,且 $\varphi(x,y,z)$ 只与 $\rho=\sqrt{x^2+y^2}$ 有关,求圆柱体内的温度分布 $u(x,y,z,t)$。

**解** 记 $\Delta u=u_{xx}+u_{yy}+u_{zz}$,则 $u$ 满足以下定解问题

$$\begin{cases}u_t=a^2\Delta u,(x,y,z)\in\Omega, & t>0\\ u=0,(x,y,z)\in\partial\Omega, & t\geqslant 0\\ u|_{t=0}=\varphi(\sqrt{x^2+y^2}), & x^2+y^2\leqslant 1\end{cases}\tag{3.3.1}$$

作柱面坐标变换：$x=\rho\cos\theta, y=\rho\sin\theta, z=z$，则定解问题(3.3.1)的方程化为

$$u_t=a^2\left(u_{\rho\rho}+\frac{1}{\rho}u_\rho+\frac{1}{\rho^2}u_{\theta\theta}+u_{zz}\right)$$

注意到导热体中无热源，而初始温度分布 $u|_{t=0}=\varphi(\rho)$ 和边界温度都与 $z$ 和 $\theta$ 无关，所以在任意时刻 $t>0$，圆柱体的任意两个水平截面($z=a$ 与 $z=b$)上温度分布相同(与 $z$ 无关)，且圆柱体内以 $z$ 轴为中心的圆柱面($\rho$ 等于常数)上温度为常值(与 $\theta$ 无关)。换言之，$u$ 只与 $\rho$ 和 $t$ 有关，而与 $z$ 和 $\theta$ 无关，于是定解问题(3.3.1)可表示为

$$\begin{cases}u_t=a^2\left(u_{\rho\rho}+\dfrac{1}{\rho}u_\rho\right), & 0\leqslant\rho<1, t>0 \quad (3.3.2)\\ u|_{\rho=1}=0, & t\geqslant 0 \quad (3.3.3)\\ u|_{t=0}=\varphi(\rho), & 0\leqslant\rho\leqslant 1 \quad (3.3.4)\end{cases}$$

下面利用分离变量法求解问题(3.3.2)—(3.3.4)。

令 $u(\rho,t)=R(\rho)T(t)$，并代入到方程(3.3.2)中，得

$$RT'=a^2T\left(R''+\frac{1}{\rho}R'\right)$$

于是有

$$\frac{T'}{a^2T}=\frac{R''+\frac{1}{\rho}R'}{R}=-\lambda$$

或

$$T'+a^2\lambda T=0, \quad R''+\frac{1}{\rho}R'+\lambda R=0$$

由该问题的物理意义可知函数 $u$ 有界，从而 $|u(0,t)|$ 有界，也就是说 $R$ 应满足自然边界条件 $|R(0)|<+\infty$，再结合边界条件(3.3.3)式可知定解问题(3.3.2)—(3.3.4)的特征值问题为

$$\begin{cases}\rho^2R''+\rho R'+\lambda\rho^2R=0, & 0<\rho<1\\ |R(0)|<+\infty, & R(1)=0\end{cases}$$

该问题是零阶贝塞尔方程特征值问题，由定理3.3知其特征值和特征函数分别为

$$\lambda_m=(\mu_m^{(0)})^2, \quad m\geqslant 1$$

$$R_m(\rho)=J_0(\mu_m^{(0)}\rho), \quad m\geqslant 1$$

将 $\lambda_m$ 代入到 $T'+a^2\lambda T=0$ 之中，并求解可得

$$T_m(t)=A_m\mathrm{e}^{-a^2(\mu_m^{(0)})^2t}, \quad m\geqslant 1$$

从而

$$u_m(\rho,t)=A_m\mathrm{e}^{-a^2(\mu_m^{(0)})^2t}J_0(\mu_m^{(0)}\rho), \quad m\geqslant 1$$

根据叠加原理，定解问题(3.3.2)—(3.3.4)的形式解为

$$u(\rho,t)=\sum_{m=1}^{\infty}A_m\mathrm{e}^{-a^2(\mu_m^{(0)})^2t}J_0(\mu_m^{(0)}\rho) \quad (3.3.5)$$

在(3.3.5)式中令 $t=0$，并结合初始条件(3.3.4)可得

$$\varphi(\rho)=\sum_{m=1}^{\infty}A_mJ_0(\mu_m^{(0)}\rho)$$

其中

$$A_m = \frac{2}{[J'_0(\mu_m^{(0)})]^2}\int_0^1 \rho\varphi(\rho)J_0(\mu_m^{(0)}\rho)\mathrm{d}\rho$$

将 $A_m$ 代入到(3.3.5)式中,并令 $\rho = \sqrt{x^2+y^2}$,便得定解问题(3.3.1)的解。

若 $\varphi(\rho) = 1-\rho^2$,请读者自己求出 $A_m$ 的值。

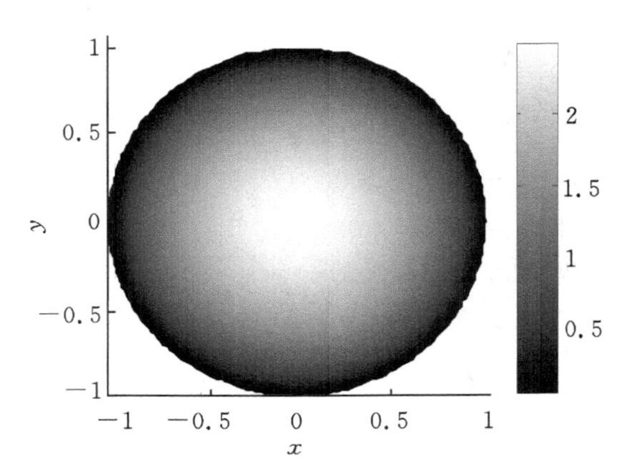


图 3.4 例 3.11 所给出的圆柱体内温度分布 $u(x,y,0,5)$

注意到,$u$ 与 $z$ 无关,因此定解问题(3.3.1)等价于$(x,y)$平面上单位圆域上的温度分布问题。图 3.4 给出了 $t=5$ 时圆柱体横截面($z=0$)上温度分布情况,其中初始条件为 $\varphi(x,y) = 1-(x^2+y^2)$,方程的系数 $a=1$。由图可见,在以原点为中心的圆周上温度与 $\theta$ 无关。

如果定解问题中的偏微分方程为非齐次方程,可用特征函数法或作函数变换使方程齐次化然后进行求解。请看下例。

**例 3.12** 求解如下定解问题

$$\begin{cases} u_t = a^2\left(u_{\rho\rho}+\dfrac{1}{\rho}u_\rho\right)+A, & 0\leqslant\rho<1, t>0 \quad (3.3.6)\\ u|_{\rho=1} = 0, & t\geqslant 0 \quad (3.3.7)\\ u|_{t=0} = \varphi(\rho), & 0\leqslant\rho\leqslant 1 \quad (3.3.8)\end{cases}$$

**解法 1** 作函数代换 $u=v+w$,使方程(3.3.6)齐次化,并保持(3.3.7)式仍是齐次边界条件。为达到此目的,将 $u=v+w$ 代入(3.3.6)和(3.3.7)式之中,经计算知只需 $w(\rho,t)$ 满足如下定解问题即可

$$\begin{cases} w_t = a^2\left(w_{\rho\rho}+\dfrac{1}{\rho}w_\rho\right)+A, & 0\leqslant\rho<1, t>0\\ w|_{\rho=1} = 0, & t\geqslant 0\end{cases}$$

注意到方程自由项及其边界条件均与 $t$ 无关,故可设 $w(\rho,t)=w(\rho)$,从而 $w_t=0$,上述定解问题转化为

$$\begin{cases} \rho^2 w_{\rho\rho}+\rho w_\rho = -\dfrac{A}{a^2}\rho^2, & 0\leqslant\rho<1\\ w|_{\rho=1} = 0\end{cases} \quad (3.3.9)$$

该问题中的微分方程是欧拉方程,直接求解可得其通解为

$$w(\rho)=C_1\ln\rho+C_2-\frac{A}{4a^2}\rho^2$$

由边界条件 $w(1)=0$ 和 $|w(0)|<+\infty$ 可得

$$C_1=0,\quad C_2=\frac{A}{4a^2}$$

故有

$$w(\rho)=\frac{A}{4a^2}(1-\rho^2)$$

在变换 $u=v+w$ 下,定解问题(3.3.6)—(3.3.8) 转化为

$$\begin{cases}v_t=a^2\left(v_{\rho\rho}+\dfrac{1}{\rho}v_\rho\right), & 0\leqslant\rho<1,t>0\\ v|_{\rho=1}=0, & t\geqslant 0\\ v|_{t=0}=\tilde{\varphi}(\rho), & 0\leqslant\rho<1\end{cases}\tag{3.3.10}$$

其中 $\tilde{\varphi}(\rho)=\varphi(\rho)-\dfrac{A}{4a^2}(1-\rho^2)$。

定解问题(3.3.10) 和例 3.11 的定解问题属同一类型,因而可用例 3.11 中的方法求解。

**解法 2**　特征函数法。由例 3.11 知,定解问题(3.3.6)—(3.3.8) 的特征值和特征函数分别为

$$\lambda_m=(\mu_m^{(0)})^2,R_m(\rho)=J_0(\mu_m^{(0)}\rho),\quad m\geqslant 1$$

于是,设定解问题的解为

$$u(\rho,t)=\sum_{m=1}^{\infty}T_m(t)R_m(\rho)\tag{3.3.11}$$

再将初始值 $\varphi(\rho)$ 和方程的自由项 $A$ 按特征函数系$\{R_m(\rho)\mid m\geqslant 1\}$ 展成傅里叶级数得

$$\varphi(\rho)=\sum_{m=1}^{\infty}\varphi_m R_m(\rho),\quad A=\sum_{m=1}^{\infty}f_m R_m(\rho)$$

其中

$$\varphi_m=\frac{2}{[J'_0(\mu_m^{(0)})]^2}\int_0^1\rho\varphi(\rho)J_0(\mu_m^{(0)}\rho)\mathrm{d}\rho,\quad m\geqslant 1$$

$$f_m=\frac{2A}{[J'_0(\mu_m^{(0)})]^2}\int_0^1\rho J_0(\mu_m^{(0)}\rho)\mathrm{d}\rho$$

$$=\frac{2AJ_1(\mu_m^{(0)})}{[J'_0(\mu_m^{(0)})]^2\mu_m^{(0)}}=\frac{2A}{\mu_m^{(0)}J_1(\mu_m^{(0)})},\quad m\geqslant 1$$

将(3.3.11) 式代入到(3.3.6) 式中得

$$\sum_{m=1}^{\infty}T'_m(t)R_m(\rho)=a^2\left(\sum_{m=1}^{\infty}T_m(t)R''_m(\rho)+\frac{1}{\rho}\sum_{m=1}^{\infty}T_m(t)R'_m(\rho)\right)+\sum_{m=1}^{\infty}f_m R_m(\rho)$$

或

$$\sum_{m=1}^{\infty}T'_m(t)R_m(\rho)=a^2\sum_{m=1}^{\infty}T_m(t)\left(R''_m(\rho)+\frac{1}{\rho}R'_m(\rho)\right)+\sum_{m=1}^{\infty}f_m R_m(\rho)$$

由于特征函数 $R_m(\rho)$ 满足方程 $R''_m(\rho)+\dfrac{1}{\rho}R'_m(\rho)=-\lambda_m R_m$,代入上式可得

$$\sum_{m=1}^{\infty}[T'_m(t)+a^2\lambda_m T_m(t)]R_m(\rho)=\sum_{m=1}^{\infty}f_m R_m(\rho)\tag{3.3.12}$$

比较(3.3.12)式两边 $R_m(\rho)$ 的系数得

$$T'_m(t)+a^2\lambda_m T_m(t)=f_m,\quad m\geqslant 1 \tag{3.3.13}$$

根据初始条件(3.3.8)得

$$\varphi(\rho)=\sum_{m=1}^{\infty}T_m(0)R_m(\rho)=\sum_{m=1}^{\infty}\varphi_m R_m(\rho)$$

$$T_m(0)=\varphi_m,\quad m\geqslant 1 \tag{3.3.14}$$

结合(3.3.13)和(3.3.14)式便知 $T_m(t)(m\geqslant 1)$ 满足如下定解问题

$$\begin{cases}T'_m(t)+a^2\lambda_m T_m(t)=f_m\\ T_m(0)=\varphi_m\end{cases} \tag{3.3.15}$$

注意到 $f_m$ 为常数,所以方程有常数特解 $\overline{T}_m(t)=\dfrac{f_m}{a^2\lambda_m}$。于是容易求得方程(3.3.15)的解为

$$T_m(t)=\left(\varphi_m-\frac{f_m}{a^2\lambda_m}\right)e^{-a^2\lambda_m t}+\frac{f_m}{a^2\lambda_m}$$

将 $T_m(t)$ 代入到(3.3.11)式得

$$u(\rho,t)=\sum_{m=1}^{\infty}\left[\left(\varphi_m-\frac{f_m}{a^2\lambda_m}\right)e^{-a^2\lambda_m t}+\frac{f_m}{a^2\lambda_m}\right]J_0(\mu_m^{(0)}\rho) \tag{3.3.16}$$

(3.3.16)式便是定解问题(3.3.6)—(3.3.8)的解。

注意到,在例3.12的解法1中,解表示为 $u=v+w=v+\dfrac{A}{4a^2}(1-\rho^2)$,其中温度 $v$ 在圆柱体横截面上的分布类似于图3.4所示的情况,因而 $v$ 与 $w$ 叠加形成的温度分布也类似于图3.4给出的温度分布。

**注5** 在例3.11和例3.12中所使用的求解方法,也可用于求解圆域上的二维波动方程的定解问题。不同之处在于,在热传导问题求解过程中,$T_m(t)$ 满足一阶线性常微分方程。而在波传播问题中,$T_m(t)$ 满足二阶线性常微分方程。除此之外,其余求解过程类似。

**例3.13** 设有一半径为 $a$ 高为 $h$ 的圆柱体,其下底和侧面电位为零,上底电位为 $x^2+y^2$,试求圆柱体内的电位分布。

**解** 记 $\Delta u=u_{xx}+u_{yy}+u_{zz}$,则圆柱体上电位 $u(x,y,z)$ 满足如下定解问题

$$\begin{cases}\Delta u=0,\quad \sqrt{x^2+y^2}<a,\quad 0<z<h\\ u|_{z=0}=0,\quad \sqrt{x^2+y^2}\leqslant a\\ u|_{z=h}=x^2+y^2,\quad \sqrt{x^2+y^2}\leqslant a\\ u=0,\quad \sqrt{x^2+y^2}=a,\quad 0\leqslant z\leqslant h\end{cases}$$

作柱面坐标变换 $x=\rho\cos\theta, y=\rho\sin\theta, z=z$。由于边界条件只与 $\rho=\sqrt{x^2+y^2}$ 有关,可推知 $u=u(\rho,z)$,即与 $\theta$ 无关。于是上述定解问题转化为

$$\begin{cases}u_{\rho\rho}+\dfrac{1}{\rho}u_\rho+u_{zz}=0,\quad 0\leqslant\rho<a,\quad 0<z<h & (3.3.17)\\ u|_{z=0}=0,\quad \rho\leqslant a & (3.3.18)\\ u|_{z=h}=\rho^2,\quad \rho\leqslant a & (3.3.19)\\ u|_{\rho=a}=0,\quad 0\leqslant z\leqslant h & (3.3.20)\end{cases}$$

令 $u(\rho,z)=R(\rho)H(z)$,将其代入到(3.3.17)式中可得

$$H''(z)-\lambda H(z)=0 \tag{3.3.21}$$

$$\rho^2 R''(\rho)+\rho R'(\rho)+\lambda\rho^2 R(\rho)=0$$

利用边界条件(3.3.20)和自然边界条件 $|R(0)|<+\infty$,可得特征值问题

$$\begin{cases}\rho^2 R''(\rho)+\rho R'(\rho)+\lambda\rho^2 R(\rho)=0, & 0<\rho<a\\ |R(0)|<+\infty, & R(a)=0\end{cases}$$

该问题是零阶贝塞尔方程特征值问题,其特征值和特征函数分别为

$$\lambda_m=\left(\frac{\mu_m^{(0)}}{a}\right)^2,\quad R_m(\rho)=J_0\left(\frac{\mu_m^{(0)}}{a}\rho\right),\quad m\geqslant 1$$

将 $\lambda_m$ 代入到(3.3.21)式中,并求解可得

$$H_m(z)=a_m\operatorname{ch}\frac{\mu_m^{(0)}}{a}z+b_m\operatorname{sh}\frac{\mu_m^{(0)}}{a}z,\quad m\geqslant 1$$

根据叠加原理,定解问题的形式解为

$$\begin{aligned}u(\rho,z)&=\sum_{m=1}^{\infty}H_m(z)R_m(\rho)\\&=\sum_{m=1}^{\infty}\left(a_m\operatorname{ch}\frac{\mu_m^{(0)}}{a}z+b_m\operatorname{sh}\frac{\mu_m^{(0)}}{a}z\right)J_0\left(\frac{\mu_m^{(0)}}{a}\rho\right)\end{aligned} \tag{3.3.22}$$

由边界条件(3.3.18)与(3.3.19)得

$$0=\sum_{m=1}^{\infty}a_mJ_0\left(\frac{\mu_m^{(0)}}{a}\rho\right)$$

$$\rho^2=\sum_{m=1}^{\infty}\left[a_m\operatorname{ch}\frac{\mu_m^{(0)}}{a}h+b_m\operatorname{sh}\frac{\mu_m^{(0)}}{a}h\right]J_0\left(\frac{\mu_m^{(0)}}{a}\rho\right)$$

于是

$$a_m=0$$

$$\begin{aligned}b_m\operatorname{sh}\frac{\mu_m^{(0)}}{a}h&=\frac{2}{a^2[J'_0(\mu_m^{(0)})]^2}\int_0^a\rho^3J_0\left(\frac{\mu_m^{(0)}}{a}\rho\right)\mathrm{d}\rho\\&=\frac{2a^2}{[J'_0(\mu_m^{(0)})]^2(\mu_m^{(0)})^4}\int_0^{\mu_m^{(0)}}x^3J_0(x)\mathrm{d}x\end{aligned}$$

利用例 3.6 的结果

$$\int_0^{\mu_m^{(0)}}x^3J_0(x)\mathrm{d}x=(\mu_m^{(0)})^3J_1(\mu_m^{(0)})-2(\mu_m^{(0)})^2J_2(\mu_m^{(0)})$$

再根据递推公式 $J_2(x)=\frac{2}{x}J_1(x)-J_0(x)$

$$J_2(\mu_m^{(0)})=\frac{2}{\mu_m^{(0)}}J_1(\mu_m^{(0)})$$

所以

$$\int_0^{\mu_m^{(0)}}x^3J_0(x)\mathrm{d}x=(\mu_m^{(0)})^3J_1(\mu_m^{(0)})-4\mu_m^{(0)}J_1(\mu_m^{(0)})$$

再利用 $J'_0(x)=-J_1(x)$,可得

$$b_m=\frac{2a^2[(\mu_m^{(0)})^2-4]}{(\mu_m^{(0)})^3J_1(\mu_m^{(0)})\operatorname{sh}\frac{\mu_m^{(0)}}{a}h}$$

将 $a_m$、$b_m$ 代入到(3.3.22)式中,可得(3.3.17)—(3.3.20)式的解为

$$u(\rho,z)=\sum_{m=1}^{\infty}\frac{2a^2[(\mu_m^{(0)})^2-4]\mathrm{sh}\frac{\mu_m^{(0)}}{a}z}{(\mu_m^{(0)})^3J_1(\mu_m^{(0)})\mathrm{sh}\frac{\mu_m^{(0)}}{a}h}J_0\left(\frac{\mu_m^{(0)}}{a}\rho\right)$$

**注 6**　例 3.12 和例 3.13 所讨论的定解问题是一类特殊的圆域或圆柱体上偏微分方程定解问题，这类问题的解与 $\theta$ 无关，因此其解可按定理 3.3 给出的特征函数系展成傅里叶-贝塞尔级数。对于一般的圆域或圆柱体上偏微分方程定解问题(假设边界条件为狄利克雷条件)，如果其解与 $\theta$ 有关，则特征值和特征函数系由定理 3.6 给出，定解问题的解需按其特征函数系展成傅里叶级数，其具体求解过程相对复杂，这里从略。有兴趣的读者可参阅 3.3.2 节例 3.14 的求解过程，自行研读。

### 3.3.2* 矩形域上定解问题

**例 3.14***　在矩形域 $\Omega=\{(x,y)\mid 0<x<a,0<y<b\}$ 上求解如下定解问题

$$\begin{cases}u_{tt}=u_{xx}+u_{yy}, & t>0,(x,y)\in\Omega & (3.3.23)\\ u|_{x=0}=u|_{x=a}=0, & 0\leqslant y\leqslant b & (3.3.24)\\ u|_{y=0}=u|_{y=b}=0, & 0\leqslant x\leqslant a & (3.3.25)\\ u(x,y,0)=\varphi(x,y),u_t(x,y,0)=\psi(x,y), & (x,y)\in\bar{\Omega} & (3.3.26)\end{cases}$$

**解**　第一步　记 $\Delta u=u_{xx}+u_{yy}$，并令 $u(x,y,t)=T(t)w(x,y)$，将其代入到(3.3.23)式得

$$T''w=T\Delta w,\quad \frac{T''}{T}=\frac{\Delta w}{w}=-\mu$$

由此可得

$$T''+\mu T=0,\quad \Delta w+\mu w=0$$

由边界条件(3.3.24)和(3.3.25)知，定解问题(3.3.23)－(3.3.26)的特征值问题为

$$\begin{cases}\Delta w+\mu w=0, & (x,y)\in\Omega\\ w|_{\partial\Omega}=0\end{cases}\tag{3.3.27}$$

第二步　令 $w(x,y)=X(x)Y(y)$，将其代入(3.3.27)式的方程中得

$$X''Y+XY''+\mu XY=0,\quad X''Y=-(Y''+\mu Y)X$$

$$\frac{X''}{X}=-\frac{Y''+\mu Y}{Y}=-\lambda$$

结合边界条件(3.3.27)，可得如下定解问题

$$\begin{cases}X''+\lambda X=0, & 0<x<a\\ X(0)=X(a)=0\end{cases}\tag{3.3.28}$$

$$\begin{cases}Y''+(\mu-\lambda)Y=0, & 0<y<b\\ Y(0)=Y(b)=0\end{cases}\tag{3.3.29}$$

易见(3.3.28)式的解为

$$\lambda_n=\left(\frac{n\pi}{a}\right)^2,\quad X_n(x)=\sin\frac{n\pi}{a}x,\quad n\geqslant 1$$

将 $\lambda_n$ 代入到(3.3.29)式的方程中，类似可得

$$\mu_{kn}=\frac{n^2\pi^2}{a^2}+\frac{k^2\pi^2}{b^2},\quad Y_k(y)=\sin\frac{k\pi}{b}y,\quad k\geqslant 1$$

将 $X_n(x)$ 和 $Y_k(y)$ 相乘，便得(3.3.27)式的特征值和特征函数分别为

$$\mu_{kn}=\frac{n^2\pi^2}{a^2}+\frac{k^2\pi^2}{b^2},\quad n\geqslant 1,k\geqslant 1$$

$$w_{kn}=\sin\frac{n\pi}{a}x\sin\frac{k\pi}{b}y,\quad n\geqslant 1,k\geqslant 1$$

第三步　将 $\mu_{kn}$ 代入到 $T''+\mu T=0$，并求解得

$$\begin{aligned}T_{kn}(t)&=a_{kn}\cos\sqrt{\mu_{kn}}t+b_{kn}\sin\sqrt{\mu_{kn}}t\\&=a_{kn}\cos\sqrt{\frac{n^2\pi^2}{a^2}+\frac{k^2\pi^2}{b^2}}t+b_{kn}\sin\sqrt{\frac{n^2\pi^2}{a^2}+\frac{k^2\pi^2}{b^2}}t\end{aligned}$$

根据叠加原理，定解问题的形式解为

$$\begin{aligned}u(x,y,t)&=\sum_{k=1}^{\infty}\sum_{n=1}^{\infty}T_{kn}(t)w_{kn}(x,y)\\&=\sum_{k=1}^{\infty}\sum_{n=1}^{\infty}(a_{kn}\cos\sqrt{\mu_{kn}}t+b_{kn}\sin\sqrt{\mu_{kn}}t)\sin\frac{n\pi}{a}x\sin\frac{k\pi}{b}y\end{aligned}\tag{3.3.30}$$

由初始条件(3.3.26)得

$$\varphi(x,y)=\sum_{k=1}^{\infty}\sum_{n=1}^{\infty}a_{kn}\sin\frac{n\pi}{a}x\sin\frac{k\pi}{b}y$$

$$\psi(x,y)=\sum_{k=1}^{\infty}\sum_{n=1}^{\infty}b_{kn}\sqrt{\mu_{kn}}\sin\frac{n\pi}{a}x\sin\frac{k\pi}{b}y$$

类似于一元函数傅里叶级数中系数求法得

$$a_{kn}=\frac{4}{ab}\int_0^b\int_0^a\varphi(x,y)\sin\frac{n\pi}{a}x\sin\frac{k\pi}{b}y\,\mathrm{d}x\mathrm{d}y$$

$$b_{kn}=\frac{4}{ab\sqrt{\mu_{kn}}}\int_0^b\int_0^a\psi(x,y)\sin\frac{n\pi}{a}x\sin\frac{k\pi}{b}y\,\mathrm{d}x\mathrm{d}y$$

将 $a_{kn}$、$b_{kn}$ 代入到(3.3.30)式中便得(3.3.23)—(3.3.26)式的解。

图 3.5 给出了例 3.14 的解曲面 $u=u(x,y,10)$。

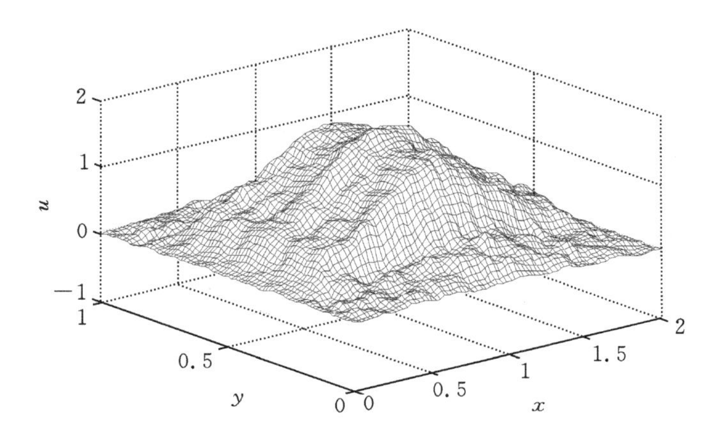


图 3.5　例 3.14 的解曲面 $u=u(x,y,10)$，其中 $\varphi=x(x-2)+y(y-1)$，$\psi=0$

# 习题 3

1. 试用幂级数解法求解下列常微分方程

(1) $y''+x^2y'=0$。

(2) $y''+xy'+y=0$。

(3) $xy''+y=0$。

(4) $2xy''+(1-2x)y'-y=0$。

2. 计算下列积分

(1) $\int_0^{\infty} x^{5/2}\mathrm{e}^{-x^2}\mathrm{d}x$。

(2) $\int_{-\infty}^{\infty} x^2\mathrm{e}^{-x^2/2}\mathrm{d}x$。

3. 证明 $J_{-\frac{1}{2}}(x)=\sqrt{\dfrac{2}{\pi x}}\cos x$。

4. 证明对任意的正数 $r$,递推公式

$$(x^rJ_r(x))'=x^rJ_{r-1}(x),(x^{-r}J_r(x))'=-x^{-r}J_{r+1}(x)$$

成立。

5. 证明 $J_{\frac{3}{2}}(x)=\sqrt{\dfrac{2}{\pi x}}\left[\sin\left(x-\dfrac{\pi}{2}\right)+\dfrac{1}{x}\cos\left(x-\dfrac{\pi}{2}\right)\right]$。

6. 证明 $J_3(x)=-3J_0'(x)-4J_0'''(x)$。

7. 试用贝塞尔函数求解下列方程

(1) $t^2x''+tx'+\left(t^2-\dfrac{4}{25}\right)x=0$。

(2) $x^2y''+xy'+(x^2-2)y=0$。

8*. 设 $\psi(t,x)=\mathrm{e}^{\frac{x}{2}\left(t-\frac{1}{t}\right)}=\mathrm{e}^{\frac{x}{2}t}\mathrm{e}^{-\frac{x}{2t}}$,利用 $\mathrm{e}^x$ 的泰勒级数展开式证明

$$\psi(t,x)=\sum_{n=-\infty}^{\infty}J_n(x)t^n$$

$\psi(t,x)$ 称为整数阶贝塞尔函数的生成函数。

9*. 利用贝塞尔函数的生成函数证明整数阶贝塞尔函数的递推公式。

10*. 试证明下列结论

(1) $J_n''(x)=\dfrac{1}{2x}[(n-1)J_{n-1}(x)+(n+1)J_{n+1}(x)-2xJ_n(x)],x>0$

(2) 设 $\alpha_m(m\geqslant 1)$ 为 $J_n'(x)$ 的正零点,则有

$$J_n''(\alpha_m)=\left(\frac{n^2}{\alpha_m^2}-1\right)J_n(\alpha_m)$$

11*. 考虑诺伊曼边界条件下 $n$ 阶贝塞尔方程特征值问题

$$\begin{cases}\rho^2R''(\rho)+\rho R'(\rho)+(\lambda\rho^2-n^2)R(\rho)=0, & 0<\rho<\rho_0\\ R'(\rho_0)=0, & |R(0)|<+\infty\end{cases}$$

其中 $\rho_0$ 是一个正常数,$n$ 为正整数。求解或证明以下结果。

(1) 所有特征值 $\lambda > 0$。

(2) 求出所有特征值 $\lambda_m$ 和相应的特征函数 $R_m(\rho), m \geqslant 1$。

(3) 设 $R_m(\rho)$ 和 $R_k(\rho)$ 分别为对应于特征值为 $\lambda_m$ 和 $\lambda_k$ 的特征函数，如果 $m \neq k$，则有

$$\int_0^{\rho_0} \rho R_m(\rho) R_k(\rho) \mathrm{d}\rho = 0$$

(4) 当 $m = k$ 时有

$$\int_0^{\rho_0} \rho R_m^2(\rho) \mathrm{d}\rho = \frac{{\rho_0}^2}{2}\left[1 - \frac{n^2}{\alpha_m^2}\right] J_n^2(\alpha_m)$$

其中 $\alpha_m (m \geqslant 1)$ 为 $J'_n(x)$ 的正零点。

12*. 考虑狄利克雷边界条件下 $r$ 阶贝塞尔方程特征值问题

$$\begin{cases} \rho^2 R''(\rho) + \rho R'(\rho) + (\lambda\rho^2 - r^2) R(\rho) = 0, & 0 < \rho < \rho_0 \\ R(\rho_0) = 0, & |R(0)| < +\infty \end{cases}$$

其中 $r > 0$ 非整数，$\rho_0$ 是一个正常数，$n$ 为非负整数。试求解或证明以下结果。

(1) 所有特征值 $\lambda > 0$。

(2) 求出所有特征值 $\lambda_m$ 和相应的特征函数 $R_m(\rho), m \geqslant 1$。

(3) 设 $R_m(\rho)$ 和 $R_k(\rho)$ 分别为对应于特征值为 $\lambda_m$ 和 $\lambda_k$ 的特征函数，如果 $m \neq k$，则有

$$\int_0^{\rho_0} \rho R_m(\rho) R_k(\rho) \mathrm{d}\rho = 0$$

13. 试用变量代换求解下列方程

(1) $x^2 y'' + xy' + (4x^2 - 2)y = 0$。提示：令 $t = 2x$。

(2) $x^2 y'' - xy' + (1 + x^2 - n^2)y = 0$。提示：令 $y(x) = xu(x)$。

(3) $x^2 y'' + xy' - (x^2 + n^2)y = 0$。提示：令 $x = it$。

(4) $x^2 y'' + 2xy' + [x^2 - r(r+1)]y = 0$。提示：令 $y(x) = x^{-\frac{1}{2}} u(x)$。

14. 求下列不定积分

(1) $\int x^3 J_0(x) \mathrm{d}x$。

(2) $\int (1 - x^2) J_1(x) \mathrm{d}x$。

15. 将函数 $f(\rho) = \rho^2$ 在区间 $[0,1]$ 上按正交函数系 $\{J_0(\mu_m^{(0)}\rho) \mid m \geqslant 1\}$ 展成傅里叶级数。

16. 将函数 $f(x) = x^2$ 在区间 $[0,1]$ 上展成 $J_2(\alpha_m x)$ 形式的傅里叶级数，其中 $\alpha_m$ 为 $J'_2(x)$ 的正零点。

17. 设 $\alpha_m (m \geqslant 1)$ 为 $J_0(2x)$ 的正零点，将函数 $f(x)$ 展成 $J_0(\alpha_m x)$ 形式的傅里叶级数，其中

$$f(x) = \begin{cases} 1, & 0 \leqslant x \leqslant 1 \\ 0, & 1 < x \leqslant 2 \end{cases}$$

18*. 求解如下定解问题

$$\begin{cases} u_t = a^2(u_{xx} + u_{yy}), & t > 0, (x, y) \in \Omega \\ u|_{\partial\Omega} = 0, & t \geqslant 0 \\ u|_{t=0} = xy, & (x, y) \in \bar{\Omega} \end{cases}$$

其中 $\Omega = \{(x, y) \mid 0 < x < 1, 0 < y < 2\}$。

19. 半径为1个单位长度高为2个单位长度的圆柱体，其下底和侧面温度为零度，上底温

度为 3 ℃,求在稳恒状态下圆柱体内的温度分布。

20. 求圆形域上边界固定的圆形膜振动的位移。设其初始位移和初始速度均为零,垂直方向所受外力密度为常数,即求解如下定解问题

$$\begin{cases} u_{tt}=a^2\left(u_{\rho\rho}+\dfrac{1}{\rho}u_\rho\right)+B, & 0\leqslant\rho<\rho_0, t>0 \\ u|_{t=0}=0, u_t|_{t=0}=0, & 0\leqslant\rho\leqslant\rho_0 \\ u|_{\rho=\rho_0}=0, & t\geqslant 0 \end{cases}$$

其中 $B$ 为常数。

# 第 4 章　积分变换法

积分变换法是求解偏微分方程的一种基本方法。它首先求解方程解的积分变换，然后通过逆变换求得方程的解，也就是说用傅里叶变换（或拉普拉斯变换）表示方程的解。在此意义上来说，积分变换仍属于傅里叶分析方法。

本章主要以一维热传导方程，一维波动方程及平面上的拉普拉斯方程为例，介绍如何用傅里叶变换求解偏微分方程定解问题。对于高维情形，由于计算过程要复杂一些，故只作简单介绍。

## §4.1　热传导方程柯西问题

### 4.1.1　一维热传导方程柯西问题

考虑如下问题

$$\begin{cases} u_t - a^2 u_{xx} = f(x,t), & -\infty < x < \infty, t > 0 \quad (4.1.1) \\ u(x,0) = \varphi(x), & -\infty < x < \infty \quad (4.1.2) \end{cases}$$

下面利用傅里叶变换求解该定解问题。

对任意定义于 $\mathbf{R}$ 上的函数 $f(x)$，我们称如下积分确定的变换为傅里叶变换

$$\hat{f}(\omega) = \int_{-\infty}^{\infty} f(x) \mathrm{e}^{-\mathrm{i}\omega x} \mathrm{d}x$$

显见，傅里叶变换是函数集合之间的一种变换。为方便起见，常引入记号 $\hat{f}(\omega) = F(f(x))(\omega)$。如果 $f$ 为二元函数 $f(x,t)$，则 $\hat{f}(\omega,t) = F(f(x,t))(\omega,t)$ 是对 $f(x,t)$ 中的空间变量 $x$ 作傅里叶变换得到的像函数，此时 $t$ 作为参数对待。

尽管函数的傅里叶变换有时计算较为复杂，但常用函数的傅里叶变换有变换表可供查询。例如，求解定解问题时常用函数 $\mathrm{e}^{-\beta x^2}$（$\beta > 0$ 为常数）的傅里叶变换可通过变换表直接获取，其结果为

$$F(\mathrm{e}^{-\beta x^2})(\omega) = \sqrt{\frac{\pi}{\beta}} \mathrm{e}^{-\frac{\omega^2}{4\beta}} \quad (4.1.3)$$

现在讨论定解问题(4.1.1)—(4.1.2) 的求解。对方程和初始条件关于空间变量 $x$ 作傅里叶变换可得

$$\begin{cases} \dfrac{\mathrm{d}\hat{u}(\omega,t)}{\mathrm{d}t} + a^2\omega^2\hat{u}(\omega,t) = \hat{f}(\omega,t), & t > 0 \\ \hat{u}(\omega,0) = \hat{\varphi}(\omega) \end{cases}$$

这是一阶线性常微分方程的初值问题，解之可得

$$\hat{u}(\omega,t) = \hat{\varphi}(\omega) \mathrm{e}^{-a^2\omega^2 t} + \int_0^t \hat{f}(\omega,\tau) \mathrm{e}^{-a^2\omega^2(t-\tau)} \mathrm{d}\tau \quad (4.1.4)$$

根据(4.1.3)式,有

$$e^{-a^2\omega^2 t}=F\left(\frac{1}{2a\sqrt{\pi t}}e^{-\frac{x^2}{4a^2 t}}\right)(\omega,t)$$

$$e^{-a^2\omega^2(t-\tau)}=F\left(\frac{1}{2a\sqrt{\pi(t-\tau)}}e^{-\frac{x^2}{4a^2(t-\tau)}}\right)(\omega,t-\tau)$$

记

$$\Gamma(x,t)=\frac{1}{2a\sqrt{\pi t}}e^{-\frac{x^2}{4a^2 t}}U(t) \tag{4.1.5}$$

其中 $U(t)$ 为单位阶跃函数。则有

$$e^{-a^2\omega^2 t}=F(\Gamma(x,t))(\omega)=\hat{\Gamma}(\omega,t)$$

$$e^{-a^2\omega^2(t-\tau)}=F(\Gamma(x,t-\tau))(\omega)=\hat{\Gamma}(\omega,t-\tau)$$

利用上面结果,(4.1.4)式可表示为

$$\hat{u}(\omega,t)=\hat{\varphi}(\omega)\hat{\Gamma}(\omega,t)+\int_0^t\hat{f}(\omega,\tau)\hat{\Gamma}(\omega,t-\tau)d\tau \tag{4.1.6}$$

对(4.1.6)式两边取傅里叶逆变换,并利用傅里叶变换卷积公式

$$F^{-1}(\hat{f}_1(\omega)\hat{f}_2(\omega))(x)=(f_1*f_2)(x)$$

便得

$$\begin{aligned}u(x,t)&=\varphi(x)*\Gamma(x,t)+\int_0^t f(x,\tau)*\Gamma(x,t-\tau)d\tau\\&=\int_{-\infty}^{\infty}\varphi(\xi)\Gamma(x-\xi,t)d\xi+\int_0^t d\tau\int_{-\infty}^{\infty}f(\xi,\tau)\Gamma(x-\xi,t-\tau)d\xi\\&=\frac{1}{2a\sqrt{\pi t}}\int_{-\infty}^{\infty}\varphi(\xi)e^{-\frac{(x-\xi)^2}{4a^2 t}}d\xi+\int_0^t\frac{d\tau}{2a\sqrt{\pi(t-\tau)}}\int_{-\infty}^{\infty}f(\xi,\tau)e^{-\frac{(x-\xi)^2}{4a^2(t-\tau)}}d\xi\end{aligned} \tag{4.1.7}$$

(4.1.7)式即为定解问题(4.1.1)—(4.1.2)的解。

在 $u(x,t)$ 的表达式(4.1.7)中,函数 $\Gamma(x,t)$ 起着一个基本作用。如果令 $f\equiv 0,\varphi(x)=\delta(x)$,则有 $u(x,t)=\delta(x)*\Gamma(x,t)=\Gamma(x,t)$。因此,$\Gamma(x,t)$ 是如下问题的解

$$\begin{cases}u_t-a^2u_{xx}=0, & -\infty<x<\infty,t>0 \quad (4.1.8)\\ u(x,0)=\delta(x), & -\infty<x<\infty \quad (4.1.9)\end{cases}$$

而 $\Gamma(x-\xi,t)$ 和 $\Gamma(x-\xi,t-\tau)$ 分别是下面两问题的解

$$\begin{cases}u_t-a^2u_{xx}=0, & -\infty<x<\infty,t>0 \quad (4.1.10)\\ u(x,0)=\delta(x-\xi), & -\infty<x<\infty \quad (4.1.11)\end{cases}$$

$$\begin{cases}u_t-a^2u_{xx}=\delta(x-\xi)\delta(t-\tau), & -\infty<x<\infty,t>0 \quad (4.1.12)\\ u(x,0)=0, & -\infty<x<\infty \quad (4.1.13)\end{cases}$$

只要知道了 $\Gamma(x,t)$,就可直接写出(4.1.1)—(4.1.2)式的解(4.1.7)式。这类似于求解线性方程组 $\mathbf{A}\boldsymbol{x}=0$,其中 $\mathbf{A}$ 为 $m\times n$ 矩阵,如果知道该方程组的一个基解组,则方程的任一解可由基解组的线性组合表出。因此,$\Gamma(x,t)$ 的作用就相当于向量空间中的基,故称 $\Gamma(x,t)$ 为定解问题(4.1.1)—(4.1.2)的基本解(fundamental solution)。基本解是线性微分方程的一个很重要的概念,不仅可以表示柯西问题的解,也可用来构造格林函数表示边值问题的解。

基本解有明确的物理解释。若在初始时刻 $t=0$ 时在 $x=0$ 处置放一单位点热源,则此单位点热源在 $x$ 轴上产生的温度分布便是 $\Gamma(x,t)$。类似地,若在初始时刻 $t=0$ 时在 $x=\xi$ 处置放一

单位点热源，则此点热源在 $x$ 轴上产生的温度分布为$\Gamma(x-\xi,t)$。而将初始时刻 $t=0$ 变为 $t=\tau$ 时，其温度分布就是 $\Gamma(x-\xi,t-\tau)$。

**注 1**　在(4.1.1)—(4.1.2) 式解的表达式(4.1.7) 中，如果将其中的第一项和第二项分别记为 $u_1(x,t)$ 和 $u_2(x,t)$，则 $u_1(x,t)$ 是齐次方程(对应 $f(x,t)=0$) 的解，而 $u_2(x,t)$ 是相应于 $\varphi(x)=0$ 时非齐次方程的解。

若记 $u_1(x,t)=\varphi(x)*\Gamma(x,t)=M_\varphi(x,t)$，则由齐次化原理可知

$$u_2(x,t)=\int_0^t M_{f_\tau}(x,t-\tau)\mathrm{d}\tau$$

另外，和 $u_1(x,t)$ 表达式中的卷积形式类似，$u_2(x,t)$ 也可表示成某种卷积形式，请读者试给出这一表示形式。

**例 4.1**　求解如下定解问题

$$\begin{cases}u_t-a^2u_{xx}-bu_x-cu=0, & -\infty<x<\infty,t>0 \quad (4.1.14)\\ u(x,0)=\varphi(x), & -\infty<x<\infty \quad (4.1.15)\end{cases}$$

其中 $a$、$b$ 和 $c$ 均为常数。

**解**　对(4.1.14)—(4.1.15) 式关于 $x$ 作傅里叶变换

$$\begin{cases}\dfrac{\mathrm{d}\hat{u}(\omega,t)}{\mathrm{d}t}=-a^2\omega^2\hat{u}(\omega,t)+b\mathrm{i}\omega\hat{u}(\omega,t)+c\hat{u}(\omega,t), & t>0\\ \hat{u}(\omega,0)=\hat{\varphi}(\omega)\end{cases}$$

解之可得

$$\hat{u}(\omega,t)=\hat{\varphi}(\omega)\mathrm{e}^{-(a^2\omega^2-b\mathrm{i}\omega-c)t} \quad (4.1.16)$$

为了求函数 $\mathrm{e}^{-(a^2\omega^2-b\mathrm{i}\omega-c)t}$ 的傅里叶逆变换，利用配方法将其改写为

$$\mathrm{e}^{-(a^2\omega^2-b\mathrm{i}\omega-c)t}=\mathrm{e}^{-\frac{b^2-4a^2c}{4a^2}t}\mathrm{e}^{-a^2t\left(\omega-\frac{b\mathrm{i}}{2a^2}\right)^2}$$

由于

$$F\left(\frac{1}{2a\sqrt{\pi t}}\mathrm{e}^{-\frac{x^2}{4a^2t}}\right)(\omega)=\mathrm{e}^{-a^2t\omega^2}$$

根据傅里叶变换的位移性质

$$F(f(x)\mathrm{e}^{\mathrm{i}\omega_0x})(\omega)=F(f)(\omega-\omega_0)=\hat{f}(\omega-\omega_0)$$

可知

$$F\left(\frac{1}{2a\sqrt{\pi t}}\mathrm{e}^{-\frac{x^2}{4a^2t}}\mathrm{e}^{\mathrm{i}\frac{b\mathrm{i}}{2a^2}x}\right)(\omega)=\mathrm{e}^{-a^2t\left(\omega-\frac{b\mathrm{i}}{2a^2}\right)^2}$$

故有

$$F(g(x,t))(\omega)=\mathrm{e}^{-\frac{b^2-4a^2c}{4a^2}t}\mathrm{e}^{-a^2t\left(\omega-\frac{b\mathrm{i}}{2a^2}\right)^2}=\mathrm{e}^{-(a^2\omega^2-b\mathrm{i}\omega-c)t}$$

其中

$$g(x,t)=\mathrm{e}^{-\frac{b^2-4a^2c}{4a^2}t}\frac{1}{2a\sqrt{\pi t}}\mathrm{e}^{-\frac{x^2}{4a^2t}}\mathrm{e}^{-\frac{bx}{2a^2}}=\frac{\mathrm{e}^{ct}}{2a\sqrt{\pi t}}\mathrm{e}^{-\frac{(x+bt)^2}{4a^2t}}$$

记

$$\Gamma_1(x,t)=\frac{\mathrm{e}^{ct}}{2a\sqrt{\pi t}}\mathrm{e}^{-\frac{(x+bt)^2}{4a^2t}}U(t)$$

其中 $U(t)$ 为单位阶跃函数。$\Gamma_1(x,t)$ 即为定解问题(4.1.14)—(4.1.15) 的基本解。

将(4.1.16)式改写为

$$\hat{u}(\omega,t)=\hat{\varphi}(\omega)\hat{\Gamma}_1(\omega,t)$$

求傅里叶逆变换得

$$\begin{aligned}u(x,t)&=\varphi(x)*\Gamma_1(x,t)\\&=\int_{-\infty}^{\infty}\varphi(\xi)\Gamma_1(x-\xi,t)\mathrm{d}\xi\\&=\frac{\mathrm{e}^{ct}}{2a\sqrt{\pi t}}\int_{-\infty}^{\infty}\varphi(\xi)\mathrm{e}^{-\frac{(x-\xi+bt)^2}{4a^2t}}\mathrm{d}\xi\end{aligned}$$

如果将(4.1.15)式中的齐次方程改为非齐次方程,考虑如下定解问题

$$\begin{cases}u_t=a^2u_{xx}+bu_x+cu+f(x,t), & -\infty<x<\infty,t>0\\u(x,0)=0, & -\infty<x<\infty\end{cases}$$

请读者写出该定解问题的解。

**例 4.2** 求解如下定解问题

$$\begin{cases}u_t-a^2u_{xx}=0, & -\infty<x<\infty,t>0\\u(x,0)=\varphi(x), & -\infty<x<\infty\end{cases}$$

其中

$$\varphi(x)=\begin{cases}A, & x>x_0\\0, & x<x_0\end{cases}$$

**解** 由(4.1.7)式可得该问题的解为

$$u(x,t)=\frac{1}{2a\sqrt{\pi t}}\int_{-\infty}^{\infty}\varphi(\xi)\mathrm{e}^{-\frac{(x-\xi)^2}{4a^2t}}\mathrm{d}\xi=\frac{A}{2a\sqrt{\pi t}}\int_{x_0}^{\infty}\mathrm{e}^{-\frac{(x-\xi)^2}{4a^2t}}\mathrm{d}\xi$$

对积分作变量代换 $\alpha=\dfrac{x-\xi}{2a\sqrt{t}}$ 得

$$\begin{aligned}u(x,t)&=\frac{A}{\sqrt{\pi}}\int_{-\infty}^{\frac{x-x_0}{2a\sqrt{t}}}\mathrm{e}^{-\alpha^2}\mathrm{d}\alpha\\&=\frac{A}{\sqrt{\pi}}\left[\int_{-\infty}^{0}\mathrm{e}^{-\alpha^2}\mathrm{d}\alpha+\int_{0}^{\frac{x-x_0}{2a\sqrt{t}}}\mathrm{e}^{-\alpha^2}\mathrm{d}\alpha\right]\\&=\frac{A}{\sqrt{\pi}}\left[\frac{\sqrt{\pi}}{2}+\int_{0}^{\frac{x-x_0}{2a\sqrt{t}}}\mathrm{e}^{-\alpha^2}\mathrm{d}\alpha\right]\end{aligned}$$

引入下面函数

$$\Phi(x)=\frac{2}{\sqrt{\pi}}\int_0^x\mathrm{e}^{-\alpha^2}\mathrm{d}\alpha \tag{4.1.17}$$

该函数称为误差函数。利用误差函数可将定解问题的解表示为

$$u(x,t)=\frac{A}{2}+\frac{A}{2}\Phi\left(\frac{x-x_0}{2a\sqrt{t}}\right)$$

### 4.1.2* 二维热传导方程柯西问题

为加深对线性微分方程基本解的进一步理解,下面考虑二维热传导方程柯西问题

$$\begin{cases} u_t - a^2(u_{xx} + u_{yy}) = f(x,y,t), & (x,y) \in \mathbf{R}^2, t > 0 \quad (4.1.18) \\ u(x,y,0) = \varphi(x,y), & (x,y) \in \mathbf{R}^2 \quad (4.1.19) \end{cases}$$

为求解(4.1.18)—(4.1.19)式，先求二维热传导方程的基本解，即如下定解问题的解

$$\begin{cases} u_t - a^2(u_{xx} + u_{yy}) = 0, & (x,y) \in \mathbf{R}^2, t > 0 \quad (4.1.20) \\ u(x,y,0) = \delta(x)\delta(y), & (x,y) \in \mathbf{R}^2 \quad (4.1.21) \end{cases}$$

引入二元函数的傅里叶变换

$$F(f)(\omega_1,\omega_2) = \int_{-\infty}^{\infty}\int_{-\infty}^{\infty} f(x,y)\mathrm{e}^{-\mathrm{i}(x\omega_1+y\omega_2)}\mathrm{d}x\mathrm{d}y$$

和一元函数傅里叶变换的性质相对应，二元函数的傅里叶变换也有类似性质。

对(4.1.20)—(4.1.21)式关于空间变量作傅里叶变换得

$$\begin{cases} \dfrac{\mathrm{d}\hat{u}(\boldsymbol{\omega},t)}{\mathrm{d}t} + a^2 \mid \boldsymbol{\omega} \mid^2 \hat{u}(\boldsymbol{\omega},t) = 0, & t > 0 \\ \hat{u}(\boldsymbol{\omega},0) = 1 \end{cases}$$

其中 $\boldsymbol{\omega} = (\omega_1,\omega_2)$，$\mid \boldsymbol{\omega} \mid^2 = \omega_1^2 + \omega_2^2$。解之可得

$$\hat{u}(\boldsymbol{\omega},t) = \mathrm{e}^{-a^2|\boldsymbol{\omega}|^2 t} = \mathrm{e}^{-a^2\omega_1^2 t}\mathrm{e}^{-a^2\omega_2^2 t}$$

故有

$$\begin{aligned} u(x,y,t) = F^{-1}(f)(\omega_1,\omega_2) &= \frac{1}{(2\pi)^2}\int_{-\infty}^{\infty}\int_{-\infty}^{\infty} \mathrm{e}^{-a^2|\boldsymbol{\omega}|^2 t}\mathrm{e}^{\mathrm{i}(x\omega_1+y\omega_2)}\mathrm{d}\omega_1\mathrm{d}\omega_2 \\ &= \frac{1}{2\pi}\int_{-\infty}^{\infty} \mathrm{e}^{-a^2\omega_1^2 t}\mathrm{e}^{\mathrm{i}x\omega_1}\mathrm{d}\omega_1 \ \frac{1}{2\pi}\int_{-\infty}^{\infty} \mathrm{e}^{-a^2\omega_2^2 t}\mathrm{e}^{\mathrm{i}y\omega_2}\mathrm{d}\omega_2 \\ &= \frac{1}{2a\sqrt{\pi t}}\mathrm{e}^{-\frac{x^2}{4a^2 t}} \ \frac{1}{2a\sqrt{\pi t}}\mathrm{e}^{-\frac{y^2}{4a^2 t}} \\ &= \frac{1}{(2a\sqrt{\pi t})^2}\mathrm{e}^{-\frac{x^2+y^2}{4a^2 t}} \end{aligned}$$

即(4.1.18)—(4.1.19)式的基本解为

$$\Gamma(x,y,t) = \frac{1}{(2a\sqrt{\pi t})^2}\mathrm{e}^{-\frac{x^2+y^2}{4a^2 t}}u(t)$$

与(4.1.7)式相对应，(4.1.20)—(4.1.21)式的解为

$$\begin{aligned} u(x,y,t) &= \varphi(x,y) * \Gamma(x,y,t) + \int_0^t f(x,y,\tau) * \Gamma(x,y,t-\tau)\mathrm{d}\tau \\ &= \int_{-\infty}^{\infty}\int_{-\infty}^{\infty} \varphi(\xi,\eta)\Gamma(x-\xi,y-\eta,t)\mathrm{d}\xi\mathrm{d}\eta \\ &\quad + \int_0^t \mathrm{d}\tau\int_{-\infty}^{\infty}\int_{-\infty}^{\infty} f(\xi,\eta,\tau)\Gamma(x-\xi,y-\eta,t-\tau)\mathrm{d}\xi\mathrm{d}\eta \end{aligned}$$

作为练习，请读者试用傅里叶变换求解三维热传导方程柯西问题。

## §4.2　波动方程柯西问题

### 4.2.1　一维波动方程柯西问题

考虑如下定解问题

$$\begin{cases} u_{tt} - a^2 u_{xx} = f(x,t), & -\infty < x < \infty, t > 0 \quad (4.2.1) \\ u(x,0) = \varphi(x), u_t(x,0) = \psi(x), & -\infty < x < \infty \quad (4.2.2) \end{cases}$$

$$\begin{cases} u_{tt} - a^2 u_{xx} = 0, & -\infty < x < \infty, t > 0 \quad (4.2.3) \\ u(x,0) = 0, u_t(x,0) = \psi(x), & -\infty < x < \infty \quad (4.2.4) \end{cases}$$

若记(4.2.3)—(4.2.4)式的解为 $u(x,t) = M_\psi(x,t)$,则由叠加原理和齐次化原理可得(4.2.1)—(4.2.2)式的解为

$$u(x,t) = \frac{\partial}{\partial t} M_\varphi(x,t) + M_\psi(x,t) + \int_0^t M_{f_\tau}(x,t-\tau)\mathrm{d}\tau \quad (4.2.5)$$

因此,只需求解定解问题(4.2.3)—(4.2.4)。

对(4.2.3)—(4.2.4)式关于空间变量 $x$ 作傅里叶变换得

$$\begin{cases} \dfrac{\mathrm{d}^2 \hat{u}(\omega,t)}{\mathrm{d}t^2} + a^2\omega^2 \hat{u}(\omega,t) = 0, & t > 0 \\ \hat{u}(\omega,0) = 0, \quad \hat{u}_t(\omega,0) = \hat{\psi}(\omega) \end{cases}$$

解之可得

$$\hat{u}(\omega,t) = \hat{\psi}(\omega) \frac{\sin a\omega t}{a\omega}$$

记

$$\Gamma(x,t) = \begin{cases} \dfrac{1}{2a}, & |x| < at \\ 0, & |x| \geqslant at \end{cases}$$

查傅里叶变换表或直接计算可得

$$F(\Gamma(x,t))(\omega) = \hat{\Gamma}(\omega,t) = \frac{\sin a\omega t}{a\omega}$$

故有

$$\hat{u}(\omega,t) = \hat{\psi}(\omega)\hat{\Gamma}(\omega,t)$$

对上式取傅里叶逆变换并利用卷积公式得

$$\begin{aligned} u(x,t) &= \psi(x) * \Gamma(x,t) \\ &= \int_{-\infty}^{\infty} \psi(\xi)\Gamma(x-\xi,t)\mathrm{d}\xi \\ &= \frac{1}{2a}\int_{x-at}^{x+at} \psi(\xi)\mathrm{d}\xi \end{aligned}$$

利用(4.2.5)式便得(4.2.1)—(4.2.2)式的解为

$$\begin{aligned} u(x,t) &= \frac{\partial}{\partial t} M_\varphi(x,t) + M_\psi(x,t) + \int_0^t M_{f_\tau}(x,t-\tau)\mathrm{d}\tau \\ &= \frac{\partial}{\partial t}\left(\frac{1}{2a}\int_{x-at}^{x+at}\varphi(\xi)\mathrm{d}\xi\right) + \frac{1}{2a}\int_{x-at}^{x+at}\psi(\xi)\mathrm{d}\xi + \frac{1}{2a}\int_0^t \mathrm{d}\tau \int_{x-a(t-\tau)}^{x+a(t-\tau)} f(\xi,\tau)\mathrm{d}\xi \\ &= \frac{1}{2}[\varphi(x+at) + \varphi(x-at)] + \frac{1}{2a}\int_{x-at}^{x+at}\psi(\xi)\mathrm{d}\xi + \frac{1}{2a}\int_0^t \mathrm{d}\tau \int_{x-a(t-\tau)}^{x+a(t-\tau)} f(\xi,\tau)\mathrm{d}\xi \quad (4.2.6) \end{aligned}$$

当 $f \equiv 0$ 时,(4.2.6)称为一维波方程柯西问题的达朗贝尔(D'Alembert)公式。

**注2** 在(4.2.4)式中取 $\psi(x) = \delta(x)$,则有 $u(x,t) = \Gamma(x,t)$,即 $\Gamma(x,t)$ 是如下定解问题

$$\begin{cases} u_{tt} - a^2 u_{xx} = 0, & -\infty < x < \infty, t > 0 \\ u(x,0) = 0, u_t(x,0) = \delta(x), & -\infty < x < \infty \end{cases}$$

的解，故称其为一维波动方程的基本解。利用基本解 $\Gamma(x,t)$，就可写出(4.2.1)—(4.2.2)式的解(4.2.6)式。$\Gamma(x,t)$ 在(4.2.6)式的表达式中也起到一个"基"的作用。

### 4.2.2* 二维和三维波动方程柯西问题

我们首先利用傅里叶变换求解三维波动方程柯西问题，然后用降维法求出二维波动方程柯西问题的解。

考虑三维波动方程柯西问题

$$\begin{cases} u_{tt}-a^2\Delta u=f(x,y,z,t), & (x,y,z)\in\mathbf{R}^3, t>0 & (4.2.7)\\ u(x,y,z,0)=\varphi(x,y,z), & (x,y,z)\in\mathbf{R}^3 & (4.2.8)\\ u_t(x,y,z,0)=\psi(x,y,z), & (x,y,z)\in\mathbf{R}^3 & (4.2.9)\end{cases}$$

为求解定解问题(4.2.7)—(4.2.9)，先求出三维波动方程的基本解，即如下问题的解

$$\begin{cases} u_{tt}-a^2\Delta u=0, & (x,y,z)\in\mathbf{R}^3, t>0 & (4.2.10)\\ u(x,y,z,0)=0, & (x,y,z)\in\mathbf{R}^3 & (4.2.11)\\ u_t(x,y,z,0)=\delta(x)\delta(y)\delta(z), & (x,y,z)\in\mathbf{R}^3 & (4.2.12)\end{cases}$$

记 $\boldsymbol{\omega}=(\omega_1,\omega_2,\omega_3)$，$|\boldsymbol{\omega}|^2=\omega_1^2+\omega_2^2+\omega_3{}^2$。对定解问题(4.2.10)—(4.2.12)关于空间变量作傅里叶变换得

$$\begin{cases} \dfrac{\mathrm{d}^2\hat{u}(\boldsymbol{\omega},t)}{\mathrm{d}t^2}+a^2|\boldsymbol{\omega}|^2\hat{u}(\boldsymbol{\omega},t)=0, & t>0\\ \hat{u}(\boldsymbol{\omega},0)=0, \quad \hat{u}_t(\boldsymbol{\omega},0)=1 \end{cases}$$

解之可得

$$\hat{u}(\boldsymbol{\omega},t)=\frac{\sin a|\boldsymbol{\omega}|t}{a|\boldsymbol{\omega}|}$$

故有

$$\begin{aligned} u(x,y,z,t)&=F^{-1}(\hat{u})(x,y,z,t)\\ &=\frac{1}{(2\pi)^3}\iiint\limits_{\mathbf{R}^3}\hat{u}(\boldsymbol{\omega},t)\mathrm{e}^{\mathrm{i}(x\omega_1+y\omega_2+z\omega_3)}\mathrm{d}\omega_1\mathrm{d}\omega_2\mathrm{d}\omega_3\\ &=\frac{1}{(2\pi)^3}\iiint\limits_{\mathbf{R}^3}\frac{\sin a|\boldsymbol{\omega}|t}{a|\boldsymbol{\omega}|}\mathrm{e}^{\mathrm{i}(x\omega_1+y\omega_2+z\omega_3)}\mathrm{d}\omega_1\mathrm{d}\omega_2\mathrm{d}\omega_3 \end{aligned}$$

为计算等式右端积分，首先对积分作变量代换 $\boldsymbol{v}^{\mathrm{T}}=\boldsymbol{A}\boldsymbol{\omega}^{\mathrm{T}}$，其中 $\boldsymbol{v}=(v_1,v_2,v_3)$，$\boldsymbol{A}$ 为三阶正交矩阵。选择 $\boldsymbol{A}$ 使得 $\boldsymbol{A}(x,y,z)^{\mathrm{T}}=(0,0,r)^{\mathrm{T}}$，其中 $r=\sqrt{x^2+y^2+z^2}$。根据正交变换的保内积性可得，$|\boldsymbol{\omega}|=|\boldsymbol{v}|$，$x\omega_1+y\omega_2+z\omega_3=(x,y,z)\boldsymbol{\omega}^{\mathrm{T}}=(x,y,z)\boldsymbol{A}^{\mathrm{T}}\boldsymbol{v}^{\mathrm{T}}=(0,0,r)\boldsymbol{v}^{\mathrm{T}}=rv_3$。故有

$$u(x,y,z,t)=\frac{1}{(2\pi)^3}\iiint\limits_{\mathbf{R}^3}\frac{\sin(a|\boldsymbol{v}|t)}{a|\boldsymbol{v}|}\mathrm{e}^{\mathrm{i}rv_3}\mathrm{d}v_1\mathrm{d}v_2\mathrm{d}v_3$$

再利用球坐标变换

$$\begin{cases} v_1=\rho\cos\theta\sin\varphi\\ v_2=\rho\sin\theta\sin\varphi\\ v_3=\rho\cos\varphi \end{cases}$$

可得

$$u(x,y,z,t)=\frac{1}{(2\pi)^3}\int_0^{2\pi}\mathrm{d}\theta\int_0^{\infty}\frac{\sin(a\rho t)}{a\rho}\rho^2\mathrm{d}\rho\int_0^{\pi}\mathrm{e}^{\mathrm{i}r\rho\cos\varphi}\sin\varphi\mathrm{d}\varphi$$

$$= \frac{\mathrm{i}}{ar(2\pi)^2}\int_0^{\infty} \sin(a\rho t)\mathrm{e}^{\mathrm{i}r\rho\cos\varphi}\Big|_0^{\pi}\mathrm{d}\rho$$

$$= \frac{-\mathrm{i}}{ar(2\pi)^2}\int_0^{\infty} \sin(a\rho t)(\mathrm{e}^{\mathrm{i}r\rho} - \mathrm{e}^{-\mathrm{i}r\rho})\mathrm{d}\rho$$

$$= -\frac{\mathrm{i}}{8ar\pi^2}\int_{-\infty}^{\infty} \sin(a\rho t)(\mathrm{e}^{\mathrm{i}r\rho} - \mathrm{e}^{-\mathrm{i}r\rho})\mathrm{d}\rho$$

$$= -\frac{1}{16ar\pi^2}\int_{-\infty}^{\infty} (\mathrm{e}^{\mathrm{i}a\rho t} - \mathrm{e}^{-\mathrm{i}a\rho t})(\mathrm{e}^{\mathrm{i}r\rho} - \mathrm{e}^{-\mathrm{i}r\rho})\mathrm{d}\rho$$

注意到

$$\int_{-\infty}^{\infty} \mathrm{e}^{\mathrm{i}\alpha\rho}\mathrm{d}\rho = 2\pi\delta(\alpha)$$

所以

$$u(x,y,z,t) = -\frac{1}{16ar\pi^2}\int_{-\infty}^{\infty} (\mathrm{e}^{\mathrm{i}a\rho t} - \mathrm{e}^{-\mathrm{i}a\rho t})(\mathrm{e}^{\mathrm{i}r\rho} - \mathrm{e}^{-\mathrm{i}r\rho})\mathrm{d}\rho$$

$$= -\frac{1}{16ar\pi^2}\cdot 2\pi[\delta(r+at) + \delta(-(r+at)) - \delta(r-at) - \delta(at-r)]$$

$$= \frac{1}{4ar\pi}[\delta(r-at) - \delta(r+at)]$$

$$= \frac{1}{4ar\pi}\delta(r-at)$$

记

$$\Gamma(x,y,z,t) = \frac{1}{4\pi ar}\delta(r-at)$$

$\Gamma(x,y,z,t)$ 即为三维波动方程的基本解。因此,当 $f=\varphi=0$ 时,(4.2.7)—(4.2.9) 式的解为

$$u(x,y,z,t) = M_{\psi}(x,y,z,t) = \psi(x,y,z) * \Gamma(x,y,z,t)$$

$$= \iiint_{\mathbf{R}^3} \psi(\xi,\eta,\zeta)\Gamma(\xi-x,\eta-y,\zeta-z,t)\mathrm{d}\xi\mathrm{d}\eta\mathrm{d}\zeta$$

$$= \iiint_{\mathbf{R}^3} \frac{\delta(r-at)}{4\pi ar}\psi(\xi,\eta,\zeta)\mathrm{d}\xi\mathrm{d}\eta\mathrm{d}\zeta$$

其中 $r=\sqrt{(\xi-x)^2+(\eta-y)^2+(\zeta-z)^2}$。对任意 $t>0$,记以点 $(x,y,z)$ 为中心 $at$ 为半径的球面为 $S_{at}(x,y,z)$,即 $S_{at}(x,y,z)=\{(\xi,\eta,\zeta)\in\mathbf{R}^3 \mid r=at\}$。将上面的积分化为累次积分并由 $\delta$ 函数的定义可得

$$u(x,y,z,t) = M_{\psi}(x,y,z,t)$$

$$= \int_0^{\infty}\delta(r-at)\left(\iint_{S_r(x,y,z)} \frac{\psi(\xi,\eta,\zeta)}{4\pi ar}\mathrm{d}s\right)\mathrm{d}r$$

$$= \iint_{S_r(x,y,z)} \frac{\psi(\xi,\eta,\zeta)}{4\pi ar}\mathrm{d}s\Big|_{r=at}$$

$$= \iint_{S_{at}(x,y,z)} \frac{\psi(\xi,\eta,\zeta)}{4\pi a^2 t}\mathrm{d}s$$

$$= \frac{1}{4\pi a^2 t}\iint_{S_{at}(x,y,z)} \psi(\xi,\eta,\zeta)\mathrm{d}s \tag{4.2.13}$$

最后,由叠加原理和齐次化原理便得(4.2.7)—(4.2.9)式的解为

$$u(x,y,z,t)=\frac{1}{4\pi a^2}\frac{\partial}{\partial t}\left(\frac{1}{t}\iint\limits_{S_{at}(x,y,z)}\varphi(\xi,\eta,\zeta)\mathrm{d}s\right)+\frac{1}{4\pi a^2 t}\iint\limits_{S_{at}(x,y,z)}\psi(\xi,\eta,\zeta)\mathrm{d}s$$
$$+\frac{1}{4\pi a^2}\iiint\limits_{\Omega}\frac{1}{r}f\left(\xi,\eta,\zeta,t-\frac{r}{a}\right)\mathrm{d}\xi\mathrm{d}\eta\mathrm{d}\zeta \tag{4.2.14}$$

其中 $\Omega=B_{at}(x,y,z)=\{(\xi,\eta,\zeta)\mid r<at\}$。(4.2.14) 式称为三维波动方程柯西问题的基尔霍夫(Kirchhoff) 公式。

现在我们利用三维空间中已有的结果(4.2.13),用降维法求二维波动方程柯西问题。

考虑如下三维波动方程柯西问题

$$\begin{cases}u_{tt}-a^2\Delta u=0, \quad (x,y,z)\in\mathbf{R}^3,t>0 & (4.2.15)\\ u(x,y,z,0)=0,u_t(x,y,z,0)=\psi(x,y), \quad (x,y,z)\in\mathbf{R}^3 & (4.2.16)\end{cases}$$

由于初始数据与 $z$ 无关,可推知解 $u$ 与 $z$ 也无关,故有 $u_{zz}=0$,即定解问题(4.2.15)—(4.2.16)式其实是一个二维波动方程柯西问题,由(4.2.13) 式可得该问题的解为

$$u(x,y,t)=\frac{1}{4\pi a^2 t}\iint\limits_{S_{at}(x,y,z)}\psi(\xi,\eta)\mathrm{d}s$$
$$=\frac{1}{2\pi a^2 t}\iint\limits_{S_{at}^{+}(x,y,z)}\psi(\xi,\eta)\mathrm{d}s \tag{4.2.17}$$

其中 $S_{at}^{+}(x,y,z)=\{(\xi,\eta,\zeta)\mid(\xi-x)^2+(\eta-y)^2+(\zeta-z)^2=a^2t^2,\xi\geqslant z\}$。

对于上半球面 $S_{at}^{+}(x,y,z)$,直接计算得

$$\mathrm{d}s=\sqrt{1+\left(\frac{\partial\zeta}{\partial\xi}\right)^2+\left(\frac{\partial\zeta}{\partial\eta}\right)^2}\mathrm{d}\xi\mathrm{d}\eta$$
$$=\frac{at}{\sqrt{a^2t^2-(\xi-x)^2-(\eta-y)^2}}\mathrm{d}\xi\mathrm{d}\eta$$

将上式代入到(4.2.17) 式中便得

$$u(x,y,t)=\Gamma(x,y,t)=\frac{1}{2\pi a}\iint\limits_{B_{at}(x,y)}\frac{\psi(\xi,\eta)}{\sqrt{a^2t^2-r^2}}\mathrm{d}\xi\mathrm{d}\zeta \tag{4.2.18}$$

其中 $r=\sqrt{(\xi-x)^2-(\eta-y)^2}$,$B_{at}(x,y)=\{(\xi,\eta)\mid\sqrt{\xi^2+\eta^2}<at\}$。

和三维情形类似,由(4.2.18) 式可得二维波动方程柯西问题

$$\begin{cases}u_{tt}-a^2\Delta u=f(x,y,t), \quad (x,y)\in\mathbf{R}^2,t>0 & (4.2.19)\\ u(x,y,z,0)=\varphi(x,y), \quad (x,y)\in\mathbf{R}^2 & (4.2.20)\\ u_t(x,y,z,0)=\psi(x,y), \quad (x,y)\in\mathbf{R}^2 & (4.2.21)\end{cases}$$

的解为

$$u(x,y,t)=\frac{1}{2\pi a}\frac{\partial}{\partial t}\iint\limits_{B_{at}(x,y)}\frac{\varphi(\xi,\eta)}{\sqrt{a^2t^2-r^2}}\mathrm{d}\xi\mathrm{d}\eta+\frac{1}{2\pi a}\iint\limits_{B_{at}(x,y)}\frac{\psi(\xi,\eta)}{\sqrt{a^2t^2-r^2}}\mathrm{d}\xi\mathrm{d}\eta$$
$$+\frac{1}{2\pi a}\int_0^t\mathrm{d}\tau\iint\limits_{B_{a(t-\tau)}(x,y)}\frac{f(\xi,\eta,\tau)}{\sqrt{a^2(t-\tau)^2-r^2}}\mathrm{d}\xi\mathrm{d}\eta \tag{4.2.22}$$

(4.2.22) 式称为二维波动方程柯西问题的泊松公式。

### 4.2.3* 解的物理意义

对于一维波动方程柯西问题,如果无外力作用,则解由达朗贝尔公式给出,即

$$u(x,t)=\frac{1}{2}[\varphi(x+at)+\varphi(x-at)]+\frac{1}{2a}\int_{x-at}^{x+at}\psi(\xi)\mathrm{d}\xi$$

将上式改写为

$$u(x,t)=f(x+at)+g(x-at)$$

其中

$$f(x+at)=\frac{1}{2}\varphi(x+at)+\frac{1}{2a}\int_{0}^{x+at}\psi(\xi)\mathrm{d}\xi$$

$$g(x-at)=\frac{1}{2}\varphi(x-at)+\frac{1}{2a}\int_{x-at}^{0}\psi(\xi)\mathrm{d}\xi$$

记 $u_1(x,t)=f(x+at)$，$u_2(x,t)=g(x-at)$。则 $u(x,t)=u_1(x,t)+u_2(x,t)$。

首先考虑 $u_1(x,t)=f(x+at)$。当 $t=0$ 时，$u_1(x,0)=f(x)$。在 $(x,u)$ 平面上画出函数 $f(x)$ 的图形，则 $f(x+at)$ 的图形可通过 $f(x)$ 的图形向左平移 $at$ 个单位长度而得。随着 $t$ 的增加，$f(x)$ 的图形不断向左平移，移动速度为 $a$，故称 $u_1(x,t)$ 为左传播波，$a$ 为波速。同样道理，$u_2(x,t)=g(x-at)$ 称为右传播波。达朗贝尔公式表明：弦线在 $t$ 时刻的振动是初始振动所产生的右传播波和左传播波的叠加。

其次，从达朗贝尔公式还可看出：$u$ 在 $(x,t)$ 的值 $u(x,t)$ 只与 $x$ 轴上区间 $[x-at,x+at]$ 上初始值有关，而与其他点的初始值无关，故称区间 $[x-at,x+at]$ 为点 $(x,t)$ 的依赖区间。在 $(x,t)$ 平面上，过 $(x,t)$ 点分别作斜率为 $\pm\frac{1}{a}$ 的直线，两条直线在 $x$ 轴上所截得的区间便是 $[x-at,x+at]$，如图 4.1(a) 所示。

给定 $x$ 轴上的区间 $[x_1,x_2]$，过点 $(x_1,0)$ 作直线 $x=x_1+at$，过点 $(x_2,0)$ 作直线 $x=x_2-at$，它们和 $x$ 轴构成了一个三角形区域，如图 4.1(b) 所示。由于该区域内任一点的依赖区间都落在区间 $[x_1,x_2]$ 内，因此，解在此三角形区域内的值完全由区间 $[x_1,x_2]$ 上的初始值决定，而与此区间外的初始值无关，故称此三角形区域为区间 $[x_1,x_2]$ 的决定区域。

同理，过点 $(x_1,0)$ 作直线 $x=x_1-at$，过点 $(x_2,0)$ 作直线 $x=x_2+at$，它们和 $x$ 轴构成一个梯形区域，如图 4.1(c) 所示，该区域称为区间 $[x_1,x_2]$ 的影响区域，它表示区间 $[x_1,x_2]$ 上初始扰动对弦线振动的作用范围。

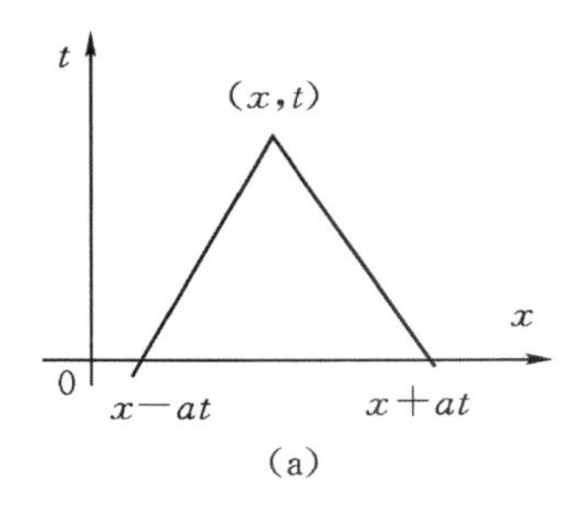

(a)

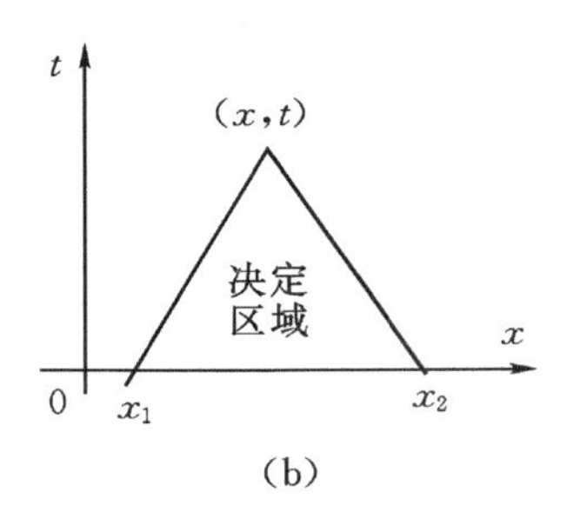

(b)

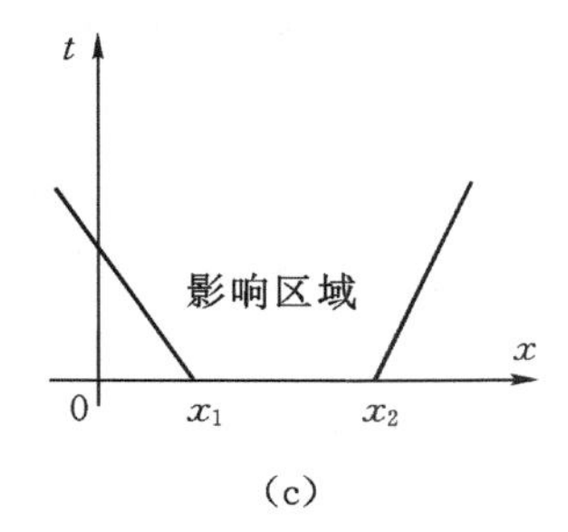

(c)

图 4.1 依赖区间、决定区域和影响区域

由上面分析可得，波以常速 $a$ 向左、右两个方向传播，这是波动现象的一个基本特征。直线 $x\pm at=c$ 称为一维波动方程的特征线，它们在一维波动问题的研究中起着重要作用。

当 $f=0$ 时，对公式(4.2.14) 和(4.2.22) 进行分析，便可得到和上面类似的结论。对二维波动方程，点 $(x,y,t)$ 的依赖区域是以 $(x,y)$ 为心，$at$ 为半径的圆域；而对三维波动方程，点 $(x,y,z,t)$ 的依赖区域是以 $(x,y,z)$ 为心，$at$ 为半径的球面，而不是球形区域。反映在波的传播过程中，平面波有前阵面而无后阵面，正像把一块石子扔在湖中，在湖面上激起层层浪花，这种现象称为波的弥漫现象；而空间波既有前阵面又有后阵面，正像人们听到声音，一会儿就消失了，这种现象称为空间波传播的无后效现象，此即惠更斯(Huygens) 原理。

## §4.3　积分变换法举例

在前两节中，利用傅里叶变换求出了热传导方程和波动方程柯西问题的解。下面进一步举例说明积分变换法在求解偏微分方程定解问题中的作用。

**例 4.3**　求解如下定解问题

$$\begin{cases} u_t + au_x = f(x,t), & -\infty < x < \infty, t > 0 \quad (4.3.1) \\ u(x,0) = \varphi(x), & -\infty < x < \infty \quad (4.3.2) \end{cases}$$

其中 $a$ 为实数。

**解**　对(4.3.1)—(4.3.2) 式关于空间变量 $x$ 作傅里叶变换得

$$\begin{cases} \dfrac{\mathrm{d}\hat{u}(\omega,t)}{\mathrm{d}t} + a\mathrm{i}\omega\hat{u}(\omega,t) = \hat{f}(\omega,t), & t > 0 \\ \hat{u}(\omega,0) = \hat{\varphi}(\omega) \end{cases}$$

解之可得

$$\hat{u}(\omega,t) = \hat{\varphi}(\omega)\mathrm{e}^{-ait\omega} + \int_0^t \hat{f}(\omega,\tau)\mathrm{e}^{-a\mathrm{i}(t-\tau)\omega}\mathrm{d}\tau \tag{4.3.3}$$

由于

$$F(\delta(x-at))(\omega) = \mathrm{e}^{-ait\omega}$$

$$F(\delta(x-a(t-\tau)))(\omega) = \mathrm{e}^{-a\mathrm{i}(t-\tau)\omega}$$

故(4.3.3) 式可表示为

$$\hat{u}(\omega,t) = \hat{\varphi}(\omega)\hat{\delta}(x-at)(\omega) + \int_0^t \hat{f}(\omega,\tau)\hat{\delta}(x-a(t-\tau))(\omega)\mathrm{d}\tau$$

对上式取傅里叶逆变换得

$$\begin{aligned} u(x,t) &= \varphi(x) * \delta(x-at) + \int_0^t f(x,\tau) * \delta(x-a(t-\tau))\mathrm{d}\tau \\ &= \int_{-\infty}^{\infty} \varphi(x-\xi)\delta(\xi-at)\mathrm{d}\xi + \int_0^t \mathrm{d}\tau\int_{-\infty}^{\infty} f(x-\xi,\tau)\delta(\xi-a(t-\tau))\mathrm{d}\xi \\ &= \varphi(x-at) + \int_0^t f(x-a(t-\tau),\tau)\mathrm{d}\tau \end{aligned}$$

**例 4.4**　求半平面上调和方程边值问题的有界解

$$\begin{cases} u_{xx} + u_{yy} = 0, & -\infty < x < \infty, y > 0 \quad (4.3.4) \\ u(x,0) = f(x), & -\infty < x < \infty \quad (4.3.5) \end{cases}$$

**解**　对(4.3.4)—(4.3.5) 式关于变量 $x$ 作傅里叶变换得

$$\begin{cases} \dfrac{\mathrm{d}^2\hat{u}(\omega,y)}{\mathrm{d}y^2} + (\mathrm{i}\omega)^2\hat{u}(\omega,y) = 0, & t > 0 \\ \hat{u}(\omega,0) = \hat{f}(\omega) \end{cases}$$

解之可得

$$\hat{u}(\omega,y)=C_1\mathrm{e}^{-|\omega|y}+C_2\mathrm{e}^{|\omega|y}$$

为使 $u$ 有界,取 $C_2=0$,结合初始条件可得

$$\hat{u}(\omega,t)=\hat{f}(\omega)\mathrm{e}^{-|\omega|y} \tag{4.3.6}$$

直接求 $\mathrm{e}^{-|\omega|y}$ 的傅里叶逆变换得

$$\begin{aligned}F^{-1}(\mathrm{e}^{-|\omega|y})(x)&=\frac{1}{2\pi}\int_{-\infty}^{\infty}\mathrm{e}^{-|\omega|y}\mathrm{e}^{\mathrm{i}x\omega}\mathrm{d}\omega\\&=\frac{1}{\pi}\int_{0}^{\infty}\mathrm{e}^{-y\omega}\cos(x\omega)\mathrm{d}\omega\\&=\frac{1}{\pi}\frac{x\sin(x\omega)-y\cos(x\omega)}{x^2+y^2}\mathrm{e}^{-y\omega}\Big|_0^{\infty}\\&=\frac{1}{\pi}\frac{y}{x^2+y^2}=g(x,y)\end{aligned}$$

故(4.3.6)式可表示为

$$\hat{u}(\omega,y)=\hat{f}(\omega)\hat{g}(\omega,y)$$

对上式取傅里叶逆变换得

$$\begin{aligned}u(x,y)&=(f(\cdot)*g(\cdot,y))(x)\\&=\int_{-\infty}^{\infty}f(\xi)g(x-\xi,y)\mathrm{d}\xi\\&=\frac{1}{\pi}\int_{-\infty}^{\infty}\frac{yf(\xi)}{(x-\xi)^2+y^2}\mathrm{d}\xi\end{aligned}$$

**例 4.5**[*]　设有一单位长度均匀细杆,侧面绝热,两端温度为零度。若初始温度为 $\sin 2\pi x$,求细杆内的温度分布。

**解**　设 $u(x,t)$ 为细杆内温度分布,则 $u$ 满足如下定解问题

$$\begin{cases}u_t-a^2u_{xx}=0, & 0<x<1,t>0 & (4.3.7)\\u(0,t)=u(1,t)=0, & t\geqslant 0 & (4.3.8)\\u(x,0)=\sin 2\pi x, & 0\leqslant x\leqslant 1 & (4.3.9)\end{cases}$$

对(4.3.7)—(4.3.9)式关于时间变量 $t$ 作拉普拉斯变换,并记 $u(x,t)$ 的像函数为 $\bar{u}(x,s)$,可得

$$\begin{cases}s\bar{u}(x,s)-u(x,0)-a^2\dfrac{\mathrm{d}^2\bar{u}(x,s)}{\mathrm{d}x^2}=0\\\bar{u}(0,s)=\bar{u}(1,s)=0\end{cases}$$

即

$$\begin{cases}\dfrac{\mathrm{d}^2\bar{u}(x,s)}{\mathrm{d}x^2}-\dfrac{s}{a^2}\bar{u}(x,s)=-\dfrac{1}{a^2}\sin 2\pi x & (4.3.10)\\\bar{u}(0,s)=\bar{u}(1,s)=0 & (4.3.11)\end{cases}$$

方程(4.3.10)是常系数二阶线性常微分方程,非齐次项为三角函数。易得该方程通解为

$$\bar{u}(x,s)=C_1\mathrm{e}^{\frac{\sqrt{s}}{a}x}+C_2\mathrm{e}^{-\frac{\sqrt{s}}{a}x}+\frac{\sin 2\pi x}{s+4\pi^2a^2}$$

利用边界条件(4.3.11)得

$$C_1=0,\quad C_2=0,$$

故

$$\bar{u}(x,s)=\frac{\sin 2\pi x}{s+4\pi^2a^2}$$

取拉普拉斯逆变换可得

$$u(x,t)=\mathrm{e}^{-4\pi^2a^2t}\sin 2\pi x$$

**注 3**　定解问题(4.3.7)—(4.3.9)描述了细杆上的温度,因此也可用分离变量法求解。一般而言,拉普拉斯变换方法的求解过程比较烦琐,而分离变量法已成固定模式,求解过程相对简明。

**例 4.6***　求下列半无界弦振动问题的有界解

$$\begin{cases}u_{tt}-a^2u_{xx}=\rho\cos\omega t, & x>0,t>0 & (4.3.12)\\ u(x,0)=0,u_t(x,0)=0, & x\geqslant 0 & (4.3.13)\\ u(0,t)=0, & t\geqslant 0 & (4.3.14)\end{cases}$$

**解**　对(4.3.12)—(4.3.14)式关于时间变量 $t$ 作拉普拉斯变换

$$\begin{cases}s^2\bar{u}(x,s)-a^2\dfrac{\mathrm{d}^2\bar{u}(x,s)}{\mathrm{d}x^2}=\dfrac{\rho s}{s^2+\omega^2}\\ \bar{u}(0,s)=0,\quad \bar{u}\text{ 有界}\end{cases}$$

或

$$\begin{cases}\dfrac{\mathrm{d}^2\bar{u}(x,s)}{\mathrm{d}x^2}-\dfrac{s^2}{a^2}\bar{u}(x,s)=\dfrac{(-1)\rho s}{a^2(s^2+\omega^2)}\\ \bar{u}(0,s)=0,\quad \bar{u}\text{ 有界}\end{cases}$$

解之可得

$$\bar{u}(x,s)=C_1\mathrm{e}^{-\frac{s}{a}x}+C_2\mathrm{e}^{\frac{s}{a}x}+\frac{\rho}{s(s^2+\omega^2)}$$

由于 $\bar{u}$ 有界,故 $C_2=0$,结合初始条件可得

$$\bar{u}(x,s)=\frac{\rho}{s(s^2+\omega^2)}\left(1-\mathrm{e}^{-\frac{s}{a}x}\right) \tag{4.3.15}$$

对(4.3.15)式两端取拉普拉斯逆变换可得

$$u(x,t)=\mathscr{L}^{-1}\left(\frac{\rho}{s(s^2+\omega^2)}\right)(t)-\mathscr{L}^{-1}\left(\frac{\rho\mathrm{e}^{-\frac{s}{a}x}}{s(s^2+\omega^2)}\right)(t) \tag{4.3.16}$$

由于

$$\begin{aligned}\mathscr{L}^{-1}\left(\frac{\rho}{s(s^2+\omega^2)}\right)(t)&=\mathscr{L}^{-1}\left(\frac{\rho}{\omega^2}\left(\frac{1}{s}-\frac{s}{s^2+\omega^2}\right)\right)(t)\\ &=\frac{\rho}{\omega^2}\mathscr{L}^{-1}\left(\frac{1}{s}\right)(t)-\frac{\rho}{\omega^2}\mathscr{L}^{-1}\left(\frac{s}{s^2+\omega^2}\right)(t)\\ &=\frac{\rho}{\omega^2}(1-\cos\omega t)=\frac{2\rho}{\omega^2}\sin^2\frac{\omega t}{2}\end{aligned} \tag{4.3.17}$$

利用拉普拉斯变换的延迟性质

$$\mathscr{L}(f(t-\tau)U(t-\tau))(s)=\mathrm{e}^{-s\tau}\bar{f}(s)$$

其中 $U(t)$ 为阶跃函数,取 $\tau=\dfrac{x}{a}$ 得

$$\mathscr{L}^{-1}\left(\frac{\rho e^{-sx/a}}{s(s^2+\omega^2)}\right)(t)=\mathscr{L}^{-1}\left(\frac{\rho}{s(s^2+\omega^2)}\right)\left(t-\frac{x}{a}\right)U\left(t-\frac{x}{a}\right)$$

$$=\frac{2\rho}{\omega^2}\sin^2\frac{\omega(t-x/a)}{2}U\left(t-\frac{x}{a}\right)$$

$$=\begin{cases}\dfrac{2\rho}{\omega^2}\sin^2\dfrac{\omega(t-x/a)}{2}, & t\geqslant\dfrac{x}{a}\\ 0, & 0\leqslant t<\dfrac{x}{a}\end{cases}\tag{4.3.18}$$

将(4.3.17)—(4.3.18)式代入到(4.3.16)式中便得

$$u(x,t)=\begin{cases}\dfrac{2\rho}{\omega^2}\left[\sin^2\dfrac{\omega t}{2}-\sin^2\dfrac{\omega}{2}\left(t-\dfrac{x}{a}\right)\right], & t\geqslant\dfrac{x}{a}\\ \dfrac{2\rho}{\omega^2}\sin^2\dfrac{\omega t}{2}, & 0\leqslant t<\dfrac{x}{a}\end{cases}$$

## 习题 4

1. 用傅里叶变换求解如下定解问题

(1) $\begin{cases}u_t-a^2u_{xx}=0, & -\infty<x<\infty, t>0\\ u(x,0)=\begin{cases}A, & x>2\\ 0, & x<2\end{cases}\end{cases}$

(2) $\begin{cases}u_t-4u_{xx}=0, & -\infty<x<\infty, t>0\\ u(x,0)=\begin{cases}h, & |x|<1\\ 0, & |x|>1\end{cases}\end{cases}$

2*. 用傅里叶变换求解如下定解问题

(1) $\begin{cases}u_t-a^2u_{xx}=0, & -\infty<x<\infty, t>0\\ u(x,0)=\begin{cases}e^{-x}, & x>0\\ 0, & x<0\end{cases}\end{cases}$

(2) $\begin{cases}u_t-a^2u_{xx}=e^{-t}, & -\infty<x<\infty, t>0\\ u(x,0)=0, & -\infty<x<\infty\end{cases}$

3. 用傅里叶变换求解如下定解问题

(1) $\begin{cases}u_t+2u_x=xe^{-t}, & -\infty<x<\infty, t>0\\ u(x,0)=\sin x, & -\infty<x<\infty\end{cases}$

(2) $\begin{cases}u_t=2u_x+3u, & -\infty<x<\infty, t>0\\ u(x,0)=\varphi(x), & -\infty<x<\infty\end{cases}$

4. 求解如下一维波动方程柯西问题

(1) $\begin{cases}u_{tt}-u_{xx}=t\sin x, & -\infty<x<\infty, t>0\\ u(x,0)=0, u_t(x,0)=0, & -\infty<x<\infty\end{cases}$

(2) $\begin{cases}u_{tt}-a^2u_{xx}=tx, & -\infty<x<\infty, t>0\\ u(x,0)=\sin x, u_t(x,0)=\dfrac{1}{1+x^2}, & -\infty<x<\infty\end{cases}$

5*. 求解如下柯西问题

(1) $\begin{cases} u_{tt} - a^2(u_{xx} + u_{yy}) = 0, & (x,y) \in \mathbf{R}^2, t > 0 \\ u(x,y,0) = xy, u_t(x,y,0) = 0, & (x,y) \in \mathbf{R}^2 \end{cases}$

(2) $\begin{cases} u_{tt} - a^2(u_{xx} + u_{yy}) = 0, & (x,y) \in \mathbf{R}^2, t > 0 \\ u(x,y,0) = 0, u_t(x,y,0) = x^2 y, & (x,y) \in \mathbf{R}^2 \end{cases}$

(3) $\begin{cases} u_{tt} - a^2(u_{xx} + u_{yy} + u_{zz}) = 0, & (x,y,z) \in \mathbf{R}^3, t > 0 \\ u(x,y,z,0) = 0, u_t(x,y,z,0) = x^2 z, & (x,y,z) \in \mathbf{R}^3 \end{cases}$

6. 由三维波动方程柯西问题解的公式，利用降维法求解如下问题

$$\begin{cases} u_{tt} - a^2 u_{xx} = 0, & -\infty < x < \infty, t > 0 \\ u(x,0) = 0, u_t(x,0) = \psi(x), & -\infty < x < \infty \end{cases}$$

7. 考虑如下定解问题

$$\begin{cases} u_{tt} - a^2 u_{xx} = 0, & -\infty < x < \infty, t > 0 \\ u(x,0) = \varphi(x), u_t(x,0) = \psi(x), & -\infty < x < \infty \end{cases}$$

设 $\varphi(x)$ 和 $\psi(x)$ 为直线 $\mathbf{R}$ 上奇(或偶，周期为 $T$ 的) 函数，试证明该问题的解 $u(x,t)$ 关于变量 $x$ 也是奇(或偶，周期为 $T$ 的) 函数。对于一维热传导方程柯西问题，类似结果是否成立？

8. 考虑如下定解问题

$$\begin{cases} u_{tt} - u_{xx} = 0, & -\infty < x < \infty, t > 0 \\ u|_{t=0} = \varphi(x), u_t|_{t=0} = 0, & -\infty < x < \infty \end{cases}$$

其中初始波形为如下锯齿波

$$\varphi(x) = \begin{cases} x - 1, & 1 < x < 2 \\ 3 - x, & 2 < x < 3 \\ 0, & \text{其他} \end{cases}$$

(1) 分别画出 $t = 1,2$ 时刻的 $u(x,t)$ 的波形图。

(2) 如果将初始位移换为 $\varphi_1(x) = \varphi(x) - \varphi(-x)$，分别画出 $t = 1,2$ 时刻的 $u(x,t)$ 的波形图。

9. 考虑如下定解问题

$$\begin{cases} u_{tt} - 3u_{xx} = 0, & -\infty < x < \infty, t > 0 \\ u|_{t=0} = 0, u_t|_{t=0} = \psi(x), & -\infty < x < \infty \end{cases}$$

其中

$$\psi(x) = \begin{cases} e^{x^2}, & 1 < x < 3 \\ 0, & \text{其他} \end{cases}$$

试找出 $u(x,t)$ 恒为零的区域，弦线上 $x = -10$ 的点在哪个时刻开始振动。

10. 考虑如下定解问题

$$\begin{cases} u_{tt} - (u_{xx} + u_{yy}) = 0, & (x,y) \in \mathbf{R}^2, t > 0 \\ u|_{t=0} = 0, u_t|_{t=0} = \psi(x,y), & (x,y) \in \mathbf{R}^2 \end{cases}$$

若 $\psi(x,y,z)$ 在正方形区域 $\Omega = \{(x,y) | -1 < x < 1, -1 < y < 1\}$ 内取正值，在 $\Omega$ 之外恒为零，试指出，$u(x,y,10)$ 恒为零的区域。

11. 考虑如下定解问题

$$\begin{cases} u_{tt} - (u_{xx} + u_{yy} + u_{zz}) = 0, & (x,y,z) \in \mathbf{R}^3, t > 0 \\ u|_{t=0} = 0, u_t|_{t=0} = \psi(x,y,z), & (x,y,z) \in \mathbf{R}^3 \end{cases}$$

若 $\psi(x,y,z)$ 在球形域 $\Omega = \{(x,y,z) \mid (x-1)^2 + y^2 + z^2 \leqslant 1\}$ 内取正值，在 $\Omega$ 之外恒为零，试指出 $u(x,y,z,10)$ 恒为零的区域。

12*. 求解如下定解问题

$$\begin{cases} u_{tt} - u_{xx} + u = 0, & -\infty < x < \infty, t > 0 \\ u(x,0) = \mathrm{e}^{-\frac{1}{2}x^2}, u_t|_{t=0} = 0, & -\infty < x < \infty \end{cases}$$

13*. 考虑如下定解问题

$$\begin{cases} u_t - a^2 u_{xx} = 0, & -\infty < x < \infty, t > 0 \\ u(x,0) = \cos x, & -\infty < x < \infty \end{cases}$$

求出该定解问题解的有限表达形式(利用结果 $\int_0^\infty \mathrm{e}^{-ax^2} \cos bx \,\mathrm{d}x = \mathrm{e}^{-\frac{b^2}{4a}} \sqrt{\frac{\pi}{4a}}, a > 0$)。

14*. 考虑如下定解问题

$$\begin{cases} u_t - a^2 u_{xx} = 0, & -\infty < x < \infty, t > 0 \\ u(x,0) = x^3, & -\infty < x < \infty \end{cases}$$

求出该问题解的有限表达形式。

15*. 利用误差函数求解如下定解问题

$$\begin{cases} u_t - a^2 u_{xx} = 0, & -\infty < x < \infty, t > 0 \\ u(x,0) = \varphi(x), & -\infty < x < \infty \end{cases}$$

其中

$$\varphi(x) = \begin{cases} A, & x > 0 \\ B, & x < 0 \end{cases}$$

$A$、$B$ 为常数。

# 第 5 章　格林函数法

本章介绍求解偏微分方程定解问题的格林函数法。在格林函数法中，方程的基本解和格林函数是两个重要的概念，是表示定解问题解的基础。基本解可通过物理意义或傅里叶变换的方法寻找，而格林函数则主要依赖于所考虑问题的物理意义来确定，尽管格林函数也是一个定解问题的解，但我们并不通过定解问题而求解它。为了使读者对格林函数法有一个基本的了解，我们通过平面或空间特殊区域上位势方程的狄利克雷问题，说明如何根据物理意义来构造格林函数，进而求解位势方程定解问题。同时，简单介绍求解一维热传导方程和波动方程半无界问题的格林函数法。

## §5.1　格林公式

在研究拉普拉斯方程或泊松方程边值问题时，要经常利用格林公式，它是高斯(Gauss)公式的直接推广。

为简单起见，下述讨论中有时将函数的变量略去，如将 $P(x,y,z)$ 简记为 $P$，$\frac{\partial}{\partial x}P(x,y,z)$ 简记为$\frac{\partial P}{\partial x}$或 $P_x$ 等等。

设 $\Omega$ 为空间 $\mathbf{R}^3$ 中的区域，其边界 $\partial\Omega$ 充分光滑，函数 $P(x,y,z)$、$Q(x,y,z)$、$R(x,y,z)\in C^1(\overline{\Omega})$。则成立如下高斯公式

$$\iiint\limits_{\Omega}\left(\frac{\partial P}{\partial x}+\frac{\partial Q}{\partial y}+\frac{\partial R}{\partial z}\right)\mathrm{d}V=\iint\limits_{\partial\Omega}P\,\mathrm{d}y\mathrm{d}z+Q\mathrm{d}x\mathrm{d}z+R\mathrm{d}x\mathrm{d}y \tag{5.1.1}$$

或

$$\iiint\limits_{\Omega}\left(\frac{\partial P}{\partial x}+\frac{\partial Q}{\partial y}+\frac{\partial R}{\partial z}\right)\mathrm{d}V=\iint\limits_{\partial\Omega}(P\cos\alpha+Q\cos\beta+R\cos\gamma)\mathrm{d}s \tag{5.1.2}$$

其中 $n=(\cos\alpha,\cos\beta,\cos\gamma)$ 为边界面 $\partial\Omega$ 的单位外法向量。

如果引入汉米尔顿(Hamilton)算子：$\boldsymbol{\nabla}=\left(\frac{\partial}{\partial x},\frac{\partial}{\partial y},\frac{\partial}{\partial z}\right)$，并记 $\boldsymbol{F}=(P,Q,R)$，则高斯公式具有如下简洁形式

$$\iiint\limits_{\Omega}\boldsymbol{\nabla}\cdot\boldsymbol{F}\mathrm{d}V=\iint\limits_{\partial\Omega}\boldsymbol{F}\cdot\boldsymbol{n}\mathrm{d}s \tag{5.1.3}$$

**注 1**　汉米尔顿算子"$\boldsymbol{\nabla}$"是一个向量算子，它作用于向量函数 $\boldsymbol{F}=(P,Q,R)$ 时，其运算定义为

$$\boldsymbol{\nabla}\cdot\boldsymbol{F}=\left(\frac{\partial}{\partial x},\frac{\partial}{\partial y},\frac{\partial}{\partial z}\right)\cdot(P,Q,R)=\frac{\partial P}{\partial x}+\frac{\partial Q}{\partial y}+\frac{\partial R}{\partial z}$$

形式上相当于两个向量作点乘运算，结果为向量 $\boldsymbol{F}$ 的散度 $\mathrm{div}\boldsymbol{F}$。而"$\boldsymbol{\nabla}$"作用于标量函数 $f(x,$

$y,z$) 时，其运算定义为

$$\nabla f=\left(\frac{\partial}{\partial x},\frac{\partial}{\partial y},\frac{\partial}{\partial z}\right)f=\left(\frac{\partial f}{\partial x},\frac{\partial f}{\partial y},\frac{\partial f}{\partial z}\right)$$

形式上相当于向量的数乘运算，等于标量函数 $f$ 的梯度，即 $\nabla f=\mathrm{grad}f$。

设 $u(x,y,z),v(x,y,z)\in C^2(\bar{\Omega})$。在(5.1.3) 式中取 $\boldsymbol{F}=u\nabla v$，则有

$$\iiint_{\Omega}\nabla\cdot(u\nabla v)\mathrm{d}V=\iint_{\partial\Omega}u\nabla v\cdot\boldsymbol{n}\mathrm{d}s \tag{5.1.4}$$

直接计算可得

$$\begin{aligned}\nabla\cdot(u\nabla v)&=\nabla\cdot(uv_x,uv_y,uv_z)=(uv_x)_x+(uv_y)_y+(uv_z)_z\\&=u(v_{xx}+v_{yy}+v_{zz})+u_xv_x+u_yv_y+u_zv_z\\&=u\Delta v+\nabla u\cdot\nabla v\end{aligned} \tag{5.1.5}$$

其中 $\Delta v=v_{xx}+v_{yy}+v_{zz}$。将(5.1.5) 式代入到(5.1.4) 式中，得

$$\iiint_{\Omega}(u\Delta v+\nabla u\cdot\nabla v)\mathrm{d}V=\iint_{\partial\Omega}u\nabla v\cdot\boldsymbol{n}\mathrm{d}s$$

移项得

$$\iiint_{\Omega}u\Delta v\mathrm{d}V=\iint_{\partial\Omega}u\frac{\partial v}{\partial n}\mathrm{d}s-\iiint_{\Omega}\nabla u\cdot\nabla v\mathrm{d}V \tag{5.1.6}$$

(5.1.6) 式称为格林第一公式。

在(5.1.6) 式中，将函数 $u$、$v$ 的位置互换可得

$$\iiint_{\Omega}v\Delta u\mathrm{d}V=\iint_{\partial\Omega}v\frac{\partial u}{\partial n}\mathrm{d}s-\iiint_{\Omega}\nabla v\cdot\nabla u\mathrm{d}V \tag{5.1.7}$$

自(5.1.6) 式中减去(5.1.7) 式得

$$\iiint_{\Omega}(u\Delta v-v\Delta u)\mathrm{d}V=\iint_{\partial\Omega}\left(u\frac{\partial v}{\partial n}-v\frac{\partial u}{\partial n}\right)\mathrm{d}s \tag{5.1.8}$$

(5.1.8) 式称为格林第二公式。

设点 $P_0(\xi,\eta,\zeta)\in\Omega$，点 $P(x,y,z)\in\mathbf{R}^3$

$$r_{P_0P}=|P_0-P|=\sqrt{(x-\xi)^2+(y-\eta)^2+(z-\zeta)^2}$$

$\Gamma(P,P_0)=\dfrac{1}{4\pi r_{P_0P}}$。函数 $\Gamma(P,P_0)$ 是关于六个变元 $(x,y,z)$ 和 $(\xi,\eta,\zeta)$ 的函数，且 $\Gamma(P,P_0)=\Gamma(P_0,P)$。如无特别说明，以下对 $\Gamma(P,P_0)$ 的求导均指关于变量 $(x,y,z)$ 的求导运算。直接计算可得

$$\Delta\Gamma(P,P_0)=0,\quad P\neq P_0$$

即 $\Gamma(P,P_0)$ 在 $\mathbf{R}^3\backslash P_0$ 中处处满足拉普拉斯方程。

设 $\varepsilon>0$ 充分小，使得 $\bar{B}=\bar{B}(P_0,\varepsilon)=\{P(x,y,z)\,|\,|P-P_0|\leqslant\varepsilon\}\subset\Omega$。记 $G=\Omega\backslash\bar{B}$，则 $\partial G=\partial\Omega\cup\partial\bar{B}$。由于在区域 $G$ 内有 $\Delta\Gamma=0$，在格林第二公式中取 $v=\Gamma(P,P_0)$，可得

$$-\iiint_{G}\Gamma\Delta u\mathrm{d}V=\iint_{\partial G}\left(u\frac{\partial\Gamma}{\partial n}-\Gamma\frac{\partial u}{\partial n}\right)\mathrm{d}s$$

或

$$-\iiint_{G}\Gamma\Delta u\mathrm{d}V=\iint_{\partial\Omega}\left(u\frac{\partial\Gamma}{\partial n}-\Gamma\frac{\partial u}{\partial n}\right)\mathrm{d}s+\iint_{\partial B}\left(u\frac{\partial\Gamma}{\partial n}-\Gamma\frac{\partial u}{\partial n}\right)\mathrm{d}s \tag{5.1.9}$$

注意到,$\boldsymbol{n}$ 是边界面 $\partial G=\partial\Omega\cup\partial\bar{B}$ 上的单位外法向量,当 $\boldsymbol{n}$ 的起点位于球面 $\partial B$ 上点 $P$ 时,其方向与向量 $\boldsymbol{r}=-\overrightarrow{P_0P}$ 相同,故有

$$\frac{\partial\Gamma}{\partial n}=-\frac{\partial\Gamma}{\partial r}=-\frac{\partial\left(\frac{1}{4\pi r_{P_0P}}\right)}{\partial r}=\frac{1}{4\pi r^2}$$

于是

$$\iint_{\partial B}u\frac{\partial\Gamma}{\partial n}\mathrm{d}s=\frac{1}{4\pi\varepsilon^2}\iint_{\partial B}u\,\mathrm{d}s=u(\bar{x},\bar{y},\bar{z})\tag{5.1.10}$$

其中 $P(\bar{x},\bar{y},\bar{z})\in\partial B$。

同理可得

$$\iint_{\partial B}\Gamma\frac{\partial u}{\partial n}\mathrm{d}s=\frac{1}{4\pi\varepsilon}\iint_{\partial B}\frac{\partial u}{\partial n}\mathrm{d}s=\varepsilon\left.\frac{\partial u}{\partial n}\right|_{(x',y',z')}\tag{5.1.11}$$

其中$(x',y',z')\in\partial B$。

将(5.1.10)和(5.1.11)式代入到(5.1.9)式中,可得

$$-\iiint_G\Gamma\Delta u\mathrm{d}V=\iint_{\partial\Omega}\left(u\frac{\partial\Gamma}{\partial n}-\Gamma\frac{\partial u}{\partial n}\right)\mathrm{d}s+u(\bar{x},\bar{y},\bar{z})-\varepsilon\frac{\partial u}{\partial n}(x',y',z')$$

令 $\varepsilon\to0^+$,并注意到

$$P(\bar{x},\bar{y},\bar{z})\to P_0(\xi,\eta,\zeta),\quad\varepsilon\left.\frac{\partial u}{\partial n}\right|_{(x',y',z')}\to0$$

可得

$$-\iiint_\Omega\Gamma\Delta u\mathrm{d}V=\iint_{\partial\Omega}\left(u\frac{\partial\Gamma}{\partial n}-\Gamma\frac{\partial u}{\partial n}\right)\mathrm{d}s+u(\xi,\eta,\zeta)$$

即

$$u(\xi,\eta,\zeta)=\iint_{\partial\Omega}\left(\Gamma\frac{\partial u}{\partial n}-u\frac{\partial\Gamma}{\partial n}\right)\mathrm{d}s-\iiint_\Omega\Gamma\Delta u\mathrm{d}V\tag{5.1.12}$$

(5.1.12)式称为格林第三公式。它表明,函数 $u$ 在 $\Omega$ 内的值可用 $\Omega$ 内的 $\Delta u$ 值与边界 $\partial\Omega$ 上 $u$ 及 $\frac{\partial u}{\partial n}$ 的值表示。

**注 2**　在二维情形,格林第一公式和格林第二公式也成立。而对于格林第三公式需要取 $\Gamma(P,P_0)=\frac{1}{2\pi}\ln\frac{1}{r}$,其中 $P_0(\xi,\eta)\in\Omega,P(x,y)\in\mathbf{R}^2,r=r_{P_0P}=|P_0-P|=\sqrt{(x-\xi)^2+(y-\eta)^2}$。此时格林第三公式也成立,详见本章习题 5 第 5 题。

# §5.2　拉普拉斯方程基本解和格林函数

本节讨论如何利用格林第三公式求解泊松方程定解问题。为此,首先引入拉普拉斯方程基本解和格林函数的概念。然后基于格林函数,给出泊松方程边值问题解的表达式。

## 5.2.1　基本解

设 $P_0(\xi,\eta,\zeta)\in\mathbf{R}^3$。若在点 $P_0$ 放置一单位正电荷,则该电荷在空间产生的电位分布(舍去

常数 $\varepsilon_0$）为

$$u(x,y,z)=\Gamma(P,P_0)=\frac{1}{4\pi r_{P_0P}} \tag{5.2.1}$$

由物理意义可知，函数 $\Gamma(P,P_0)$ 满足方程

$$-\Delta u=\delta(P,P_0) \tag{5.2.2}$$

其中 $\delta(P,P_0)$ 是三维狄拉克函数(或 $\delta$-函数)，其定义为 $\delta(P,P_0)=\delta(x-\xi)\delta(y-\eta)\delta(z-\zeta)$。我们称 $\Gamma(P,P_0)$ 为三维拉普拉斯方程的基本解。

二维拉普拉斯方程的基本解定义为

$$\Gamma(P,P_0)=\frac{1}{2\pi}\ln\frac{1}{r_{P_0P}} \tag{5.2.3}$$

其中 $P_0(\xi,\eta)$、$P(x,y)\in\mathbf{R}^2$，$r_{P_0P}=\sqrt{(x-\xi)^2+(y-\eta)^2}$。$\Gamma(P,P_0)$ 表示平面上置于点 $P_0$ 的点电荷周围电场的电位，但这里点电荷应理解为平行于 $z$ 轴的线电荷。如过点 $P_0$ 的无限长均匀带电直导线在其垂直平面上产生的电位就可用 $\Gamma(P,P_0)$ 表示(略去线电荷的线密度的影响)。因此 $\Gamma(P,P_0)$ 满足如下方程

$$-\Delta u=\delta(P,P_0) \tag{5.2.4}$$

其中 $\delta(P,P_0)$ 是二维狄拉克函数(或 $\delta$-函数)，定义为 $\delta(P,P_0)=\delta(x-\xi)\delta(y-\eta)$。

**注3** 在数学上，可严格证明拉普拉斯方程的基本解满足方程(5.2.2)和(5.2.4)，但涉及到广义函数的较多理论，本书从略。有兴趣的读者可参阅习题5第14题。

### 5.2.2 格林函数

考虑如下定解问题

$$\begin{cases}-\Delta u=f(x,y,z), & (x,y,z)\in\Omega \quad (5.2.5)\\ u(x,y,z)=\varphi(x,y,z), & (x,y,z)\in\partial\Omega \quad (5.2.6)\end{cases}$$

设 $P_0(\xi,\eta,\zeta)\in\Omega$，$u(x,y,z)\in C^2(\Omega)\cap C^1(\bar{\Omega})$ 是(5.2.5)—(5.2.6)式的解，则由格林第三公式可得

$$u(\xi,\eta,\zeta)=\iint\limits_{\partial\Omega}\Gamma\frac{\partial u}{\partial n}\mathrm{d}s-\iint\limits_{\partial\Omega}u\frac{\partial\Gamma}{\partial n}\mathrm{d}s-\iiint\limits_{\Omega}\Gamma\Delta u\mathrm{d}V \tag{5.2.7}$$

公式(5.2.7)右端的第二项和第三项可由定解问题(5.2.5)—(5.2.6)式的边值和自由项求出，即有

$$\iint\limits_{\partial\Omega}u\frac{\partial\Gamma}{\partial n}\mathrm{d}s=\iint\limits_{\partial\Omega}\varphi\frac{\partial\Gamma}{\partial n}\mathrm{d}s,\quad \iiint\limits_{\Omega}\Gamma\Delta u\mathrm{d}V=-\iiint\limits_{\Omega}f\Gamma\mathrm{d}V$$

但在第一项 $\iint\limits_{\partial\Omega}\Gamma\frac{\partial u}{\partial n}\mathrm{d}s$ 中，$\frac{\partial u}{\partial n}$ 在边界 $\partial\Omega$ 上的值是未知的，因此必须对(5.2.7)式作进一步处理，以便其能够表示定解问题的解。

如何处理(5.2.7)式，使其能够表示定解问题(5.2.5)—(5.2.6)的解呢?格林函数法的基本思想就是消去(5.2.7)式右端的第一项 $\iint\limits_{\partial\Omega}\Gamma\frac{\partial u}{\partial n}\mathrm{d}s$。为此，引入在边界 $\partial\Omega$ 上取值为零的格林函数，并用格林函数取代(5.2.7)式中的基本解，从而达到消除 $\iint\limits_{\partial\Omega}\Gamma\frac{\partial u}{\partial n}\mathrm{d}s$ 的目的。

设 $h$ 为如下定解问题的解

$$\begin{cases} -\Delta h = 0, & (x,y,z) \in \Omega \quad (5.2.8) \\ h = -\Gamma, & (x,y,z) \in \partial\Omega \quad (5.2.9) \end{cases}$$

在格林第二公式中取 $v = h$，得

$$-\iiint\limits_{\Omega} h\,\Delta u \mathrm{d}V = \iint\limits_{\partial\Omega}\left(u\,\frac{\partial h}{\partial n} - h\,\frac{\partial u}{\partial n}\right)\mathrm{d}s$$

或

$$0 = \iint\limits_{\partial\Omega}\left(h\,\frac{\partial u}{\partial n} - u\,\frac{\partial h}{\partial n}\right)\mathrm{d}s - \iiint\limits_{\Omega} h\,\Delta u \mathrm{d}V \tag{5.2.10}$$

将(5.2.7)和(5.2.10)式相加，得

$$u(\xi,\eta,\zeta) = \iint\limits_{\partial\Omega}\left(G\,\frac{\partial u}{\partial n} - u\,\frac{\partial G}{\partial n}\right)\mathrm{d}s - \iiint\limits_{\Omega} G\Delta u \mathrm{d}V \tag{5.2.11}$$

其中 $G(P,P_0) = \Gamma + h$。

注意到 $\Gamma$ 是拉普拉斯方程基本解，而 $h$ 是定解问题(5.2.8)—(5.2.9)式的解，所以 $G(P,P_0)$ 是如下定解问题的解

$$\begin{cases} -\Delta G = \delta(P,P_0), & P(x,y,z) \in \Omega \quad (5.2.12) \\ G(P,P_0) = 0, & P(x,y,z) \in \partial\Omega \quad (5.2.13) \end{cases}$$

利用(5.2.13)式，可将(5.2.11)式化简为

$$u(\xi,\eta,\zeta) = -\iint\limits_{\partial\Omega} u\,\frac{\partial G}{\partial n}\mathrm{d}s - \iiint\limits_{\Omega} G\Delta u \mathrm{d}V$$

于是定解问题(5.2.5)—(5.2.6)解可表示为

$$u(\xi,\eta,\zeta) = -\iint\limits_{\partial\Omega} \varphi\,\frac{\partial G}{\partial n}\mathrm{d}s + \iiint\limits_{\Omega} Gf \mathrm{d}V \tag{5.2.14}$$

这里用 $P_0(\xi,\eta,\zeta)$ 表示区域 $\Omega$ 内的任意一点。

显见，只要求出区域 $\Omega$ 上的函数 $G(P,P_0)$，就可利用(5.2.14)式给出定解问题(5.2.5)—(5.2.6)的解。我们称 $G(P,P_0)$ 为拉普拉斯方程在区域 $\Omega$ 的格林函数。这种利用(5.2.14)式求解定解问题的方法称为格林函数法。

应用格林函数法的关键是求格林函数。由(5.2.12)—(5.2.13)式可知，格林函数仅依赖于区域 $\Omega$，而与原定解问题的边界条件无关。因此在理论上，只要求得区域 $\Omega$ 上的格林函数，就可解决该区域上一切泊松方程的狄利克雷边值问题。然而在数学上求解定解问题(5.2.12)—(5.2.13)也是一件困难的事。

幸运的是定解问题(5.2.12)—(5.2.13)有明确的物理意义。在物理上，格林函数 $G(P,P_0)$ 表示 $P_0 \in \Omega$ 处的正电荷产生的电位与 $\Omega$ 外部电荷产生的电位的叠加，且叠加的电位在边界 $\partial\Omega$ 上为零。由于这一原因，对于某些特殊区域，如球形区域、圆域、半空间等，通常借助于基本解的物理意义利用对称法确定格林函数。5.3 节将对此问题做进一步的讨论。

## §5.3　半空间和圆域上的狄利克雷问题

本节以半空间和圆域为例介绍利用对称法构造格林函数的基本思想。

### 5.3.1 半空间上狄利克雷问题

设 $\Omega=\{(x,y,z)\mid z>0\}$,$\partial\Omega=\{(x,y,z)\mid z=0\}$。考虑如下定解问题

$$\begin{cases}-\Delta u=f(x,y,z), & (x,y,z)\in\Omega \quad (5.3.1)\\ u(x,y,0)=\varphi(x,y), & (x,y)\in\mathbf{R}^2 \quad (5.3.2)\end{cases}$$

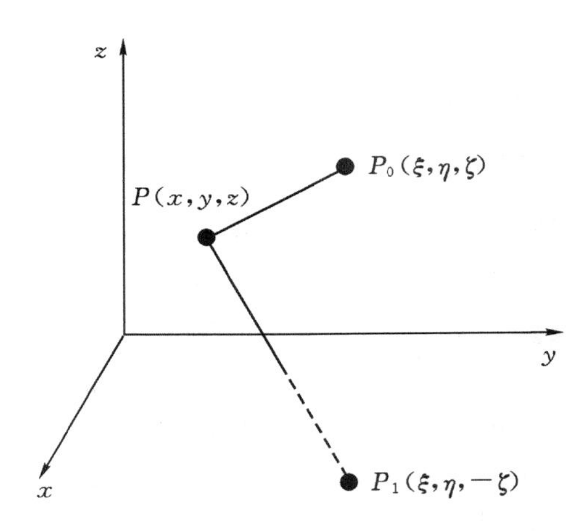


图 5.1 上半空间格林函数构造

设 $P_0(\xi,\eta,\zeta)\in\Omega$,则 $P_1(\xi,\eta,-\zeta)$ 为 $P_0$ 关于 $\partial\Omega$ 的对称点,如图 5.1 所示。若在 $P_0$、$P_1$ 两点各放置一个正单位点电荷,则它们在空间产生的电位分别为

$$\Gamma(P,P_0)=\frac{1}{4\pi r_0}$$

$$\Gamma(P,P_1)=\frac{1}{4\pi r_1}$$

其中 $r_0=\mid P_0-P\mid$,$r_1=\mid P_1-P\mid$。$\Gamma(P,P_0)$ 和 $\Gamma(P,P_0)$ 分别满足如下方程

$$-\Delta\Gamma(P,P_0)=\delta(P,P_0),\quad P\in\Omega$$

$$-\Delta\Gamma(P,P_1)=0,\quad P\in\Omega$$

令 $G(P,P_0)=\Gamma(P,P_0)-\Gamma(P,P_1)$。由于 $P_0$ 和 $P_1$ 关于 $\partial\Omega$ 对称,所以 $G(P,P_0)$ 在边界 $\partial\Omega$ 上为零,于是有

$$\begin{cases}-\Delta G=\delta(P,P_0), & P\in\Omega\\ G=0, & P\in\partial\Omega\end{cases}$$

即 $G(P,P_0)$ 为上半空间的格林函数。物理上,$G(P,P_0)$ 表示点 $P_0$ 处的单位正点电荷和点 $P_1$ 处的单位负点电荷产生的电位的叠加。

直接计算可得

$$\begin{aligned}G(P,P_0)&=\Gamma(P,P_0)-\Gamma(P,P_1)=\frac{1}{4\pi}\left(\frac{1}{r_0}-\frac{1}{r_1}\right)\\ &=\frac{1}{4\pi}\left[\frac{1}{\sqrt{(x-\xi)^2+(y-\eta)^2+(z-\zeta)^2}}-\frac{1}{\sqrt{(x-\xi)^2+(y-\eta)^2+(z+\zeta)^2}}\right]\end{aligned} \quad (5.3.3)$$

注意到边界面 $\partial\Omega$（即 $xOy$ 平面）的单位外法向量 $\boldsymbol{n}$ 与 $z$ 轴正向相反，所以

$$\left.\frac{\partial G}{\partial n}\right|_{\partial\Omega}=-\left.\frac{\partial G}{\partial z}\right|_{z=0}=-\frac{1}{2\pi}\frac{\zeta}{[(x-\xi)^2+(y-\eta)^2+\zeta^2]^{3/2}} \tag{5.3.4}$$

将(5.3.3)—(5.3.4)式代入到公式(5.2.14)，得

$$\begin{aligned}u(\xi,\eta,\zeta)&=-\iint_{\partial\Omega}\varphi\frac{\partial G}{\partial n}\mathrm{d}s+\iiint_{\Omega}Gf\,\mathrm{d}V\\&=\frac{1}{2\pi}\int_{-\infty}^{\infty}\int_{-\infty}^{\infty}\frac{\varphi(x,y)\zeta\mathrm{d}x\mathrm{d}y}{[(x-\xi)^2+(y-\eta)^2+\zeta^2]^{3/2}}+\int_0^{\infty}\int_{-\infty}^{\infty}\int_{-\infty}^{\infty}G(P,P_0)f(x,y,z)\mathrm{d}x\mathrm{d}y\mathrm{d}z\end{aligned}$$

上式便是定解问题(5.3.1)—(5.3.2)的解。

### 5.3.2　圆域上狄利克雷问题

设 $\Omega=\{(x,y)\mid x^2+y^2<R^2\}$，则 $\partial\Omega=\{(x,y)\mid x^2+y^2=R^2\}$。考虑圆域 $\Omega$ 上的狄利克雷问题

$$\begin{cases}-\Delta u=f(x,y), & (x,y)\in\Omega & (5.3.5)\\ u(x,y)=g(x,y), & (x,y)\in\partial\Omega & (5.3.6)\end{cases}$$

设 $P_0(\xi,\eta)\in\Omega$，$P_1(\bar{\xi},\bar{\eta})$ 为 $P_0(\xi,\eta)$ 关于圆周 $\partial\Omega$ 的对称点，即 $|OP_0||OP_1|=R^2$，如图 5.2 所示。由于 $|OP_0||OP_1|=R^2$，因此对任意 $M\in\partial\Omega$ 有

$$\Delta_{OP_0M}\sim\Delta_{OP_1M}$$

$$\frac{r_{P_0M}}{r_{P_1M}}=\frac{|OP_0|}{R}$$

或

$$\frac{1}{r_{P_0M}}=\frac{R}{|OP_0|}\frac{1}{r_{P_1M}}$$

因此有

$$\frac{1}{2\pi}\ln\frac{1}{r_{P_0M}}-\frac{1}{2\pi}\ln\left(\frac{R}{|OP_0|}\frac{1}{r_{P_1M}}\right)=0 \tag{5.3.7}$$

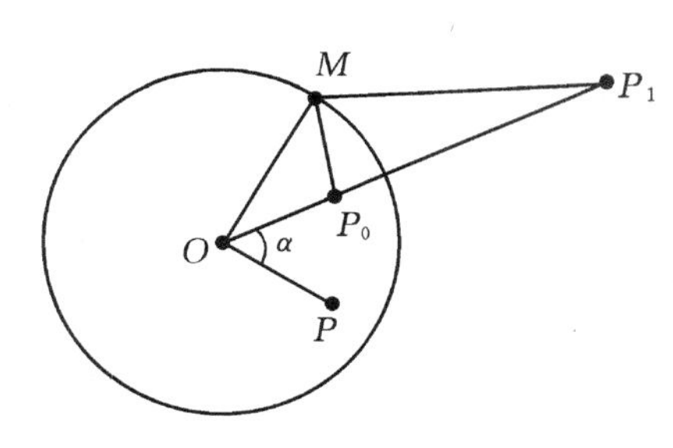

图 5.2　圆域上格林函数构造

令

$$\begin{aligned}G(P,P_0)&=\frac{1}{2\pi}\ln\frac{1}{r_{P_0P}}-\frac{1}{2\pi}\ln\frac{R}{|OP_0|}\frac{1}{r_{P_1P}}\\&=\frac{1}{2\pi}\ln\frac{1}{r_{P_0P}}-\frac{1}{2\pi}\ln\frac{1}{r_{P_1P}}-\frac{1}{2\pi}\ln\frac{R}{|OP_0|}\end{aligned} \tag{5.3.8}$$

则 $G(P,P_0)$ 在圆周 $\partial\Omega$ 上恒为零。$G(P,P_0)$ 表示点 $P_0(\xi,\eta)$ 处正点电荷产生的电位和点 $P_1(\bar{\xi},\bar{\eta})$ 处负点电荷产生的电位的叠加。由二维拉普拉斯方程基本解定义知

$$\begin{cases}-\Delta G(P,P_0)=\delta(P,P_0), & P\in\Omega\\ G(P,P_0)=0, & P\in\partial\Omega\end{cases}$$

即 $G(P,P_0)$ 是圆域上的格林函数。

引入极坐标：$x=\rho\cos\theta$，$y=\rho\sin\theta$。记点 $P_0$ 的坐标为 $(\rho_0,\theta_0)$，则点 $P_1$ 的坐标为 $(R^2/\rho_0,\theta_0)$。对于圆内任意点 $P(\rho,\theta)$，若记 $\overrightarrow{OP_0}$ 与 $\overrightarrow{OP}$ 的夹角为 $\alpha$，则有

$$\cos\alpha=(\cos\theta_0,\sin\theta_0)\cdot(\cos\theta,\sin\theta)=\cos(\theta_0-\theta)$$

利用余弦定理可得

$$r_{P_0P} = \sqrt{\rho_0^2 + \rho^2 - 2\rho_0\rho\cos\alpha} \tag{5.3.9}$$

$$r_{P_1P} = \frac{1}{\rho_0}\sqrt{R^4 + \rho_0^2\rho^2 - 2\rho_0\rho R^2\cos\alpha} \tag{5.3.10}$$

将(5.3.9)和(5.3.10)式代入到(5.3.8)式中并整理,得

$$G(P,P_0) = -\frac{1}{4\pi}\ln\frac{\rho_0^2R^2 + \rho^2R^2 - 2\rho_0\rho R^2\cos(\theta_0-\theta)}{R^4 + \rho_0^2\rho^2 - 2\rho_0\rho R^2\cos(\theta_0-\theta)} \tag{5.3.11}$$

设圆域边界的单位外法向量为 $\boldsymbol{n}$。由于 $\boldsymbol{n}$ 与$\overrightarrow{OP}$ 方向相同,故有

$$\begin{aligned}\left.\frac{\partial G}{\partial n}\right|_{\partial\Omega} &= \left.\frac{\partial G}{\partial \rho}\right|_{\rho=R}\\ &= -\frac{1}{2\pi R}\frac{R^2-\rho_0^2}{R^2+\rho_0^2-2\rho_0R\cos(\theta_0-\theta)}\end{aligned} \tag{5.3.12}$$

记 $\varphi(\theta) = g(R\cos\theta, R\sin\theta)$,则有

$$\begin{aligned}u(\rho_0,\theta_0) &= -\int_{\partial\Omega}\varphi\frac{\partial G}{\partial n}\mathrm{d}s + \iint_{\Omega}Gf\,\mathrm{d}x\mathrm{d}y\\ &= \frac{1}{2\pi}\int_0^{2\pi}\frac{(R^2-\rho_0^2)\varphi(\theta)}{R^2+\rho_0^2-2R\rho_0\cos(\theta_0-\theta)}\mathrm{d}\theta\\ &\quad -\frac{1}{4\pi}\int_0^{2\pi}\int_0^R f(\rho\cos\theta,\rho\sin\theta)\ln\frac{\rho_0^2R^2+\rho^2R^2-2\rho_0\rho R^2\cos(\theta_0-\theta)}{R^4+\rho_0^2\rho^2-2\rho\rho_0R^2\cos(\theta_0-\theta)}\rho\mathrm{d}\rho\mathrm{d}\theta\end{aligned} \tag{5.3.13}$$

(5.3.13)式便是定解问题(5.3.5)—(5.3.6)的解。

**注 4** 当 $f = 0$ 时,(5.3.13)式简化为圆域上调和函数的泊松公式(参阅公式(2.2.49))。

**注 5** 利用复变函数的保角映射,可以将许多平面区域变换为圆域或半平面。因此,与保角映射结合使用,可以扩大对称法以及格林函数法的应用范围。在本章习题中有一些这类习题,格林函数法更多的应用可查阅参考文献[13]。

## §5.4* 一维热传导方程和波动方程半无界问题

### 5.4.1 一维热传导方程半无界问题

为简单起见,仅考虑以下齐次方程定解问题

$$\begin{cases}u_t - a^2u_{xx} = 0, & 0 < x < \infty, t > 0 & (5.4.1)\\ u(0,t) = 0, & t \geqslant 0 & (5.4.2)\\ u(x,0) = \varphi(x), & 0 < x < \infty & (5.4.3)\end{cases}$$

该定解问题是一个混合问题,边界条件为(5.4.2)式,由于 $x\in(0,\infty)$ 故称其为半无界问题。类似于 5.3 节中泊松方程在半空间和圆域上狄利克雷问题的求解思想,这里以热方程的基本解为基础,使用对称法求定解问题的格林函数,进而给出该定解问题的解。

一维热传导方程的基本解为

$$\Gamma(x,t) = \frac{1}{2a\sqrt{\pi t}}\mathrm{e}^{-\frac{x^2}{4a^2t}}U(t)$$

其中 $U(t)$ 是单位阶跃函数。$\Gamma(x,t)$ 是如下问题的解

$$\begin{cases}u_t - a^2u_{xx} = 0, & -\infty < x < \infty, t > 0 & (5.4.4)\\ u(x,0) = \delta(x), & -\infty < x < \infty & (5.4.5)\end{cases}$$

该问题描述在初始时刻 $t=0$，在点 $x=0$ 处置放一单位点热源所产生的温度分布。若将上面定解问题中的初始条件换为 $u(x,0)=\delta(x-\xi)$，那么利用平移变换 $x'=x-\xi$，易得此时(5.4.4)—(5.4.5) 式的解为 $\Gamma(x-\xi,t)$。

为求解定解问题(5.4.1)—(5.4.3)，先考虑 $\varphi(x)=\delta(x-\xi)$ 的情况，其中 $\xi$ 为 $x$ 轴正半轴上的任意一点，这等价于在 $x=\xi$ 点处置放一单位点热源，它在 $x$ 轴正半轴上产生的温度分布为 $\Gamma(x-\xi,t)$。若再在点 $x=-\xi$ 处放一单位负热源，那么它在 $x$ 轴正半轴上产生的温度分布为 $-\Gamma(x+\xi,t)$，该温度分布与 $\Gamma(x-\xi,t)$ 在 $x=0$ 处相互抵消，即两点热源产生的温度在 $x=0$ 处恒为零。记

$$G(x-\xi,t)=\Gamma(x-\xi,t)-\Gamma(x+\xi,t) \tag{5.4.6}$$

我们称函数 $G$ 为定解问题(5.4.1)—(5.4.3) 的格林函数。

利用叠加原理可得原问题的解为

$$u(x,t)=\int_0^{\infty}\varphi(\xi)G(x-\xi,t)\mathrm{d}\xi \tag{5.4.7}$$

若将(5.4.2) 式中的边界条件换为 $u(0,t)=g(t)$，请读者考虑如何求解相应的定解问题。

### 5.4.2　一维波动方程半无界问题

考虑以下齐次方程定解问题

$$\begin{cases}u_{tt}-a^2u_{xx}=0, \quad 0<x<\infty, t>0 & (5.4.8)\\ u(0,t)=0, \quad t\geqslant 0 & (5.4.9)\\ u(x,0)=0, u_t(x,0)=\psi(x), \quad 0<x<\infty & (5.4.10)\end{cases}$$

一维波动方程的基本解 $\Gamma(x,t)$ 为

$$\Gamma(x;t)=\begin{cases}\dfrac{1}{2a}, & |x|<at\\ 0, & |x|\geqslant at\end{cases}$$

完全类似于 5.4.1 小节的分析，可得该问题的格林函数为

$$G(x-\xi,t)=\Gamma(x-\xi,t)-\Gamma(x+\xi,t) \tag{5.4.11}$$

其中 $\xi>0$。因此，该定解问题的解可表示为

$$u(x,t)=\int_0^{\infty}\psi(\xi)G(x-\xi,t)\mathrm{d}\xi \tag{5.4.12}$$

注意到 $\Gamma(x-\xi,t)$ 的具体表示式为

$$\Gamma(x-\xi,t)=\begin{cases}\dfrac{1}{2a}, & |x-\xi|<at\\ 0, & |x-\xi|\geqslant at\end{cases}$$

类似地有

$$\Gamma(x+\xi,t)=\begin{cases}\dfrac{1}{2a}, & |x+\xi|<at\\ 0, & |x+\xi|\geqslant at\end{cases}$$

将上面两式代入到(5.4.12) 式中并整理可得

$$u(x,t)=\int_0^{\infty}\psi(\xi)\Gamma(x-\xi,t)\mathrm{d}\xi-\int_0^{\infty}\psi(\xi)\Gamma(x+\xi,t)\mathrm{d}\xi$$

$$=\begin{cases}\dfrac{1}{2a}\displaystyle\int_{x-at}^{x+at}\psi(\xi)\mathrm{d}\xi, & x-at\geqslant 0\\ \dfrac{1}{2a}\displaystyle\int_{at-x}^{x+at}\psi(\xi)\mathrm{d}\xi, & x-at<0\end{cases}$$

**注 6** 对一维波动方程半无界问题,除上面使用的格林函数法以外,也可以用延拓法或特征线法求解[1]。比较而言,格林函数法最简单。

# 习题 5

1. 设 $\Omega\subset\mathbf{R}^3$ 为有界区域,$\partial\Omega$ 充分光滑,$u\in C^2(\Omega)\cap C^1(\bar{\Omega})$。证明

(1) $\displaystyle\iiint_{\Omega}\Delta u\mathrm{d}V=\iint_{\partial\Omega}\frac{\partial u}{\partial n}\mathrm{d}s$

(2) $\displaystyle\iiint_{\Omega}u\,\Delta u\mathrm{d}V=\iint_{\partial\Omega}u\,\frac{\partial u}{\partial n}\mathrm{d}s-\iiint_{\Omega}|\,\nabla u\,|^2\mathrm{d}V$

2. 设 $\Omega\subset\mathbf{R}^3$ 为有界区域,$\partial\Omega$ 充分光滑,$u\in C^2(\Omega)\cap C^1(\bar{\Omega})$ 满足下面定解问题

$$\begin{cases}\Delta u=u_{xx}+u_{yy}+u_{zz}=0, & (x,y,z)\in\Omega\\ u(x,y,z)=0, & (x,y,z)\in\partial\Omega\end{cases}$$

试证明 $u(x,y,z)\equiv 0$,并由此推出泊松方程狄利克雷问题解的唯一性。又若将定解问题中的边界条件换为$\dfrac{\partial u}{\partial n}=0,(x,y,z)\in\partial\Omega$,问 $u(x,y,z)$ 在 $\Omega$ 中等于什么?泊松方程诺伊曼问题的解是否具有唯一性?

3*. 设 $\Omega\subset\mathbf{R}^3$ 为有界区域,$\partial\Omega$ 充分光滑,$u\in C^2(\Omega)\cap C^1(\bar{\Omega})$ 满足下面定解问题

$$\begin{cases}-\Delta u+c(x,y,z)u=f(x,y,z), & (x,y,z)\in\Omega\\ u(x,y,z)=\varphi(x,y,z), & (x,y,z)\in\partial\Omega\end{cases}$$

其中 $c(x,y,z)$ 在闭域 $\bar{\Omega}$ 非负有界且不恒为零。证明或求解以下各题。

(1) 如果 $f=0,(x,y,z)\in\Omega,\varphi=0,(x,y,z)\in\partial\Omega$,证明 $u(x,y,z)\equiv 0$。

(2) 如果 $f=0,(x,y,z)\in\Omega$,而边界条件换为$\dfrac{\partial u}{\partial n}=0,(x,y,z)\in\partial\Omega$,问 $u(x,y,z)$ 在区域 $\Omega$ 中等于什么?

4. (1) 设 $u=u(r),r=\sqrt{x^2+y^2}$,求 $u_{xx}+u_{yy}=0,r\neq 0$,并且满足 $u(1)=0,\displaystyle\int_{\partial B(0,\delta)}\nabla u\cdot\boldsymbol{n}\mathrm{d}s=-1$ 的解,其中 $B(0,\delta)$ 是以原点为圆心 $\delta$ 为半径的圆形域,$\boldsymbol{n}$ 为 $\partial B(0,\delta)$ 的单位外法向量。

(2) 设 $u=u(r),r=\sqrt{x^2+y^2+z^2}$,求 $u_{xx}+u_{yy}+u_{zz}=0,r\neq 0$,并且满足$\lim\limits_{r\to\infty}u(r)=0$,$\displaystyle\iint_{\partial B(0,\delta)}\nabla u\cdot\boldsymbol{n}\mathrm{d}s=-1$ 的解,其中 $B(0,\delta)$ 是以原点为球心 $\delta$ 为半径的球形域,$\boldsymbol{n}$ 为 $\partial B(0,\delta)$ 的单位外法向量。

5. 设 $\Omega\subset\mathbf{R}^2$ 为有界区域,$\partial\Omega$ 充分光滑,$u\in C^2(\Omega)\cap C^1(\bar{\Omega})$。试证明

$$u(\xi,\eta)=\int_{\partial\Omega}\left(\Gamma\frac{\partial u}{\partial n}-u\frac{\partial\Gamma}{\partial n}\right)\mathrm{d}s-\iint_{\Omega}\Gamma\Delta u\mathrm{d}\sigma$$

其中 $P_0(\xi,\eta)\in\Omega$，$\Gamma(P,P_0)=\dfrac{1}{2\pi}\ln\dfrac{1}{\sqrt{(x-\xi)^2+(y-\eta)^2}}$。

6. 设 $\Omega\subset\mathbf{R}^2$ 为有界区域，$\partial\Omega$ 充分光滑，$P_0(\xi,\eta)\in\Omega$，$P(x,y)\in\mathbf{R}^2$，$\Gamma(P,P_0)$ 为二维拉普拉斯方程的基本解。考虑定解问题

$$\begin{cases}-\Delta u=f(x,y), & (x,y)\in\Omega\\ u(x,y)=\varphi(x,y), & (x,y)\in\partial\Omega\end{cases}$$

若 $h(x,y)$ 是如下定解问题的解

$$\begin{cases}\Delta h=0, & (x,y)\in\Omega\\ h(x,y)=-\Gamma(P,P_0), & (x,y)\in\partial\Omega\end{cases}$$

试证明：若 $u(x,y)\in C^2(\Omega)\cap C^1(\bar{\Omega})$，则有

$$u(\xi,\eta)=-\int_{\partial\Omega}\varphi\frac{\partial G}{\partial n}\mathrm{d}s+\iint_{\Omega}Gf\,\mathrm{d}\sigma$$

其中 $G=\Gamma+h$。

7. 设 $\Omega\subset\mathbf{R}^3$ 为有界区域，$\partial\Omega$ 充分光滑，考虑定解问题

$$\begin{cases}-\Delta u=f(x,y,z), & (x,y,z)\in\Omega\\ \dfrac{\partial u}{\partial n}=\varphi(x,y,z), & (x,y,z)\in\partial\Omega\end{cases}$$

证明该问题可解的必要条件为 $\iiint_{\Omega}f\,\mathrm{d}V+\iint_{\partial\Omega}\varphi\,\mathrm{d}s=0$。

8*. 证明上半空间拉普拉斯方程狄利克雷问题的格林函数 $G(P,P_0)$ 满足

$$0<G(P,P_0)<\frac{1}{4\pi r_{P_0P}},\quad (x,y)\in\mathbf{R}^2,\quad z>0,\quad P\neq P_0$$

并对平面上圆域拉普拉斯方程狄利克雷问题的格林函数 $G(P,P_0)$，给出类似结果。

9. 利用对称法求二维拉普拉斯方程狄利克雷问题在上半平面的格林函数，并由此求解下面定解问题

$$\begin{cases}-\Delta u=0, & x\in(-\infty,\infty),y>0\\ u(x,0)=\varphi(x), & x\in(-\infty,\infty)\end{cases}$$

10. 求下列区域上二维拉普拉斯方程狄利克雷问题的格林函数。

(1) $\Omega=\{(x,y)\mid x>y\}$；　(2) $\Omega=\{(x,y)\mid x>0,y>0\}$。

11. 设 $\Omega=\{(x,y)\mid x^2+y^2<R^2,y>0\}$。考虑如下狄利克雷问题

$$\begin{cases}-\Delta u=0, & (x,y)\in\Omega\\ u(x,y)=\varphi(x,y), & (x,y)\in\partial\Omega\end{cases}$$

其中 $\Omega=\{(x,y)\mid x^2+y^2<R^2,y>0\}$。应用对称法求区域 $\Omega$ 上的格林函数。

12*. 求解定解问题

$$\begin{cases}-\Delta u=0, & (x,y,z)\in\Omega\\ u(x,y,z)=g(x,y,z), & (x,y,z)\in\partial\Omega\end{cases}$$

其中 $\Delta u=u_{xx}+u_{yy}+u_{zz}$，$\Omega=B(0,R)=\{(x,y,z)\in\mathbf{R}^3\mid x^2+y^2+z^2<R^2\}$。

13. [解对边值的连续依赖性] 设 $\Omega$ 为以原点为中心半径为 $R$ 的圆域。考虑如下问题

$$\begin{cases}-\Delta u_k=f(x,y), & (x,y)\in\Omega\\ u_k(x,y)=g_k(x,y), & (x,y)\in\partial\Omega,\quad k=1,2\end{cases}$$

利用泊松公式证明

$$|u_2(x,y)-u_1(x,y)|\leqslant \max\{|g_2(x,y)-g_1(x,y)|\,\big|(x,y)\in\partial\Omega\}$$

14*. 证明在广义函数的意义下,$\Gamma(P,0)=\dfrac{1}{2\pi}\ln\dfrac{1}{r}$ 满足方程 $-\Delta u=\delta(x)\delta(y)$,其中 $r=\sqrt{x^2+y^2}$,$\Delta u=u_{xx}+u_{yy}$。

15*. 设 $\Omega$ 为以原点为中心半径为 $R$ 的圆域。考虑如下问题

$$\begin{cases}-\Delta u=0, & (x,y)\in\Omega\\ u(x,y)=\varphi(x,y), & (x,y)\in\partial\Omega\end{cases}$$

如果 $\varphi(x,y)$ 在 $\partial\Omega$ 连续,证明由泊松公式给出的解是该问题的古典解(真解)。

16*. 设 $u(x,y)$ 为区域 $\Omega$ 上的调和函数,$P_0(x_0,y_0)\in\Omega$,且 $B(P_0,R)\subset\Omega$。试证明调和函数的平均值公式

$$u(x_0,y_0)=\frac{1}{2\pi R}\int_{\partial B(P_0,R)}u(x,y)\mathrm{d}s=\frac{1}{\pi R^2}\iint\limits_{B(P_0,R)}u(x,y)\mathrm{d}x\mathrm{d}y$$

17*. [极值原理] 设 $\Omega\subset\mathbf{R}^2$ 为有界区域,边界 $\partial\Omega$ 充分光滑,$u\in C^2(\Omega)\cap C(\bar{\Omega})$ 为 $\Omega$ 内的调和函数,并且在某点 $P_0(x_0,y_0)\in\Omega$ 达到 $u$ 在闭域 $\bar{\Omega}$ 上的最大(小)值,利用平均值公式证明 $u$ 为常数。

18*. [极值原理] 设 $\Omega\subset\mathbf{R}^2$ 为有界区域,边界 $\partial\Omega$ 充分光滑,$u\in C^2(\Omega)\cap C(\bar{\Omega})$。如果 $u$ 在区域 $\Omega$ 内调和且不等于常数,则 $u$ 在闭域 $\bar{\Omega}$ 上的最大值和最小值只能在区域的边界 $\partial\Omega$ 上达到。

19*. 利用第12题的结果,建立在 $\Omega\subset\mathbf{R}^3$ 内调和函数的平均值公式,并证明和第16题类似的结果。

20*. 设 $\Omega\subset\mathbf{R}^2$ 为有界区域,$u_k\in C^2(\Omega)\cap C(\bar{\Omega})$, $g_k\in C(\partial\Omega)$,$k=1,2$,$u_k$ 满足下面定解为题

$$\begin{cases}-\Delta u_k=f(x,y), & (x,y)\in\Omega\\ u_k(x,y)=g_k(x,y), & (x,y)\in\partial\Omega\end{cases}$$

试证明 $|u_2(x,y)-u_1(x,y)|\leqslant\max\{|g_2(x,y)-g_1(x,y)|\,\big|(x,y)\in\partial\Omega\}$。

21. 设 $D$ 和 $\Omega$ 为平面上的两个区域,$f(z)=\varphi(x,y)+\mathrm{i}\psi(x,y)$ 在区域 $D$ 内解析且不等于常数,$f(D)=\Omega$,即 $f$ 将区域 $D$ 保形映射到区域 $\Omega$。证明如果 $u(x,y)$ 在区域 $\Omega$ 内调和,则 $u(\varphi(x,y),\psi(x,y))$ 在区域 $D$ 内调和。

22. (1) 找一个在上半平面解析的函数 $f(z)$,在边界 $\{(x,y)\,|\,x\in\mathbf{R},y=0\}$ 上满足 $f(x)=A,x>x_0,f(x)=B,x<x_0$,其中 $A$ 和 $B$ 为实常数。

(2) 求下面定解问题的一个解

$$\begin{cases}u_{xx}+u_{yy}=0, & x>0,y>0\\ u(x,0)=0,x>0, & u(0,y)=10,y>0\end{cases}$$

23*. 求下面定解问题的一个解

$$\begin{cases}u_{xx}+u_{yy}=0, & x^2+y^2<1\\ u(x,y)=0,y<0,u(x,y)=1,y>0, & x^2+y^2=1\end{cases}$$

24. 求下面定解问题的一个解

$$\begin{cases} u_{xx} + u_{yy} = 0, & 0 < y < x \\ u(x,0) = 0, u(x,x) = 1, & x > 0 \end{cases}$$

25. 求下面定解问题的一个解

$$\begin{cases} u_{xx} + u_{yy} = 0, & x \in \mathbf{R}, \quad 0 < y < \pi \\ u(x,\pi) = 0, & x \in \mathbf{R} \\ u(x,0) = 0, x < 0, & u(x,0) = 1, x > 0 \end{cases}$$

26. 设 $\Omega = B(0,R)$，$\Omega_1 = B\left(0,\dfrac{R}{2}\right)$，$u(x,y)$ 在 $\Omega$ 内调和，在 $\overline{\Omega}$ 上连续，在边界上非负。证明以下结果

(1) $\forall (x,y) \in \Omega$，有 $\dfrac{R-r}{R+r}u(0,0) \leqslant u(x,y) \leqslant \dfrac{R+r}{R-r}u(0,0)$，其中 $r = \sqrt{x^2 + y^2}$。

(2) 存在常数 $M > 0$，使得 $\max\limits_{\overline{\Omega}_1} u(x,y) \leqslant M \min\limits_{\overline{\Omega}_1} u(x,y)$。

# 第 6 章　特征线法

特征线方法是求解偏微分方程的基本方法之一。其本质是沿偏微分方程的特征线积分使方程的形式简化，从而使其求解成为可能。特征线方法不仅适用于线性偏微分方程，而且也是求解非线性方程的一种有效方法。本章主要关注一阶线性偏微方程和一维波动方程的特征线法。

## §6.1　一阶偏微分方程特征线法

### 6.1.1　一阶线性偏微分方程特征线法

本节结合一些具体定解问题的求解，简明扼要地介绍特征线方法的基本思想和求解过程。

**例 6.1**　求解线性方程柯西问题

$$\begin{cases} u_t + 3u_x = x + t, \quad t > 0, -\infty < x < \infty & (6.1.1) \\ u(x,0) = x^2, \quad -\infty < x < \infty & (6.1.2) \end{cases}$$

**解**　注意到方程左端 $u_t + 3u_x$ 是函数 $u(x,t)$ 的一阶偏导数的线性组合，因此如果将 $x$ 视为 $t$ 的函数，即将 $(x,t)$ 限制在一条适当的曲线 $x = x(t)$ 上，那么就可以将 $u_t + 3u_x$ 化为 $u(x(t),t)$ 关于 $t$ 的全导数。易见，若将 $(x,t)$ 限制在直线 $x - 3t = \tau$ 上，那么 $\frac{\mathrm{d}u}{\mathrm{d}t} = u_t + 3u_x$，这里 $\tau$ 为任意常数。因此，在该直线上原定解问题(6.1.1)—(6.1.2) 可简化为

$$\begin{cases} \dfrac{\mathrm{d}u}{\mathrm{d}t} = 4t + \tau, \quad t > 0 \\ u(0) = u(x(0),0) = x^2(0) \end{cases} \tag{6.1.3}$$

(6.1.3) 式是一个常微分方程的初值问题。注意到 $x(0) = \tau$，解之可得

$$u = 2t^2 + \tau t + \tau^2 \tag{6.1.4}$$

解(6.1.4) 有明确的几何意义。如图 6.1 所示，在三维空间 $(x,t,u)$ 中，定解问题(6.1.1)—(6.1.2) 的解 $u = u(x,t)$ 构成一张曲面(称为解曲面)，它与 $xOu$ 平面的交线对应初始条件 $u = \varphi(x) = x^2$，而所选择的 $x - 3t = \tau$ 可视为解的定义域内的一条直线，它与 $x$ 轴的交点为 $(\tau,0,0)$，所以将 $(x,t)$ 限制在该直线上时所得到的解(6.1.4) 对应解曲面上一条曲线 $\Gamma$。$\Gamma$ 可表示为：$u = 2t^2 + \tau t + \tau^2, x = 3t + \tau$，它与 $xOu$ 平面的交点为 $(\tau,0,\varphi(\tau))$。

为了求得解曲面 $u = u(x,t)$，我们将点 $(\tau,0,0)$ 沿 $x$ 轴移动，即让直线 $\tau = x - 3t$ 扫过原方程的定义域，则对应的曲线 $\Gamma$ 在空间移动，其轨迹形成原定解问题的解曲面。

基于上述几何解释，我们可将定解问题(6.1.1)—(6.1.2) 的解用参数方程表示为

$$u = 2t^2 + \tau t + \tau^2, x = 3t + \tau, \quad t \geqslant 0, -\infty < \tau < \infty$$

其中 $t$ 和 $\tau$ 均作为参变量。如果消去参数，即将 $\tau = x - 3t$ 代入到(6.1.4) 式中，便得如下形式

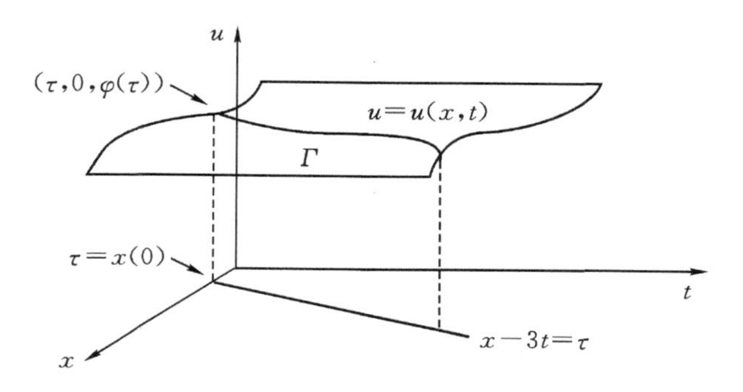


图 6.1　特征线与解曲面(这里 $\varphi(x)$ 为一般函数)

的解

$$u(x,t)=2t^2+t(x-3t)+(x-3t)^2=x^2+8t^2-5xt$$

显见,上述求解方法的关键是寻找直线 $\tau=x-3t$,使得偏微分方程能够沿此直线转化为常微分方程,进而求得解曲面上的曲线 $\Gamma$。我们称直线 $\tau=x-3t$ 为一阶线性偏微分方程(6.1.1)的特征线。又因为该直线 $\tau=x-3t$ 是方程 $\frac{\mathrm{d}x}{\mathrm{d}t}-3=0$ 的解,故称方程 $\frac{\mathrm{d}x}{\mathrm{d}t}-3=0$ 为(6.1.1)式的特征方程。这种利用特征线求解偏微分方程的方法称为特征线法。该方法可推广到一般的一阶线性偏微分方程。

一阶线性偏微分方程的一般形式如下

$$au_t+bu_x+cu=f \tag{6.1.5}$$

其中 $a$、$b$、$c$ 和 $f$ 均为自变量 $x$ 和 $t$ 的函数。

**定义 6.1**　称常微分方程

$$a\frac{\mathrm{d}x}{\mathrm{d}t}-b=0 \tag{6.1.6}$$

为方程(6.1.5)的特征方程(characteristic equation),其积分曲线 $\psi(x,t)=C$ 称为方程(6.1.5)的特征曲线(characteristic curve)。

**例 6.2**　求解如下一阶线性偏微分方程柯西问题

$$\begin{cases}u_t+(x\cos t)u_x=0, & t>0,-\infty<x<\infty \qquad (6.1.7)\\ u(x,0)=\dfrac{1}{1+x^2}, & -\infty<x<\infty \qquad (6.1.8)\end{cases}$$

**解**　方程(6.1.7)的特征方程为 $\frac{\mathrm{d}x}{\mathrm{d}t}-x\cos t=0$,而过点 $(\tau,0)$ 的特征线就是下面初值问题的解

$$\begin{cases}\dfrac{\mathrm{d}x}{\mathrm{d}t}-x\cos t=0, & t>0\\ x(0)=\tau\end{cases}$$

解之可得 $x=\tau\mathrm{e}^{\sin t}$。沿此特征线有,$\frac{\mathrm{d}u}{\mathrm{d}t}=u_t+(x\cos t)u_x$,所以原定解问题(6.1.7)—(6.1.8)简化为

$$\begin{cases}\dfrac{\mathrm{d}u}{\mathrm{d}t}=0, & t>0\\ u(0)=u(\tau,0)=\dfrac{1}{1+\tau^2}\end{cases}$$

该问题的解为

$$u=\text{常数}=u(0)=\frac{1}{1+\tau^2} \tag{6.1.9}$$

最后,由特征线方程 $x=\tau e^{\sin t}$ 解出 $\tau=xe^{-\sin t}$,并将其代入到(6.1.9)式中便得定解问题(6.1.7)—(6.1.8)的解为

$$u(x,t)=\frac{1}{1+x^2e^{-2\sin t}}$$

值得指出,我们也可以通过基于特征线的变量变换将偏微分方程化简。

设 $\psi(x,t)=C$ 是方程(6.1.5)的特征线。令

$$\begin{cases}\xi=\psi(x,t)\\ \eta=x\end{cases}$$

对方程(6.1.5)作自变量变换,得

$$au_\xi\psi_t+b(u_\xi\psi_x+u_\eta)+cu=f \tag{6.1.10}$$

对 $\psi(x,t)=C$ 两端关于 $t$ 求导,得

$$\psi_x\frac{\mathrm{d}x}{\mathrm{d}t}+\psi_t=0$$

结合特征方程知,$b\psi_x+a\psi_t=0$,于是(6.1.10)式转化为

$$bu_\eta+cu=f \tag{6.1.11}$$

视 $\xi$ 为参数,则(6.1.11)式为关于 $\eta$ 的一阶常微分方程。

例如,对于例6.1,可令 $\xi=x-3t,\eta=x$,代入到方程(6.1.1)中可得

$$u_\eta=\frac{4}{9}\eta-\frac{1}{9}\xi$$

对方程两端关于变量 $\eta$ 积分,有

$$u=\frac{2}{9}\eta^2-\frac{1}{9}\xi\eta+g(\xi)$$

其中 $g$ 为任意一个连续可导函数。将变量还原为 $x$、$t$,则有

$$u=\frac{2}{9}x^2-\frac{1}{9}(x-3t)x+g(x-3t)$$

由初始条件(6.1.2)式知,$g(x)=\dfrac{8}{9}x^2$,于是

$$u(x,t)=x^2+8t^2-5xt$$

### 6.1.2 一阶拟线性偏微分方程特征线法

考虑如下一阶偏微分方程柯西问题

$$\begin{cases}a(x,t,u)u_x+b(x,t,u)u_t=c(x,t,u), & -\infty<x<\infty,t>0 & (6.1.12)\\ u(x,0)=\varphi(x), & -\infty<x<\infty & (6.1.13)\end{cases}$$

方程(6.1.12)称为一阶拟线性偏微分方程。由于 $a$、$b$、$c$ 均为 $(x,t,u)$ 的函数,所以方程

(6.1.12) 可能是非线性的，也可能是线性的。

方程(6.1.12) 有明确的几何解释。

设 $P(x,t,u)$ 是解曲面 $u=u(x,t)$ 上任意一点，$\boldsymbol{n}=(u_x,u_t,-1)$，$\alpha=(a(x,t,u),b(x,t,u),c(x,t,u))$。则方程(6.1.12) 可表示为

$$\boldsymbol{n}\cdot\boldsymbol{\alpha}=0$$

即向量 $\boldsymbol{n}$ 与 $\boldsymbol{\alpha}$ 相互垂直。注意到 $\boldsymbol{n}$ 是解曲面上点 $P$ 处的法向量，所以 $\boldsymbol{\alpha}$ 是解曲面在点 $P$ 的切向量。这意味着，对解曲面上任意一点 $P$，我们都可以找到曲面的一个切向量 $\boldsymbol{\alpha}$。根据这一特点，对解曲面上任意给定的点 $P_0$，我们可以构造解曲面上一条过 $P_0$ 的曲线 $\Gamma$。

如图 6.2 所示，设过 $P_0$ 的曲线 $\Gamma$ 为

$$\Gamma: x=x(s), t=t(s), u=u(x(s),t(s))$$

若取 $\Gamma$ 上各点的切向量为 $\boldsymbol{\alpha}$，即

$$\frac{\mathrm{d}x}{\mathrm{d}s}=a(x,t,u),\quad \frac{\mathrm{d}t}{\mathrm{d}s}=b(x,t,u),\quad \frac{\mathrm{d}u}{\mathrm{d}s}=c(x,t,u) \tag{6.1.14}$$

则方程组(6.1.14) 过 $P_0$ 的解就是曲线 $\Gamma$。

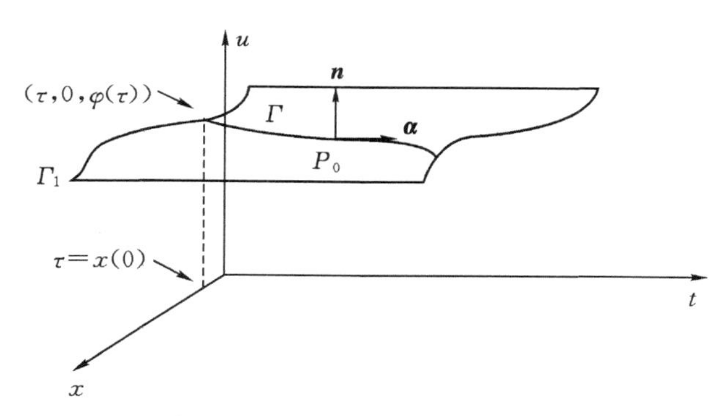


图 6.2　一阶拟线性方程的特征线

再设解曲面 $u=u(x,t)$ 与平面 $t=0$ 的为交线 $\Gamma_1$。则 $\Gamma_1$ 方程可表示为

$$\Gamma_1: u=\varphi(x), t=0,\quad -\infty<x<\infty$$

可见 $\Gamma_1$ 是初始条件(6.1.13) 的几何表示，它与 $\Gamma$ 相交，其交点是 $\Gamma$ 的初始点，可表示为

$$x(0)=\tau,\quad t(0)=0,\quad u(0)=\varphi(\tau),\quad \tau\in\mathbf{R} \tag{6.1.15}$$

于是(6.1.14) 和(6.1.15) 构成了一个常微分方程组的初值问题，解此问题便可求得曲线 $\Gamma$。

若将 $\tau$ 视为参变量，即让参数 $\tau$ 变化，那么 $\Gamma$ 与 $\Gamma_1$ 的交点为 $(\tau,0,\varphi(\tau))$ 在曲线 $\Gamma_1$ 上移动，而曲线 $\Gamma$ 在 $(x,t,u)$ 空间内运动，其轨迹就形成了定解问题(6.1.12)—(6.1.13) 的解曲面 $u=u(x,t)$。

显然，上述求解定解问题的思想与 6.1.1 小节中一阶线性偏微分方程特征线类似，只是寻找解曲面上曲线 $\Gamma$ 的方法不同，故仍称为特征线法。

上述方法在一阶偏微分方程求解中具有普遍意义，相关概念定义如下。

**定义 6.2**　考虑下列一阶拟线性偏微分方程柯西问题

$$\begin{cases} a(x,t,u)u_x+b(x,t,u)u_t=c(x,t,u), & -\infty<x<\infty, t>t_0 \quad (6.1.16)\\ u(x,t_0)=\varphi(x), & -\infty<x<\infty \quad (6.1.17)\end{cases}$$

(1) 向量场 $\boldsymbol{\alpha}=(a(x,t,u),b(x,t,u),c(x,t,u))$，$x\in\mathbf{R}$，$t>t_0$，$u\in\mathbf{R}$，称为方程(6.1.16)

的特征向量场。

(2) 方程组

$$\begin{cases}\dfrac{\mathrm{d}x}{\mathrm{d}s}=a(x,t,u), & x(s_0)=\tau\\[2mm] \dfrac{\mathrm{d}t}{\mathrm{d}s}=b(x,t,u), & t(s_0)=t_0\\[2mm] \dfrac{\mathrm{d}u}{\mathrm{d}s}=c(x,t,u), & u(s_0)=\varphi(\tau)\end{cases} \tag{6.1.18}$$

称为柯西问题(6.1.16)—(6.1.17)的特征方程组,其解称为该问题的特征曲线族,其中参数初始值 $s_0=t_0$。

**例 6.3** 求解一阶拟线性偏微分方程柯西问题

$$\begin{cases}uu_x+(t+1)u_t=1, & t>0,-\infty<x<\infty & (6.1.19)\\ u(x,0)=x, & -\infty<x<\infty & (6.1.20)\end{cases}$$

**解** 特征向量场为 $\boldsymbol{\alpha}=(u,t+1,1)$,故特征方程组为

$$\begin{cases}\dfrac{\mathrm{d}x}{\mathrm{d}s}=u, & x(0)=\tau\\[2mm] \dfrac{\mathrm{d}t}{\mathrm{d}s}=t+1, & t(0)=0\\[2mm] \dfrac{\mathrm{d}u}{\mathrm{d}s}=1, & u(0)=\tau\end{cases}$$

解之易得

$$x=\frac{1}{2}s^2+c_3s+c_1,\quad \ln|t+1|=s+c_2,\quad u=s+c_3$$

由初始条件可确定出任意常数

$$c_1=\tau,\quad c_2=0,\quad c_3=\tau$$

于是特征线为

$$x=\frac{1}{2}s^2+\tau s+\tau,\quad \ln|t+1|=s,\quad u=s+\tau$$

消去参数 $\tau$、$s$,便得

$$u(x,t)=\ln(t+1)+\frac{x-\ln^2(t+1)/2}{\ln(t+1)+1}$$

**例 6.4** 求解一阶线性偏微分方程柯西问题

$$\begin{cases}xu_x+tu_t=u, & t>1,-\infty<x<\infty & (6.1.21)\\ u(x,1)=f(x), & -\infty<x<\infty & (6.1.22)\end{cases}$$

**解** 特征向量场为 $\alpha=(x,t,u)$,故特征方程组为

$$\begin{cases}\dfrac{\mathrm{d}x}{\mathrm{d}s}=x, & x(1)=\tau\\[2mm] \dfrac{\mathrm{d}t}{\mathrm{d}s}=t, & t(1)=1\\[2mm] \dfrac{\mathrm{d}u}{\mathrm{d}s}=u, & u(1)=f(\tau)\end{cases}$$

解之可得

$$\ln|x| = s + c'_1,\quad \ln|t| = s + c'_2,\quad \ln|u| = s + c'_3$$

或

$$x = c_1 e^s,\quad t = c_2 e^s,\quad u = c_3 e^s$$

根据初始条件

$$x = \tau e^{s-1},\quad t = e^{s-1},\quad u = f(\tau) e^{s-1} \tag{6.1.23}$$

消去参数 $\tau$、$s$，可得

$$u(x,t) = tf\left(\frac{x}{t}\right),\quad x \in \mathbf{R}, t > 1 \tag{6.1.24}$$

**注 1**　由(6.1.24)式可以看出，柯西问题(6.1.21)—(6.1.22)解的性质与 $f(x)$ 有关。若 $f(x)$ 在直线上一阶连续可微，那么解对任意 $t > 1$ 都有定义，即有整体解(global solution)。若选初始时刻 $t_0 = -1$，$f(x) = x^2$，则相应问题解也由(6.1.24)式给出，即 $u(x,t) = \frac{x^2}{t}$。若 $x \neq 0$，易见，当 $t \to 0^-$ 时，$u(x,t)$ 将趋于无穷大，数学上称此种现象为解的爆炸(blow up)。此时，柯西问题(6.1.21)—(6.1.22)的解只在 $-1 \leqslant t < 0$ 上存在，即该问题只有局部解(local solution)。

### 6.1.3* 特征线法应用举例

一阶偏微分方程有着广泛的应用背景。本小节给出两个典型的实际问题，说明偏微分方程在解决实际问题中所发挥的巨大作用。

#### 6.1.3.1 交通流问题

假设有一条无限长的高速公路，上面行驶着许多车辆。为简单起见，不妨设高速公路是一条直线，并且车辆是连续分布的。在这些假设下，我们来考察车辆的流动问题，即所谓交通流问题(traffic flow problem)。

以 $x$ 轴表示高速公路，其正向为车辆前进的方向。设 $u(x,t)$ 为 $t$ 时刻 $x$ 轴上车辆分布的密度函数，即单位长度上的车辆数。我们利用类似于第 1 章建立热传导方程的方法，建立交通流问题的连续模型。

设车流密度为 $\boldsymbol{q}(x,t) = q(x,t)\boldsymbol{i}$（辆 / 秒），即 $t$ 时刻单位时间通过 $x$ 点的车辆数。在 $x$ 轴上任取小区间 $[x, x+\Delta x]$，并取小时间段 $[t, t+\Delta t]$，则易见有车辆数守恒律：$(t+\Delta t)$ 时刻区间 $[x, x+\Delta x]$ 车辆数等于 $t$ 时刻该区间 $[x, x+\Delta x]$ 车辆数，加上在时间段 $[t, t+\Delta t]$ 通过该区间左端 $x$ 流入车辆数，再减去在时间段 $[t, t+\Delta t]$ 通过该区间右端 $x+\Delta x$ 流出车辆数。用 $u(x,t)$ 和 $\boldsymbol{q}(x,t)$ 表示出车辆守恒律即为

$$\int_x^{x+\Delta x} [u(x, t+\Delta t) - u(x,t)]\mathrm{d}x = \int_t^{t+\Delta t} [q(x,t) - q(x+\Delta x, t)]\mathrm{d}t$$

利用微分中值定理，并注意到区间 $[x, x+\Delta x]$、$[t, t+\Delta t]$ 的任意性便得

$$u_t + q_x = 0 \tag{6.1.25}$$

(6.1.25)式称为传输方程(transmission equation)。如果再考虑可由高速公路入口有车辆流入或流出，其密度为 $f(x,t)$（辆 / 米·秒），就得到非齐次传输方程

$$u_t + q_x = f(x,t) \tag{6.1.26}$$

**注 2**　考虑流体在管道中的流动问题。设 $\rho(x,t)$ 为流体密度，$u(x,t)\boldsymbol{i}$ 为流体流动速度，这时就有质量流密度 $\boldsymbol{q}(x,t) = \rho(x,t)u(x,t)\boldsymbol{i}$。由(6.1.27)式便得

$$\rho_t + (\rho u)_x = 0 \tag{6.1.27}$$

(6.1.27)式即为流体动力学中的质量守恒方程,通常也叫连续性方程。特别地取 $u = \frac{1}{2}\rho$,就得到流体动力学中非常著名的伯格斯(Bergers)方程。

在传输方程中,物质流密度函数 $q(x,t)$ 的选取,要根据实际问题而定。一般说来,有多种选取方法。对交通流问题选取 $q(x,t) = v(x,t)u(x,t)$,其中 $v(x,t)$ 为 $t$ 时刻公路上 $x$ 点处的车辆速度。如选取车辆速度为

$$v(x,t) = M\left(1 - \frac{u(x,t)}{d}\right) \tag{6.1.28}$$

其中 $M$ 为最大的限制速度,$d$ 为高速公路上最大的安全密度,即超过这个密度,就随时可能会发生交通事故。将 $q(x,t) = v(x,t)u(x,t)$ 和(6.1.28)式代入到(6.1.26)式中,得

$$u_t + M\left(1 - \frac{2u}{d}\right)u_x = 0 \tag{6.1.29}$$

设初始车辆分布密度为 $u(x,t) = \varphi(x)$,$0 \leqslant \varphi(x) < d$,则车辆密度 $u(x,t)$ 满足以下柯西问题

$$\begin{cases} u_t + M\left(1 - \frac{2}{d}u\right)u_x = 0, & -\infty < x < \infty, t > 0 \\ u(x,0) = \varphi(x), & -\infty < x < \infty \end{cases} \tag{6.1.30}$$

下面讨论柯西问题(6.1.30),分三步进行。

第一步　求(6.1.30)式的解。该问题是一个一阶拟线性方程柯西问题,其特征方程组为

$$\begin{cases} \frac{\mathrm{d}x}{\mathrm{d}s} = M\left(1 - \frac{2}{d}u\right), & x(0) = \tau \\ \frac{\mathrm{d}t}{\mathrm{d}s} = 1, & t(0) = 0 \\ \frac{\mathrm{d}u}{\mathrm{d}s} = 0, & u(0) = \varphi(\tau) \end{cases}$$

解之可得

$$x = M\left(1 - \frac{2}{d}\varphi(\tau)\right)s + \tau, \quad t = s, u = \varphi(\tau) \tag{6.1.31}$$

(6.1.31)式便是柯西问题(6.1.30)的解。

第二步　解的性质讨论。对于 $x$ 轴任意两点 $x_1 < x_2$,由(6.1.31)式可得,过两点$(x_1, 0, \varphi(x_1))$、$(x_2, 0, \varphi(x_2))$的特征线在$(x,t)$平面的投影分别为

$$x = M\left(1 - \frac{2}{d}\varphi(x_1)\right)t + x_1 \tag{6.1.32}$$

$$x = M\left(1 - \frac{2}{d}\varphi(x_2)\right)t + x_2 \tag{6.1.33}$$

在$(x,t)$平面,(6.1.32)和(6.1.33)式表示的两条直线为(6.1.30)式的特征线。如果 $\varphi(x_1) > \varphi(x_2)$,由于(6.1.33)式中直线的斜率比(6.1.32)式中直线的斜率大,所以两条直线当 $t > 0$ 不会相交。注意到(6.1.32)和(6.1.33)两式中的斜率,就是在 $t = 0$ 时 $x_1$ 和 $x_2$ 两点处车辆的行进速度,就不难理解在两点车辆的距离会越来越大了,当然特征线就不会相交。类似地,如果 $\varphi(x_1) < \varphi(x_2)$,(6.1.32)式中直线的斜率比(6.1.33)式中直线的斜率大,说明前面的车慢,后面的车快,在某个时刻,后面的车一定会追上前面的那辆车,即两条特征线一定要在某个时

刻相交。

如果再考虑特殊情形 $\varphi'(x) \leqslant 0$，即函数 $\varphi(x)$ 单调减，那么不仅在初始时刻前面车辆密度比后面车辆密度小，而且前面车辆速度又比后面车辆速度快，不难想象车辆的密度会越来越小，车辆之间的距离会不断拉开。类似地，当 $\varphi'(x) \geqslant 0$ 但不恒为零时，后面车辆会不断地追赶上前面的车辆，出现交通堵塞现象。

第三步　激波(shock wave)的产生。在 $\varphi'(x) \geqslant 0$ 但不恒为零时，上面分析说明会出现交通堵塞现象。不仅如此，在某个时刻 $t_0$ 和某个地点 $x_0$，堵塞现象会非常严重，数学上用 $\frac{\mathrm{d}u}{\mathrm{d}x} \to \infty$ 当 $x \to x_0, t \to t_0$ 时来刻画，即在某个时刻 $t_0$ 和某个地点 $x_0$ 车辆的密度以趋于无穷的速率增大，这种现象称为激波。

根据(6.1.31)式及 $s = t$，可得

$$\frac{\mathrm{d}u}{\mathrm{d}x} = \varphi'(\tau)\Big/\frac{\mathrm{d}x}{\mathrm{d}\tau} = \frac{\varphi'(\tau)}{1 - \frac{2}{d}M\varphi'(\tau)t} \tag{6.1.34}$$

由此可得，若 $\varphi'(\bar{x}) = \max\{\varphi'(x) \mid -\infty < x < \infty\} = \beta > 0$，在 $t_0 = \frac{d}{2M\beta}$ 时刻就有激波出现。对(6.1.30)式的解做进一步的理论分析和数值计算，就会预测激波发生的时刻和地点，为预防事故的发生提供可靠的理论指导。

#### 6.1.3.2　人口发展方程

人口问题的研究历史悠久，早先的数学模型为

$$\frac{\mathrm{d}u}{\mathrm{d}t} = au(t) \tag{6.1.35}$$

其中 $a$ 为常数，表示人口净增长率，$u(t)$ 为世界或某一国家的人口总数。方程(6.1.35)称为马尔萨斯(Malthus)人口模型。

如果取初始条件为 $u(t_0) = u_0$，易得(6.1.35)式的解为

$$u(t) = u_0 \mathrm{e}^{a(t-t_0)}, \quad t > t_0 \tag{6.1.36}$$

由此可知，人口总数按指数率增长。人类社会发展结果说明马尔萨斯人口模型是不完善的，甚至可以说是错误的。考虑到人口总数的发展变化既要受到所处生存环境所能提供的自然资源的限制，又要受到人口各成员之间为生存而发生的相互竞争作用的影响，马尔萨斯人口模型后来得到了修正，增加了自抑制或叫自摩擦的项，使其成为如下模型

$$\begin{cases} \frac{\mathrm{d}u}{\mathrm{d}t} = au - bu^2, \quad t > t_0 \\ u(t_0) = u_0 \end{cases} \tag{6.1.37}$$

该模型称为威尔霍斯特(Verhulst)模型，其中的正常数 $b$ 一般比较小，$\frac{a}{b}$ 称为人口饱和值。不难求出威尔霍斯特模型的解，此处从略。

定性地讲，解曲线是一个增函数，开始增长比较快，到快接近饱和值时就缓慢增长。在20世纪60年代初，一些学者利用威尔霍斯特模型对未来世界人口总数进行了预测。根据20世纪60年代以前若干年的统计数字，求得模型中的常数 $a$、$b$ 分别为 $a = 0.029$，$b = 2.941 \times 10^{-12}$，而初始值取为30.6亿，即1961年当时世界人口总数。结果求得，世界人口总数的饱和值为

98.6 亿。按此结果，现在世界人口总数约为 66 亿的现阶段，还应该处于快速增长期，这显然是不符合实际情况的。在当今世界的发展中，人口问题的压力愈发严重，世界大多数国家都在积极地采取计划生育政策，以控制人口的增长。虽然一些新闻报道称，欧洲近十多年人口出现负增长，年递减率为 0.02%，但与此形成鲜明对比的是，非洲人口总数却以年递增率 2.3% 增加。如何才能有效地控制一些地区人口的增长速度，目前仍然是一个难题。

对威尔霍斯特模型，不少学者也做了大量的研究工作，其中也包括对方程的进一步修正或变形等。总体讲，这类模型能够比较好地反映一些低级动物种群的演化规律。当这类模型被用于研究人口问题时，主要缺陷在于没有考虑年龄因素对总人口数的影响。事实上，影响人口自然发展的两个最主要因素，即出生率和死亡率，明显与年龄结构有关。因此，后来的研究人员发展了带有年龄结构的人口发展方程(population evolution equation)，其建立过程如下。

设 $u(t,r)$ 为某一地区某一时刻的人口密度，其中 $r$ 为年龄，人口的出生率和死亡率分别为 $\beta(t,r)$ 和 $\mu(t,r)$。一般而言，在某一段时间内影响该地区人口发展的一些自然或政策性的因素相对稳定，故也可设出生率和死亡率与时间无关，即 $\beta(t,r)=\beta(r)$，$\mu(t,r)=\mu(r)$。任取时间区间 $[t,t+\Delta t]$，年龄段区间 $[r,r+\Delta r]$，请注意，$\Delta t=\Delta r$，即人们常说的天增岁月人增寿。人口演化过程的守恒律为：$t+\Delta t$ 时刻年龄在 $[r,r+\Delta r]$ 的人数，等于 $t$ 时刻年龄在 $[r-\Delta r,r]$ 内的人数减去在时间段 $[t,t+\Delta t]$ 年龄段 $[r-\Delta r,r]$ 内的死亡人数，即有

$$\int_r^{r+\Delta r} u(t+\Delta t,r)\mathrm{d}r=\int_{r-\Delta r}^{r} u(t,r)\mathrm{d}r-\int_{r-\Delta r}^{r}\mathrm{d}r\int_t^{t+\Delta t}\mu(r)u(t,r)\mathrm{d}t$$

对上面方程右端作变换 $r=\alpha-\Delta r$，再将积分变量 $\alpha$ 还原为 $r$ 得

$$\int_r^{r+\Delta r} u(t+\Delta t,r)\mathrm{d}r=\int_r^{r+\Delta r} u(t,r-\Delta r)\mathrm{d}r-\int_r^{r+\Delta r}\mathrm{d}r\int_t^{t+\Delta t}\mu(r-\Delta r)u(t,r-\Delta r)\mathrm{d}t$$

由区间 $[r,r+\Delta r]$ 的任意性得

$$u(t+\Delta t,r)=u(t,r-\Delta r)-\int_t^{t+\Delta t}\mu(r-\Delta r)u(t,r-\Delta r)\mathrm{d}t$$

或改写为

$$u(t,r)+u_t(t,r)\Delta t+o(\Delta t)=u(t,r)-u_r(t,r)\Delta r+o(\Delta r)-\mu(r-\Delta r)u(\bar{t},r-\Delta r)\Delta t$$

其中 $\bar{t}\in[t,t+\Delta t]$。方程两边同除 $\Delta r$，并令 $\Delta r\to 0$，便得

$$u_t+u_r+\mu u=0 \tag{6.1.38}$$

(6.1.38) 式称为人口发展方程。

设人口的最大存活年龄为 $A$。则边界条件 $u(t,0)$ 的值就是 $t$ 时刻出生的婴儿数，即有

$$u(t,0)=\int_0^A\beta(r)u(t,r)\mathrm{d}r$$

结合一定的初始条件，最后就得下列带有年龄结构的人口演化模型

$$\begin{cases}u_t+u_r+\mu u=0, & t>0,0<r<A \\ u(t,0)=\int_0^A\beta(r)u(t,r)\mathrm{d}r, & t\geqslant 0 \\ u(0,r)=u_0(r), & 0\leqslant r<A\end{cases}\qquad\begin{matrix}(6.1.39)\\(6.1.40)\\(6.1.41)\end{matrix}$$

理论研究和数值实验均表明，该模型比较好地反映了人口演化规律。

**注 3** 如果考虑不同地区人口的迁移效果，(6.1.39) 式就成为非齐次方程。有时还要考虑同一地区内人口的流动作用，则需在(6.1.39) 式中加上扩散项。

**注 4**　中国众多学者对带有年龄结构的人口演化方程，做了大量的研究工作。特别值得指出的是，以宋健为代表，其中主要包括于景元、朱广田等人的研究团队，在理论研究方面做出了重要贡献，其主要工作见参考文献[21]。另外，西安交通大学人口研究中心在人口问题的理论研究，和大规模计算方面也做出了重要贡献[22]。

在带有年龄结构的人口演化模型研究中，特征线法是一个基本手段。由于边界条件为积分型的边界条件，这里不再做讨论。

由上述讨论可见，不仅是我们已知热传导方程及波动方程，一阶偏微分方程也能描述许多实际问题。事实上，偏微分方程有着广泛的应用背景，在许多自然现象的研究中都会用到偏微分方程。有兴趣的读者请查阅参考文献[3]。

如果将(6.1.40)式改为通常的边界条件 $u(t,0)=\varphi(t)$，请读者试着求解定解问题(6.1.39)—(6.1.41)。

# §6.2　一维波动方程特征线法

考虑弦振动方程柯西问题

$$\begin{cases} u_{tt}-a^2u_{xx}=0, & -\infty<x<\infty,t>0 \quad (6.2.1) \\ u(x,0)=\varphi(x),u_t(x,0)=\psi(x), & -\infty<x<\infty \quad (6.2.2) \end{cases}$$

由于 $x\in\mathbf{R}$，所以上述柯西问题(6.2.1)—(6.2.2)常称为无界弦振动问题。

对于弦振动方程(6.2.1)，其特征方程定义为[10]

$$\left(\frac{\mathrm{d}x}{\mathrm{d}t}\right)^2-a^2=0 \tag{6.2.3}$$

方程(6.2.3)的解 $x-at=c_1,x+at=c_2$ 称为方程(6.2.1)的特征线。

作变量代换

$$\begin{cases} \xi=x-at \\ \eta=x+at \end{cases}$$

利用复合函数求导法则，有

$$u_t=u_\xi(-a)+u_\eta a$$

$$u_{tt}=u_{\xi\xi}a^2-2a^2u_{\eta\xi}+u_{\eta\eta}a^2$$

同理

$$u_{xx}=u_{\xi\xi}+2u_{\eta\xi}+u_{\eta\eta}$$

将上述偏导数代入方程(6.2.1)，可得

$$u_{\xi\eta}=0$$

对等式两端分别关于 $\eta$ 和 $\xi$ 积分，得

$$u_\xi=f_1(\xi)$$

$$u=\int f_1(\xi)\mathrm{d}\xi+g(\eta)=f(\xi)+g(\eta)$$

其中 $f$ 和 $g$ 是两个有二阶连续偏导数的任意函数。将变量 $\eta$ 和 $\xi$ 还原为自变量 $x$ 和 $t$，则有

$$u(x,t)=f(x-at)+g(x+at) \tag{6.2.4}$$

式(6.2.4)为无界弦振动方程(6.2.1)解的基本形式，其中 $f$ 和 $g$ 与初始条件有关。

根据初始条件(6.2.2)

$$\varphi(x) = f(x) + g(x) \tag{6.2.5}$$

$$\psi(x) = (-a)f'(x) + ag'(x) \tag{6.2.6}$$

对(6.2.6)式两端在区间$[0,x]$上积分,得

$$\int_0^x \psi(\alpha)\mathrm{d}\alpha = (-a)f(x) + ag(x) + af(0) - ag(0) \tag{6.2.7}$$

由(6.2.5)和(6.2.7)式,可解得

$$f(x) = \frac{1}{2}\varphi(x) - \frac{1}{2a}\int_0^x \psi(\alpha)\mathrm{d}\alpha + \frac{1}{2}(f(0) - g(0)) \tag{6.2.8}$$

$$g(x) = \frac{1}{2}\varphi(x) + \frac{1}{2a}\int_0^x \psi(\alpha)\mathrm{d}\alpha - \frac{1}{2}(f(0) - g(0)) \tag{6.2.9}$$

将(6.2.8)和(6.2.9)式代入(6.2.4)式,可得定解问题(6.2.1)—(6.2.2)的解为

$$\begin{aligned} u(x,t) &= f(x-at) + g(x+at) \\ &= \frac{1}{2}\varphi(x-at) - \frac{1}{2a}\int_0^{x-at}\psi(\alpha)\mathrm{d}\alpha + \frac{1}{2}\varphi(x+at) + \frac{1}{2a}\int_0^{x+at}\psi(\alpha)\mathrm{d}\alpha \\ &= \frac{1}{2}[\varphi(x+at) + \varphi(x-at)] + \frac{1}{2a}\int_{x-at}^{x+at}\psi(\alpha)\mathrm{d}\alpha \end{aligned} \tag{6.2.10}$$

(6.2.10)式称为达朗贝尔公式。

令

$$f_1(x) = \frac{1}{2}\varphi(x) - \frac{1}{2a}\int_0^x \psi(\alpha)\mathrm{d}\alpha$$

$$g_1(x) = \frac{1}{2}\varphi(x) + \frac{1}{2a}\int_0^x \psi(\alpha)\mathrm{d}\alpha$$

则达朗贝尔公式可表示为

$$u(x,t) = f_1(x-at) + g_1(x+at)$$

这表明,无限长弦振动方程初值问题的解是由右传播波$f_1(x-at)$和左传播波$g_1(x+at)$叠加而成的,其中左、右传播波完全由初始波形和速度确定,这种形式的解通常称为行波解(traveling wave solution)。

**例 6.5**　求解如下定解问题

$$\begin{cases} u_{tt} - a^2 u_{xx} = 0, & t > 0, x > 0, x - at < 0 & (6.2.11) \\ u|_{x-at=0} = \varphi(x), & x \geqslant 0 & (6.2.12) \\ u|_{x=0} = h(t), & t \geqslant 0 & (6.2.13) \end{cases}$$

**解**　由(6.2.4)式知,方程(6.2.11)的解为$u(x,t) = f(x-at) + g(x+at)$,其中$f(x)$和$g(x)$为有二阶连续偏导数的任意函数。

根据定解条件(6.2.12)和(6.2.13)

$$\varphi(x) = f(0) + g(2x) \tag{6.2.14}$$

$$h(t) = f(-at) + g(at) \tag{6.2.15}$$

由(6.2.14)式可得

$$g(x) = \varphi\left(\frac{x}{2}\right) - f(0)$$

在(6.2.15)式中令$\xi = -at$,可得

$$f(\xi)=h\left(-\frac{\xi}{a}\right)-g(-\xi)=h\left(-\frac{\xi}{a}\right)-\varphi\left(-\frac{\xi}{2}\right)+f(0)$$

因此有

$$u(x,t)=f(x-at)+g(x+at)=h\left(\frac{at-x}{a}\right)-\varphi\left(\frac{at-x}{2}\right)+\varphi\left(\frac{at+x}{2}\right)$$
$$=h\left(t-\frac{x}{a}\right)+\varphi\left(\frac{at+x}{2}\right)-\varphi\left(\frac{at-x}{2}\right)$$

**例 6.6**　求解如下柯西问题

$$\begin{cases}u_{xx}-7u_{xy}+12u_{yy}=0, & -\infty<x<\infty,y>0\\ u(x,0)=0,u_y(x,0)=\psi(x), & -\infty<x<\infty\end{cases}\tag{6.2.16}$$

**解法 1**　注意到

$$u_{xx}-7u_{xy}+12u_{yy}=\left(\frac{\partial}{\partial x}-3\frac{\partial}{\partial y}\right)\left(\frac{\partial}{\partial x}-4\frac{\partial}{\partial y}\right)u$$

若令 $v=\dfrac{\partial u}{\partial x}-4\dfrac{\partial u}{\partial y}$,则柯西问题(6.2.16)中方程可分解为以下两个一阶方程

$$\frac{\partial u}{\partial x}-4\frac{\partial u}{\partial y}=v,\quad -\infty<x<\infty,y>0\tag{6.2.17}$$

$$\frac{\partial v}{\partial x}-3\frac{\partial v}{\partial y}=0,\quad -\infty<x<\infty,y>0\tag{6.2.18}$$

根据定解问题(6.2.16)的初始条件,$u$ 和 $v$ 的初始条件分别为

$$u(x,0)=0,\quad -\infty<x<\infty\tag{6.2.19}$$

$$v(x,0)=\frac{\partial u(x,0)}{\partial x}-4\frac{\partial u(x,0)}{\partial y}=-4\psi(x),\quad -\infty<x<\infty\tag{6.2.20}$$

首先求解柯西问题

$$\begin{cases}\dfrac{\partial v}{\partial x}-3\dfrac{\partial v}{\partial y}=0, & -\infty<x<\infty,y>0\\ v(x,0)=-4\psi(x), & -\infty<x<\infty\end{cases}\tag{6.2.21}$$

其特征方程为 $-3\dfrac{\mathrm{d}x}{\mathrm{d}y}-1=0$,因而特征线为 $3x+y=3\tau$。沿特征线,定解问题(6.2.21)式化为

$$\begin{cases}\dfrac{\mathrm{d}v}{\mathrm{d}y}=0, & y>0\\ v(0)=-4\psi(\tau)\end{cases}$$

其解为 $v=C=-4\psi(\tau)$。故定解问题(6.2.21)的解为

$$v(x,y)=-4\psi(x+y/3)\tag{6.2.22}$$

将(6.2.22)式代入到(6.2.17)式中,并结合(6.2.19)式可得如下柯西问题

$$\begin{cases}\dfrac{\partial u}{\partial x}-4\dfrac{\partial u}{\partial y}=-4\psi(x+y/3), & -\infty<x<\infty,y>0\\ u(x,0)=0, & -\infty<x<\infty\end{cases}\tag{6.2.23}$$

其特征方程为 $-4\dfrac{\mathrm{d}x}{\mathrm{d}y}-1=0$,因而特征线为 $4x+y=4\tau$。沿特征线,定解问题(6.2.23)化为

$$\begin{cases}\dfrac{\mathrm{d}u}{\mathrm{d}y}=\psi(\tau+y/12), & y>0\\ u\mid_{y=0}=0\end{cases}$$

其解为

$$u=\int_0^y\psi(\tau+y/12)\mathrm{d}y=12\int_\tau^{\tau+y/12}\psi(\alpha)\mathrm{d}\alpha$$

于是柯西问题(6.2.23)的解，即柯西问题(6.2.16)的解为

$$u=12\int_{x+y/4}^{x+y/3}\psi(\alpha)\mathrm{d}\alpha$$

**解法2**　由解法1知，方程(6.2.17)和(6.2.18)的特征线分别为 $3x+y=3\tau$，$4x+y=4\tau$。基于这两簇特征线，我们作自变量替换

$$\begin{cases}\xi=4x+y\\ \eta=3x+y\end{cases}$$

代入柯西问题(6.2.16)的方程，可得

$$u_{\xi\eta}=0$$

对上式两端积分，得

$$u=f(4x+y)+g(3x+y)$$

其中 $f(x)$ 和 $g(x)$ 是有二阶连续导数的任意函数。

根据(6.2.16)式的初始条件

$$f(4x)+g(3x)=0$$
$$f'(4x)+g'(3x)=\psi(x)$$

容易求得

$$f(x)=-12\int_0^{x/4}\psi(x)\mathrm{d}x-c$$

$$g(x)=12\int_0^{x/3}\psi(x)\mathrm{d}x+c$$

于是

$$u=12\int_{x+y/4}^{x+y/3}\psi(\alpha)\mathrm{d}\alpha$$

**例6.7**　求解如下定解问题

$$\begin{cases}u_{tt}-a^2u_{xx}=0, & x>0,t>0\\ u(x,0)=\varphi(x), & u_t(x,0)=\psi(x),x\geqslant 0\\ u(0,t)=0, & t\geqslant 0\end{cases}\tag{6.2.24}$$

**解**　由于 $x>0$，所以该定解问题称为半无界弦振动问题。求解该问题的基本思路是先将 $\varphi$ 和 $\psi$ 的定义域延拓到 $\mathbf{R}$，使定解问题(6.2.24)转化成为如下无界弦振动问题。

$$\begin{cases}u_{tt}-a^2u_{xx}=0, & -\infty<x<\infty,t>0\\ u(x,0)=\Phi(x),u_t(x,0)=\Psi(x), & -\infty<x<\infty\end{cases}\tag{6.2.25}$$

其中 $\Phi$ 和 $\Psi$ 分别是 $\varphi$ 和 $\psi$ 的延拓。然后通过限制 $x\geqslant 0$，使定解问题(6.2.25)的解成为柯西问题(6.2.24)的解。

如何延拓 $\varphi$ 和 $\psi$ 的定义域呢？根据达朗贝尔公式，定解问题(6.2.25)的解为

$$u = \frac{1}{2}[\Phi(x-at)+\Phi(x+at)]+\frac{1}{2a}\int_{x-at}^{x+at}\Psi(\alpha)\mathrm{d}\alpha \tag{6.2.26}$$

比较定解问题(6.2.24) 和(6.2.25) 可知，要使上述解 $u$(当 $x \geqslant 0$ 时) 是定解问题(6.2.24) 的解，只需使 $u$ 满足边界条件 $u(0,t)=0$ 即可。所以，对 $\varphi$ 和 $\psi$ 做奇延拓，即取

$$\Phi = \begin{cases}\varphi(x), & x \geqslant 0 \\ -\varphi(-x), & x < 0\end{cases}, \quad \Psi = \begin{cases}\psi(x), & x \geqslant 0 \\ -\psi(-x), & x < 0\end{cases}$$

在此情况下，当 $x \geqslant 0$ 时，(6.2.26) 式就是定解问题(6.2.24) 的解。该解也可用 $\varphi(x)$ 和 $\psi(x)$ 表示，以下分两种情况讨论。

(1)$x-at \geqslant 0, x>0$。这时(6.2.26) 式可表示为

$$u = \frac{1}{2}[\varphi(x-at)+\varphi(x+at)]+\frac{1}{2a}\int_{x-at}^{x+at}\psi(\alpha)\mathrm{d}\alpha$$

(2)$x-at<0, x>0$。这时(6.2.26) 式可表示为

$$\begin{aligned} u &= \frac{1}{2}[-\varphi(-x+at)+\varphi(x+at)]+\frac{1}{2a}\left[\int_{x-at}^{0}-\psi(-\alpha)\mathrm{d}\alpha+\int_{0}^{x+at}\psi(\alpha)\mathrm{d}\alpha\right] \\ &= \frac{1}{2}[\varphi(x+at)-\varphi(at-x)]+\frac{1}{2a}\left[\int_{at-x}^{0}\psi(\alpha)\mathrm{d}\alpha+\int_{0}^{x+at}\psi(\alpha)\mathrm{d}\alpha\right] \\ &= \frac{1}{2}[\varphi(x+at)-\varphi(at-x)]+\frac{1}{2a}\int_{at-x}^{x+at}\psi(\alpha)\mathrm{d}\alpha \end{aligned}$$

**例 6.8**　求解三维波动方程柯西问题

$$\begin{cases}u_{tt}-a^2\Delta u=0, \quad (x,y,z)\in \mathbf{R}^3, t>0 & (6.2.27)\\ u(x,y,z,0)=0, u_t(x,y,z,0)=\psi(\rho), \quad (x,y,z)\in \mathbf{R}^3 & (6.2.28)\end{cases}$$

其中 $\rho=\sqrt{x^2+y^2+z^2}$。

**解**　由于初始条件只与 $\rho$ 有关，所以(6.2.27)—(6.2.28) 式的解只与 $\rho$ 和 $t$ 有关，即具有球面波形式 $u(\rho,t)$。

作球面坐标变换，直接计算可得

$$u_x = u_\rho\frac{x}{\rho}, \quad u_{xx}=u_{\rho\rho}\left(\frac{x}{\rho}\right)^2+u_\rho\left(\frac{1}{\rho}-\frac{x^2}{\rho^3}\right)$$

同理

$$u_{yy}=u_{\rho\rho}\left(\frac{y}{\rho}\right)^2+u_\rho\left(\frac{1}{\rho}-\frac{y^2}{\rho^3}\right), \quad u_{zz}=u_{\rho\rho}\left(\frac{z}{\rho}\right)^2+u_\rho\left(\frac{1}{\rho}-\frac{z^2}{\rho^3}\right)$$

于是方程(6.2.27) 转化为

$$u_{tt}-a^2\left(u_{\rho\rho}+\frac{2}{\rho}u_\rho\right)=0$$

即

$$\rho u_{tt}-a^2(\rho u_{\rho\rho}+2u_\rho)=0 \tag{6.2.29}$$

注意到 $(\rho u)''_{\rho\rho}=\rho u_{\rho\rho}+2u_\rho$，作未知函数变换：$v(\rho,t)=\rho u(\rho,t)$，则(6.2.29) 式化为

$$v_{tt}-a^2v_{\rho\rho}=0, \quad \rho>0$$

该方程为半无界弦振动方程，由(6.2.28) 式知其初始条件为 $v(\rho,0)=0, v_t(\rho,0)=\rho\psi(\rho)$，而边界条件为 $v(0,t)=0$。利用例 6.7 的结果，可知柯西问题(6.2.27)—(6.2.28) 式的解为

$$u = \begin{cases} \dfrac{1}{2a\rho}\displaystyle\int_{\rho-at}^{\rho+at} \alpha\psi(\alpha)\mathrm{d}\alpha, & \rho - at \geqslant 0 \\ \dfrac{1}{2a\rho}\displaystyle\int_{at-\rho}^{\rho+at} \alpha\psi(\alpha)\mathrm{d}\alpha, & \rho - at < 0 \end{cases}$$

其中 $\rho = \sqrt{x^2 + y^2 + z^2}$。

# 习题 6

1. 用特征线法求解以下柯西问题

(1) $\begin{cases} u_t + 2u_x = 0, & -\infty < x < \infty, t > 0 \\ u(x,0) = x^2, & -\infty < x < \infty \end{cases}$

(2) $\begin{cases} u_t + 2u_x + u = xt, & -\infty < x < \infty, t > 0 \\ u(x,0) = 2 - x, & -\infty < x < \infty \end{cases}$

(3) $\begin{cases} 2u_t - u_x + xu = 0, & -\infty < x < \infty, t > 0 \\ u(x,0) = 2x\mathrm{e}^{\frac{x^2}{2}}, & -\infty < x < \infty \end{cases}$

(4) $\begin{cases} u_t + (1 + x^2)u_x - u = 0, & -\infty < x < \infty, t > 0 \\ u(x,0) = \arctan x, & -\infty < x < \infty \end{cases}$

2. 求解达布(Darboux) 问题

$$\begin{cases} u_{tt} - u_{xx} = 0, & 0 < x < t \\ u\,|_{x=0} = \varphi(t), & t \geqslant 0 \\ u\,|_{x=t} = \psi(t), & t \geqslant 0 \end{cases}$$

其中 $\varphi(0) = \psi(0)$。如果给定 $\varphi(t)$,$\psi(t)$ 在$[0,a]$的取值,指出由定解条件确定的决定区域。

3. 求解古尔萨(Goursat) 问题

$$\begin{cases} u_{tt} - u_{xx} = 0, & t > |x| \\ u\,|_{x=-t} = \varphi(t), & t > 0 \\ u\,|_{x=t} = \psi(t), & t > 0 \end{cases}$$

其中 $\varphi(0) = \psi(0)$。

4. 求解半无界弦振动问题

$$\begin{cases} u_{tt} - u_{xx} = 0, & 0 < x < \infty, t > 0 \\ u\,|_{x=0} = 0, & t \geqslant 0 \\ u\,|_{t=0} = 0, u_t\,|_{t=0} = \sin x, & 0 \leqslant x < \infty \end{cases}$$

5. 利用变量代换 $\xi = x + y, \eta = y - 3x$ 化简方程

$$u_{xx} + 2u_{xy} - 3u_{yy} = 0$$

并求解柯西问题

$$\begin{cases} u_{xx} + 2u_{xy} - 3u_{yy} = 0, & -\infty < x < \infty, y > 0 \\ u\,|_{y=0} = \varphi(x), u_y\,|_{y=0} = \psi(x), & -\infty < x < \infty \end{cases}$$

6. 求解定解问题

$$\begin{cases} u_{xx} + 2u_{xy} - 3u_{yy} = x + y, & -\infty < x < \infty, y > 0 \\ u\,|_{y=0} = 0, u_y\,|_{y=0} = 0, & -\infty < x < \infty \end{cases}$$

7. 求解定解问题

$$\begin{cases} u_{xy} = x^2 y, & x > 1, y > 0 \\ u|_{y=0} = x^2, u|_{x=1} = \cos y \end{cases}$$

8*. 在区域 $\Omega = \{(x,t) \mid x > 0, t > 0\}$ 考虑以下两个一阶方程初边值问题

$$\begin{cases} u_t + au_x = 0, & (x,t) \in \Omega \\ u(x,0) = \varphi(x), & x \geqslant 0 \\ u(0,t) = \psi(t), & t \geqslant 0 \end{cases} \tag{1}$$

$$\begin{cases} u_t - au_x = 0, & (x,t) \in \Omega \\ u(x,0) = \varphi(x), & x \geqslant 0 \\ u(0,t) = \psi(t), & t \geqslant 0 \end{cases} \tag{2}$$

问那一个定解问题的提法正确?为什么?

9*. 用特征线法求解下列拟线性方程柯西问题

$$\begin{cases} u_t = \dfrac{1}{1-x-u}(1+u_x), & -\infty < x < \infty, t > 0 \\ u(x,0) = 0, & -\infty < x < \infty \end{cases}$$

10*. 求解伯格斯(Bergers)方程的柯西问题

$$\begin{cases} u_t + uu_x = 0, & -\infty < x < \infty, t > 0 \\ u(x,0) = \varphi(x), & -\infty < x < \infty \end{cases}$$

其中

$$\varphi(x) = \begin{cases} 1, & x < 0 \\ 1-x, & 0 \leqslant x \leqslant 1 \\ 0, & x > 1 \end{cases}$$

11*. 参考本章例 6.1 解题思想和方法求解下列定解问题

$$\begin{cases} 2u_x + 3u_y + 5u_z - u = 0, & (x,y,z) \in \mathbf{R}^3 \\ u(0,y,z) = \varphi(y,z), & (y,z) \in \mathbf{R}^2 \end{cases}$$

12*. 求解下列定解问题

$$\begin{cases} u_x + zu_y + 6xu_z = 0, & x > 0, (y,z) \in \mathbf{R}^3 \\ u(0,y,z) = \varphi(y,z), & (y,z) \in \mathbf{R}^2 \end{cases}$$

# 第 7 章　勒让德多项式

在第 3 章中我们介绍了一类特殊函数——贝塞尔函数，并利用贝塞尔函数给出了平面圆域上拉普拉斯算子特征值问题的解，从而求解了一些与此特征值问题相关的定解问题。为求解空间中球形区域上与拉普拉斯算子相关的一些定解问题，需要引入另一类特殊函数——勒让德(Legendre) 多项式，用于求解空间中球形区域上拉普拉斯算子的特征值问题。考虑到勒让德多项式不仅用来解决数学物理方程，而且在自然科学的其他领域也有许多的应用，所以本章重点关注勒让德多项式的讨论，并对相关的球面调和函数和球形贝塞尔函数也做了扼要的介绍。

## §7.1　勒让德多项式

本节导出勒让德多项式，并介绍其递推公式、微分表示形式及相关的特征值问题。

### 7.1.1　勒让德方程及勒让德多项式

考虑如下二阶常微分方程

$$\frac{\mathrm{d}}{\mathrm{d}x}\left[(1-x^2)\frac{\mathrm{d}y}{\mathrm{d}x}\right]+\lambda y=0,\quad -1<x<1 \tag{7.1.1}$$

其中 $\lambda\geqslant 0$ 为常数，方程(7.1.1) 称为勒让德方程。由于对任意 $\lambda\geqslant 0$，存在非负实数 $\alpha$，使得 $\lambda=\alpha(\alpha+1)$，因此方程(7.1.1) 可表示成如下形式

$$(1-x^2)y''-2xy'+\alpha(\alpha+1)y=0,\quad -1<x<1 \tag{7.1.2}$$

方程(7.1.2) 满足第 3 章中定理 3.1 的条件，其中

$$p(x)=-\frac{2x}{1-x^2},\quad q(x)=\frac{\alpha(\alpha+1)}{1-x^2}$$

故方程(7.1.2) 在区间(－1,1) 有解析解，且其解为

$$y(x)=\sum_{k=0}^{\infty}a_kx^k \tag{7.1.3}$$

其中 $a_k(k\geqslant 0)$ 为待定常数。将该级数及其一阶和二阶导数代入到原方程中，得

$$(1-x^2)\sum_{k=2}^{\infty}k(k-1)a_kx^{k-2}-2x\sum_{k=1}^{\infty}ka_kx^{k-1}+\alpha(\alpha+1)\sum_{k=0}^{\infty}a_kx^k=0$$

或

$$\sum_{k=0}^{\infty}(k+1)(k+2)a_{k+2}x^k-\sum_{k=0}^{\infty}(k-1)ka_kx^k-2\sum_{k=0}^{\infty}ka_kx^k+\alpha(\alpha+1)\sum_{k=0}^{\infty}a_kx^k=0$$

即

$$\sum_{k=0}^{\infty}\left[(k+1)(k+2)a_{k+2}+(\alpha-k)(\alpha+k+1)a_k\right]x^k=0$$

比较两端 $x^k$ 的系数，可得

$$(k+1)(k+2)a_{k+2}+(\alpha-k)(\alpha+k+1)a_k=0,\quad k\geqslant 0$$

由此式可得系数递推关系

$$a_{k+2}=-\frac{(\alpha-k)(\alpha+k+1)}{(k+1)(k+2)}a_k,\quad k\geqslant 0 \tag{7.1.4}$$

当系数 $a_k$ 足指标分别取偶数和奇数时，(7.1.4) 式可表示为

$$a_{2k}=-\frac{(\alpha-2k+2)(\alpha+2k-1)}{(2k-1)2k}a_{2(k-1)},\quad k\geqslant 1$$

$$a_{2k+1}=-\frac{(\alpha-2k+1)(\alpha+2k)}{2k(2k+1)}a_{2(k-1)+1},\quad k\geqslant 1$$

连续使用上述递推关系可知，当 $k\geqslant 1$ 时

$$a_{2k}=(-1)^k\frac{\alpha(\alpha-2)\cdots(\alpha-2k+2)(\alpha+1)(\alpha+3)\cdots(\alpha+2k-1)}{(2k)!}a_0$$

$$a_{2k+1}=(-1)^k\frac{(\alpha-1)(\alpha-3)\cdots(\alpha-2k+1)(\alpha+2)(\alpha+4)\cdots(\alpha+2k)}{(2k+1)!}a_1$$

记 $a_{2k}=c_{2k}a_0$，$a_{2k+1}=c_{2k+1}a_1$，并取 $c_0=c_1=1$，可得勒让德方程(7.1.2) 的如下两个解

$$y_{\alpha,1}(x)=\sum_{k=0}^{\infty}c_{2k}x^{2k},\quad y_{\alpha,2}(x)=\sum_{k=0}^{\infty}c_{2k+1}x^{2k+1} \tag{7.1.5}$$

显然，$y_{\alpha,1}(x)$ 与 $y_{\alpha,2}(x)$ 线性无关，它们构成了勒让德方程(7.1.2) 的基解组。因此勒让德方程的通解可表示为

$$y(x)=a_0y_{\alpha,1}(x)+a_1y_{\alpha,2}(x)$$

其中 $a_0$、$a_1$ 为任意常数。

当 $\alpha$ 为非负整数 $n$ 时，由 $c_k(k\geqslant 0)$ 的表达式易见：若 $n$ 为偶数，则当 $2k>n$ 时，$c_{2k}=0$；若 $n$ 为奇数，则当 $2k+1>n$ 时，$c_{2k+1}=0$。因此，当 $\alpha$ 为非负整数 $n$ 时，$\{a_0y_{n,1}(x),a_1y_{n,2}(x)\}$ 之中必有一个退化为 $n$ 次多项式。如果选择相应的系数 $a_0$ 或者 $a_1$，使该 $n$ 次多项式的首项系数(即最高次幂 $x^n$ 的系数) 等于 $\dfrac{(2n)!}{2^n(n!)^2}$，那么所得的 $n$ 次多项式就称为 $n$ 阶勒让德多项式，记为 $P_n(x)$。由(7.1.5) 式知，若 $n$ 为偶数，$P_n(x)$ 是偶函数；若 $n$ 为奇数，$P_n(x)$ 是奇函数。

按上述定义，$P_0(x)=1$，$P_1(x)=x$。而更高阶勒让德多项式 $P_n(x)$ 的确定需要用到 $a_n$ 的递推关系。事实上，我们也可以利用 $P_n(x)$ 的递推关系，由低阶勒让德多项式确定高阶勒让德多项式，该问题留在 7.1.2 小节做进一步的讨论。

我们还注意到，当 $y_{n,1}(x)$ 和 $y_{n,2}(x)$ 中之一退化为多项式时，另一个解仍为无穷级数，我们称该无穷级数为第二类 $n$ 阶勒让德函数，记为 $Q_n(x)$。$Q_n(x)$ 在区间$(-1,1)$ 内处处收敛，但在端点 $x=\pm 1$ 发散，而且发散到无穷大(见参考文献[8])。

当 $\alpha>0$ 不为整数时，由于对 $\forall k\geqslant 0$，$c_{2k}$ 和 $c_{2k+1}$ 都不等于零，所以 $y_{\alpha,1}(x)$ 和 $y_{\alpha,2}(x)$ 都是无穷级数。根据第 3 章定理 3.1，级数 $y_{\alpha,1}(x)$ 和 $y_{\alpha,2}(x)$ 在区间$(-1,1)$ 内处处收敛。进一步可证明[8]，这两个无穷级数在端点 $x=\pm 1$ 是发散的，而且发散到无穷大。我们称 $y_{\alpha,1}(x)$ 和 $y_{\alpha,2}(x)$ 为 $\alpha$ 阶勒让德函数。

总结上述，我们有如下结论。

**定理 7.1**　对任意非负实数 $\lambda=\alpha(\alpha+1)$，其中 $\alpha\geqslant 0$，勒让德方程(7.1.1) 在区间$(-1,1)$

上存在由(7.1.5)式所示的两个线性无关解 $y_{\alpha,1}(x)$ 和 $y_{\alpha,2}(x)$。当 $\alpha$ 不为整数时，级数 $y_{\alpha,1}(x)$ 和 $y_{\alpha,2}(x)$ 均在端点 $x=\pm1$ 发散到无穷大。当且仅当 $\alpha$ 为非负整数 $n$ 时，勒让德方程(7.1.1)在区间 $(-1,1)$ 上存在有界解，有界解可表示为 $cP_n(x)$，其中 $c$ 为任意常数，另一个与 $P_n(x)$ 线性无关的解 $Q_n(x)$ 在端点 $x=\pm1$ 发散到无穷大。

定理 7.1 表明，当 $\alpha$ 为非负整数 $n$ 时，勒让德方程(7.1.2)的通解可表示为

$$y(x)=c_1P_n(x)+c_2Q_n(x)$$

值得指出的是，勒让德多项式不仅可用于求解勒让德方程，还可以用来求解其他相关的微分方程。

考虑二阶常微分方程

$$\frac{\mathrm{d}}{\mathrm{d}x}\left[(1-x^2)\frac{\mathrm{d}z}{\mathrm{d}x}\right]+\left(\lambda-\frac{m^2}{1-x^2}\right)z=0,\quad -1<x<1 \tag{7.1.6}$$

其中 $m$ 为正整数，$\lambda=\alpha(\alpha+1)$，$\alpha\geqslant0$。方程(7.1.6)称为勒让德伴随方程。

作函数变换：$z=(1-x^2)^{\frac{m}{2}}u(x)$，将其代入(7.1.6)式，直接计算可得

$$(1-x^2)u''-2(m+1)xu'+[\lambda-m(m+1)]u=0 \tag{7.1.7}$$

对勒让德方程(7.1.2)两边关于 $x$ 求 $m$ 阶导数，得

$$(1-x^2)y^{(m+2)}-2mxy^{(m+1)}-m(m-1)y^{(m)}-2xy^{(m+1)}-2my^{(m)}+\lambda y^{(m)}=0$$

整理可得

$$(1-x^2)y^{(m+2)}-2(m+1)xy^{(m+1)}+[\lambda-m(m+1)]y^{(m)}=0 \tag{7.1.8}$$

比较(7.1.7)和(7.1.8)式可知，$u=y^{(m)}$ 是方程(7.1.7)的解，其中 $y$ 是勒让德方程(7.1.2)的解。因此，(7.1.7)式的通解为

$$u(x)=c_1y_{\alpha,1}^{(m)}(x)+c_2y_{\alpha,2}^{(m)}(x)$$

其中 $y_{\alpha,1}(x)$ 和 $y_{\alpha,2}(x)$ 由(7.1.5)式给出。由变换 $z=(1-x^2)^{\frac{m}{2}}u(x)$ 可知，勒让德伴随方程(7.1.6)的通解为

$$z(x)=c_1(1-x^2)^{\frac{m}{2}}y_{\alpha,1}^{(m)}(x)+c_2(1-x^2)^{\frac{m}{2}}y_{\alpha,2}^{(m)}(x) \tag{7.1.9}$$

结合定理 7.1，我们有如下结论。

**定理 7.2**[2] 对任意正整数 $m$，勒让德伴随方程(7.1.6)的通解由(7.1.9)式给出。仅当 $\lambda=n(n+1)$，$n$ 为非负整数时，勒让德伴随方程(7.1.6)有有界解

$$z(x)=(1-x^2)^{\frac{m}{2}}P_n^{(m)}(x)$$

注意到当 $m>n$ 时，$P_n^{(m)}(x)=0$，因此仅当 $m\leqslant n$ 时，勒让德伴随方程有非零有界解。

### 7.1.2 勒让德多项式的生成函数和递推公式

勒让德多项式的生成函数由三维拉普拉斯方程基本解引入。利用生成函数可诱导出勒让德多项式 $P_n(x)$，更重要的是利用它可以方便地讨论 $P_n(x)$ 的递推关系及其性质。

如第 6 章所述，三维拉普拉斯方程基本解定义为

$$\Gamma(P,P_0)=\frac{1}{4\pi r_{P_0P}}$$

其中 $P_0(\xi,\eta,\zeta)\in\mathbf{R}^3$ 是任意给定的点，点 $P(x,y,z)\in\mathbf{R}^3$ 是不同于 $P_0$ 的任意一点，$r_{P_0P}=|\overrightarrow{P_0P}|$。物理上，$u(x,y,z)=\Gamma(P,P_0)$ 表示在 $P_0(\xi,\eta,\zeta)$ 处放置的单位正电荷在 $P(x,y,z)$ 处产生的电位。

若记 $r_0 = |\overrightarrow{OP_0}|$，$r = |\overrightarrow{OP}|$，$\overrightarrow{OP_0}$ 和 $\overrightarrow{OP}$ 的夹角为 $\varphi$，则由余弦定理可得

$$r_{P_0P} = \sqrt{r_0^2 + r^2 - 2r_0 r\cos\varphi}$$

故有

$$\frac{1}{r_{P_0P}} = \frac{1}{\sqrt{r_0^2 + r^2 - 2r_0 r\cos\varphi}} = \begin{cases} \dfrac{1}{r_0}\dfrac{1}{\sqrt{1+\rho^2-2\rho\cos\varphi}}, & \rho = \dfrac{r}{r_0} < 1 \\ \dfrac{1}{r}\dfrac{1}{\sqrt{1+\rho^2-2\rho\cos\varphi}}, & \rho = \dfrac{r_0}{r} < 1 \end{cases}$$

引入函数 $\psi(\rho,x)$，其定义如下

$$\psi(\rho,x) = \frac{1}{\sqrt{1+\rho^2-2\rho x}} = (1+\rho^2-2\rho x)^{-1/2}, \quad \rho \geqslant 0, |x| \leqslant 1 \tag{7.1.10}$$

由于 $(\rho^2 - 2\rho x)|_{\rho=0} = 0$，所以在 $\rho = 0$ 的小邻域内，可利用二项式泰勒级数公式将 $\psi(\rho,x)$ 展成泰勒级数。记 $\alpha = -\frac{1}{2}$，则

$$\begin{aligned}\psi(\rho,x) &= (1+\rho^2-2\rho x)^\alpha = \sum_{n=0}^{\infty}\frac{\alpha(\alpha-1)\cdots(\alpha-n+1)}{n!}(\rho^2-2\rho x)^n \\ &= 1 - \frac{1}{2}(\rho^2-2\rho x) + \frac{3}{8}(\rho^2-2\rho x)^2 - \frac{5}{16}(\rho^2-2\rho x)^3 + \cdots \\ &\quad + \frac{\alpha(\alpha-1)\cdots(\alpha-n+1)}{n!}(\rho^2-2\rho x)^n + \cdots\end{aligned} \tag{7.1.11}$$

再将(7.1.11)式中 $(\rho^2-2\rho x)^n$ 展开，便可得到 $\psi(\rho,x)$ 在 $\rho=0$ 的小邻域内的泰勒级数。注意到对任意正整数 $n$，含 $\rho^n$ 的项均来自于(7.1.11)式中的前 $n+1$ 项，故 $\rho^n$ 的系数至多为变量 $x$ 的一个 $n$ 次多项式。例如，$\rho$ 的零次幂的系数为1(即 $P_0(x)$)，$\rho$ 的系数为 $x$(即 $P_1(x)$)。进一步可证明[2]，$\rho^n$ 的系数就是勒让德多项式 $P_n(x)$，即对于任意的 $x \in [-1,1]$，有

$$\psi(\rho,x) = \sum_{n=0}^{\infty} P_n(x)\rho^n \tag{7.1.12}$$

该式表明，勒让德多项式 $P_n(x)$ 可由 $\psi(\rho,x)$ 关于 $\rho$ 的泰勒级数确定，因此称函数 $\psi(\rho,x)$ 为勒让德多项式的生成函数或母函数。

下面我们利用生成函数 $\psi(\rho,x)$ 及表达式(7.1.12)讨论勒让德多项式的递推公式。

利用(7.1.10)式对 $\psi(\rho,x)$ 关于 $\rho$ 求导，易得下面一阶微分方程

$$(1+\rho^2-2\rho x)\frac{\partial\psi(\rho,x)}{\partial\rho} = (x-\rho)\psi(\rho,x) \tag{7.1.13}$$

将(7.1.12)式代入到(7.1.13)式中可得

$$(1+\rho^2-2\rho x)\sum_{n=0}^{\infty} nP_n(x)\rho^{n-1} = (x-\rho)\sum_{n=0}^{\infty} P_n(x)\rho^n$$

整理可得

$$\sum_{n=0}^{\infty}(n+1)P_{n+1}(x)\rho^n - \sum_{n=0}^{\infty}(2n+1)xP_n(x)\rho^n + \sum_{n=0}^{\infty} nP_{n-1}(x)\rho^n = 0$$

令 $\rho^n$ 的系数为零，则有

$$(n+1)P_{n+1}(x)-(2n+1)xP_n(x)+nP_{n-1}(x)=0,\quad n\geqslant 0 \tag{7.1.14}$$

其中 $nP_{n-1}(x)$ 在 $n=0$ 时规定为0。递推关系(7.1.14)称为勒让德多项式的递推公式，它反映了阶数相邻的三个勒让德多项式之间的关系。根据递推公式(7.1.14)，只要知道 $P_0(x)$ 和 $P_1(x)$ 就可求得任意高阶勒让德多项式。

如果对 $\psi(\rho,x)$ 关于 $x$ 求导，则可得如下一阶微分方程

$$(1+\rho^2-2\rho x)\frac{\partial\psi(\rho,x)}{\partial x}=\rho\psi(\rho,x)$$

类似于(7.1.14)式的推导，将(7.1.12)式代入上式，整理后可得

$$P_n(x)=P'_{n+1}(x)-2xP'_n(x)+P'_{n-1}(x),\quad n\geqslant 1 \tag{7.1.15}$$

(7.1.15)式也是勒让德多项式的递推公式，它反映了 $P_n(x)$ 与相邻阶勒让德多项式导数之间的关系。

对(7.1.14)式关于 $x$ 求导，再给(7.1.15)式两边同乘 $(-n)$ 可得如下两式

$$(n+1)P'_{n+1}(x)-(2n+1)P_n(x)-(2n+1)xP'_n(x)+nP'_{n-1}(x)=0$$

$$nP_n(x)-nP'_{n+1}(x)+2nxP'_n(x)-nP'_{n-1}(x)=0$$

上面二式相加，消去 $P'_{n-1}(x)$ 后可得

$$P'_{n+1}(x)-(n+1)P_n(x)-xP'_n(x)=0 \tag{7.1.16}$$

类似可得

$$xP'_n(x)-P'_{n-1}(x)=nP_n(x) \tag{7.1.17}$$

$$P'_{n+1}(x)-P'_{n-1}(x)=(2n+1)P_n(x) \tag{7.1.18}$$

(7.1.16)—(7.1.18)公式也是勒让德多项式的递推公式，这些公式反映了不同阶勒让德多项式之间的关系，特别是(7.1.18)式给出了 $P_n(x)$ 的原函数。

**例 7.1**　证明 $P_{2n+1}(0)=0, P_{2n}(0)=(-1)^n\dfrac{(2n)!}{2^{2n}(n!)^2}, n\geqslant 0$。

**证明**　在(7.1.12)中令 $x=0$，则有

$$\psi(\rho,0)=\sum_{n=0}^{\infty}P_n(0)\rho^n$$

而左端

$$\psi(\rho,0)=(1+\rho^2)^{-1/2}=1+\sum_{k=1}^{\infty}\frac{\left(-\frac{1}{2}\right)\left(-\frac{1}{2}-1\right)\cdots\left(-\frac{1}{2}-k+1\right)}{k!}\rho^{2k}$$

$$=1+\sum_{k=1}^{\infty}(-1)^k\frac{(2k-1)!!}{2^k k!}\rho^{2k}$$

因此有

$$1+\sum_{k=1}^{\infty}(-1)^k\frac{(2k-1)!!}{2^k k!}\rho^{2k}=\sum_{n=0}^{\infty}P_n(0)\rho^n$$

比较等式两端 $\rho^n$ 的系数可知

$$P_{2n+1}(0)=0,\quad n\geqslant 0$$

$$P_0(0)=1$$

$$P_{2n}(0)=(-1)^n\frac{(2n-1)!!}{2^n n!}=(-1)^n\frac{(2n-1)!!(2n)!!}{2^n n!(2n)!!}=(-1)^n\frac{(2n)!}{2^{2n}(n!)^2}$$

结论得证。

**例 7.2** 求勒让德多项式 $P_n(x)(0 \leqslant n \leqslant 4)$ 的表达式。

**解** 已知 $P_0(x)=1, P_1(x)=x$，由(7.1.14)式知

$$P_2(x)=\frac{3}{2}xP_1(x)-\frac{1}{2}P_0(x)=\frac{3}{2}x^2-\frac{1}{2}$$

$$P_3(x)=\frac{5}{3}xP_2(x)-\frac{2}{3}P_1(x)=\frac{5}{2}x^3-\frac{3}{2}x$$

$$P_4(x)=\frac{7}{4}xP_3(x)-\frac{3}{4}P_2(x)=\frac{35}{8}x^4-\frac{15}{4}x^2+\frac{3}{8}$$

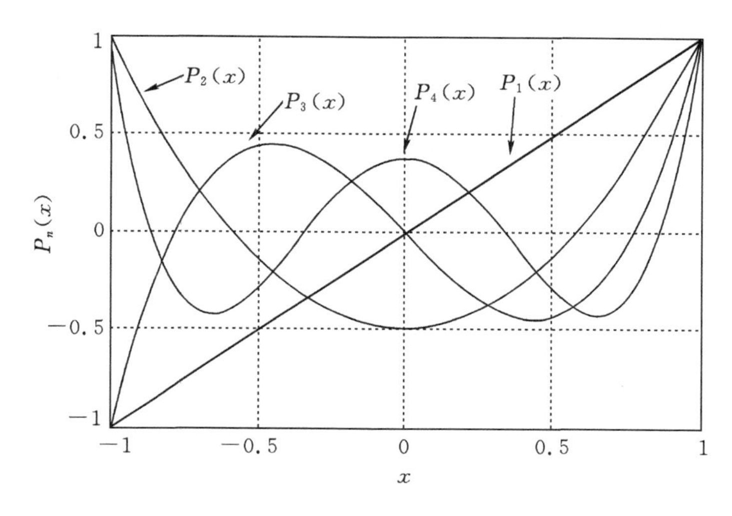


图 7.1 勒让德多项式

**例 7.3** 计算积分 $\int_0^1 P_n(x)\mathrm{d}x$。

**解** 由(7.1.18)式知

$$P_n(x)=\frac{1}{2n+1}[P_{n+1}(x)-P_{n-1}(x)]'$$

所以

$$\begin{aligned}\int_0^1 P_n(x)\mathrm{d}x &= \frac{1}{2n+1}[P_{n+1}(x)-P_{n-1}(x)]\Big|_0^1 \\ &= \frac{1}{2n+1}[P_{n+1}(1)-P_{n-1}(1)-P_{n+1}(0)+P_{n-1}(0)] \\ &= \frac{1}{2n+1}[P_{n-1}(0)-P_{n+1}(0)]\end{aligned}$$

上述计算利用了勒让德多项式的性质 $P_n(1)=1$，作为练习，请读者给出证明。

### 7.1.3 勒让德多项式的微分表示形式

勒让德多项式有如下的简洁表示式

$$P_n(x)=\frac{1}{2^n n!}\frac{\mathrm{d}^n}{\mathrm{d}x^n}[(x^2-1)^n] \tag{7.1.19}$$

这一微分表示形式称为罗德里格(Rodrigues)公式。下面给出该公式的证明。

记 $\varphi(x)=\dfrac{1}{2^n n!}\dfrac{\mathrm{d}^n}{\mathrm{d}x^n}[(x^2-1)^n]$，显然 $\varphi(x)$ 是一 $n$ 次多项式。因此欲证罗德里格公式(7.1.19)，只需证明 $\varphi(x)$ 是勒让德方程(当 $\lambda=n(n+1)$ 时)的解，并且首项系数等于 $\dfrac{(2n)!}{2^n(n!)^2}$ 即可。

记 $u(x)=(x^2-1)^n$，则 $\varphi(x)=\dfrac{1}{2^n n!}u^{(n)}$。对 $u$ 求导可得

$$u'=2nx(x^2-1)^{n-1}$$

两端同乘 $(x^2-1)$，并移项得

$$(x^2-1)u'-2nxu=0 \tag{7.1.20}$$

对(7.1.20)式再求 $(n+1)$ 阶导数，可得

$$(x^2-1)u^{(n+2)}+2(n+1)xu^{(n+1)}+n(n+1)u^{(n)}-2nxu^{(n+1)}-2n(n+1)u^{(n)}=0$$

此即

$$(x^2-1)u^{(n+2)}+2xu^{(n+1)}-n(n+1)u^{(n)}=0$$

这说明，$u^{(n)}$ 是勒让德方程($\lambda=n(n+1)$)的解，因此 $\varphi(x)$ 是勒让德方程的解。

利用 $\varphi(x)$ 的具体表示式，直接计算可知 $\varphi(x)$ 的首项系数为 $\dfrac{(2n)!}{2^n(n!)^2}$，所以 $\varphi(x)=P_n(x)$。罗德里格公式得证。

罗德里格公式以微分的形式给出了一个勒让德多项式的简明表达式，因此在有关 $P_n(x)$ 性质讨论和定积分计算中非常有用。

设 $f(x)$ 在区间 $[-1,1]$ 有 $n$ 阶连续导数。利用分部积分法可得

$$\begin{aligned}\int_{-1}^{1}f(x)P_n(x)\mathrm{d}x&=\frac{1}{2^n n!}\int_{-1}^{1}f(x)\frac{\mathrm{d}^n}{\mathrm{d}x^n}[(x^2-1)^n]\mathrm{d}x\\&=\frac{1}{2^n n!}(-1)^n\int_{-1}^{1}(x^2-1)^n f^{(n)}(x)\mathrm{d}x\end{aligned} \tag{7.1.21}$$

而对(7.1.21)右端积分的计算，常常会用到如下公式。

$$\int_0^{\frac{\pi}{2}}(\cos t)^n\mathrm{d}t=\int_0^{\frac{\pi}{2}}(\sin t)^n\mathrm{d}t=\begin{cases}\dfrac{(n-1)!!}{n!!}\dfrac{\pi}{2}, & n\text{ 为偶数}\\ \dfrac{(n-1)!!}{n!!}, & n\text{ 为奇数}\end{cases} \tag{7.1.22}$$

**例 7.4**　计算积分 $I=\int_{-1}^{1}x^6P_4(x)\mathrm{d}x$。

**解**　由罗德里格公式知，$P_4(x)=\dfrac{1}{2^4 4!}[(x^2-1)^4]^{(4)}$。根据(7.1.21)式

$$\begin{aligned}I&=\frac{1}{2^4 4!}(-1)^4\int_{-1}^{1}(x^6)^{(4)}(x^2-1)^4\mathrm{d}x\\&=\frac{(-1)^4 6!}{2^4 4!\cdot 2}\int_{-1}^{1}x^2(x^2-1)^4\mathrm{d}x\\&=\frac{15}{8}\int_0^1 x^2(x^2-1)^4\mathrm{d}x\end{aligned}$$

作积分作变量代换 $x=\sin t$，得

$$I=\frac{15}{8}\int_0^{\frac{\pi}{2}}\sin^2 t\cos^9 t\mathrm{d}t=\frac{15}{8}\int_0^{\frac{\pi}{2}}[\cos^9 t-\cos^{11} t]\mathrm{d}t$$

$$=\frac{15}{8}\frac{8!!}{9!!}\left(1-\frac{10}{11}\right)=\frac{16}{231}$$

**例 7.5** 证明$\int_{-1}^1 P_n(x)P_m(x)\mathrm{d}x=0, n\neq m$。

**证明** 不妨设 $m<n$，由于 $P_m(x)$ 是一个 $m$ 次多项式，故有$[P_m(x)]^{(n)}=0$。由(7.1.21)式得

$$\int_{-1}^1 P_n(x)P_m(x)\mathrm{d}x=\frac{1}{2^n n!}\int_{-1}^1 P_m(x)\frac{\mathrm{d}^n}{\mathrm{d}x^n}[(x^2-1)^n]\mathrm{d}x$$

$$=(-1)^n\frac{1}{2^n n!}\int_{-1}^1[P_m(x)]^{(n)}(x^2-1)^n\mathrm{d}x=0$$

例 7.5 表明，不同阶的勒让德多项式在区间$[-1,1]$上是相互正交的。

### 7.1.4 勒让德方程特征值问题

如下定解问题称为勒让德方程的特征值问题。

$$\begin{cases}\dfrac{\mathrm{d}}{\mathrm{d}x}\left[(1-x^2)\dfrac{\mathrm{d}y}{\mathrm{d}x}\right]+\lambda y=0, & -1<x<1\\ |y(\pm 1)|<\infty\end{cases}\tag{7.1.23}$$

其中$\lambda$为待定常数，条件$|y(\pm 1)|<\infty$为有界性边界条件，即要求方程的解在区间$(-1,1)$上有界。

**定理 7.3** 对于勒让德方程的特征值问题(7.1.23)，如下结果成立。

(1) 特征值为 $\lambda_n=n(n+1)$，特征函数为 $P_n(x)$，其中 $n=0,1,2\cdots$

(2) 特征函数系$\{P_n(x)\mid n\geqslant 0\}$是相互正交的，且有

$$\int_{-1}^1 P_n(x)P_m(x)\mathrm{d}x=\delta_{nm}\frac{2}{2n+1}\tag{7.1.24}$$

**证明** 我们分三步证明定理 7.3。

第一步 证明特征值$\lambda\geqslant 0$。设 $y(x)$ 是对应于特征值$\lambda$的特征函数，在(7.1.23)式中方程两边同乘 $y(x)$，并在区间$[-1,1]$上积分，得

$$\int_{-1}^1 y(x)\frac{\mathrm{d}}{\mathrm{d}x}\left[(1-x^2)\frac{\mathrm{d}y}{\mathrm{d}x}\right]\mathrm{d}x+\lambda\int_{-1}^1 y^2(x)\mathrm{d}x=0$$

利用分部积分法

$$\lambda\int_{-1}^1 y^2(x)\mathrm{d}x+(1-x^2)y(x)y'(x)\Big|_{-1}^1-\int_{-1}^1(1-x^2)(y'(x))^2\mathrm{d}x=0$$

由此便得

$$\lambda=\frac{\displaystyle\int_{-1}^1(1-x^2)(y'(x))^2\mathrm{d}x}{\displaystyle\int_{-1}^1 y^2(x)\mathrm{d}x}\geqslant 0$$

第二步 证明定理 7.3 的结论(1)。由定理 7.1 知，当且仅当$\lambda=n(n+1)$时，勒让德方程有有界解 $P_n(x)$，其中 $n$ 为非负整数。故结论成立。

第三步 证明(7.1.24)式。当 $m\neq n$ 时，由例 7.5 知该结论成立。当 $m=n$ 时，我们利用

归纳法证明结论(7.1.24)式,即需证明对任意非负整数 $k \geqslant 0$,有

$$\int_{-1}^{1} P_k^2(x)\mathrm{d}x = \frac{2}{2k+1} \tag{7.1.25}$$

当 $k=0,1$ 时,直接计算易证(7.1.25)式成立。

假设当 $k=n$ 时(7.1.25)式成立,即

$$\int_{-1}^{1} P_n^2(x)\mathrm{d}x = \frac{2}{2n+1}$$

当 $k=n+1$ 时,由递推公式(7.1.14)得

$$(n+1)P_{n+1}(x)-(2n+1)xP_n(x)+nP_{n-1}(x)=0$$

等式两端同乘 $P_{n+1}(x)$,并移项可得

$$(n+1)P_{n+1}^2(x)=(2n+1)xP_{n+1}(x)P_n(x)-nP_{n-1}(x)P_{n+1}(x) \tag{7.1.26}$$

再次利用递推公式(7.1.14)得

$$(n+2)P_{n+2}(x)-(2n+3)xP_{n+1}(x)+(n+1)P_n(x)=0$$

或

$$xP_{n+1}(x)=\frac{1}{2n+3}[(n+1)P_n(x)+(n+2)P_{n+2}(x)]$$

将上式代入(7.1.26)式可得

$$(n+1)P_{n+1}^2(x)=\frac{2n+1}{2n+3}P_n(x)[(n+1)P_n(x)+(n+2)P_{n+2}(x)]-nP_{n-1}(x)P_{n+1}(x)$$

对上式两端在区间$[-1,1]$上积分,并利用勒让德多项式正交性可得

$$\int_{-1}^{1} P_{n+1}^2(x)\mathrm{d}x=\frac{2n+1}{2n+3}\int_{-1}^{1} P_n^2(x)\mathrm{d}x=\frac{2}{2n+3}$$

所以(7.1.24)式成立。定理得证。

积分$\int_{-1}^{1} P_n^2(x)\mathrm{d}x=\dfrac{2}{2n+1}$ 称为 $P_n(x)$ 的平方模。

**定理 7.4**[2] (勒让德多项式的完备性)设 $f(x)$ 在区间$[-1,1]$上分段光滑,则 $f(x)$ 可按正交函数系$\{P_n(x)\mid n\geqslant 0\}$展成级数

$$f(x)=\sum_{n=0}^{\infty} c_n P_n(x), \quad -1\leqslant x\leqslant 1 \tag{7.1.27}$$

其中

$$c_n=\frac{2n+1}{2}\int_{-1}^{1} f(x)P_n(x)\mathrm{d}x, \quad n\geqslant 0 \tag{7.1.28}$$

展开式(7.1.27)右端级数称为 $f(x)$ 的傅里叶——勒让德级数,或广义傅里叶级数,或简称为傅里叶级数,称 $c_n$ 为傅里叶系数。

**例 7.6** 将 $f(x)=x^4$ 在区间$[-1,1]$上按正交函数系$\{P_n(x)\mid n\geqslant 0\}$展成傅里叶-勒让德级数。

**解** 设

$$x^4=\sum_{n=0}^{\infty} c_n P_n(x)$$

由傅里叶系数计算公式(7.1.28)知

$$c_n=\frac{2n+1}{2}\int_{-1}^{1} x^4 P_n(x)\mathrm{d}x=\frac{2n+1}{2}\int_{-1}^{1} x^4\,\frac{1}{2^n n!}\,\frac{\mathrm{d}^n}{\mathrm{d}x^n}[(x^2-1)^n]\mathrm{d}x$$

$$= \frac{2n+1}{2^{n+1}n!}\int_{-1}^{1}(x^4)^{(n)}(x^2-1)^n \mathrm{d}x$$

所以当 $n \geqslant 5$ 时，$c_n = 0$。又因为 $P_1(x)$、$P_3(x)$ 是奇函数，有 $c_1 = c_3 = 0$，故

$$x^4 = c_0 P_0(x) + c_2 P_2(x) + c_4 P_4(x) \tag{7.1.29}$$

直接计算可得

$$c_0 = \frac{1}{2}\int_{-1}^{1} x^4 P_0(x)\mathrm{d}x = \frac{1}{2}\int_{-1}^{1} x^4 \mathrm{d}x = \frac{1}{5}$$

$$\begin{aligned} c_2 &= \frac{5}{2}\int_{-1}^{1} x^4 P_2(x)\mathrm{d}x = \frac{5}{2}\cdot\frac{1}{2^2 2!}\int_{-1}^{1} x^4 \frac{\mathrm{d}^2}{\mathrm{d}x^2}(x^2-1)^2\mathrm{d}x \\ &= \frac{15}{2}\int_{0}^{1} x^2(x^2-1)^2\mathrm{d}x = \frac{15}{2}\int_{0}^{\frac{\pi}{2}}\sin^2 t\cos^5 t\mathrm{d}t = \frac{4}{7} \end{aligned}$$

为求 $c_4$，在等式(7.1.29)式中取 $x=1$，可得 $1 = c_0 + c_2 + c_4$，因此 $c_4 = \frac{8}{35}$。最后将上面所得系数代入到(7.1.29)式中便得 $f(x) = x^4$ 的傅里叶-勒让德级数为

$$x^4 = \frac{1}{5}P_0(x) + \frac{4}{7}P_2(x) + \frac{8}{35}P_4(x)$$

**注1**　一般而言，当 $f(x)$ 是 $n$ 次多项式时，其傅里叶系数 $c_k = 0, k > n$。换言之，多项式展成傅里叶勒让德级数时，级数退化为有限项之和。例如，$f(x) = x^4$ 时，由 $f(x)$ 与 $P_n(x)$ 的奇偶性可直接设 $x^4 = c_0 P_0(x) + c_2 P_2(x) + c_4 P_4(x)$，以简化傅里叶系数的计算。

## §7.2* 球面调和函数和球形贝塞尔函数

### 7.2.1 拉普拉斯算子的其他表示形式

在第2章中，我们已经知道二维拉普拉斯算子在极坐标下形式为

$$\Delta u = u_{rr} + \frac{1}{r}u_r + \frac{1}{r^2}u_{\theta\theta} \tag{7.2.1}$$

在三维空间中，直接计算可知在球面坐标系下

$$\Delta u = u_{rr} + \frac{2}{r}u_r + \frac{1}{r^2}\left(u_{\varphi\varphi} + \cot\varphi u_\varphi + \frac{1}{\sin^2\varphi}u_{\theta\theta}\right) \tag{7.2.2}$$

其中球面坐标变换为

$$\begin{cases} x = r\sin\varphi\cos\theta \\ y = r\sin\varphi\sin\theta \\ z = r\cos\varphi \end{cases}$$

特别地，当自变量 $(x,y,z)$ 在单位球面 $(r=1)$ 上变化时，拉普拉斯算子(7.2.2)式的表示形式为

$$\Delta u = u_{\varphi\varphi} + \cot\varphi u_\varphi + \frac{1}{\sin^2\varphi}u_{\theta\theta} = \frac{1}{\sin^2\varphi}\left[\sin\varphi\frac{\partial}{\partial\varphi}\left(\sin\varphi\frac{\partial u}{\partial\varphi}\right) + \frac{\partial^2 u}{\partial\theta^2}\right]$$

引入记号

$$\Delta_s u = \frac{1}{\sin^2\varphi}\left[\sin\varphi\frac{\partial}{\partial\varphi}\left(\sin\varphi\frac{\partial u}{\partial\varphi}\right) + \frac{\partial^2 u}{\partial\theta^2}\right] \tag{7.2.3}$$

$\Delta_s$ 称为球面拉普拉斯算子。易见在半径为 $r$ 的球面上,拉普拉斯算子可表示为

$$\Delta u = \frac{1}{r^2}\Delta_s u \tag{7.2.4}$$

因此,在空间 $\mathbf{R}^3$ 中,拉普拉斯算子的表示形式(7.2.2) 具有如下简洁形式

$$\Delta u = \left(u_{rr} + \frac{2}{r}u_r\right) + \frac{1}{r^2}\Delta_s u \tag{7.2.5}$$

### 7.2.2 与 $\theta$ 无关的球面调和函数

设 $a > 0$,考虑球形域 $B_a(0) \subset \mathbf{R}^3$ 上拉普拉斯算子的特征值问题

$$\begin{cases} -\Delta u = \mu u, & (x,y,x) \in B_a(0) \\ u = 0, & (x,y,x) \in \partial B_a(0) \end{cases} \tag{7.2.6}$$

其中 $\mu$ 为待定常数。若对某个 $\mu$,定解问题(7.2.6) 有非零有界解,则称 $\mu$ 为(7.2.6) 式特征值,相应的非零有界解称为(7.2.6) 式的特征函数。求解(7.2.6) 式就是求所有特征值和相应的特征函数。

对(7.2.6) 式作球面坐标变换,得

$$\begin{cases} \left(u_{rr} + \frac{2}{r}u_r\right) + \frac{1}{r^2}\Delta_s u = -\mu u, & (r,\varphi,\theta) \in B_a(0) \\ u = 0, & (r,\varphi,\theta) \in \partial B_a(0) \end{cases} \tag{7.2.7}$$

我们利用分离变量法求解方程(7.2.7)。设 $u = R(r)f(\varphi,\theta) = Rf$,并将其代入到(7.2.7) 的方程得

$$\left(R'' + \frac{2}{r}R'\right)f + \frac{R}{r^2}\Delta_s f = -\mu Rf$$

作变量分离

$$\frac{r^2R'' + 2rR' + \mu r^2 R}{R} = -\frac{\Delta_s f}{f} = \lambda$$

故有

$$-\Delta_s f = \lambda f$$

$$r^2R'' + 2rR' + (\mu r^2 - \lambda)R = 0$$

结合定解问题(7.2.7) 中边界条件可得如下两个定解问题

$$\begin{cases} -\Delta_s f = \lambda f, & 0 \leqslant \theta \leqslant 2\pi, 0 < \varphi < \pi \\ f(\varphi,\theta) = f(\varphi,\theta + 2\pi), & |f(0,\theta)| < \infty, \ |f(\pi,\theta)| < \infty \end{cases} \tag{7.2.8}$$

$$\begin{cases} r^2R'' + 2rR' + (\mu r^2 - \lambda)R = 0, & 0 < r < a \\ R(a) = 0, & |R(0)| < \infty \end{cases} \tag{7.2.9}$$

(7.2.8) 式是单位球面上拉普拉斯算子的特征值问题,其非零解,即特征函数,通常称为球面调和函数。问题(7.2.9) 留在 7.2.4 小节中讨论。

本小节仅讨论 $u$ 与 $\theta$ 无关的情形,此时 $u = R(r)\Phi(\varphi)$,而定解问题(7.2.8) 简化为如下问题

$$\begin{cases} \sin\varphi \frac{\mathrm{d}}{\mathrm{d}\varphi}\left(\sin\varphi \frac{\mathrm{d}}{\mathrm{d}\varphi}\Phi\right) + \lambda \sin^2\varphi \Phi = 0, & 0 < \varphi < \pi \\ |\Phi(0)|, & |\Phi(\pi)| < \infty \end{cases} \tag{7.2.10}$$

**定理7.5**[2,3] 对于球面拉普拉斯算子的特征值问题(7.2.10),如下结果成立。

(1) 特征值为 $\lambda_n = n(n+1)$,特征函数为 $P_n(\cos\varphi)$,$n \geqslant 0$。

(2) 特征函数系 $\{P_n(\cos\varphi) \mid n \geqslant 0\}$ 关于权 $\sin\varphi$ 是相互正交的,且有

$$\int_0^{\pi} P_n(\cos\varphi) P_l(\cos\varphi) \sin\varphi \mathrm{d}\varphi = \delta_{nl} \frac{2}{2n+1}, \quad n,l \geqslant 0 \tag{7.2.11}$$

(3) 特征函数系 $\{P_n(\cos\varphi) \mid n \geqslant 0\}$ 是完备的,即区间 $[0,\pi]$ 上任意分段光滑的函数 $g(\varphi)$ 可展成如下的傅里叶级数

$$g(\varphi) = \sum_{n=0}^{\infty} c_n P_n(\cos\varphi) \tag{7.2.12}$$

其中

$$c_n = \frac{2n+1}{2} \int_0^{\pi} g(\varphi) P_n(\cos\varphi) \sin\varphi \mathrm{d}\varphi, \quad n \geqslant 0 \tag{7.2.13}$$

定理7.5之证明如下。对(7.2.10)式作变量代换:$x = \cos\varphi$,并记 $y(x) = \Phi(\varphi) = \Phi(\arccos x)$。则直接计算可得

$$\frac{\mathrm{d}\Phi}{\mathrm{d}\varphi} = \frac{\mathrm{d}y}{\mathrm{d}x} \frac{\mathrm{d}x}{\mathrm{d}\varphi} = -\sin\varphi \frac{\mathrm{d}y}{\mathrm{d}x}$$

或写成

$$\sin\varphi \frac{\mathrm{d}\Phi}{\mathrm{d}\varphi} = -\sin^2\varphi \frac{\mathrm{d}y}{\mathrm{d}x}$$

将上式代入(7.2.10)式中,得

$$\sin^2\varphi \frac{\mathrm{d}}{\mathrm{d}x}\left(\sin^2\varphi \frac{\mathrm{d}y}{\mathrm{d}x}\right) + \lambda \sin^2\varphi y = 0$$

方程两边同时除 $\sin^2\varphi$,并利用 $\sin^2\varphi = 1 - x^2$,得

$$\begin{cases} \dfrac{\mathrm{d}}{\mathrm{d}x}\left[(1-x^2)\dfrac{\mathrm{d}y}{\mathrm{d}x}\right] + \lambda y = 0, & -1 < x < 1 \\ |y(\pm 1)| < \infty \end{cases} \tag{7.2.14}$$

(7.2.14)式为勒让德方程特征值问题。直接利用定理7.3和定理7.4的结果可得定理7.5中的所有结果,定理得证。

**注2** 由定理7.5知,当 $f$ 与 $\theta$ 无关时,所有的球面调和函数为 $\{P_n(\cos\varphi) \mid n \geqslant 0\}$。

**例7.7** 将函数 $f(\varphi) = \sin\varphi$ 在区间 $[0,\pi]$ 上按特征函数系 $\{P_n(\cos\varphi) \mid n \geqslant 0\}$ 展成傅里叶级数。

**解** 根据定理7.5,设

$$f(\varphi) = \sum_{n=0}^{\infty} c_n P_n(\cos\varphi)$$

其中

$$c_n = \frac{2n+1}{2} \int_0^{\pi} \sin\varphi P_n(\cos\varphi) \sin\varphi \mathrm{d}\varphi$$

对积分作变量代换 $x = \cos\varphi$,并利用 $P_n(x)$ 的奇偶性得

$$c_{2k+1} = \frac{4k+3}{2} \int_{-1}^{1} \sqrt{1-x^2} P_{2k+1}(x) \mathrm{d}x = 0$$

$$c_{2k} = (4k+1) \int_0^1 \sqrt{1-x^2} P_{2k}(x) \mathrm{d}x \tag{7.2.15}$$

上面积分总是可以求出的,譬如当 $k=2$ 时,

$$P_4(x)=\frac{35}{8}x^4-\frac{15}{4}x^2+\frac{3}{8}$$

故有

$$\begin{aligned}c_4&=\frac{9}{8}\int_0^1\sqrt{1-x^2}(35x^4-30x^2+3)\mathrm{d}x,\quad x=\sin t\\&=\frac{9}{8}\int_0^{\frac{\pi}{2}}(35\sin^4 t-30\sin^2 t+3)\cos^2 t\mathrm{d}t\\&=\frac{9}{8}\int_0^{\frac{\pi}{2}}(3-33\sin^2 t+65\sin^4 t-35\sin^6 t)\mathrm{d}t\\&=-\frac{2349}{256}\pi\end{aligned}$$

从而有展开式

$$\sin\varphi=\sum_{n=0}^{\infty}c_{2n}P_{2n}(\cos\varphi)$$

其中系数由(7.2.15)式给出。

**例 7.8** 将函数 $f(\varphi)=\cos^4\varphi$ 在区间 $[0,\pi]$ 上按特征函数系 $\{P_n(\cos\varphi)\mid n\geqslant 0\}$ 展成傅里叶级数。

**解** 作变量代换 $x=\cos\varphi$,即得 $f(\varphi)=x^4,x\in[-1,1]$。利用例 7.6 的结果

$$x^4=\frac{1}{5}P_0(x)+\frac{4}{7}P_2(x)+\frac{8}{35}P_4(x)$$

可得级数展开式

$$\cos^4\varphi=\frac{1}{5}P_0(\cos\varphi)+\frac{4}{7}P_2(\cos\varphi)+\frac{8}{35}P_4(\cos\varphi)$$

**例 7.9** 设有一球心在原点半径为 $a$ 的球形导热体,内部无热源,球面上点 $P$ 的温度为 $1+\cos^2\varphi$,其中 $\varphi$ 为 $\overrightarrow{OP}$ 与 $z$ 轴的夹角。试求经过充分长时间后导体内的温度分布。

**解** 由于导热体内部无热源,球面温度与时间无关,所以经过充分长的时间后导体内的温度将趋于稳态,即温度不随时间变化。设导体内温度为 $u(x,y,z)$,则 $u$ 满足如下定解问题

$$\begin{cases}\Delta u=u_{xx}+u_{yy}+u_{zz}=0, & (x,y,z)\in B_a(0)\\ u=1+\cos^2\varphi, & (x,y,z)\in\partial B_a(0)\end{cases}$$

根据(7.2.5)式,在球面坐标坐标系下该问题可表示为

$$\begin{cases}\left(u_{rr}+\dfrac{2}{r}u_r\right)+\dfrac{1}{r^2}\Delta_s u=0, & 0\leqslant r<a,0<\varphi<\pi\\ u=1+\cos^2\varphi, & r=a,0\leqslant\varphi\leqslant\pi\end{cases}\tag{7.2.16}$$

由于边界温度与 $\theta$ 无关且有界,可推知导体内温度 $u(x,y,z)$ 有界且与 $\theta$ 也无关,即球体内任一圆:$r=r_0,x^2+y^2={r_0}^2\cos^2\varphi,0<r_0<a,0<\varphi<\pi$ 上的温度相同。因而

$$\Delta_s u=\frac{1}{\sin\varphi}\frac{\partial}{\partial\varphi}\left(\sin\varphi\frac{\partial u}{\partial\varphi}\right)$$

利用分离变量法求解(7.2.16)式。令 $u=R(r)\Phi(\varphi)$,将其代入到(7.2.16)式的方程,可得

$$(r^2R''+2rR')\Phi+R\Delta_s\Phi=0$$

$$\frac{r^2R''+2rR'}{R}=-\frac{\Delta_s\Phi}{\Phi}=\lambda$$

此即

$$r^2R''+2rR'-\lambda R=0 \tag{7.2.17}$$

$$\Delta_s\Phi+\lambda\Phi=0 \tag{7.2.18}$$

给方程(7.2.18)两端同乘 $\sin^2\varphi$,并利用 $u$ 的有界性可得

$$\begin{cases}\sin\varphi\dfrac{d}{d\varphi}\left(\sin\varphi\dfrac{d}{d\varphi}\Phi\right)+\lambda\sin^2\varphi\Phi=0, & 0<\varphi<\pi\\ |\Phi(0)|<\infty, \quad |\Phi(\pi)|<\infty\end{cases}$$

由定理 7.5 知特征值为 $\lambda_n=n(n+1)$,特征函数为 $P_n(\cos\varphi)$, $n\geqslant 0$。

下面求解 $R(r)$。将 $\lambda_n=n(n+1)$ 代入到(7.2.17)式中得

$$r^2R''+2rR'-n(n+1)R=0$$

该方程为欧拉方程。作变量代换 $r=e^s$,则该方程转化为常系数微分方程

$$R''_{ss}+R'_s-n(n+1)R=0$$

其通解为

$$R_n(r)=c_ne^{ns}+d_ne^{-(n+1)s}=c_nr^n+d_nr^{-(n+1)}$$

由 $u$ 的有界性知,$d_n=0$,所以

$$R_n=c_nr^n$$

根据叠加原理,(7.2.16)式的形式解为

$$u(r,\varphi)=\sum_{n=0}^{\infty}c_nr^nP_n(\cos\varphi)$$

其中系数 $c_n$ 由(7.2.16)式中的边界条件确定。在上式中令 $r=a$,得

$$1+\cos^2\varphi=\sum_{n=0}^{\infty}c_na^nP_n(\cos\varphi)$$

其中

$$c_n=\frac{2n+1}{2a^n}\int_0^{\pi}(1+\cos^2\varphi)P_n(\cos\varphi)\sin\varphi d\varphi$$

易得

$$c_0=\frac{4}{3},\quad c_2=\frac{2}{3a^2},\quad c_n=0,\quad n\neq 0,2.$$

故(7.2.16)式的解为

$$u(r,\varphi)=\frac{4}{3}+\frac{2}{3}\left(\frac{r}{a}\right)^2P_2(\cos\varphi)=\frac{4}{3}+\frac{1}{3}\left(\frac{r}{a}\right)^2(3\cos^2\varphi-1)$$

### 7.2.3　与 $\theta$ 有关的球面调和函数

对于球面拉普拉斯算子的特征值问题(7.2.8),当 $f$ 与 $\theta$ 有关时,仍可用分离变量法求解。令 $f(\varphi,\theta)=\Phi(\varphi)\Theta(\theta)=\Phi\Theta$,并将其带入到(7.2.8)式的方程得

$$\frac{1}{\sin\varphi}\frac{d}{d\varphi}(\sin\varphi\Phi')\Theta+\frac{1}{\sin^2\varphi}\Phi\Theta''=-\lambda\Phi\Theta$$

整理可得

$$\frac{\sin\varphi \dfrac{\mathrm{d}}{\mathrm{d}\varphi}(\sin\varphi\Phi') + \lambda\sin^2\varphi\Phi}{\Phi} = -\frac{\Theta''}{\Theta} = \nu$$

结合(7.2.8)式中的边界条件可得

$$\begin{cases}\Theta'' + \nu\Theta = 0, & -\infty \leqslant \theta \leqslant \infty \\ \Theta(\theta) = \Theta(\theta + 2\pi)\end{cases} \tag{7.2.19}$$

$$\begin{cases}\sin\varphi \dfrac{\mathrm{d}}{\mathrm{d}\varphi}(\sin\varphi\Phi') + (\lambda\sin^2\varphi - \nu)\Phi = 0, & 0 < \varphi < \pi \\ |\Phi(0)| < \infty, \ |\Phi(\pi)| < \infty\end{cases} \tag{7.2.20}$$

(7.2.19)式为 $n = 1$ 时拉普拉斯算子带有周期边界条件的特征值问题,由第2章定理2.3可知其特征值和特征函数分别为

$$\nu_m = m^2, \quad \Theta_m(\theta) = \{\cos m\theta, \sin m\theta\}, \quad m \geqslant 0 \tag{7.2.21}$$

将 $\nu_m = m^2$ 代入到(7.2.20)式中便得

$$\begin{cases}\sin\varphi \dfrac{\mathrm{d}}{\mathrm{d}\varphi}(\sin\varphi\Phi') + (\lambda\sin^2\varphi - m^2)\Phi = 0, & 0 < \varphi < \pi \\ |\Phi(0)| < \infty, \quad |\Phi(\pi)| < \infty\end{cases} \tag{7.2.22}$$

注意到当 $m = 0$ 时,(7.2.22)式便是特征值问题(7.2.10),由此可得(7.2.22)式的特征值和特征函数分别为

$$\lambda_{0n} = n(n+1), \quad \Phi_{0n}(\varphi) = P_n(\cos\varphi), \quad n \geqslant 0 \tag{7.2.23}$$

当 $m \geqslant 1$ 时,对(7.2.22)式作变量代换 $x = \cos\varphi, y(x) = \Phi(\varphi)$,直接计算可得

$$\begin{cases}\dfrac{\mathrm{d}}{\mathrm{d}x}\left[(1-x^2)\dfrac{\mathrm{d}y}{\mathrm{d}x}\right] + \left[\lambda - \dfrac{m^2}{(1-x^2)}\right]y = 0, & -1 < x < 1 \\ |y(\pm 1)| < \infty\end{cases} \tag{7.2.24}$$

(7.2.24)式称为勒让德伴随方程特征值问题,在定理7.2中已知道该问题的解为

$$\lambda_{mn} = n(n+1), \quad y_{mn}(x) = (1-x^2)^{\frac{m}{2}} P_n^{(m)}(x), \quad n \geqslant 0 \tag{7.2.25}$$

当 $n \geqslant m$ 时,$y_{mn}(x)$ 是非零解,当 $n < m$ 时,$y_{mn}(x)$ 是零解。

综合上述讨论,我们有如下结论。

**定理 7.6**[2,3] 对特征值问题(7.2.22),如下结果成立。

(1) 特征值和特征函数分别为

$$\lambda_{mn} = n(n+1), \quad \Phi_{mn}(\varphi) = (\sin\varphi)^m P_n{}^{(m)}(\cos\varphi), \quad n \geqslant m \tag{7.2.26}$$

(2) 特征函数系 $\{\Phi_{mn}(\varphi) \mid n \geqslant m\}$ 关于权 $\cos\varphi$ 是相互正交的,且有

$$\int_0^\pi \Phi_{mn}(\varphi)\Phi_{mk}(\varphi)\cos\varphi \mathrm{d}\varphi = \delta_{nk} \frac{2}{2n+1} \cdot \frac{(n+m)!}{(n-m)!}, \quad n,k \geqslant m \tag{7.2.27}$$

(3) 特征函数系 $\{\Phi_{mn}(\varphi) \mid n \geqslant m\}$ 是完备的,即对任意在区间 $[0,\pi]$ 上分段光滑的函数 $f(\varphi)$,可展成如下的傅里叶级数

$$f(\varphi) = \sum_{n=0}^{\infty} c_n \Phi_{mn}(\varphi) \tag{7.2.28}$$

其中系数可根据(7.2.27)式求出。

由(7.2.25)式可知,(7.2.26)式成立。(7.2.27)式的证明可通过直接计算而得,作为练习放在习题中。特征函数系 $\{\Phi_{mn}(\varphi) \mid n \geqslant m\}$ 的完备性,即(7.2.28)式的证明可参考文献[2]和[3]。

**注3**　由(7.2.21)式和定理7.6可知,当 $f$ 与 $\theta$ 有关时,所有球面调和函数为

$$\{\Phi_{mn}(\varphi)\cos m\theta,\quad \Phi_{mn}(\varphi)\sin m\theta\},\quad m\geqslant 0, n\geqslant m。$$

特别当 $n$ 给定时,即当 $\lambda_n = n(n+1)$ 时,所有球面调和函数为

$$\{\sin^m\varphi P_n^{(m)}(\cos\varphi)\cos m\theta,\quad \sin^m\varphi P_n^{(m)}(\cos\varphi)\sin m\theta\},\quad 0\leqslant m\leqslant n \tag{7.2.29}$$

例如,当 $n=2$ 时,注意到 $P_2(x)=\frac{3}{2}x^2-\frac{1}{2}$,由(7.2.29)式可得

$$m=0,\quad \left(\frac{3}{2}\cos^2\varphi-\frac{1}{2}\right)$$

$$m=1,\quad 3\sin\varphi\cos\varphi\cos\theta,\quad 3\sin\varphi\cos\varphi\sin\theta$$

$$m=2,\quad 3\sin^2\varphi\cos 2\theta,\quad 3\sin^2\varphi\sin 2\theta$$

共有五个球面调和函数。一般而言,对任意固定 $n$,(7.2.29)式共给出 $(2n+1)$ 个球面调和函数,这些函数是线性无关的。

利用(7.2.21)式中结果和定理7.2.2不难证明下面结果。

**定理7.7**[2,3]　对于球面拉普拉斯算子的特征值问题(7.2.8),即如下特征值问题(习惯上用 $Y(\varphi,\theta)$ 代替 $f(\varphi,\theta)$)

$$\begin{cases}-\Delta_s Y=\lambda Y, & 0\leqslant\theta\leqslant 2\pi, 0<\varphi<\pi\\ Y(\varphi,\theta)=Y(\varphi,\theta+2\pi), & |Y(0,\theta)|,\quad |Y(\pi,\theta)|\text{ 有界}\end{cases} \tag{7.2.30}$$

如下结果成立。

(1) 特征值和特征函数分别为

$$\lambda_{mn}=n(n+1),\quad m\geqslant 0, n\geqslant 0$$

$$Y_{mn}(\varphi,\theta)=\{\sin^m\varphi P_n^{(m)}(\cos\varphi)\cos m\theta, \sin^m\varphi P_n^{(m)}(\cos\varphi)\sin m\theta\}\quad m\geqslant 0, n\geqslant m \tag{7.2.31}$$

(2) 特征函数系 $\{Y_{mn}(\varphi,\theta)\,|\,m\geqslant 0, n\geqslant m\}$ 是相互正交的,且有

$$\int_0^{2\pi}\mathrm{d}\theta\int_0^{\pi}Y_{mn}(\varphi,\theta)Y_{kl}(\varphi,\theta)\sin\varphi\mathrm{d}\varphi=\int_0^{2\pi}\begin{pmatrix}\cos m\theta\\ \sin m\theta\end{pmatrix}\begin{pmatrix}\cos k\theta\\ \sin k\theta\end{pmatrix}\mathrm{d}\theta\int_0^{\pi}P_n^{(m)}(\cos\varphi)P_l^{(k)}(\cos\varphi)(\sin\varphi)^{m+k+1}\mathrm{d}\varphi$$

$$=\begin{cases}0, & k\neq m,\text{或 } n\neq l\\ \dfrac{2\pi}{2n+1}\dfrac{(n+m)!}{(n-m)!}, & k=m\geqslant 1, l=n\geqslant 0\\ \dfrac{4\pi}{2n+1}, & m=k=0, n=l\geqslant 0\end{cases} \tag{7.2.32}$$

(3) 特征函数系 $\{Y_{mn}(\varphi,\theta)\,|\,m\geqslant 0, n\geqslant m\}$ 是完备的,由于完备性涉及到二重级数展开问题,证明从略。

### 7.2.4　球形贝塞尔函数

在求解球形域上与拉普拉斯算子相关的一些定解问题时,还需求解问题(7.2.9)。

将 $\lambda_n=n(n+1)$ 代入到(7.2.9)式中可得

$$\begin{cases}r^2R''+2rR'+[\mu r^2-n(n+1)]R=0, & 0<r<a\\ R(a)=0, & |R(0)|<\infty\end{cases} \tag{7.2.33}$$

其中(7.2.33)式中的方程称为贝塞尔伴随方程。利用第3章中定理3.3证明的第一步证明方法可证 $\mu\geqslant 0$。当 $\mu=0$ 时,(7.2.33)式中的方程为欧拉方程,其通解为

$$R_n = c_n r^n + d_n r^{-(n+1)}$$

结合(7.2.33)式的边界条件可得

$$c_n = d_n = 0$$

故 $\mu = 0$ 不是(7.2.33)式的特征值。当 $\mu > 0$ 时，对(7.2.33)中的方程作变换 $R(r) = r^{-\frac{1}{2}} u(r)$。直接计算可得

$$R'(r) = -\frac{1}{2} r^{-\frac{3}{2}} u(r) + r^{-\frac{1}{2}} u'(r)$$

$$R''(r) = \frac{3}{4} r^{-\frac{5}{2}} u(r) - r^{-\frac{3}{2}} u'(r) + r^{-\frac{1}{2}} u''(r)$$

将上面两式代入到(7.2.33)式中并整理可得

$$r^2 u'' + r u' + \left[\mu r^2 - \left(n + \frac{1}{2}\right)^2\right] u = 0$$

此即 $\left(n + \frac{1}{2}\right)$ 阶贝塞尔方程，其通解为

$$u(r) = c_1 J_{n+\frac{1}{2}}(\sqrt{\mu} r) + c_2 J_{-\left(n+\frac{1}{2}\right)}(\sqrt{\mu} r)$$

由此可得(7.2.33)式的方程通解为

$$R(r) = c_1 r^{-\frac{1}{2}} J_{n+\frac{1}{2}}(\sqrt{\mu} r) + c_2 r^{-\frac{1}{2}} J_{-\left(n+\frac{1}{2}\right)}(\sqrt{\mu} r) \tag{7.2.34}$$

由边界条件 $|R(0)| < \infty$ 得 $c_2 = 0$，故有

$$R(r) = c_1 r^{-\frac{1}{2}} J_{n+\frac{1}{2}}(\sqrt{\mu} r)$$

再利用边界条件 $R(a) = 0$ 可得

$$R(a) = c_1 a^{-\frac{1}{2}} J_{n+\frac{1}{2}}(\sqrt{\mu} a) = 0$$

由上式可得

$$\mu_{nk} = \left(\frac{\mu_k^{\left(n+\frac{1}{2}\right)}}{a}\right)^2, \quad R_{nk}(r) = r^{-\frac{1}{2}} J_{n+\frac{1}{2}}\left(\frac{\mu_k^{\left(n+\frac{1}{2}\right)}}{a} r\right), \quad k \geqslant 1 \tag{7.2.35}$$

其中 $\{\mu_k^{\left(n+\frac{1}{2}\right)} | k \geqslant 1\}$ 为 $J_{n+\frac{1}{2}}(x)$ 的正零点。

由(7.2.35)式确定的函数 $x^{-\frac{1}{2}} J_{n+\frac{1}{2}}(x)$ 称为 $n$ 阶球面贝塞尔函数，通常记为 $j_n(x)$，即

$$j_n(x) = x^{-\frac{1}{2}} J_{n+\frac{1}{2}}(x) = \frac{1}{\sqrt{x}} J_{n+\frac{1}{2}}(x)$$

**注 4** 可以证明[2]：$n + \frac{1}{2}$ 阶贝塞尔函数 $J_{n+\frac{1}{2}}(x)$ 有无穷个正零点 $\mu_k^{\left(n+\frac{1}{2}\right)}$，且有 $\lim\limits_{k \to \infty} \mu_k^{\left(n+\frac{1}{2}\right)} = +\infty$。当 $x$ 充分大时，$J_{n+\frac{1}{2}}(x)$ 具有以下的渐进表示式

$$J_{n+\frac{1}{2}}(x) = \sqrt{\frac{2}{\pi x}} \sin\left(x - \frac{n\pi}{2}\right) + O\left(x^{-\frac{3}{2}}\right)$$

上述结果总结为如下定理。

**定理 7.8**[3] 假设 $n$ 为任意的非负整数，则对特征值问题(7.2.33)，如下结果成立。

(1) 特征值和特征函数分别为

$$\mu_{nk} = \left(\frac{\mu_k^{\left(n+\frac{1}{2}\right)}}{a}\right)^2, \quad R_{nk}(r) = r^{-\frac{1}{2}} J_{n+\frac{1}{2}}\left(\frac{\mu_k^{\left(n+\frac{1}{2}\right)}}{a} r\right), \quad k \geqslant 1 \tag{7.2.36}$$

其中 $\{\mu_k^{\left(n+\frac{1}{2}\right)} | k \geqslant 1\}$ 为 $J_{n+\frac{1}{2}}(x)$ 的正零点。

(2) 特征函数系 $\{R_{nk}(r) | k \geqslant 1\}$ 关于权函数 $r^2$ 是相互正交的，且有

$$\int_0^a R_{nm}(r)R_{nk}(r)r^2\mathrm{d}r = \delta_{mk}A_k, \quad m,k \geqslant 1$$

其中

$$A_k = \left(\frac{a}{\mu_k^{(n+\frac{1}{2})}}\right)^2 \int_0^{\mu_k^{(n+\frac{1}{2})}} J_{n+\frac{1}{2}}^2(x)x\mathrm{d}x, \quad k \geqslant 1 \tag{7.2.37}$$

(3) 特征函数系$\{R_{nk}(r) \mid k \geqslant 1\}$是完备的，即区间$[0,a]$上任意分段光滑的函数$f(r)$可展成如下的傅里叶级数

$$f(r) = \sum_{k=1}^{\infty} c_k R_{nk}(r)$$

其中

$$c_k = \frac{1}{A_k}\int_0^a f(r)R_{nk}(r)r^2\mathrm{d}r, \quad k \geqslant 1$$

有了球面调和函数和球形贝塞尔函数，我们就可以解决球形域上拉普拉斯算子的特征值问题了。为简单起见，下面仅考虑函数与$\theta$无关的情形。

考虑如下特征值问题

$$\begin{cases} \left(u_{rr} + \dfrac{2}{r}u_r\right) + \dfrac{1}{r^2}\Delta_s u = -\mu u, & (r,\varphi,\theta) \in B_a(0) \\ u = 0, & (r,\varphi,\theta) \in \partial B_a(0) \end{cases} \tag{7.2.38}$$

其中

$$\Delta_s u = \frac{1}{\sin\varphi}\frac{\partial}{\partial\varphi}\left(\sin\varphi\frac{\partial u}{\partial\varphi}\right)$$

利用分离变量法求解问题(7.2.38)。令$u = R(r)\Phi(\varphi)$，将其并代入到特征值问题(7.2.38)的方程可得

$$(r^2R'' + 2rR')\Phi + R\Delta_s\Phi = -\mu r^2 R\Phi$$

$$\frac{r^2R'' + 2rR' + \mu r^2 R}{R} = -\frac{\Delta_s\Phi}{\Phi} = \lambda$$

此即

$$r^2R'' + 2rR' + (\mu r^2 - \lambda)R = 0 \tag{7.2.39}$$

$$\Delta_s\Phi + \lambda\Phi = 0 \tag{7.2.40}$$

对(7.2.40)方程两边同乘$\sin^2\varphi$，并利用$u$的有界性可得

$$\begin{cases} \sin\varphi\dfrac{\mathrm{d}}{\mathrm{d}\varphi}\left(\sin\varphi\dfrac{\mathrm{d}}{\mathrm{d}\varphi}\Phi\right) + \lambda\sin^2\varphi\Phi = 0, & 0 < \varphi < \pi \\ |\Phi(0)| < \infty, & |\Phi(\pi)| < \infty \end{cases} \tag{7.2.41}$$

该问题与特征值问题(7.2.10)相同。

结合方程(7.2.39)与(7.2.38)中的边界条件和$u$的有界性可得

$$\begin{cases} r^2R'' + 2rR' + (\mu r^2 - \lambda)R = 0, & 0 < r < a \\ R(a) = 0, & |R(0)| < \infty \end{cases}$$

应用定理7.5和定理7.8可得如下结果。

**定理7.9**[3] 对于特征值问题(7.2.38)，如下结果成立。

(1) 特征值和特征函数分别为

$$\mu_{nk}=\left(\frac{\mu_k^{(n+\frac{1}{2})}}{a}\right)^2,\quad X_{nk}(r,\varphi)=P_n(\cos\varphi)R_{nk}(r),\quad n\geqslant 0,k\geqslant 1 \tag{7.2.42}$$

其中 $R_{nk}(r)$ 由(7.2.36)式所述。

(2) 特征函数系 $\{X_{nk}(r,\varphi)\mid n\geqslant 0,k\geqslant 1\}$ 关于权 $r^2\sin\varphi$ 是相互正交的，且有

$$\int_0^a r^2\mathrm{d}r\int_0^\pi X_{nm}(r,\varphi)X_{lk}(r,\varphi)\sin\varphi\mathrm{d}\varphi=\delta_{nl}\delta_{mk}\frac{2}{2n+1}A_k$$
$$n,l\geqslant 0,\quad m,k\geqslant 1 \tag{7.2.43}$$

其中 $A_k$ 由(7.2.37)式所述。

(3) 特征函数系 $\{X_{nk}(r,\varphi)\mid n\geqslant 0,k\geqslant 1\}$ 是完备的，即区域 $[0,a]\times[0,\pi]$ 上任意分片光滑函数 $f(r,\varphi)$ 可展成傅里叶级数

$$f(r,\varphi)=\sum_{n=0,k=1}^{\infty}c_{nk}X_{nk}(r,\varphi)$$

其中

$$c_{nk}=\frac{2n+1}{2A_k}\int_0^a r^2\mathrm{d}r\int_0^a f(r,\varphi)X_{nk}^2(r,\varphi)\sin\varphi\mathrm{d}\varphi$$

# 习题 7

1. 求解或证明以下各题

(1) 取 $\alpha=3$，利用本章递推公式(7.1.4)写出 $y_{3,1}(x)$ 和 $y_{3,2}(x)$ 表达式，其中 $y_{3,1}(x)$ 和 $y_{3,2}(x)$ 如(7.1.5)式所述。

(2) 选取常数 $c$，使得 $cy_{3,2}(x)$ 为三阶勒让德多项式 $P_3(x)$。

(3) 证明 $y_{3,1}(x)$(由本题(1)给出)表达式中的无穷级数在区间 $(-1,1)$ 收敛，但在端点 $x=\pm 1$ 发散。

2. 求解或证明以下各题。

(1) 取 $\alpha=5.2$，利用本章递推公式(7.1.4)写出 $y_{\alpha,1}(x)$ 和 $y_{\alpha,2}(x)$ 表达式，其中 $y_{\alpha,1}(x)$ 和 $y_{\alpha,2}(x)$ 如(7.1.5)式所述。

(2) 证明 $y_{\alpha,1}(x)$ 和 $y_{\alpha,2}(x)$ 中的无穷级数在区间 $(-1,1)$ 收敛。

(3) 取 $x=\pm 1$，证明当 $k$ 充分大时，$y_{\alpha,1}(x)$ 和 $y_{\alpha,2}(x)$ 右端无穷级数的系数不再改变符号。

3. 求出第二类勒让德函数 $Q_0(x)$ 和 $Q_1(x)$ 的和函数。

4. 求解或证明以下各题

(1) 证明 $\{P_k(x)\mid 0\leqslant k\leqslant 3\}$ 是线性无关的，并将函数 $x^3$ 用 $\{P_k(x)\mid 0\leqslant k\leqslant 3\}$ 的线性组合来表示。

(2) $P_n(1)=1,P_n(-1)=(-1)^n,n\geqslant 0$。

(3) 设 $f(x)=\sum_{k=0}^{n}c_kP_k(x)$，则有 $f(1)=\sum_{k=0}^{n}c_k$。

5. 利用勒让德函数求解以下方程。

(1) $(1-x^2)y''-2xy'+\frac{3}{4}y=0,-1<x<1$。

(2) $(1-x^2)y''-2xy'+30y=0,-1<x<1$。

(3) $\frac{\mathrm{d}}{\mathrm{d}x}\left[(1-x^2)\frac{\mathrm{d}z}{\mathrm{d}x}\right]+\left(6-\frac{1}{1-x^2}\right)z=0,-1<x<1$。

(4) $\frac{\mathrm{d}}{\mathrm{d}x}\left[(1-x^2)\frac{\mathrm{d}z}{\mathrm{d}x}\right]+\left(\frac{5}{16}-\frac{4}{1-x^2}\right)z=0,-1<x<1$。

6*.利用生成函数展开式(7.1.12)证明:勒让德多项式 $P_n(x)$ 是一个 $n$ 次多项式,且若 $n$ 为偶(奇)数,则 $P_n(x)$ 由 $x$ 的偶(奇)次乘幂组成。

7.(1)证明勒让德多项式的递推公式(7.1.17)和(7.1.18)。

(2)利用(7.1.16)和(7.1.17)式验证:勒让德多项式 $P_n(x)$ 满足勒让德方程 $(1-x^2)y''-2xy'+n(n+1)y=0$。

8.证明勒让德多项式的正交性(不使用罗德里格公式)。

9.证明　当 $n\neq m$ 时有

$$\int_x^1 P_n(t)P_m(t)\mathrm{d}t=\frac{(1-x^2)[P'_n(x)P_m(x)-P_n(x)P'_m(x)]}{n(n+1)-m(m+1)}$$

10.计算下面各积分

(1) $\int_{-1}^{1}P_{10}(x)\mathrm{d}x$;　(2) $\int_{-1}^{1}xP_3(x)\mathrm{d}x$;　(3) $\int_{-1}^{1}x^2P_2(x)\mathrm{d}x$;

(4) $\int_{-1}^{1}x^2P_3(x)P_5(x)\mathrm{d}x$;　(5) $\int_{0}^{1}P_{10}(x)\mathrm{d}x$;　(6) $\int_{0}^{1}P_{2n+1}(x)\mathrm{d}x$。

11*.证明勒让德多项式 $P_n(x)$ 在区间$(-1,1)$内有 $n$ 个零点。

12*.证明下面各式。

(1) $\int_{-1}^{1}(1-x^2)^mP_n^{(m)}(x)P_k^{(m)}(x)\mathrm{d}x=0,n,k\geqslant m,n\neq k$。

(2) $\int_{-1}^{1}(1-x^2)^mP_n^{(m)}(x)P_k^{(m)}(x)\mathrm{d}x=\frac{(n+m)!}{(n-m)!}\frac{2}{1+2n},n=k\geqslant m$。

13.将 $f(x)=x^3+x+1$ 按 $\{P_n(x)\mid n\geqslant 0\}$ 展成傅里叶级数。

14.设 $f(x)=\begin{cases}0, & -1\leqslant x<0\\ 1, & 0\leqslant x\leqslant 1\end{cases}$,将该函数按 $\{P_n(x)\mid n\geqslant 0\}$ 展成傅里叶级数。

15.设 $f(x)=\begin{cases}0, & -1\leqslant x<0\\ x, & 0\leqslant x\leqslant 1\end{cases}$,将该函数按 $\{P_n(x)\mid n\geqslant 0\}$ 展成傅里叶级数(求出前三项系数)。

16.设 $f(\varphi)=2+\cos 2\varphi-5\cos^3\varphi$,将该函数按 $\{P_n(\cos\varphi)\mid n\geqslant 0\}$ 展成傅里叶级数。

17.求在圆心为 0 半径为 2 的球内调和,在球面上等于 $2-3\cos^2\varphi$ 的函数 $u$。

18.求函数 $u(r,\varphi)$,使其在半径为 3 的球外调和,且满足边界条件

$$u(3,\varphi)=\cos^2\varphi,\quad \lim_{r\to\infty}u(r,\varphi)=0$$

# 附录1　测验题

测验题范围:32 学时教学内容,第1章到第6章。

**测验题1(时间150分钟)**

1. 填空(每题5分)。

(1) 长为 $l$ 的均匀细杆侧面绝热,$x=0$ 端温度恒为零度,$x=l$ 端有恒定热流 $q$(J/s) 流进杆内。若杆的初始温度为 $\varphi(x)$,内部无热源,试写出相应的定解问题________。

(2) 长为 $l$ 的均匀细弦,$x=0$ 端垂直方向作用力为 $g(t)(N)$,$x=l$ 端固定,试写出相应的边界条件________。

(3) 设 $u(0,t)=\sin t, u_x(l,t)=1$。若将该边界条件齐次化的变换为 $v=u-w$,则 $w(x,t)$ 为________。

(4) 二维拉普拉斯方程在右半平面狄利克雷问题的格林函数是________。

2. 求解以下各题(每题11分)。

(1) 求解特征值问题

$$\begin{cases} X''+\lambda X=0, & 0<x<l \\ X(0)=0, & X'(l)=0 \end{cases}$$

(2) 利用格林函数法求解边值问题

$$\begin{cases} u_{xx}+u_{yy}=0, & (x,y)\in B_R(0) \\ u(x,y)=g(x,y), & (x,y)\in \partial B_R(0) \end{cases}$$

其中 $B_R(0)$ 是以 $O$ 为中心 $R$ 为半径的原点邻域。

(3) 利用傅里叶变换求解柯西问题

$$\begin{cases} u_t+2u_x=0, & -\infty<x<\infty, t>0 \\ u(x,0)=\varphi(x), & -\infty<x<\infty \end{cases}$$

(4) 求解一维波动方程柯西问题

$$\begin{cases} u_{tt}-4u_{xx}=t+x, & -\infty<x<\infty, t>0 \\ u(x,0)=0, u_t(x,0)=\sin x, & -\infty<x<\infty \end{cases}$$

3. 求解以下各题(每题14分)。

(1) $\begin{cases} u_t-4u_{xx}=tx, & 0<x<l, t>0 \\ u(0,t)=0, \quad u(l,t)=0, & t\geqslant 0 \\ u(x,0)=0, & 0\leqslant x\leqslant l \end{cases}$

(2) $\begin{cases} u_{tt}-a^2u_{xx}=1, & 0<x<\pi, t>0 \\ u_x(0,t)=0, u_x(\pi,t)=0, & t\geqslant 0 \\ u(x,0)=0, u_t(x,0)=\cos 2x, & 0\leqslant x\leqslant \pi \end{cases}$

4. (8分) 考虑如下贝塞尔方程特征值问题

$$\begin{cases}\rho^2R''(\rho)+\rho R'(\rho)+(\lambda\rho^2-4)R(\rho)=0, & 0<\rho<\rho_0\\ R(\rho_0)=0, \quad |R(0)|<\infty\end{cases}$$

(1) 求解该特征值问题($\lambda>0$ 不必证明)。

(2) 证明所得特征函数系的正交性。

## 测验题 2(时间 150 分钟)

1. 填空(每题 6 分)。

(1) 有一圆形薄板侧面绝热,初始温度为 $\varphi(x,y)$,边界均保持零度,试写出在无热源时描述温度分布的定解问题________。

(2) 在一维热传导问题中,边界条件为 $u_x(0,t)=0, u_x(l,t)+2u(l,0)=0$,解释此边界条件的物理意义________。

(3) 在一维弦振动问题中,若 $x=l$ 端固定,$x=0$ 端为弹性支撑边界条件,试写出该问题的边界条件________。

(4) $J_0(x)$ 是零阶贝塞尔函数,计算积分 $\int_0^1 xJ_0(x)\mathrm{d}x=$ ________。

2. 求解以下各题(每题 12 分)。

(1) 将函数 $f(x)=x, 0<x<1$ 按贝塞尔函数系 $\{J_1(\lambda_i x)\}$ 展成傅里叶级数,这里 $\lambda_i$ 是 $J_1(x)$ 的正零点。

(2) 求解下面边值问题

$$\begin{cases}\Delta u=0, & (x,y)\in\mathbf{R}^2, z>0\\ u|_{z=0}=\varphi(x,y), & (x,y)\in\mathbf{R}^2\end{cases}$$

(3) 利用傅里叶变换法求解下面柯西问题

$$\begin{cases}u_t-a^2u_{xx}=0, & -\infty<x<+\infty, t>0\\ u|_{t=0}=\delta(x), & -\infty<x<+\infty\end{cases}$$

3. 利用特征函数法求解以下各题(每题 16 分)

$$(1)\begin{cases}u_t-a^2u_{xx}=2\sin\pi x, & 0<x<1, t>0\\ u(0,t)=0, u(l,t)=0, & t\geqslant 0\\ u(x,0)=\sin 3\pi x, & 0\leqslant x\leqslant 1\end{cases}$$

$$(2)\begin{cases}\Delta u=0, & 0\leqslant r<1, 0<\theta<\dfrac{\pi}{2}\\ u|_{\theta=0}=0, \quad u|_{\theta=\frac{\pi}{2}}=0, & 0\leqslant r<1\\ u|_{r=1}=f(\theta), & 0\leqslant\theta\leqslant\dfrac{\pi}{2}\end{cases}$$

4. (8 分) 设 $p(x)$、$q(x)$ 在区间 $[0,l]$ 一阶连续可导,且 $p(x)>0, q(x)\geqslant 0$。考虑如下特征值问题

$$\begin{cases}-\dfrac{\mathrm{d}}{\mathrm{d}x}\left[p(x)\dfrac{\mathrm{d}}{\mathrm{d}x}X(x)\right]+q(x)X(x)=\lambda X(x), & 0<x<l\\ X(0)=0, \quad X(l)=0\end{cases}$$

(1) 证明一切特征值 $\lambda\geqslant 0$。

(2) 证明不同特征值对应的特征函数是正交的。

# 附录 2　部分习题答案、提示或解答

## 习题 1

1. $u_{tt}-a^2u_{xx}+\dfrac{b}{\rho}u_t=0$。

2. 若左端温度为零，则定解问题为

$$\begin{cases}u_t-a^2u_{xx}=0, & 0<x<l,t>0\\ u(0,t)=0,ku_x(l,t)=q, & t\geqslant 0\\ u(x,0)=\varphi(x), & 0\leqslant x\leqslant l\end{cases}$$

若右端温度为零，则定解问题为

$$\begin{cases}u_t-a^2u_{xx}=0, & 0<x<l,t>0\\ -ku_x(0,t)=q,u(l,t)=0, & t\geqslant 0\\ u(x,0)=\varphi(x), & 0\leqslant x\leqslant l\end{cases}$$

3. 球的温度 $u$ 满足下面定解问题

$$\begin{cases}u_t-a^2\Delta u=0, & (x,y,z)\in\Omega,t>0\\ k\dfrac{\partial u}{\partial n}+k_1u=27k_1, & (x,y,z)\in\partial\Omega,t>0\\ u=200, & (x,y,z)\in\bar{\Omega},t=0\end{cases}$$

其中 $k$ 为铁的导热系数，$k_1$ 为铁和空气的热交换系数。

4. 若左端封闭，则定解问题为

$$\begin{cases}u_t-a^2u_{xx}=0, & 0<x<l,t>0\\ u_x(0,t)=0,ku_x(l,t)+k_1u(l,t)=k_1u_0,t\geqslant 0\\ u(x,0)=0, & 0\leqslant x\leqslant l\end{cases}$$

若右端封闭，则定解问题为

$$\begin{cases}u_t-a^2u_{xx}=0, & 0<x<l,t>0\\ ku_x(0,t)-k_1u(0,t)=k_1u_0, & u_x(l,t)=0,t\geqslant 0\\ u(x,0)=0, & 0\leqslant x\leqslant l\end{cases}$$

5. **解**　以 $x$ 轴表示管道，其正向为气体流动的方向，利用与推导热传导方程相同的方法建立气体流动时满足的微分方程。在 $x$ 轴上任取小区间 $[x,x+\Delta x]$，并取小时间段 $[t,t+\Delta t]$，则有质量守恒律：$(t+\Delta t)$ 时刻区间 $[x,x+\Delta x]$ 内气体质量等于 $t$ 时刻该区间 $[x,x+\Delta x]$ 气体质量，加上在时间段 $[t,t+\Delta t]$ 通过该区间两个端点的流入量。用 $\rho(x,t)$ 和 $v(x,t)\mathrm{i}$ 表示质量守恒律即为

$$\int_x^{x+\Delta x}[\rho(x,t+\Delta t)-\rho(x,t)]\mathrm{d}x=\int_t^{t+\Delta t}[(\rho v)(x,t)-(\rho v)(x+\Delta x,t)]\mathrm{d}t$$

利用微分中值定理，并注意到两个小区间的任意性便得

$$\rho_t+(\rho v)_x=0$$

6. **解**　设细杆比热为 $c$(J/kg・K)，线密度为 $\rho$(kg/m)，侧面积为 $s_0$($\mathrm{m}^2$)，热源强度为 $f$(J/s・kg)，$u(x,t)$(K) 为 $t$ 时刻点 $x$ 处的温度。由于杆内热流量 $\boldsymbol{q}=-k\nabla u$(J/s・$\mathrm{m}^2$)，$k$ 为细杆导热系数(注意此时 $\nabla u=u_x\boldsymbol{i}$)，

故对任意小段细杆$[x,x+\Delta x]$，有以下热量平衡方程

$$u\big|_{t=t_2}\rho c\Delta x-u\big|_{t=t_1}\rho c\Delta x=s_0\Delta t[(-k\nabla u)\big|_{x=x+\Delta x}(-\boldsymbol{i})+(-k\nabla u)\big|_{x=x}\boldsymbol{i}]+f_0\Delta t\rho\Delta x$$

或

$$\rho c(u\big|_{t=t_2}-u\big|_{t=t_1})\Delta x=ks_0\Delta t[u_x\big|_{x=x+\Delta x}-u_x\big|_{x=x}]+\rho f_0\Delta t\Delta x$$

$$\rho c\frac{\partial u}{\partial t}(x,\bar{t})\Delta t\Delta x=ks_0u_{xx}(\bar{x},t)\Delta t\Delta x+\rho f_0\Delta t\Delta x$$

其中$\bar{t}\in[t,t+\Delta t]$，$\bar{x}\in[x,x+\Delta x]$。上式两边同除$\Delta t\Delta x$并令$\Delta t\to 0,\Delta x\to 0$，得

$$\rho cu_t=ks_0u_{xx}+\rho f_0\text{，或 }u_t=a^2u_{xx}+f(x,t)$$

其中$a^2=\dfrac{ks_0}{\rho c}>0$，$f(x,t)=f_0(x,t)/c$。初始条件为$u(x,0)=\varphi(x)=0,0\leqslant x\leqslant l$。边界条件为$u(0,t)=u_0$，$-ku_x\big|_{x=l}(-\boldsymbol{i})=q(t)$，即$u_x(l,t)=\dfrac{1}{k}q(t)$。

由上面推导过程便知 6(1) 和 6(2) 的定解问题分别为

$$\begin{cases}u_t=a^2u_{xx}, & 0<x<l,t>0\\ u(0,t)=u_0,u_x(l,t)=\dfrac{1}{k}\sin\omega t, & t\geqslant 0\\ u(x,0)=0, & 0\leqslant x\leqslant l\end{cases}$$

$$\begin{cases}u_t=a^2u_{xx}+\dfrac{x}{c}, & 0<x<l,t>0\\ u(0,t)=u_0,u_x(l,t)=\dfrac{1}{k}\sin\omega t, & t\geqslant 0\\ u(x,0)=0, & 0\leqslant x\leqslant l\end{cases}$$

7. **提示**　达到平衡时，弦线的初速度为零，初始位移需利用在弦线中点，上提力和该点两边张力三力平衡关系，由此可得初始位移$\varphi(x)$的具体表示式。

8. **提示**　弹簧的实际形变为$(u(l,t)-L)$，故弹簧的恢复力为$-k(u(l,t)-L)$，此力等于弦线右端的张力，故有$T_0u_x(l,0)=-k(u(l,0)-L)$，或$T_0u_x+ku=kL$。如果再施加外力$f(t)$，则弦线右端的边界条件为$T_0u_x+ku=kL+f(t),x=l$。

9. **解**　设在$x=x_0\in(0,l)$相对应的弦线施加一个外力$f$，而弦线其余点无外力作用，选取小区间$[x,x+\Delta x]$使得$0<x<x_0<x+\Delta x<l$，易得此区间相对应的小弧段弦线满足下面方程

$$\rho\Delta xu_{tt}(\xi,t)=T_0[u_x(x+\Delta x,t)-u_x(x,t)]+f,\quad \xi\in[x,x+\Delta x]\tag{1}$$

对上面方程右端利用微分中值定理可得

$$\rho\Delta xu_{tt}(\xi,t)=T_0u_{xx}(x+\theta\Delta x,t)\Delta x+f,\quad \theta\in(0,1)$$

方程两边同除$\Delta x$，并令$\Delta x\to 0$，得

$$u_{tt}(x,t)=a^2u_{xx}(x,t)+g$$

其中$a^2=\dfrac{T_0}{\rho}$，$g=\lim\limits_{\Delta x\to 0}\dfrac{f}{\rho\Delta x}=\dfrac{f}{\rho}\delta(x-x_0)$（广义函数意义下）。

由上面的推导过程易得，$\forall x\in(0,l),x\neq x_0,u_{tt}(x,t)=a^2u_{xx}(x,t)$。而在$x=x_0$点处有

$$u(x_0+0,t)=u(x_0-0,t)\text{，连续性条件}$$

在(1)式中令$x\to x_0^-,x+\Delta x\to x_0^+$，便得

$$0=T_0[u_x(x+0,t)-u_x(x-0,t)]+f\text{，一阶导数跳跃性条件}$$

设初始位移和初始速度分别为$\varphi(x)$和$\psi(x)$，则该定解问题为

$$\begin{cases}u_{tt}-a^2u_{xx}=\dfrac{f}{\rho}\delta(x-x_0), & 0<x<l,t>0\\ u(0,t)=0,u(l,t)=0, & t\geqslant 0\\ u(x,0)=\varphi(x),u_t(x,0)=\psi(x), & 0\leqslant x\leqslant l\end{cases}$$

或

$$\begin{cases} u_{tt}-a^2u_{xx}=0, & 0<x<l,x\neq x_0,t>0 \\ u(0,t)=0,u(l,t)=0, & t\geqslant 0 \\ u(x,0)=\varphi(x),u_t(x,0)=\psi(x), & 0\leqslant x\leqslant l \end{cases}$$

12. **解**　对方程关于 $y$ 积分，得

$$u(x,y)=x^2y+y^2+\varphi(x)$$

其中 $\varphi(x)$ 为任意可导函数。根据本题中定解条件

$$\varphi(x)=1-2x^4$$

故有

$$u(x,y)=x^2y+y^2+1-2x^4。$$

13. **提示**　(1) 直接求导后代入方程验证。

(2) 利用叠加原理可知

$$u(x,t)=f(x-at)+g(x+at)$$

是齐次弦振动方程的解，然后由初始条件确定出 $f(x)$ 和 $g(x)$ 即可。

14. (1) $w(x,t)=\dfrac{x}{2}\sin t+\dfrac{2-x}{2}t$。

(2) $w(x,t)=1+(1+t^2)x$。

(3) $w(x,t)=\dfrac{x^2}{6}\psi(t)+\dfrac{6x-x^2}{6}\varphi(t)$。

(4) 方法1　要使 $v$ 满足齐次边界条件，则需 $w$ 满足条件 $w_x(0,t)=t^2,w_x(2,t)+w(2,t)=t$。视 $t$ 为参数，令 $w(2,t)=0$，则有 $w_x(0,t)=t^2,w_x(2,t)=t$，由此可得

$$w_x(x,t)=\frac{x}{2}t+\frac{2-x}{2}t^2$$

对上式积分得

$$w(x,t)=\frac{x^2}{4}t+\frac{4x-x^2}{4}t^2+c$$

由条件 $w(2,t)=0$ 知 $c=-(t+t^2)$，代入到上式即得

$$w(x,t)=\frac{x^2}{4}t+\frac{x(4-x)}{4}t^2-(t+t^2)$$

方法2　视 $t$ 为参数，并令 $w(2,t)=0$，则有 $w_x(0,t)=t^2,w_x(2,t)=t$。$w$ 可看作是 $(x,w)$ 平面上一条满足给定条件的抛物线。设此抛物线方程为

$$w=(x-2)(ax+b)$$

其中 $a$、$b$ 为待定常数。对 $w$ 求导得

$$w_x=2ax+b-2a$$

利用条件 $w_x(0,t)=t^2,w_x(2,t)=t$，可得

$$a=\frac{1}{4}(t-t^2),\quad b=\frac{1}{2}(t+t^2)$$

由此可得 $w$。

15. (1) $w(x,t)=\dfrac{1}{2}xt^2$。(2) $w(x,t)=\dfrac{1}{6}xy^3-\sin x$。

16. **提示**　利用叠加原理。

17. **解**　由于边界条件是齐次的，故可用叠加原理。先将正实轴划分，再将 $\varphi(x)$ 离散为

$$\varphi(x)\approx\sum_{k=1}^{\infty}\varphi(\xi_k)\Delta\xi_k\delta(x-\xi_k)$$

由于单位点热源产生的温度为 $G(x,t,\xi_k)$，由叠加原理知热源 $\varphi(\xi_k)\Delta\xi_k\delta(x-\xi_k)$ 产生的温度应为 $\varphi(\xi_k)\Delta\xi_iG(x,t,\xi_k)$。在每个小区间上如此处理，并再次利用叠加原理可得原问题的解近似为

$$u(x,t) \approx \sum_{k=1}^{+\infty} G(x,t,\xi_k)\varphi(\xi_k)\Delta\xi_k$$

令每个子区间长度趋于零可得(形式上)。

$$u(x,t) = \int_0^{+\infty} G(x,t,\xi)\varphi(\xi)\mathrm{d}\xi$$

18. (1) $M_\varphi(x+y,x-y) = \dfrac{x-y}{\pi}\displaystyle\int_{-\infty}^{+\infty} \dfrac{\varphi(\xi)}{(x+y-\xi)^2+(x-y)^2}\mathrm{d}\xi$。

(2) $M_\psi(x+y,x^2+y^2) = \dfrac{x^2+y^2}{\pi}\displaystyle\int_{-\infty}^{+\infty} \dfrac{\psi(\xi)}{(x+y-\xi)^2+(x^2+y^2)^2}\mathrm{d}\xi$。

19. **解**　(1) 直接求导验证。

(2) $M_\varphi(x,t) = \varphi_0 t + \displaystyle\sum_{n=1}^{\infty} \varphi_n \sin\dfrac{n\pi a}{l}t\cos\dfrac{n\pi}{l}x$

其中 $\varphi_0 = \dfrac{1}{l}\displaystyle\int_0^l \varphi(\alpha)\mathrm{d}\alpha, \varphi_n = \dfrac{2}{n\pi a}\int_0^l \varphi(\alpha)\cos\dfrac{n\pi\alpha}{l}\mathrm{d}\alpha, n \geqslant 1$。而

$$M_{f_\tau}(x,t) = f_0 t + \sum_{n=1}^{\infty} f_n \sin\frac{n\pi a}{l}t\cos\frac{n\pi}{l}x$$

其中 $f_0 = \dfrac{1}{l}\displaystyle\int_0^l f(\alpha,\tau)\mathrm{d}\alpha, f_n = \dfrac{2}{n\pi a}\int_0^l f(\alpha,\tau)\cos\dfrac{n\pi\alpha}{l}\mathrm{d}\alpha, n \geqslant 1$。所以

$$M_{f_\tau}(x,t-\tau) = f_0(t-\tau) + \sum_{n=1}^{\infty} f_n \sin\frac{n\pi a}{l}(t-\tau)\cos\frac{n\pi}{l}x$$

(3) 根据齐次化原理，当 $\psi(x) = 0, f(x,t) \neq 0$ 时，定解问题的解为

$$u(x,t) = \int_0^t M_{f_\tau}(x,t-\tau)\mathrm{d}\tau$$

而 $u(x,t) = \dfrac{\partial}{\partial t}M_\varphi(x,t)$ 为下面问题的解

$$\begin{cases} u_{tt} = a^2 u_{xx} & 0 < x < l, t > 0 \\ u_x(0,t) = u_x(l,t) = 0, & t \geqslant 0 \\ u(x,0) = \varphi(x), u_t(x,0) = 0, & 0 \leqslant x \leqslant l \end{cases}$$

20. **解**　假设，当 $\varphi(x,y) = 0, \psi(x,y) = 0$ 时，该定解问题的解为 $u(x,y,t)$，并记

$$M_\psi(x,y,t) = \frac{1}{2\pi a}\iint_{B_{at}(x,y)} \frac{\psi(\xi,\eta)}{\sqrt{a^2t^2-r^2}}\mathrm{d}\xi\mathrm{d}\eta$$

则由齐次化原理可得

$$u(x,y,t) = \int_0^t M_{f_\tau}(x,y,t-\tau)\mathrm{d}\tau = \frac{1}{2\pi a}\int_0^t \mathrm{d}\tau \iint_{B_{a(t-\tau)}(x,y)} \frac{f(\xi,\eta,\tau)}{\sqrt{a^2(t-\tau)^2-r^2}}\mathrm{d}\xi\mathrm{d}\eta$$

21. **解**　记 $u_1(x,y,t) = M_\varphi(x,y,t)$。由齐次化原理可知，当 $\varphi(x,y) = 0, f(x,y,t)$ 不为零时，原定解问题的解为

$$u(x,y,t) = \int_0^t M_{f_\tau}(x,y,t-\tau)\quad\mathrm{d}\tau = \frac{1}{4a^2\pi}\int_0^t \frac{\mathrm{d}\tau}{t-\tau}\iint_{R^2} f(\xi,\eta,\tau)\mathrm{e}^{-\frac{r^2}{4a^2(t-\tau)}}\mathrm{d}\xi\mathrm{d}\eta$$

22. **解**　设铁杆和铜杆的温度分别为 $u(x,t)$ 和 $v(x,t)$。由已知条件知，细杆两端边界条件分别为

$$-k_1u_x(x,0) = q, v(2l,t) = u_0,\quad t \geqslant 0 \tag{1}$$

写出定解问题的关键是推导出在 $x = l$ 处 $u(x,t)$ 和 $v(x,t)$ 满足的条件。在 $x = l$ 的小邻域中选取 $x_1$、$x_2$，使得 $x_1 < l < x_2$，则在区间 $[x_1,x_2]$ 上有如下的热量守恒关系

$$\rho_1c_1(l-x_1)u_t + \rho_2c_2(x_2-l)v_t = s_0[k_2v_x(x_2,t) - k_1u_x(x_1,t)]$$

其中 $s_0$ 为细杆的横截面积。对上式取极限 $x_2 \to l^+, x_1 \to l^-$，得

$$k_2v_x(l+0,t) - k_1u_x(l-0,t) = 0 \tag{2}$$

由于在铁杆和铜杆的连接处 $x = l$ 的温度相同，即

$$u(l-0,t)=v(l+0,t) \tag{3}$$

利用(1)—(3)式便得 $u(x,t)$ 和 $v(x,t)$ 满足的定解问题为

$$\begin{cases}u_t-a_1^2u_{xx}=0, & 0<x<l,t>0\\ -ku_x(0,t)=q, & t\geqslant 0\\ u(x,0)=\varphi(x), & 0\leqslant x\leqslant l\end{cases}$$

$$\begin{cases}v_t-a_2^2v_{xx}=0, & l<x<2l,t>0\\ u(2l,t)=u_0, & t\geqslant 0\\ u(x,0)=\varphi(x), & l\leqslant x\leqslant 2l\end{cases}$$

在 $x=l$ 处,$u(x,t)$ 和 $v(x,t)$ 满足连接条件(2)和(3)。

23. **解**　令 $s(t)=at$,则在时刻 $t$ 时金属细杆已燃烧的长度为 $s(t)$。根据已知条件可得未被燃烧的金属细杆内的温度 $u(x,t)$ 满足的定解问题为

$$\begin{cases}u_t-a^2u_{xx}=0, & s(t)<x<\infty,t>0\\ u(s(t),t)=g(t), & t\geqslant 0\\ u(x,0)=\varphi(x), & 0\leqslant x<\infty\end{cases}$$

24. **解**　设金属细杆的密度为 $\rho$,在时刻 $t$ 时金属细杆已燃烧的长度为 $x=s(t)$。任取小的时间段 $\Delta t$ 和小的区间段 $\Delta x$,在区间 $[s(t),s(t)+\Delta x]$ 上建立热量守恒方程。由于细杆燃烧的速度为 $s'(t)$,所以在时间段 $\Delta t$ 内燃烧的长度约为 $s'(t)\Delta t$,相当于质量为 $\rho s'(t)\Delta t$ 的金属被燃烧,燃烧需要的热量为 $L\rho s'(t)\Delta t$。在燃烧过程中由于温度不变,所以 $u_t=0$。另一方面,由于内部无热源,提供给这小段金属的热量仅来自该小段 $[s(t),s(t)+\Delta x]$ 两个端点流入的热量,其值为

$$\int_t^{t+\Delta t}ku_x(s(t)+\Delta x,t)\mathrm{d}t+q\Delta t$$

由此可得

$$L\rho s'(t)\Delta t=\int_t^{t+\Delta t}ku_x(s(t)+\Delta x,t)\mathrm{d}t+q\Delta t$$

上面方程两边同除 $\Delta t$,再令 $\Delta t\to 0,\Delta x\to 0$,得

$$L\rho s'(t)=ku_x(s(t),t)+q$$

上式便是细杆左端的边界条件。由已知条件知,未被燃烧的金属细杆内温度 $u(x,t)$ 满足的定解问题为

$$\begin{cases}u_t-a^2u_{xx}=0, & s(t)<x<l,t>0\\ L\rho s'(t)=ku_x(s(t),t)+q, & t\geqslant 0,\\ u(s(t),t)=A, & t\geqslant 0;\quad u_x(l,t)=0,\quad t\geqslant 0\\ u(x,0)=\varphi(x), & 0\leqslant x\leqslant l\end{cases}$$

其中 $A$ 为金属的熔点。

25. **解**　设水部分的温度为 $u(x,t)$,冰部分的温度为 $v(x,t)$,水和冰的导热系数分别为 $k_1$ 和 $k_2$,水和冰的线密度都近似为1。和上题推导方法类似,取一个包含冰水界面 $x=\rho(t)$ 的小区间 $[\rho(t),\rho(t)+\Delta x]$,由于在结冰过程中零度的水变为零度的冰要放出水的潜热,已知内部无热源,所以这些热量就等于通过两个端点流出的热量,故有

$$L\rho'(t)\Delta t=-\int_t^{t+\Delta t}k_2u_x(s(t)+\Delta x,t)\mathrm{d}t+\int_t^{t+\Delta t}k_1v_x(s(t),t)\mathrm{d}t$$

上面方程两边同除 $\Delta t$,再令 $\Delta t\to 0,\Delta x\to 0$,得

$$L\rho'(t)=-k_1u_x(s(t),t)+k_2v_x(s(t),t)$$

水和冰满足的方程分别为

$$u_t-a_1^2u_{xx}=0,\quad \rho(t)<x<\infty;\quad v_t-a_2^2v_{xx}=0,\quad 0<x<\rho(t)$$

边界条件为

$$v(0,t)=c_0,\quad t\geqslant 0;v(\rho(t),t)=0,\quad u(\rho(t),t)=0,\quad t>0$$

初始条件为

$$u(x,0)=c_1,\quad x\geqslant 0$$

在冰水界面的连接条件为

$$L\rho'(t)=-k_1u_x(s(t),t)+k_2v_x(s(t),t)$$

26. **解**　只需推导出左端的边界条件就可以写出定解问题。取包含左端 $x=0$ 的小区间 $[0,\Delta x]$，则有

$$\rho c\Delta xu\Big|_t^{t+\Delta t}=ku_x(\Delta x,t+\theta\Delta t)\Delta t-\sigma[u^4(0,t+\theta\Delta t)-10^4]\Delta t,\quad \theta\in(0,\Delta t)\tag{1}$$

其中等号右端第一项为通过端点 $x=\Delta x$ 流入的热量，而第二项为通过端点 $x=0$ 流入的热量，在这里只是用斯特藩-玻尔兹曼定律代替了牛顿定律，其余的和第 1 章中(1.1.28)的推导相同。(1)式两边同除 $\Delta t$，并令 $\Delta t$，$\Delta x\to 0^+$，便得

$$0=ku_x(0,t)-\sigma[u^4(0,t)-10^4]$$

或　$ku_x(0,t)-\sigma u^4(0,t)=-\sigma 10^4$。

28. **解**　(1) 对质点而言，动能为 $\frac{1}{2}mv^2$，所以小弧段弦线的动能为 $\frac{1}{2}\rho\Delta x\cdot u_t^2$，而任意时刻弦线的总动能就为 $E_1(t)=\frac{\rho}{2}\int_0^l u_t^2\mathrm{d}x$。

(2) 注意到在弦振动问题中弦线的张力密度为 $Tu_{xx}$，任取时间段 $[t_1,t_2]$，则在无外力时弦线在张力作用下，由 $u(x,t_1)$ 运动到 $u(x,t_2)$ 过程中张力做功(力乘以位移)为

$$W=\int_{t_1}^{t_2}\mathrm{d}t\int_0^l Tu_{xx}(x,t)u_t(x,t)\mathrm{d}x$$

利用分部积分法得

$$\begin{aligned}W&=T\int_{t_1}^{t_2}\mathrm{d}t\int_0^l u_t\mathrm{d}u_x=T\int_{t_1}^{t_2}\left[u_xu_t\Big|_0^l-\int_0^l u_xu_{xt}\mathrm{d}x\right]\mathrm{d}t\\&=-T\int_{t_1}^{t_2}\int_0^l u_xu_{xt}\mathrm{d}x\mathrm{d}t=-T\int_0^l\mathrm{d}x\int_{t_1}^{t_2}\frac{1}{2}\frac{\mathrm{d}}{\mathrm{d}t}(u_x)^2\mathrm{d}t\\&=\frac{T}{2}\int_0^l u_x^2(x,t_1)\mathrm{d}x-\frac{T}{2}\int_0^l u_x^2(x,t_2)\mathrm{d}x\end{aligned}$$

由于保守力所做的功等于势能的减少量，即 $W=\Delta E_2$，故有 $E_2(t)=\frac{T}{2}\int_0^l u_x^2(x,t)\mathrm{d}x$。

29. **提示**　(1) 同 28 题。(2) 和 28 题类似，差别在于分部积分法中边界项要利用弹性支撑边界条件即可。

30. **解**　(1) 用反证法。设在某点，$y$ 小于零，则该函数在区间 $[0,l]$ 上的最小值必小于零。不妨设 $y(x_0)=\min\{y(x)\,|\,0\leqslant x\leqslant l\}=m<0$。由于在区间端点函数值非负，所以 $x_0\in(0,l)$。注意在极小点处 $y''(x_0)\geqslant 0$，$\alpha(x_0)y(x_0)<0$，故有 $(-y''+\alpha y)\big|_{x_0}<0$。矛盾。

(2) 当 $u_t-a^2u_{xx}>0,(x,t)\in\bar{\Omega}(T)$ 时，和(1)的证明方法基本相同，可证 $u(x,t)\geqslant 0,(x,t)\in\bar{\Omega}(T)$。对 $u_t-a^2u_{xx}\geqslant 0,\forall\varepsilon>0$，令 $v=u+\varepsilon t$ 即可。

# 习题 2

2. (1) $\lambda_n=\left(\frac{n\pi}{l}\right)^2$，　$X_n(x)=\cos\frac{n\pi}{l}x$，　$n\geqslant 0$。

(2) $\lambda_n=\left(\frac{n\pi}{2}\right)^2$，　$X_n(x)=\sin\frac{n\pi}{2}(x+1)$，　$n\geqslant 1$。

(3) $\lambda_n=\left(\frac{2n+1}{2l}\pi\right)^2$，　$X_n(x)=\cos\frac{2n+1}{2l}\pi x$，　$n\geqslant 0$。

(4) $\lambda_n=\left(\frac{n\pi}{l}\right)^2$，　$n\geqslant 0,X_0(x)=1$，　$X_n(x)=\left\{\cos\frac{n\pi}{l}x,\sin\frac{n\pi}{l}x\right\},n\geqslant 1$。

3. **解** (1) 设 $\lambda$ 为特征值,$X(x)$ 为相应的特征函数,$X(x)$ 连续且不恒为零。在方程两边同乘 $X(x)$,并在区间 $[0,l]$ 积分得

$$\int_0^l X''(x)X(x)\mathrm{d}x+\lambda\int_0^l X^2(x)\mathrm{d}x=0$$

利用分部积分法,并注意到该问题的边界条件,可得

$$X'(x)X(x)\Big|_0^l-\int_0^l[X'(x)]^2\mathrm{d}x+\lambda\int_0^l X^2(x)\mathrm{d}x=0$$

$$-X^2(l)-\int_0^l[X'(x)]^2\mathrm{d}x+\lambda\int_0^l X^2(x)\mathrm{d}x=0$$

解出 $\lambda$,得

$$\lambda=\frac{X^2(l)+\int_0^l[X'(x)]^2\mathrm{d}x}{\int_0^l X^2(x)\mathrm{d}x}\geqslant 0$$

当 $\lambda=0$ 时,由 $\lambda$ 的表示式可得 $X(l)=0,X'(x)=0$,由此推出 $X(x)=0$。所以 $\lambda=0$ 不是特征值。

(2) 设 $\lambda_1$、$\lambda_2$ 为两个不同的特征值,相应的特征函数分别为 $X_1(x)$、$X_2(x)$,则有

$$X''_1(x)+\lambda_1X_1(x)=0,\quad X''_2(x)+\lambda_2X_2(x)=0$$

上面第一个方程两边乘 $X_2(x)$,第二个方程两边乘 $X_1(x)$,两式相减得

$$X''_1(x)X_2(x)-X''_2(x)X_1(x)+(\lambda_1-\lambda_2)X_1(x)X_2(x)=0$$

在区间 $[0,l]$ 积分,并整理得

$$(\lambda_2-\lambda_1)\int_0^l X_1(x)X_2(x)\mathrm{d}x=[X'_1(x)X'_2(x)-X'_2(x)X_1^1(x)]\Big|_0^l=0$$

此即 $X_1(x)$、$X_2(x)$ 的正交性。

(3) 由于 $\lambda>0$,方程的通解为

$$X(x)=c_1\cos\sqrt{\lambda}x+c_2\sin\sqrt{\lambda}x$$

由 $X(0)=0$ 可得 $c_1=0$,故有 $X(x)=c_2\sin\sqrt{\lambda}x$。再利用第二个边界条件得

$$c_2[\sin\sqrt{\lambda}l+\sqrt{\lambda}\cos\sqrt{\lambda}l]=0$$

由于 $c_2\neq 0$,所以有

$$\sin\sqrt{\lambda}l+\sqrt{\lambda}\cos\sqrt{\lambda}l=0$$

由于 $\cos x$ 和 $\sin x$ 不能同时为零,故有 $\tan\sqrt{\lambda}l=-\dfrac{\sqrt{\lambda}l}{l}$,即$\sqrt{\lambda}l$ 是方程 $\tan x=-\dfrac{x}{l}$ 的正根。由于对每个 $n\geqslant 1$,在区间 $\left(n\pi-\dfrac{\pi}{2},n\pi+\dfrac{\pi}{2}\right)$ 函数 $\tan x$ 上严格增,且有 $\lim\limits_{x\to\left(n\pi-\frac{\pi}{2}\right)^+}\tan x=-\infty$,$\lim\limits_{x\to\left(n\pi+\frac{\pi}{2}\right)^+}\tan x=+\infty$,所以在该区间上方程 $\tan x=-\dfrac{x}{l}$ 有唯一的正根,记这个正根为 $\mu_n$,$n\geqslant 1$,则特征值和特征函数表示如下

$$\lambda_n=\left(\frac{\mu_n}{l}\right)^2,\quad X_n(x)=\sin\frac{\mu_n}{l}x,\quad n\geqslant 1$$

4. **提示** 证明方法类似第 3 题。

5. (1)$u(x,t)=\sum\limits_{n=0}^{\infty}\varphi_n\cos\dfrac{n\pi a}{l}t\cos\dfrac{n\pi}{l}x$,其中 $\varphi_0=\dfrac{l}{2}$,$\varphi_n=\dfrac{2}{l}\int_0^l x\cos\dfrac{n\pi}{l}x\mathrm{d}x$。

(2)$u(x,t)=\cos\dfrac{3\pi a}{2l}t\sin\dfrac{3\pi}{2l}x+\dfrac{2l}{5\pi a}\sin\dfrac{5\pi a}{2l}t\sin\dfrac{5\pi}{2l}x$。

(3)$u(x,t)=\sum\limits_{n=1}^{\infty}\varphi_n\cos(\sqrt{n^2\pi^2+4}t)\sin n\pi x$,其中 $\varphi_n=2\int_0^1(x^2-x)\sin n\pi x\mathrm{d}x=\dfrac{8}{(n\pi)^3}[(-1)^n-1]$。

(4)$u(x,t)=\dfrac{1}{8}(\mathrm{e}^{2t}+\mathrm{e}^{-2t}-2)-\dfrac{1}{2}t^2\cos 2x$。

$$(5)u(x,t)=2x\left(l-\frac{x}{2}\right)+\sum_{n=0}^{\infty}\left[-\frac{32l^2}{(2n+1)^3\pi^3}\cos\frac{(2n+1)}{2l}\pi t+\frac{8Al}{(2n+1)^2\pi^2}\sin\frac{(2n+1)}{2l}\pi t\right]\sin\frac{(2n+1)}{2l}\pi x。$$

6. $(1)u(x,t)=x+\left[\left(\varphi_0-\frac{4}{a^2}\right)e^{-\frac{a^2}{4}t}+\frac{4}{a^2}\right]\cos\frac{x}{2}+\sum_{n=1}^{\infty}\varphi_n e^{-a^2\lambda_n t}\cos\left(n+\frac{1}{2}\right)x$，其中 $\lambda_n=\left(n+\frac{1}{2}\right)^2$，$\varphi_n=\frac{2}{\pi}\int_0^{\pi}(-x)\cos\left(n+\frac{1}{2}\right)x\mathrm{d}x=\frac{4}{2n+1}\left[(-1)^{n+1}+\frac{2}{(2n+1)\pi}\right]，n\geqslant 0$。

$(2)u(x,t)=\sum_{n=0}^{\infty}\varphi_n e^{(2-a^2\lambda_n)t}\cos\left(n+\frac{1}{2}\right)\pi x$，其中

$$\lambda_n=\left(n+\frac{1}{2}\right)^2\pi^2,\varphi_n=2\int_0^1\sin\pi x\cos\left(n+\frac{1}{2}\right)\pi x\mathrm{d}x=\frac{2}{(2n+3)\pi}-\frac{2}{(2n-1)\pi}。$$

$(3)u(x,t)=\sum_{n=0}^{\infty}\varphi_n e^{-(b^2+a^2\lambda_n)t}\sin\frac{n\pi}{l}x$，其中 $\lambda_n=\left(\frac{n\pi}{l}\right)^2,\varphi_n=\frac{2}{l}\int_0^l\varphi(x)\sin\frac{n\pi}{l}x\mathrm{d}x$。

$(4)u(x,t)=1+\frac{l}{4}t^2+\sum_{n=1}^{\infty}\left[\frac{f_n}{a^4\lambda_n{}^2}e^{-a^2\lambda_n t}+\frac{f_n}{a^2\lambda_n}t-\frac{f_n}{a^4\lambda_n{}^2}\right]\cos\frac{n\pi}{l}x$，其中 $\lambda_n=\left(\frac{n\pi}{l}\right)^2$，$f_n=\frac{2}{l}\int_0^l\alpha\cos\frac{n\pi}{l}\alpha\mathrm{d}\alpha=\frac{2l}{n^2\pi^2}[(-1)^n-1]，n\geqslant 1$。

7. $(1)u(x,y)=d_0x+\sum_{n=0}^{\infty}d_n\mathrm{sh}\frac{n\pi}{b}x\cos\frac{n\pi}{b}y+\frac{1}{6}x(x^2-a^2)$，其中

$$d_0=\frac{Ab}{2a},d_n=\frac{2A}{b\,\mathrm{sh}\frac{n\pi a}{b}}\int_0^b y\cos\frac{n\pi}{b}y\mathrm{d}y,n\geqslant 1$$

下面给出解答过程。

方法 1　利用叠加原理将原问题分解为如下两个问题

$$\begin{cases}u_{xx}+u_{yy}=x, & 0<x<a,0<y<b\\ u_y(x,0)=0,u_y(x,b)=0, & 0\leqslant x\leqslant a\\ u(0,y)=0,u(a,y)=0, & 0\leqslant y\leqslant b\end{cases}\tag{1}$$

$$\begin{cases}u_{xx}+u_{yy}=0, & 0<x<a,0<y<b\\ u_y(x,0)=0,u_y(x,b)=0, & 0\leqslant x\leqslant a\\ u(0,y)=0,u(a,y)=Ay, & 0\leqslant y\leqslant b\end{cases}\tag{2}$$

问题(1) 为零边值的非齐次方程，只需求一个特解即可。易见

$$u(x,y)=c_1+c_2x+\frac{1}{6}x^3$$

满足(1) 中方程和关于 $y$ 的边界条件，为使关于 $x$ 的边界条件得到满足，只要选取 $c_1=0,c_2=-\frac{1}{6}a^2$ 即可。

问题(2) 为齐次方程，故可用分离变量法求解。令 $u(x,y)=X(x)Y(y)=XY$，将其代入到方程中可得

$$\frac{X''}{X}=-\frac{Y''}{Y}=\lambda$$

或

$$Y''+\lambda Y=0,\quad X''-\lambda X=0\tag{3}$$

由上面第一个方程并结合关于 $y$ 的齐次边界条件可得问题(2) 的特征值和特征函数分别为

$$\lambda_n=\left(\frac{n\pi}{b}\right)^2,\quad Y_n(y)=\cos\frac{n\pi}{b}y,\quad n\geqslant 0\tag{4}$$

将 $\lambda_n$ 代入到(3) 式中第二个方程中可得该方程通解为

$$X_0(x)=c_0+d_0x,\quad X_n(x)=c_n\mathrm{ch}\frac{n\pi}{b}x+d_n\mathrm{sh}\frac{n\pi}{b}x,\quad n\geqslant 1$$

根据叠加原理,问题(2) 的解为

$$u(x,y)=c_0+d_0x+\sum_{n=1}^{\infty}\left(c_n\operatorname{ch}\frac{n\pi}{b}x+d_n\operatorname{sh}\frac{n\pi}{b}x\right)\cos\frac{n\pi}{b}y$$

利用关于 $x$ 的边界条件易确定出 $c_n=0,n\geqslant 0,d_n$,结果如本题答案所示。

方法2　利用特征函数法直接求解原问题。特征值和特征函数如(4) 式所述。将 $f(x,y)=x,\varphi(y)=0$,$\psi(y)=Ay$ 都按特征函数系$\{Y_n(y)\mid n\geqslant 0\}$ 展开成傅里叶级数,得

$$x=\sum_{n=0}^{\infty}f_nY_n(y),f_0=x,f_n=0,n\geqslant 1$$

$$\varphi(y)=0=\sum_{n=0}^{\infty}\varphi_nY_n(y),\varphi_n=0,n\geqslant 0$$

$$\psi(y)=Ay=\sum_{n=0}^{\infty}\psi_nY_n(y)$$

$$\psi_0=\frac{Ab}{2},\psi_n=\frac{2A}{b}\int_0^b yY_n(y)\mathrm{d}y=\frac{2Ab}{(n\pi)^2}[(-1)^n-1],n\geqslant 1$$

令 $u(x,y)=\sum\limits_{n=0}^{\infty}X_n(x)Y_n(y)$,并将其代入到原定解问题中,可得

$$\begin{cases}X''_n(x)-\lambda_nX_n(x)=f_n,n\geqslant 0\\X_n(0)=0,X_n(a)=\psi_n,n\geqslant 0\end{cases}$$

求解该问题可得 $X_n$。

(2)$u(\rho,\theta)=\sum\limits_{n=1}^{\infty}\varphi_n\left(\frac{\rho}{2}\right)^{4n}\sin4n\theta$,其中 $\varphi_n=\dfrac{16}{\pi}\displaystyle\int_0^{\frac{\pi}{4}}(\cos\theta+\sin\theta)\sin4n\theta\mathrm{d}\theta$。

(3)$u(\rho,\theta)=1+\rho\cos\theta$

(4)$u(\rho,\theta)=\dfrac{1}{6}\rho^4\cos^3\theta\sin\theta+\dfrac{4}{3}(\rho-\rho^{-1})\cos\theta+\dfrac{4}{3}(\rho-\rho^{-1})\sin\theta-\left(\dfrac{7}{40}\rho^2-\dfrac{2}{15}\rho^{-2}\right)\sin2\theta-\dfrac{1}{48}\rho^4\sin4\theta$。

下面给出定解问题(4) 的求解过程。易见,$u(x,y)=\dfrac{1}{6}x^3y$ 是方程的一个特解,故令 $v(x,y)=u(x,y)-\dfrac{1}{6}x^3y$,将原定解问题中方程齐次化可得

$$\begin{cases}v_{xx}+v_{yy}=0,\quad 1<x^2+y^2<4\\v(x,y)=-\dfrac{1}{6}x^3y,\quad x^2+y^2=1\\u(x,y)=x+y-\dfrac{1}{6}x^3y,\quad x^2+y^2=4\end{cases}$$

利用极坐标变换将上面问题转化为如下定解问题

$$\begin{cases}v_{\rho\rho}+\dfrac{1}{\rho}v_\rho+\dfrac{1}{\rho^2}v_{\theta\theta}=0,1<\rho<2,\quad 0\leqslant\theta<2\pi\\v(1,\theta)=-\dfrac{1}{6}\cos^3\theta\sin\theta,\quad 0\leqslant\theta\leqslant 2\pi\\v(2,\theta)=2\cos\theta+2\sin\theta-\dfrac{8}{3}\cos^3\theta\sin\theta,\quad 0\leqslant\theta\leqslant 2\pi\end{cases}\tag{1}$$

和圆盘域上的情况类似,可解得

$$\lambda_n=n^2,\quad \Phi_n(\theta)=\{\cos n\theta,\sin n\theta\mid n\geqslant 0\}$$

$$R_0(\rho)=a_0+b_0\ln\rho,\quad R_n(\rho)=a_n\rho^n+b_n\rho^{-n},\quad n\geqslant 1$$

但应注意,此时 $R_n(\rho)$ 定义于 $1<\rho<2$,因此都是有界函数,不能像圆盘域泊松方程狄利克雷问题那样,取 $b_n=0,n\geqslant 0$。

根据叠加原理,问题(1) 的解为

$$v(\rho,\theta)=a_0+b_0\ln\rho+\sum_{n=1}^{\infty}[(a_n\rho^n+b_n\rho^{-n})\cos n\theta+(c_n\rho^n+d_n\rho^{-n})\sin n\theta] \tag{2}$$

注意到 $\cos^3\theta\sin\theta=\frac{1}{4}\sin2\theta+\frac{1}{8}\sin4\theta$,由此得

$$v(1,\theta)=-\frac{1}{24}\sin2\theta-\frac{1}{48}\sin4\theta \tag{3}$$

$$v(2,\theta)=2\cos\theta+2\sin\theta-\frac{2}{3}\sin2\theta-\frac{1}{3}\sin4\theta \tag{4}$$

结合(2)—(4)可得

$$2a_1+\frac{1}{2}b_1=2,\quad 2c_1+\frac{1}{2}d_1=2$$

$$c_2+d_2=-\frac{1}{24},\quad 4c_2+\frac{1}{4}d_2=-\frac{2}{3}$$

$$c_4+d_4=-\frac{1}{48},\quad 16c_4+\frac{1}{16}d_4=-\frac{1}{3}$$

$$a_0=0,\quad b_0=0,\quad a_n+b_n=0$$

$$2^na_n+2^{-n}b_n=0,\quad c_n+d_n=0,\quad 2^nc_n+2^{-n}d_n=0$$

解之可得

$$a_1=c_1=\frac{4}{3},b_1=d_1=-\frac{4}{3},c_2=-\frac{7}{40},d_2=\frac{2}{15},c_4=-\frac{1}{48}$$

其余的系数都等于零。最后将所求系数代入到(2)式中得

$$v(\rho,\theta)=\frac{4}{3}(\rho-\rho^{-1})\cos\theta+\frac{4}{3}(\rho-\rho^{-1})\sin\theta-\left(\frac{7}{40}\rho^2-\frac{2}{15}\rho^{-2}\right)\sin2\theta-\frac{1}{48}\rho^4\sin4\theta$$

$$u(\rho,\theta)=v(\rho,\theta)+\frac{1}{6}\rho^4\cos^3\theta\sin\theta$$

如果对特征函数法比较熟练,可先把原问题转化为极坐标下的形式,然后再利用特征函数法求解。

8.**解**　(1) 利用特征函数的正交性和傅里叶系数计算公式,直接计算可得

$$\int_0^l[\varphi(x)-S_n(x)]^2\mathrm{d}x=\int_0^l[\varphi^2(x)+S_n^2(x)-2\varphi(x)S_n(x)]\mathrm{d}x$$

$$=\int_0^l\varphi^2(x)\mathrm{d}x-\frac{l}{2}\sum_{k=1}^{n}c_k^2$$

(2) 由上面计算结果可得,$\forall n\geqslant1$,有

$$\sum_{k=1}^{n}c_k^2\leqslant\frac{2}{l}\int_0^l\varphi^2(x)\mathrm{d}x$$

令 $n\to\infty$,即得贝塞尔不等式。

(3) 利用分部积分法可得

$$d_n=\frac{2}{l}\int_0^l\varphi''(x)\sin\frac{n\pi}{l}x\,\mathrm{d}x=\frac{2}{l}\int_0^l\sin\frac{n\pi}{l}x\,\mathrm{d}\varphi'(x)=-\frac{2n\pi}{l^2}\int_0^l\cos\frac{n\pi}{l}x\varphi'(x)\mathrm{d}x$$

$$=-\frac{2n\pi}{l^2}\left[\cos\frac{n\pi}{l}x\varphi(x)\Big|_0^l+\frac{n\pi}{l}\int_0^l\sin\frac{n\pi}{l}x\varphi(x)\mathrm{d}x\right]$$

$$=-\frac{n^2\pi^2}{l^2}c_n$$

由此便得所要结果。

(4) 应用贝塞尔不等式可得 $\sum_{n=1}^{\infty}d_n^2\leqslant\frac{2}{l}\int_0^l[\varphi''(x)]^2\mathrm{d}x$,利用本题(3)的结果得 $|c_n|=A\frac{|d_n|}{n^2}$,$n\geqslant1$。现在考虑级数 $\varphi(x)=\sum_{k=1}^{\infty}c_k\sin\frac{k\pi x}{l}$ 和对该级数逐项求导后的级数 $\sum_{n=1}^{\infty}c_n\frac{n\pi}{l}\cos\frac{n\pi x}{l}$。由于

$$\left|\sin\frac{n\pi x}{l}\right|\leqslant 1,\ |c_n|=A\frac{|d_n|}{n^2},n\geqslant 1,\ |c_n|\frac{n\pi}{l}=A\frac{\pi}{l}\frac{|d_n|}{n}\leqslant\frac{A\pi}{2l}\left[\frac{1}{n^2}+d_n^2\right],n\geqslant 1$$

所以两个级数 $\sum\limits_{k=1}^{\infty}c_k\sin\frac{k\pi x}{l}$, $\sum\limits_{n=1}^{\infty}c_n\frac{n\pi}{l}\cos\frac{n\pi x}{l}$ 在区间$[0,l]$上一致收敛(根据高等数学中一致收敛的 M-判别法),由此便得所要结果。

9. **提示** (1) 两端和侧面绝热,内部无热源。

(2) 由于细杆和外部无热交换,热量在杆内扩散,最后各点温度将趋于一个恒定温度,根据能量守恒可知杆上每点温度都趋于常数$\frac{1}{l}\int_0^l\varphi(x)\mathrm{d}x$。

(3) 求出该问题解的具体表示式后,再求极限。

10. **提示** 和第9题类似。

12. **提示** (1) 和(2) 直接计算可得。要证明(3),给方程两边乘$u_t(x,t)$后,再在矩形域$[0,l]\times[0,\tau]$上积分得

$$\int_0^l\mathrm{d}x\int_0^\tau[u_{tt}u_t-u_{xx}u_t]\mathrm{d}t=0\tag{1}$$

直接计算可得

$$\int_0^l\mathrm{d}x\int_0^\tau u_{tt}u_t\mathrm{d}t=\int_0^l\mathrm{d}x\int_0^\tau\frac{1}{2}\frac{\mathrm{d}}{\mathrm{d}t}(u_t^2)\mathrm{d}t=\frac{1}{2}\int_0^l[u_t^2(x,\tau)-\psi^2(x)]\mathrm{d}x$$

$$\int_0^l\mathrm{d}x\int_0^\tau u_{xx}u_t\mathrm{d}t=\int_0^\tau\mathrm{d}t\int_0^l u_t\mathrm{d}u_x=\int_0^\tau\left[u_tu_x\Big|_0^l-\int_0^l u_{xt}u_x\mathrm{d}x\right]\mathrm{d}t=-\int_0^l\mathrm{d}x\int_0^\tau u_{xt}u_x\mathrm{d}t$$

$$=-\int_0^l\mathrm{d}x\int_0^\tau\frac{1}{2}\frac{\mathrm{d}}{\mathrm{d}t}(u_x^2)\mathrm{d}t=-\frac{1}{2}\int_0^l[u_x^2(x,\tau)-\varphi_x^2(x)]\mathrm{d}x$$

将上面结果代入到(1)式中便得所要结果。所证的等式是弦线的能量守恒律。

# 习题 3

1. (1) $y=a_0+a_1\left[x+\sum\limits_{n=1}^{\infty}\frac{(-1)^n}{3^n n!(3n+1)}x^{3n+1}\right]$。

(2) $y=a_0\mathrm{e}^{-\frac{x^2}{2}}+a_1\sum\limits_{n=0}^{\infty}\frac{(-1)^n}{(2n+1)!!}x^{2n+1}$。下面给出解答。

令 $y=\sum\limits_{n=0}^{\infty}a_nx^n$,代入到方程中得

$$\sum_{n=2}^{\infty}n(n-1)a_nx^{n-2}+x\sum_{n=1}^{\infty}na_nx^{n-1}+\sum_{n=0}^{\infty}a_nx^n=0$$

对方程左边第一项作变量代换 $k=n-2$ 后,再将 $k$ 换为 $n$ 得

$$\sum_{n=0}^{\infty}(n+1)(n+2)a_{n+2}x^n+\sum_{n=0}^{\infty}na_nx^n+\sum_{n=0}^{\infty}a_nx^n=0$$

由此可得$(n+1)(n+2)a_{n+2}=(n+1)a_n\Rightarrow a_{n+2}=-\frac{1}{n+2}a_n,n\geqslant 0$。利用此递推公式可得

$$a_{2n}=\frac{(-1)^n}{2^n n!}a_0,a_{2n+1}=\frac{(-1)^n}{(2n+1)!!}a_1,n\geqslant 0$$

最后只需将所得系数代入到 $y=\sum\limits_{n=0}^{\infty}a_nx^n$ 即可。

(3) $y=a_1x\left[1+\sum\limits_{n=1}^{\infty}\frac{(-1)^n}{n!(n+1)!}x^n\right]$。

(4) $y=c_1\mathrm{e}^x+c_2x^{\frac{1}{2}}\sum\limits_{n=0}^{\infty}\frac{2^n}{(2n+1)!!}x^n$。下面给出解答。

令 $y = x^{\rho}\sum\limits_{n=0}^{\infty}a_n x^n = \sum\limits_{n=0}^{\infty}a_n x^{n+\rho}$，$a_0 \neq 0$，代入到方程中，然后再消去 $x^{\rho}$，可得

$$\sum_{n=0}^{\infty}2(n+\rho)(n+\rho-1)a_n x^{n-1} + \sum_{n=0}^{\infty}(n+\rho)a_n x^{n-1} - \sum_{n=0}^{\infty}2(n+\rho)a_n x^n - \sum_{n=0}^{\infty}a_n x^n = 0$$

对上面方程左边前两项作变量代换 $k = n-1$ 后，再将 $k$ 换为 $n$，得

$$[2\rho(\rho-1)+\rho]a_0 x^{-1} + \sum_{n=0}^{\infty}2(n+\rho)(n+\rho+1)a_{n+1}x^n + \sum_{n=0}^{\infty}(n+\rho+1)a_{n+1}x^n - \sum_{n=0}^{\infty}2(n+\rho)a_n x^n - \sum_{n=0}^{\infty}a_n x^n = 0$$

由此可得，$\rho(2\rho-1) = 0$，$\Rightarrow \rho_1 = 0$，$\rho_2 = \dfrac{1}{2}$，以及递推公式

$$a_{n+1} = \frac{1}{n+\rho+1}a_n, n \geqslant 0$$

先取 $\rho_1 = 0$，由递推公式可得 $a_n = \dfrac{1}{n!}a_0 \Rightarrow y(x) = a_0\sum\limits_{n=0}^{\infty}\dfrac{1}{n!}x^n = a_0 e^x$。再取 $\rho_2 = \dfrac{1}{2}$，由递推公式可得，$a_n = \dfrac{2^n}{(2n+1)!!}a_0 \Rightarrow y(x) = a_0 x^{\frac{1}{2}}\sum\limits_{n=0}^{\infty}\dfrac{2^n}{(2n+1)!!}x^n$。

2.(1) $\dfrac{1}{2}\Gamma\left(\dfrac{7}{4}\right)$。(2) $\sqrt{2\pi}$。

4.**解**　只给出第一式的证明。利用 $r$ 阶贝塞尔函数的表示式得

$$\begin{aligned}
\frac{\mathrm{d}}{\mathrm{d}x}(x^r J_r(x)) &= \frac{\mathrm{d}}{\mathrm{d}x}\left[2^r\sum_{k=0}^{\infty}(-1)^k\frac{1}{k!\Gamma(k+1+r)}\left(\frac{x}{2}\right)^{2k+2r}\right] \\
&= 2^r\sum_{k=0}^{\infty}(-1)^k\frac{k+r}{k!\Gamma(k+1+r)}\left(\frac{x}{2}\right)^{2k+2r-1} \\
&= 2^r\sum_{k=0}^{\infty}(-1)^k\frac{1}{k!\Gamma(k+r)}\left(\frac{x}{2}\right)^{2k+2r-1} \\
&= x^r\left(\frac{x}{2}\right)^{r-1}\sum_{k=0}^{\infty}(-1)^k\frac{1}{k!\Gamma(k+r)}\left(\frac{x}{2}\right)^{2k} \\
&= x^r J_{r-1}(x)
\end{aligned}$$

5.**解**　注意到，$J_{\frac{1}{2}}(x) = \sqrt{\dfrac{2}{\pi x}}\sin x$，$J_{-\frac{1}{2}}(x) = \sqrt{\dfrac{2}{\pi x}}\cos x$。在递推公式 $J_{r-1}(x) + J_{r+1}(x) = \dfrac{2r}{x}J_r(x)$ 中取 $r = \dfrac{1}{2}$，得

$$\begin{aligned}
J_{r-1}(x) + J_{\frac{3}{2}}(x) &= \frac{1}{x}J_{\frac{1}{2}}(x) - J_{-\frac{1}{2}}(x) = \sqrt{\frac{2}{\pi x}}\left(\frac{\sin x}{x} - \cos x\right) \\
&= \sqrt{\frac{2}{\pi x}}\left[\sin\left(x-\frac{\pi}{2}\right) + \frac{1}{x}\cos\left(x-\frac{\pi}{2}\right)\right]
\end{aligned}$$

6.**解**　注意到 $J_1(x) = -J'_0(x)$，利用递推公式 $J_{n-1}(x) - J_{n+1}(x) = 2J'_n(x)$（取 $n=1$），得 $2J'_1(x) = J_0(x) - J_2(x)$，再求一次导数得 $2J''_1(x) = J'_0(x) - J'_2(x)$，此即 $2J'''_0(x) = J'_2(x) - J'_0(x)$。再利用递推公式（取 $n=2$）得 $2J'_2(x) = J_1(x) - J_3(x)$，将其代入到 $2J_0'''(x) = J'_2(x) - J'_0(x)$ 中解出 $J_3(x)$ 即可。

8.**解**　利用 $e^x$ 泰勒级数 $e^x = \sum\limits_{n=0}^{\infty}\dfrac{1}{n!}x^n$，$x \in \mathbf{R}$，可得

$$e^{\frac{tx}{2}} = \sum_{m=0}^{\infty}\frac{x^m}{2^m m!}t^m, e^{-\frac{x}{2t}} = \sum_{k=0}^{\infty}\frac{(-1)^k x^k}{2^k k!}t^{-k}$$

对任意 $n \in \mathbf{Z}$，当 $n = m-k \geqslant 0$ 时，上面两个级数相乘后含有 $t^n$ 的项为

$$\begin{aligned}
\sum_{m-k=n}^{\infty}\frac{(-1)^k x^k}{2^k k!}\frac{x^m}{2^m m!}t^m t^{-k} &= t^n\sum_{k=0}^{\infty}\frac{(-1)^k x^{2k+n}}{2^{2k+n}k!(n+k)!} = t^n\left(\frac{x}{2}\right)^n\sum_{k=0}^{\infty}\frac{(-1)^k}{k!\Gamma(n+k+1)}\left(\frac{x}{2}\right)^{2k} \\
&= J_n(x)t^n
\end{aligned}$$

当 $n$ 为负整数时类似可证。

9. **解** 对生成函数 $\psi(t,x)=\sum_{n=-\infty}^{\infty}J_n(x)t^n$ 两边关于 $x$ 求导得

$$\frac{\partial}{\partial x}\psi(t,x)=\sum_{n=-\infty}^{\infty}J'_n(x)t^n$$

利用生成函数的具体表示式 $\psi(t,x)=e^{\frac{x}{2}\left(t-\frac{1}{t}\right)}$,求导后代入到上面方程中得

$$\frac{1}{2}(t-t^{-1})\psi(t,x)=\sum_{n=-\infty}^{\infty}J_n(x)t^n$$

将生成函数的级数表示 $\psi(t,x)=\sum_{n=-\infty}^{\infty}J_n(x)t^n$ 代入到上面方程得

$$\frac{1}{2}\sum_{n=-\infty}^{\infty}J_n(x)t^{n+1}-\frac{1}{2}\sum_{n=-\infty}^{\infty}J_n(x)t^{n-1}=\sum_{n=-\infty}^{\infty}J'_n(x)t^n$$

变形为

$$\frac{1}{2}\sum_{n=-\infty}^{\infty}J_{n-1}(x)t^n-\frac{1}{2}\sum_{n=-\infty}^{\infty}J_{n+1}(x)t^n=\sum_{n=-\infty}^{\infty}J'_n(x)t^n$$

由此便得

$$2J'_n(x)=J_{n-1}(x)-J_{n+1}(x)$$

类似地,对生成函数 $\psi(t,x)=\sum_{n=-\infty}^{\infty}J_n(x)t^n$ 两边关于 $t$ 求导,并整理可得

$$\frac{1}{2}\sum_{n=-\infty}^{\infty}xJ_n(x)t^n+\frac{1}{2}\sum_{n=-\infty}^{\infty}xJ_n(x)t^{n-2}=\sum_{n=-\infty}^{\infty}nJ_n(x)t^{n-1}$$

变形为

$$\frac{1}{2}\sum_{n=-\infty}^{\infty}xJ_{n-1}(x)t^{n-1}+\frac{1}{2}\sum_{n=-\infty}^{\infty}xJ_{n+1}(x)t^{n-1}=\sum_{n=-\infty}^{\infty}nJ_n(x)t^{n-1}$$

由此便得

$$2nJ_n(x)=x[J_{n-1}(x)+J_{n+1}(x)]$$

10. **解** (1) 由递推公式 $2J'_n(x)=J_{n-1}(x)-J_{n+1}(x)$ 可得

$$2J''_n(x)=J'_{n-1}(x)-J'_{n+1}(x) \tag{1}$$

在递推公式

$$nJ_n(x)+xJ'_n(x)=xJ_{n-1}(x),\ -nJ_n(x)+xJ'_n(x)=-xJ_{n+1}(x) \tag{2}$$

中分别取 $n$ 为$(n+1)$ 和$(n-1)$,得

$$(n+1)J_{n+1}(x)+xJ'_{n+1}(x)=xJ_n(x),\ -(n-1)J_{n-1}(x)+xJ'_{n-1}(x)=-xJ_n(x)$$

解出导数项,可得

$$xJ'_{n+1}(x)=(n-1)J_{n-1}(x)-xJ_n(x),xJ'_{n+1}(x)=xJ_n(x)-(n+1)J_{n+1}(x)$$

上面两式相减并代入到(1) 式中即得

$$J''_n(x)=\frac{1}{2x}[(n-1)J_{n-1}(x)+(n+1)J_{n+1}(x)-2xJ_n(x)],x>0 \tag{3}$$

(2) 在(2) 式中取 $x=\alpha_m$,得 $nJ_n(\alpha_m)=\alpha_mJ_{n-1}(\alpha_m)$, $-nJ_n(\alpha_m)=-\alpha_mJ_{n+1}(\alpha_m)$,在(3) 式中取 $x=\alpha_m$ 并此结果代入即可。

11. **解** (1) 和定理 3.3 中证明方法类似。

(2) 对方程作自变量变换 $x=\sqrt{\lambda}\rho$,方程化为 $n$ 阶贝塞尔方程

$$x^2\frac{d^2R}{dx^2}+x\frac{dR}{dx}+(x^2-n^2)R=0$$

由此可得原定解问题的方程通解为

$$R(\rho)=C_1J_n(\sqrt{\lambda}\rho)+C_2N_n(\sqrt{\lambda}\rho)$$

由 $|R(0)|<+\infty$，得 $C_2=0$。由 $R'(\rho_0)=0$ 得，$C_1\sqrt{\lambda}J'_n(\sqrt{\lambda}\rho_0)=0$，由于 $C_1\neq 0$，$\sqrt{\lambda}>0$，所以 $\sqrt{\lambda}\rho_0$ 为 $J'_n(x)$ 的正零点 $\alpha_m$，$m\geqslant 1$。故有

$$\sqrt{\lambda}\rho_0=\alpha_m,\lambda_m=\left(\frac{\alpha_m}{\rho_0}\right)^2,R_m(\rho)=J_n\left(\frac{\alpha_m}{\rho_0}\rho\right),m\geqslant 1$$

(3) 和定理 3.3 中证明方法类似。

(4) 求出 $R_m(\rho)$ 关于权函数 $\rho$ 的平方模。记 $\beta_1=\sqrt{\lambda_m}=\dfrac{\alpha_m}{\rho_0}$，并取 $\beta$ 使得 $|\beta-\beta_1|\ll 1$。直接验证可得 $R_1(\rho)=J_n(\beta_1\rho)$，$R(\rho)=J_n(\beta\rho)$ 分别是如下两问题的解

$$\begin{cases}\rho^2R''_1(\rho)+\rho R'_1(\rho)+(\beta_1^2\rho^2-n^2)R_1(\rho)=0, & 0<\rho<\rho_0\\ R'_1(\rho_0)=0, & |R_1(0)|<+\infty\end{cases} \tag{1}$$

$$\begin{cases}\rho^2R''(\rho)+\rho R'(\rho)+(\beta^2\rho^2-n^2)R(\rho)=0, & 0<\rho<\rho_0\\ R'(\rho_0)\neq 0, & |R(0)|<+\infty\end{cases} \tag{2}$$

将问题(1) 和(2) 中的方程化为如下形式

$$(\rho R'_1(\rho))'+\left(\beta_1^2\rho-\frac{n^2}{\rho}\right)R_1(\rho)=0 \tag{3}$$

$$(\rho R'(\rho))'+\left(\beta^2\rho-\frac{n^2}{\rho}\right)R(\rho)=0 \tag{4}$$

用 $R(\rho)$ 和 $R_1(\rho)$ 分别乘(3) 和(4) 两式并相减，得

$$R(\rho)(\rho R'_1(\rho))'-R_1(\rho)(\rho R'(\rho))'+(\beta_1^2-\beta^2)\rho R_1(\rho)R(\rho)=0$$

在区间 $(0,\rho_0)$ 积分上式，得

$$\begin{aligned}(\beta_1^2-\beta^2)\int_0^{\rho_0}\rho R_1(\rho)R(\rho)\mathrm{d}\rho&=\left[\rho R_1(\rho)R'(\rho)-\rho R_1'(\rho)R(\rho)\right]\Big|_0^{\rho_0}\\&=\rho_0R'(\rho_0)R_1(\rho_0)=\rho_0\beta J_n(\beta_1\rho_0)J'_n(\beta\rho_0)\end{aligned}$$

由上式得

$$\int_0^{\rho_0}\rho R_1(\rho)R(\rho)\mathrm{d}\rho=\frac{\rho_0\beta J'_n(\beta\rho_0)J_n(\beta_1\rho_0)}{\beta_1^2-\beta^2}$$

令 $\beta\to\beta_1$，由洛必达法则可得

$$\begin{aligned}\int_0^{\rho_0}\rho R_1^2(\rho)\mathrm{d}\rho&=\lim_{\beta\to\beta_1}\frac{\rho_0^2\beta J''_n(\beta\rho_0)J_n(\beta_1\rho_0)+\rho_0J'_n(\beta\rho_0)J_n(\beta_1\rho_0)}{-2\beta}\\&=-\frac{\rho_0^2}{2}J''_n(\alpha_m)J_n(\alpha_m),\alpha_m=\beta_1\rho_0\end{aligned}$$

将第 10 题(2) 中的结果代入到上式即可。

12. **提示**　参考定理 3.3 的证明方法。

13. (1) $y(x)=c_1J_{\sqrt{2}}(2x)+c_2J_{-\sqrt{2}}(2x)$。

(2) $y(x)=c_1xJ_n(x)+c_2xN_n(x)$。

(3) $y(x)=c_1J_n(-\mathrm{i}x)+c_2N_n(-\mathrm{i}x)$。

(4) **解**　直接求导可得 $y'=x^{-\frac{1}{2}}u'-\dfrac{1}{2}x^{-\frac{3}{2}}u$，$y''=x^{-\frac{1}{2}}u''-x^{-\frac{3}{2}}u'+\dfrac{3}{4}x^{-\frac{5}{2}}u$，将所得结果代入到方程中得

$$\left(x^{\frac{3}{2}}u''-x^{\frac{1}{2}}u'+\frac{3}{4}x^{-\frac{1}{2}}u\right)+(2x^{\frac{1}{2}}u'-x^{-\frac{1}{2}}u)+[x^2-r(r+1)]x^{-\frac{1}{2}}u=0$$

方程两边乘 $x^{\frac{1}{2}}$，并整理得

$$\left(x^2u''-xu'+\frac{3}{4}u\right)+(2xu'-u)+[x^2-r(r+1)]u=0$$

$$x^2u''+xu'-\frac{1}{4}u+[x^2-r(r+1)]u=0\Rightarrow x^2u''+xu'+\left[x^2-\left(r+\frac{1}{2}\right)^2\right]u=0$$

此即$\left(r+\frac{1}{2}\right)$阶贝塞尔方程,故有

$$y(x)=\frac{1}{\sqrt{x}}u(x)=\begin{cases}\frac{1}{\sqrt{x}}[c_1J_{r+\frac{1}{2}}(x)+c_2J_{-(r+\frac{1}{2})}(x)],r+\frac{1}{2}\notin\mathbf{N}\\ \frac{1}{\sqrt{x}}[c_1J_n(x)+c_2N_n(x)],r+\frac{1}{2}=n\geqslant 0\end{cases}$$

14. (1) $(x^3-4x)J_1(x)+2x^2J_0(x)+c$。

(2) $-x^2J_2(x)-J_0(x)+c$。

15. $f(\rho)=\sum\limits_{m=1}^{\infty}A_mJ_0(\mu_m^{(0)}\rho)$,其中$A_m=\frac{2[(\mu_m^{(0)})^2-4]}{(\mu_m^{(0)})^3J_1(\mu_m^{(0)})}$。

16. **解** 将变量$x$换为$\rho$,此题相当于$\rho_0=1$。设$\rho^2=\sum\limits_{m=1}^{\infty}A_mR_m(\rho)$,其中$R_m(\rho)=J_2(\alpha_m\rho)$,$m\geqslant 1$。记$L_m=\frac{1}{2}\left[1-\frac{4}{\alpha_m^2}\right]J_2^2(\alpha_m)$,则有

$$A_m=\frac{1}{L_m}\int_0^1\rho^3J_2(\alpha_m\rho)\mathrm{d}\rho=\frac{1}{L_m\alpha_m^4}\int_0^{\alpha_m}x^3J_2(x)\mathrm{d}x\quad(x=\alpha_m\rho)$$

$$=\frac{1}{L_m\alpha_m^4}x^3J_3(x)\Big|_0^{\alpha_m}=\frac{J_3(\alpha_m)}{L_m\alpha_m}$$

17. **提示** 将变量$x$换为$\rho$,此题相当于$\rho_0=2$,$2\alpha_m=\mu_m^{(0)}\Rightarrow\alpha_m=\frac{1}{2}\mu_m^{(0)}$,$m\geqslant 1$,故有$J_0(\alpha_m\rho)=J_0\left(\frac{\mu_m^{(0)}}{2}\rho\right)$,$m\geqslant 1$。$f(x)=\sum\limits_{m=1}^{\infty}\frac{J_1(\mu_m^{(0)}/2)}{\mu_m^{(0)}[J_1(\mu_m^{(0)})]^2}J_0(\frac{\mu_m^{(0)}}{2}x)$

18. **提示** 参考矩形域上波动方程的求解方法。原问题的解为:

$$u(x,y,t)=\sum_{k=1}^{\infty}\sum_{n=1}^{\infty}a_{kn}\mathrm{e}^{-a^2\mu_{kn}t}\sin n\pi x\sin\frac{k\pi}{2}y$$

其中$a_{kn}=2\int_0^2\int_0^1 xy\sin n\pi x\sin\frac{k\pi}{2}y\mathrm{d}x\mathrm{d}y$,$\mu_{kn}=n^2\pi^2+\frac{k^2\pi^2}{4}$。

19. $u(\rho,t)=\sum\limits_{m=1}^{\infty}a_m\mathrm{sh}(\mu_m^{(0)}z)J_0(\mu_m^{(0)}\rho)$,其中$a_m=\frac{6}{\mu_m^{(0)}\mathrm{sh}(2\mu_m^{(0)})J_1(\mu_m^{(0)})}$。

20. $u(\rho,t)=\sum\limits_{m=1}^{\infty}\frac{f_m}{a^2\lambda_m}(1-\cos a\sqrt{\lambda_m}t)J_0\left(\frac{\mu_m^{(0)}}{\rho_0}\rho\right)$,其中$\lambda_m=\left(\frac{\mu_m^{(0)}}{\rho_0}\right)^2$,$f_m=\frac{2B}{\mu_m^{(0)}J_1(\mu_m^{(0)})}$。

# 习题4

1. (1) $u(x,t)=\int_2^{\infty}\frac{A}{2a\sqrt{\pi t}}\mathrm{e}^{-\frac{(x-\xi)^2}{4a^2t}}\mathrm{d}\xi=\frac{A}{2}\left[1+\Phi\left(\frac{x-2}{2a\sqrt{t}}\right)\right]$。

(2) $u(x,t)=\int_{-1}^{1}\frac{h}{4\sqrt{\pi t}}\mathrm{e}^{-\frac{(x-\xi)^2}{16t}}\mathrm{d}\xi=\frac{h}{2}\left[\Phi\left(\frac{x+1}{4\sqrt{t}}\right)-\Phi\left(\frac{x-1}{4\sqrt{t}}\right)\right]$。

2. **解** (1) 由傅里叶变换可得该问题解为

$$u(x,t)=\int_0^{\infty}\frac{\mathrm{e}^{-\xi}}{2a\sqrt{\pi t}}\mathrm{e}^{-\frac{(x-\xi)^2}{4a^2t}}\mathrm{d}\xi=\mathrm{e}^{-x}\int_0^{\infty}\frac{\mathrm{e}^{x-\xi}}{2a\sqrt{\pi t}}\mathrm{e}^{-\frac{(x-\xi)^2}{4a^2t}}\mathrm{d}\xi=\mathrm{e}^{-x}\int_{-\infty}^{x}\frac{\mathrm{e}^{-\eta}}{2a\sqrt{\pi t}}\mathrm{e}^{-\frac{\eta^2}{4a^2t}}\mathrm{d}\xi$$

由配方法得$\frac{\eta^2}{4a^2t}+\eta=\frac{(\eta+2a^2t)^2}{4a^2t}-a^2t$,利用此结果并对上面积分作变量代换$\alpha=\frac{\eta+2a^2t}{2a\sqrt{t}}$可得

$$u(x,t)=\mathrm{e}^{-x}\int_{-\infty}^{x}\frac{\mathrm{e}^{-\eta}}{2a\sqrt{\pi t}}\mathrm{e}^{-\frac{\eta^2}{4a^2t}}\mathrm{d}\eta=\mathrm{e}^{-x+a^2t}\int_{-\infty}^{x}\frac{1}{2a\sqrt{\pi t}}\mathrm{e}^{-\frac{(\eta+2a^2t)^2}{4a^2t}}\mathrm{d}\eta$$

$$= \frac{e^{-x+a^2t}}{\sqrt{\pi}}\int_{-\infty}^{\frac{x+2a^2t}{2a\sqrt{t}}} e^{-\alpha^2}d\eta = \frac{e^{-x+a^2t}}{\sqrt{\pi}}\left[\int_{-\infty}^{0} e^{-\alpha^2}d\eta + \int_{0}^{\frac{x+2a^2t}{2a\sqrt{t}}} e^{-\alpha^2}d\eta\right]$$

$$= \frac{e^{-x+a^2t}}{2}\left[1+\Phi\left(\frac{x+2a^2t}{2a\sqrt{t}}\right)\right]$$

(2) 由傅里叶变换可得该问题解为

$$u(x,t) = \frac{1}{2a}\int_0^t \frac{e^{-\tau}d\tau}{\sqrt{\pi(t-\tau)}}\int_{-\infty}^{\infty} e^{-\frac{(x-\xi)^2}{4a^2(t-\tau)}}d\xi$$

$$= \frac{1}{\sqrt{\pi}}\int_0^t e^{-\tau}d\tau\int_{-\infty}^{\infty} e^{-\left[\frac{x-\xi}{2a\sqrt{t-\tau}}\right]^2} d\left(\frac{\xi}{2a\sqrt{(t-\tau)}}\right)$$

$$= \frac{1}{\sqrt{\pi}}\int_0^t e^{-\tau}d\tau\int_{-\infty}^{\infty} e^{-\alpha^2}d\alpha = \frac{1}{\sqrt{\pi}}\int_0^t e^{-\tau}d\tau\cdot\sqrt{\pi} = 1-e^{-t}$$

3. (1) $u(x,t) = \sin(x-2t) + \int_0^t [x-2(t-\tau)]e^{-\tau}d\tau = \sin(x-2t) - (x+2)e^{-t} + (x-2t+2)$

(2) **解** 利用傅里叶变换可得 $\hat{u}_t = (2i\omega+3)\hat{u}, t>0, \hat{u}(\omega,0) = \hat{\varphi}(\omega)$，解之可得

$$\hat{u}(\omega,t) = \hat{\varphi}(\omega)e^{(2i\omega+3)t} = e^{3t}\hat{\varphi}(\omega)e^{2it\omega}$$

利用 $F(\delta(x-a))(\omega) = e^{-ai\omega}$ 得

$$\hat{u}(\omega,t) = e^{3t}\hat{\varphi}(\omega)F(\delta(x+2t))(\omega)$$

取傅里叶逆变换便得

$$u(x,t) = e^{3t}\varphi(x)*\delta(x+2t) = e^{3t}\varphi(x+2t)$$

4. (1) $u(x,t) = \frac{1}{2}\int_0^t \tau d\tau\int_{x-(t-\tau)}^{x+(t-\tau)}\sin\xi d\xi = t\sin x + \frac{1}{2}\cos(x+t) - \frac{1}{2}\cos(x-t)$。

(2) $u(x,t) = \frac{1}{2}[\sin(x+at)+\sin(x-at)] + \frac{1}{2a}[\arctan(x+at) - \arctan(x-at)] + \frac{1}{6}xt^3$。

5. **解** (1) 由于 $\psi(x,y)=0, f(x,y,t)=0$，根据二维波动方程柯西问题的泊松公式得

$$u(x,y,t) = \frac{1}{2\pi a}\frac{\partial}{\partial t}\iint_{B_{at}(x,y)} \frac{\varphi(\xi,\eta)}{\sqrt{a^2t^2-r^2}}d\xi d\eta = \frac{1}{2\pi a}\frac{\partial}{\partial t}w(x,y,t)$$

下面利用极坐标计算 $w(x,y,t)$。

$$w(x,y,t) = \iint_{B_{at}(x,y)} \frac{\xi\eta}{\sqrt{a^2t^2-r^2}}d\xi d\eta$$

$$= \int_0^{at}\frac{rdr}{\sqrt{a^2t^2-r^2}}\int_0^{2\pi}(x+r\cos\theta)(y+r\sin\theta)d\theta$$

利用在区间 $[0,2\pi]$ 三角函数的正交性易得

$$w(x,y,t) = 2\pi xy\int_0^{at}\frac{rdr}{\sqrt{a^2t^2-r^2}}$$

$$= -2\pi xy\sqrt{a^2t^2-r^2}\Big|_0^{at} = 2\pi axyt$$

由此即得

$$u(x,y,t) = \frac{1}{2\pi a}\frac{\partial}{\partial t}w(x,y,t) = xy$$

(2) 由于 $\varphi(x,y)=0, f(x,y,t)=0$，根据二维波动方程柯西问题的泊松公式得

$$u(x,y,t) = \frac{1}{2\pi a}\iint_{B_{at}(x,y)}\frac{\xi^2\eta}{\sqrt{a^2t^2-r^2}}d\xi d\eta$$

利用极坐标计算可得

$$u(x,y,t) = \frac{1}{2\pi a}\int_0^{at}\frac{rdr}{\sqrt{a^2t^2-r^2}}\int_0^{2\pi}(x+r\cos\theta)^2(y+r\sin\theta)d\theta$$

$$= \frac{1}{2\pi a}\int_0^{at} \frac{(\pi y r^2 + 2\pi x^2 y) r\mathrm{d}r}{\sqrt{a^2t^2 - r^2}}$$

$$= \frac{y}{2a}\int_0^{at} \frac{r^3\mathrm{d}r}{\sqrt{a^2t^2 - r^2}} + \frac{x^2 y}{a}\int_0^{at} \frac{r\mathrm{d}r}{\sqrt{a^2t^2 - r^2}}$$

作变量代换 $u = a^2t^2 - r^2$，容易计算出上面积分为 $u(x,y,t) = x^2yt + \frac{1}{6}a^2yt^3$。

(3) 由于 $\varphi(x,y,z) = 0, f(x,y,z,t) = 0$，根据三维波动方程柯西问题的基尔霍夫公式得

$$u(x,y,z,t) = \frac{1}{4\pi a^2 t}\iint\limits_{S_{at}(x,y,z)} \xi^2 \zeta \mathrm{d}s$$

利用球面坐标变换 $\xi = x + at\sin\varphi\cos\theta, \eta = y + at\sin\varphi\sin\theta, \zeta = z + at\cos\varphi$，得

$$u(x,y,z,t) = \frac{1}{4\pi a^2 t}\int_0^{\pi}(at)^2\sin\varphi\mathrm{d}\varphi\int_0^{2\pi}(x + at\sin\varphi\cos\theta)^2(z + at\cos\varphi)\mathrm{d}\theta$$

$$= \frac{t}{4\pi}\int_0^{\pi}(z + at\cos\varphi)\sin\varphi\mathrm{d}\varphi\int_0^{2\pi}(x + at\sin\varphi\cos\theta)^2\mathrm{d}\theta$$

很容易求出上面积分为 $u(x,y,z,t) = x^2zt + \frac{1}{3}a^2zt^3$。

6. **解** 根据三维波动方程柯西问题的基尔霍夫公式得

$$u(x,y,z,t) = \frac{1}{4\pi a^2 t}\iint\limits_{S_{at}(x,y,z)} \psi(\xi)\mathrm{d}s$$

对上面积分先作平移变换 $x_1 = \xi - x, x_2 = \eta - y, x_3 = \zeta - z$，注意到平移变换曲面的面积元不变，函数与 $x_2$，$x_3$ 无关，利用球面关于 $x_1 o x_2$ 坐标面的对称性可得

$$u(x,y,z,t) = \frac{1}{2\pi a^2 t}\iint\limits_{S_{at}^{+}(0,0,0)} \psi(x + x_1)\mathrm{d}s$$

$$= \frac{1}{2\pi a^2 t}\iint\limits_{B_{at}(0,0)} \frac{at\psi(x + x_1)}{\sqrt{a^2t^2 - x_1^2 - x_2^2}}\mathrm{d}x_1\mathrm{d}x_2$$

$$= \frac{1}{\pi a}\iint\limits_{B_{at}^{+}(0,0)} \frac{\psi(x + x_1)}{\sqrt{a^2t^2 - x_1^2 - x_2^2}}\mathrm{d}x_1\mathrm{d}x_2$$

$$= \frac{1}{\pi a}\int_{-at}^{at}\psi(x + x_1)\mathrm{d}x_1\int_0^{\sqrt{a^2t^2 - x_1^2}} \frac{1}{\sqrt{a^2t^2 - x_1^2 - x_2^2}}\mathrm{d}x_2$$

$$= \frac{1}{\pi a}\int_{-at}^{at}\psi(x + x_1)\left[\arcsin\frac{x_2}{\sqrt{a^2t^2 - x_1^2}}\right]\Bigg|_0^{\sqrt{a^2t^2 - x_1^2}}\mathrm{d}x_1$$

$$= \frac{1}{2a}\int_{-at}^{at}\psi(x + x_1)\mathrm{d}x_1 = \frac{1}{2a}\int_{x-at}^{x+at}\psi(\alpha)\mathrm{d}\alpha$$

7. **解** 利用一维波动方程柯西问题的达朗贝尔公式得

$$u(x,t) = \frac{1}{2}[\varphi(x + at) + \varphi(x - at)] + \frac{1}{2a}\int_{x-at}^{x+at}\psi(\alpha)\mathrm{d}\alpha$$

如果 $\varphi(x)$、$\psi(x)$ 为奇函数，则有

$$u(-x,t) = \frac{1}{2}[\varphi(-x + at) + \varphi(-x - at)] + \frac{1}{2a}\int_{-x-at}^{-x+at}\psi(\alpha)\mathrm{d}\alpha$$

$$= \frac{1}{2}[\varphi(-(x - at)) + \varphi(-(x + at))] + \frac{1}{2a}\int_{-(x+at)}^{-(x-at)}\psi(\alpha)\mathrm{d}\alpha$$

$$= -\frac{1}{2}[\varphi(x - at) + \varphi(x + at)] + \frac{1}{2a}\int_{-(x+at)}^{-(x-at)}\psi(-\alpha)\mathrm{d}(-\alpha)$$

$$= -\frac{1}{2}[\varphi(x - at) + \varphi(x + at)] - \frac{1}{2a}\int_{x-at}^{x+at}\psi(\alpha)\mathrm{d}(\alpha) = -u(x,t)$$

此即说明 $u(x,t)$ 是关于 $x$ 为奇函数。其余的类似可证。

12. **解**　对该问题中关于空间变量 $x$ 作傅里叶变换得

$$\hat{u}_{tt}(\omega,t)+(1+\omega^2)\hat{u}(\omega,t)=0,\hat{u}(\omega,0)=\hat{\varphi}(\omega),\hat{u}_t(\omega,0)=0$$

该方程的解为 $\hat{u}=c_1\cos\sqrt{1+\omega^2}t+c_2\sin\sqrt{1+\omega^2}t$，对其关于 $t$ 求导得

$$\hat{u}_t=\sqrt{1+\omega^2}[-c_1\sin\sqrt{1+\omega^2}t+c_2\cos\sqrt{1+\omega^2}t]$$

由 $\hat{u}_t(\omega,0)=0$ 得 $c_2=0$，故有 $\hat{u}_t=-c_1\sqrt{1+\omega^2}\sin\sqrt{1+\omega^2}t$，进而 $\hat{u}=c_1\cos\sqrt{1+\omega^2}t$。再由 $\hat{u}(\omega,0)=\hat{\varphi}(\omega)$ 得 $c_1=\hat{\varphi}(\omega)$，即 $\hat{u}=\hat{\varphi}(\omega)\cos\sqrt{1+\omega^2}t$。取傅里叶逆变换得

$$\begin{aligned}u(x,t)&=\int_{-\infty}^{\infty}e^{i\omega x}\hat{\varphi}(\omega)\cos\sqrt{1+\omega^2}t\mathrm{d}\omega\\&=\sqrt{2\pi}\int_{-\infty}^{\infty}e^{-\frac{\omega^2}{2}}\cos\omega x\cos\sqrt{1+\omega^2}t\mathrm{d}\omega\end{aligned}$$

此解是以参变量积分形式给出的。

13. **解**　由傅里叶变换可得该问题的解为

$$\begin{aligned}u(x,t)&=\int_{-\infty}^{\infty}\frac{\cos(x-\xi)}{2a\sqrt{\pi t}}e^{-\frac{\xi^2}{4a^2t}}\mathrm{d}\xi\\&=\int_{-\infty}^{\infty}\frac{\cos x\cos\xi+\sin x\sin\xi}{2a\sqrt{\pi t}}e^{-\frac{\xi^2}{4a^2t}}\mathrm{d}\xi\end{aligned}$$

注意到 $\sin\xi$ 为奇函数，所以有 $\int_{-\infty}^{\infty}\frac{\sin\xi}{2a\sqrt{\pi t}}e^{-\frac{\xi^2}{4a^2t}}\mathrm{d}\xi=0$，故有

$$u(x,t)=\cos x\int_{-\infty}^{\infty}\frac{\cos\xi}{2a\sqrt{\pi t}}e^{-\frac{\xi^2}{4a^2t}}\mathrm{d}\xi$$

再利用 $\int_0^{\infty}e^{-ax^2}\cos bx\mathrm{d}x=e^{-\frac{b^2}{4a}}\sqrt{\frac{\pi}{4a}},a>0$，可得 $u(x,t)=e^{-a^2t}\cos x$。

14. **解**　由傅里叶变换可得该问题的解为

$$\begin{aligned}u(x,t)&=\int_{-\infty}^{\infty}\frac{(x-\xi)^3}{2a\sqrt{\pi t}}e^{-\frac{\xi^2}{4a^2t}}\mathrm{d}\xi\\&=\int_{-\infty}^{\infty}\frac{x^3-3x^2\xi+3x\xi^2-\xi^3}{2a\sqrt{\pi t}}e^{-\frac{\xi^2}{4a^2t}}\mathrm{d}\xi\\&=\int_{-\infty}^{\infty}\frac{x^3+3x\xi^2}{2a\sqrt{\pi t}}e^{-\frac{\xi^2}{4a^2t}}\mathrm{d}\xi\end{aligned}$$

注意到基本解 $\Gamma(x,t)=\frac{1}{2a\sqrt{\pi t}}e^{-\frac{x^2}{4a^2t}}U(t)$ 满足 $\int_{-\infty}^{\infty}\Gamma(x,t)\mathrm{d}x=1$，由此可得

$$\begin{aligned}u(x,t)&=\int_{-\infty}^{\infty}\frac{x^3+3x\xi^2}{2a\sqrt{\pi t}}e^{-\frac{\xi^2}{4a^2t}}\mathrm{d}\xi\\&=x^3\int_{-\infty}^{\infty}\frac{1}{2a\sqrt{\pi t}}e^{-\frac{\xi^2}{4a^2t}}\mathrm{d}\xi+3x\int_{-\infty}^{\infty}\frac{\xi^2}{2a\sqrt{\pi t}}e^{-\frac{\xi^2}{4a^2t}}\mathrm{d}\xi=x^3+3xI\end{aligned}$$

下面利用 $\Gamma$ 函数计算 $I$

$$\begin{aligned}I&=\int_{-\infty}^{\infty}\frac{\xi^2}{2a\sqrt{\pi t}}e^{-\frac{\xi^2}{4a^2t}}\mathrm{d}\xi=\frac{4a^2t}{\sqrt{\pi}}\int_{-\infty}^{\infty}\frac{\xi^2}{4a^2t}e^{-\frac{\xi^2}{4a^2t}}d\frac{\xi}{2a\sqrt{t}}\\&=\frac{8a^2t}{\sqrt{\pi}}\int_0^{\infty}\eta^2e^{-\eta^2}\mathrm{d}\eta=\frac{4a^2t}{\sqrt{\pi}}\int_0^{\infty}\eta e^{-\eta^2}\mathrm{d}\eta^2\\&=\frac{4a^2t}{\sqrt{\pi}}\int_0^{\infty}x^{\frac{1}{2}}e^{-x}\mathrm{d}x=\frac{4a^2t}{\sqrt{\pi}}\Gamma\left(\frac{3}{2}\right)=2a^2t\end{aligned}$$

最后得 $u(x,t)=x^3+6a^2xt$。

15. **解**　由傅里叶变换可得该问题的解为

$$u(x,t)=\int_{-\infty}^{\infty}\frac{\varphi(x)}{2a\sqrt{\pi t}}\mathrm{e}^{-\frac{(x-\xi)^2}{4a^2t}}\mathrm{d}\xi$$
$$=A\int_{0}^{\infty}\frac{1}{2a\sqrt{\pi t}}\mathrm{e}^{-\frac{(x-\xi)^2}{4a^2t}}\mathrm{d}\xi+B\int_{-\infty}^{0}\frac{1}{2a\sqrt{\pi t}}\mathrm{e}^{-\frac{(x-\xi)^2}{4a^2t}}\mathrm{d}\xi$$

对上面积分作变量代换 $\alpha=\dfrac{x-\xi}{2a\sqrt{t}}$,得

$$u(x,t)=\frac{A}{\sqrt{\pi}}\int_{-\infty}^{\frac{x}{2a\sqrt{t}}}\mathrm{e}^{-\alpha^2}\mathrm{d}\alpha+\frac{B}{\sqrt{\pi}}\int_{\frac{x}{2a\sqrt{t}}}^{+\infty}\mathrm{e}^{-\alpha^2}\mathrm{d}\alpha$$
$$=\frac{A}{2}\left[1+\Phi\left(\frac{x}{2a\sqrt{t}}\right)\right]+\frac{B}{2}\left[1-\Phi\left(\frac{x}{2a\sqrt{t}}\right)\right]$$
$$=\frac{1}{2}(A+B)+\frac{1}{2}(A-B)\Phi\left(\frac{x}{2a\sqrt{t}}\right)$$

# 习题 5

3. **解**　(1) 方程两边乘 $u$,并在 $\Omega$ 上积分得

$$0=\iiint_{\Omega}[-u\Delta u+c(x,y,z)u^2]\mathrm{d}V=-\iint_{\partial\Omega}u\frac{\partial u}{\partial n}\mathrm{d}s+\iiint_{\Omega}[|\nabla u|^2+cu^2]\mathrm{d}V \tag{1}$$

利用边界条件 $u=0$ 得,$\iiint_{\Omega}[|\nabla u|^2+cu^2]\mathrm{d}V=0$,由此推出 $|\nabla u|^2+cu^2=0,x\in\Omega$。由于 $c(x,y,z)$ 不恒为零,所以存在一点 $P_0(x_0,y_0,z_0)\in\Omega$,使得 $c(P_0)\neq 0\Rightarrow u(P_0)=0$。再由 $|\nabla u|^2=u_x^2+u_y^2+u_z^2=0\Rightarrow u(x,y,z)=$ 常数 $=0$。

(2) 如果边界条件为 $\dfrac{\partial u}{\partial n}=0$,由(1)式易见 $\iiint_{\Omega}[|\nabla u|^2+cu^2]\mathrm{d}V=0$ 仍然成立,所以 $u(x,y,z)=$ 常数 $=0$。设 $u_1(x,y,z)$ 和 $u_2(x,y,z)$ 为如下问题的两个解,则对 $k=1,2$,有

$$\begin{cases}-\Delta u_k+c(x,y,z)u_k=f(x,y,z), & (x,y,z)\in\Omega\\ \dfrac{\partial u_k}{\partial n}=\varphi(x,y,z), & (x,y,z)\in\partial\Omega\end{cases}$$

令 $u=u_2-u_1$,则 $u$ 满足

$$\begin{cases}-\Delta u+c(x,y,z)u=0, & (x,y,z)\in\Omega\\ \dfrac{\partial u}{\partial n}=0, & (x,y,z)\in\partial\Omega\end{cases}$$

由此可得 $u$ 在区域 $\Omega$ 恒为零,即 $u_1=u_2$,该问题的解是唯一的。

4. **解**　(1) 设 $u=u(r)$。当 $r\neq 0$ 时,$u$ 满足二维拉普拉斯方程,即有 $u_{rr}+\dfrac{1}{r}u_r=0$,或者 $ru_{rr}+u_r=0$。注意到 $(ru_r)'=ru_{rr}+u_r$,故有 $ru_r=c_1\Rightarrow u_r=\dfrac{c_1}{r}$,再积分一次便得 $u=c_1\ln r+c_2$。由 $u(1)=0\Rightarrow c_2=0$。直接计算易得 $\nabla u=\dfrac{c_1}{r^2}(x,y)$,$\boldsymbol{n}=\dfrac{1}{r}(x,y)$,将它们代入到 $\int_{\partial B(0,\delta)}\nabla u\cdot\boldsymbol{n}\mathrm{d}s=-1$ 中得,$-1=\int_{\partial B(0,\delta)}\nabla u\cdot\boldsymbol{n}\mathrm{d}s=\dfrac{c_1}{\delta}\int_{\partial B(0,\delta)}\mathrm{d}s=2\pi c_1$,即有 $c_1=-\dfrac{1}{2\pi}$,$u(r)=c_1\ln r=\dfrac{1}{2\pi}\ln\dfrac{1}{r}$。

(2) 注意到此时方程为 $u_{rr}+\dfrac{2}{r}u_r=0$,或为 $ru_{rr}+2u_r=0$。方程两边乘以 $r$ 得 $r^2u_{rr}+2ru_r=0$。再注意到 $(r^2u_r)'=r^2u_{rr}+2ru_r$,故有 $u_r=\dfrac{c_1}{r^2}$,积分一次便得 $u=\dfrac{c_1}{r}+c_2$。和上一步的方法类似,可求得 $c_2=0,c_1=\dfrac{1}{4\pi}$,$u(r)=\dfrac{1}{4\pi r}$。

5. **提示**　和 $n=3$ 时格林第三公式的证明基本相同，在此题中只需取 $v=\frac{1}{2\pi}\ln\frac{1}{r_{P_0P}}$，并注意到在圆周 $\partial B(P_0,\varepsilon)$ 上下面估计成立

$$\left|\int_{\partial B(P_0,\varepsilon)} v\frac{\partial u}{\partial n}\mathrm{d}s\right|=\left|-\frac{1}{2\pi}\ln\varepsilon\int_{\partial B(P_0,\varepsilon)}\frac{\partial u}{\partial n}\mathrm{d}s\right|\leqslant M\varepsilon\ln\varepsilon\to 0,\text{当 }\varepsilon\to 0\text{ 时}$$

$$\int_{\partial B(P_0,\varepsilon)} u\frac{\partial v}{\partial n}\mathrm{d}s=\frac{1}{2\pi\varepsilon}\int_{\partial B(P_0,\varepsilon)} u\mathrm{d}s\to u(P_0),\text{当 }\varepsilon\to 0\text{ 时}$$

6. **解**　由于 $h(x,y)$ 在区域 $\Omega$ 内调和，在格林第二公式中取 $v=h$ 得

$$-\iint_{\Omega} h\Delta u\mathrm{d}\sigma=\int_{\partial\Omega}\left[u\frac{\partial h}{\partial n}-h\frac{\partial u}{\partial n}\right]\mathrm{d}s,\Rightarrow 0=\int_{\partial\Omega}\left[h\frac{\partial u}{\partial n}-u\frac{\partial h}{\partial n}\right]\mathrm{d}s-\iint_{\Omega} h\Delta u\mathrm{d}\sigma$$

将上面的方程与格林第三公式中的方程 $u(\xi,\eta)=\int_{\partial\Omega}\left(\Gamma\frac{\partial u}{\partial n}-u\frac{\partial\Gamma}{\partial n}\right)\mathrm{d}s-\iint_{\Omega}\Gamma\Delta u\mathrm{d}\sigma$ 相加得

$$u(\xi,\eta)=\int_{\partial\Omega}\left[(\Gamma+h)\frac{\partial u}{\partial n}-u\frac{\partial(\Gamma+h)}{\partial n}\right]\mathrm{d}s-\iint_{\Omega}(\Gamma+h)\Delta u\mathrm{d}\sigma$$

注意到在边界上有 $h+\Gamma=0$，故有

$$u(\xi,\eta)=-\int_{\partial\Omega} u\frac{\partial G}{\partial n}\mathrm{d}s-\iint_{\Omega} G\Delta u\mathrm{d}\sigma=-\int_{\partial\Omega}\varphi\frac{\partial G}{\partial n}\mathrm{d}s+\iint_{\Omega} Gf\mathrm{d}\sigma$$

8. **解**　由于已知上半空间的格林函数为

$$G(P,P_0)=\Gamma(P,P_0)-\Gamma(P,P_1)=\frac{1}{4\pi}\left(\frac{1}{r_0}-\frac{1}{r_1}\right)$$

其中 $r_0=|P_0-P|,r_1=|P_1-P|$。当 $P(P\neq P_0)$ 在上半空间变化时，显然有 $r_0<r_1,r_1>0$，由此即得所要结果。平面上圆域拉普拉斯方程狄利克雷问题的格林函数 $G(P,P_0)$ 满足 $0<G(P,P_0)<\frac{1}{2\pi}\ln\frac{1}{r_0},P\neq P_0$。

9. **提示**　上半平面的格林函数为 $G(P,P_0)=\Gamma(P,P_0)-\Gamma(P,P_1)=\frac{1}{2\pi}\ln\frac{r_1}{r_0}$。

10. **解**　(1) 设 $P_0(\xi,\eta)\in\Omega,P_1(\xi_1,\eta_1)$ 为 $P_0$ 关于区域 $\Omega$ 的边界 $\{(x,y)\mid y=x\}$ 的对称点，则有 $\frac{\eta_1-\eta}{\xi_1-\xi}=-1,\frac{\eta_1+\eta}{2}=\frac{\xi_1+\xi}{2}$，解此方程组易得 $\xi_1=\eta,\eta_1=\xi$，即有 $P_1(\xi_1,\eta_1)=P_1(\eta,\xi)$。利用对称方法得区域 $\Omega$ 的格林函数为

$$G(P,P_0)=\Gamma(P,P_0)-\Gamma(P,P_1)=\frac{1}{2\pi}\left(\ln\frac{1}{r_0}-\ln\frac{1}{r_1}\right)=\frac{1}{2\pi}\ln\frac{r_1}{r_0}$$

其中 $r_0=\sqrt{(x-\xi)^2+(y-\eta)^2},r_1=\sqrt{(x-\eta)^2+(y-\xi)^2}$。

(2) 为求第一象限的格林函数，要两次利用对称方法。设 $P_0(\xi,\eta)\in\Omega$，则 $P_1(\xi,-\eta)$ 为 $P_0$ 关于区域 $\Omega$ 的边界 $\{(x,y)\mid y=0,x>0\}$ 的对称点。记

$$G_1(P,P_0)=\Gamma(P,P_0)-\Gamma(P,P_1)=\frac{1}{2\pi}\left(\ln\frac{1}{r_0}-\ln\frac{1}{r_1}\right)=\frac{1}{2\pi}\ln\frac{r_1}{r_0}$$

则当 $y=0$ 时，$G_1(P,P_0)=0$。再取 $P_0,P_1$ 关于 $y$ 轴的对称点 $P_2(-\varepsilon,\eta)$、$P_3(-\varepsilon,-\eta)$，并记 $G_2(P,P_0)=\Gamma(P,P_2)-\Gamma(P,P_3)=\frac{1}{2\pi}\ln\frac{r_3}{r_2}$，易见当 $y=0$ 时，$G_2(P,P_0)=0$，且当 $x=0$ 时，$G_1(P,P_0)=G_2(P,P_0)$。令 $G(P,P_0)=G_1(P,P_0)-G_2(P,P_0)=\frac{1}{2\pi}\ln\frac{r_1r_2}{r_0r_3}$，注意到 $P_k(1\leqslant k\leqslant 3)$ 不在区域 $\Omega$ 中，所以 $\Gamma(P,P_k)(1\leqslant k\leqslant 3)$ 在区域 $\Omega$ 内调和，由此便得 $-\Delta G(P,P_0)=\delta(x-\xi)\delta(y-\eta),P\in\Omega$，并且 $G|_{\partial\Omega}=0$，即 $G(P,P_0)$ 为第一象限的格林函数。

11. **解**　设圆域上的格林函数为 $G_1(P,P_0)$，$P_0$、$P_1$ 关于 $x$ 轴的对称点为 $P_2$、$P_3$，并记 $G_2(P,P_0)=\frac{1}{2\pi}\ln\frac{1}{r_2}-\frac{1}{2\pi}\ln\frac{R}{|OP_2|r_3}$，则 $G_2(P,P_0)$ 在上半圆内调和，且在圆周上为零。令 $G(P,P_0)=G_1(P,P_0)-$

$G_2(P,P_0)=\dfrac{1}{2\pi}\ln\dfrac{r_1r_2}{r_0r_3}$,此即为上半圆域的格林函数。容易求出 $P_2=(\xi,-\eta)$,$P_1=\left(\dfrac{R^2\xi}{\xi^2+\eta^2},\dfrac{R^2\eta}{\xi^2+\eta^2}\right)$,$P_3=\left(\dfrac{R^2\xi}{\xi^2+\eta^2},-\dfrac{R^2\eta}{\xi^2+\eta^2}\right)$。

12. **解** 设 $P(x,y,z)$,$P_0(\xi,\eta,\zeta)\in\Omega$,易得 $P_0$ 关于球面的对称点为 $P_1\left(\dfrac{R^2\xi}{\rho_0},\dfrac{R^2\eta}{\rho_0},\dfrac{R^2\zeta}{\rho_0}\right)$,其中 $\rho_0=\sqrt{\xi^2+\eta^2+\zeta^2}$。和圆域上的方法类似可得

$$G(P,P_0)=\frac{1}{4\pi}\left(\frac{1}{r_0}-\frac{R}{\rho_0r_1}\right)\tag{1}$$

为球形域上的格林函数。设$\overrightarrow{OP}$ 和$\overrightarrow{OP_0}$ 的夹角为 $\alpha$,在球面坐标下,$P=P(\rho,\varphi,\theta)$,则有 $P_0(\rho_0,\varphi_0,\theta_0)$,$P_1\left(\dfrac{R^2}{\rho_0},\varphi_0,\theta_0\right)$,$r_0=|P-P_0|=\sqrt{\rho^2+\rho_0^2-2\rho\rho_0\cos\alpha}$,$r_1=|P-P_1|=\dfrac{1}{\rho_0}\sqrt{\rho_0^2\rho^2+R^4-2\rho R^2\rho_0\cos\alpha}$,将它们代入到(1) 式中得

$$G(P,P_0)=\frac{1}{4\pi}\frac{1}{\sqrt{\rho^2+\rho_0^2-2\rho\rho_0\cos\alpha}}-\frac{1}{4\pi}\frac{R}{\sqrt{\rho_0^2\rho^2+R^4-2\rho R^2\rho_0\cos\alpha}}$$

在球面上,直接计算可得

$$\frac{\partial G}{\partial n}=\frac{\partial G}{\partial\rho}=-\frac{1}{4\pi R}\frac{R^2-\rho_0^2}{(R^2+\rho_0^2-2R\rho_0\cos\alpha)^{\frac{3}{2}}}\tag{2}$$

利用向量的点乘运算可得

$$\begin{aligned}\cos\alpha&=(\sin\varphi\cos\theta,\sin\varphi\sin\theta,\cos\varphi)\cdot(\sin\varphi_0\cos\theta_0,\sin\varphi_0\sin\theta_0,\cos\varphi_0)\\&=\sin\varphi\sin\varphi_0\cos(\theta-\theta_0)+\cos\varphi\cos\varphi_0\end{aligned}\tag{3}$$

最后将(2) 式代入到 $u(\xi,\eta,\zeta)=-\displaystyle\iint_{\partial\Omega}u\frac{\partial G}{\partial n}\mathrm{d}s$,便得

$$\begin{aligned}u(\xi,\eta,\zeta)&=\frac{1}{4\pi R}\iint_{\partial\Omega}\frac{(R^2-\rho_0^2)g(\varphi,\theta)}{(R^2+\rho_0^2-2R\rho_0\cos\alpha)^{\frac{3}{2}}}\mathrm{d}s\\&=\frac{R}{4\pi}\int_0^{\pi}\sin\varphi\mathrm{d}\varphi\int_0^{2\pi}\frac{(R^2-\rho_0^2)g(\varphi,\theta)}{(R^2+\rho_0^2-2R\rho_0\cos\alpha)^{\frac{3}{2}}}\mathrm{d}\theta\end{aligned}\tag{4}$$

其中 $g(\varphi,\theta)=g(R\sin\varphi\cos\theta,R\sin\varphi\sin\theta,R\cos\varphi)$,$\cos\alpha$ 由(3) 式给出。(4) 式称为球域上调和函数的泊松公式。

13. **解** 根据圆域上调和函数的泊松公式

$$u(x,y)=\frac{1}{2\pi}\int_0^{2\pi}\frac{(R^2-\rho_0^2)\varphi(\theta)}{R^2+\rho_0^2-2R\rho_0\cos(\theta_0-\theta)}\mathrm{d}\theta$$

在上式中取 $u=1$ 可得

$$1=\frac{1}{2\pi}\int_0^{2\pi}\frac{(R^2-\rho_0^2)}{R^2+\rho_0^2-2R\rho_0\cos(\theta_0-\theta)}\mathrm{d}\theta$$

令 $u=u_2-u_1$,则 $u$ 满足下面问题

$$\begin{cases}-\Delta u=0, & (x,y)\in\Omega\\ u(x,y)=g_2(x,y)-g_2(x,y), & (x,y)\in\partial\Omega\end{cases}$$

记 $\varphi(\theta)=g_2(R\cos\theta,R\sin\theta)-g_1(R\cos\theta,R\sin\theta)$,由泊松公式得

$$u(x,y)=\frac{1}{2\pi}\int_0^{2\pi}\frac{(R^2-\rho_0^2)\varphi(\theta)}{R^2+\rho_0^2-2R\rho_0\cos(\theta_0-\theta)}\mathrm{d}\theta$$

注意到$\dfrac{(R^2-\rho_0^2)}{R^2+\rho_0^2-2R\rho_0\cos(\theta_0-\theta)}$ 在圆内非负,由上式便得

$$|u(x,y)|\leqslant\frac{\max\limits_{0\leqslant\theta\leqslant2\pi}|\varphi(\theta)|}{2\pi}\int_0^{2\pi}\left|\frac{(R^2-\rho_0^2)}{R^2+\rho_0^2-2R\rho_0\cos(\theta_0-\theta)}\right|\mathrm{d}\theta=\max_{0\leqslant\theta\leqslant2\pi}|\varphi(\theta)|$$

此即所要证的结果。

14. **解**　在广义函数意义下，$u(x,y)$ 满足方程 $-\Delta u=\delta(x)\delta(y)$，确切含义为：对任意在平面上无穷次可微函数 $\varphi(x,y)$，并且 $\varphi(x,y)$ 在 $r=\sqrt{x^2+y^2}$ 充分大时恒为零，有 $<-u,\Delta\varphi>=<\delta(x)\delta(y),\varphi>$，或写为

$$-\iint_{R^2}u\Delta\varphi\mathrm{d}x\mathrm{d}y=\varphi(0,0)\tag{1}$$

由于 $r$ 充分大时 $u$ 恒为零，不妨设在 $B(0,L)\subset R^2$ 外 $\varphi$ 恒为零，其中 $L$ 为正常数。将 $u=\Gamma(P,0)=\frac{1}{2\pi}\ln\frac{1}{r}$ 代入到(1) 式中得

$$-\iint_{B(0,L)}\frac{1}{2\pi}\ln\frac{1}{r}\cdot\Delta\varphi\mathrm{d}x\mathrm{d}y=\varphi(0,0)\tag{2}$$

由于函数 $\ln\frac{1}{r}$ 在 $r=0$ 无定义，选 $\varepsilon>0$ 充分小并挖去 $B(0,\varepsilon)$，记 $G=B(0,L)-B(0,\varepsilon)$。注意到 $\partial G=\partial B(0,L)\cup\partial B(0,\varepsilon)$，在区域 $G$ 上利用格林第二公式，取 $u=\varphi,v=\frac{1}{2\pi}\ln\frac{1}{r}$，得

$$\iint_G(\varphi\Delta v-v\Delta\varphi)\mathrm{d}\sigma=\int_{\partial B(0,L)}\left(\varphi\frac{\partial v}{\partial n}-v\frac{\partial\varphi}{\partial n}\right)\mathrm{d}s+\int_{\partial B(0,\varepsilon)}\left(\varphi\frac{\partial v}{\partial n}-v\frac{\partial\varphi}{\partial n}\right)\mathrm{d}s\tag{3}$$

由于在 $B(0,L)$ 外 $\varphi$ 恒为零，所以(3) 式的右端第一项为零。再利用在区域 $G$ 内 $\Delta v=0$，可将(3) 式写成如下方程

$$-\iint_G\frac{1}{2\pi}\ln\frac{1}{r}\cdot\Delta\varphi\mathrm{d}\sigma=\int_{\partial B(0,\varepsilon)}\left(\varphi\frac{\partial v}{\partial n}-v\frac{\partial\varphi}{\partial n}\right)\mathrm{d}s\tag{4}$$

分别估计上面方程右边两项如下

$$\int_{\partial B(0,\varepsilon)}\varphi\frac{\partial v}{\partial n}\mathrm{d}s=\int_{\partial B(0,\varepsilon)}\varphi\cdot\left(\frac{1}{2\pi r}\right)\mathrm{d}s=\frac{1}{2\pi r}\int_{\partial B(0,\varepsilon)}\varphi\mathrm{d}s\to\varphi(0,0)\text{，当 }\varepsilon\to0\text{ 时}$$

$$\int_{\partial B(0,\varepsilon)}v\frac{\partial\varphi}{\partial n}\mathrm{d}s=\frac{1}{2\pi}\ln\frac{1}{\varepsilon}\int_{\partial B(0,\varepsilon)}\frac{\partial\varphi}{\partial n}\mathrm{d}s\to0\text{，当 }\varepsilon\to0\text{ 时}$$

在(4) 中令 $\varepsilon\to0$，并利用上面的两个估计，得 $-\iint_{B(0,L)}\frac{1}{2\pi}\ln\frac{1}{r}\cdot\Delta\varphi\mathrm{d}x\mathrm{d}y=\varphi(0,0)$，此就是要证的结果(2) 式，问题得证。

15. **解**　在圆域上调和函数的泊松公式中令 $x=\rho\cos\theta,y=\rho\sin\theta$，再将积分变量 $\theta$ 换为 $\alpha$，得

$$u(\rho,\theta)=\frac{1}{2\pi}\int_0^{2\pi}\frac{(R^2-\rho^2)\varphi(\alpha)}{R^2+\rho^2-2R\rho\cos(\alpha-\theta)}\mathrm{d}\alpha\tag{1}$$

对任意的 $\rho<R$，上面表达式中右边积分可以通过积分号下对 $\rho$、$\theta$ 求导。记 $g(\rho,\theta)=\frac{R^2-\rho^2}{R^2+\rho^2-2R\rho\cos(\alpha-\theta)}$，直接计算可得 $g_{\rho\rho}+\frac{1}{\rho}g_\rho+\frac{1}{\rho^2}g_{\theta\theta}=0$，所以有 $\Delta u=u_{\rho\rho}+\frac{1}{\rho}u_\rho+\frac{1}{\rho^2}u_{\theta\theta}=0$，即(1) 式中的函数 $u$ 是一个调和函数。

下面证边界条件成立，即有 $\lim\limits_{\substack{\rho\to R,\\ \theta\to\theta_0}}u(\rho,\theta)=\varphi(\theta_0)$。利用(1) 式和等式

$$1=\frac{1}{2\pi}\int_0^{2\pi}\frac{R^2-\rho^2}{R^2+\rho^2-2R\rho\cos(\alpha-\theta)}\mathrm{d}\alpha,$$

可得

$$u(\rho,\theta)-\varphi(\theta_0)=\frac{1}{2\pi}\int_0^{2\pi}\frac{(R^2-\rho^2)[\varphi(\alpha)-\varphi(\theta_0)]}{R^2+\rho^2-2R\rho\cos(\alpha-\theta)}\mathrm{d}\alpha=I_1+I_2$$

其中 $I_1$ 的积分区间为$(\theta_0-\delta,\theta_0+\delta)$，$I_2$ 为区间$[0,2\pi]$ 内挖去$(\theta_0-\delta,\theta_0+\delta)$ 后剩下的区间 $B_0$ 上的积分。下面分别估计 $I_1$ 和 $I_2$。

由于 $\varphi(\theta)$ 连续，$\forall\varepsilon>0$，选取 $\delta>0$，使得 $|\varphi(\alpha)-\varphi(\theta_0)|<\frac{\varepsilon}{2}$，当 $|\alpha-\theta_0|<\delta$，由此可得

$$|I_1|\leqslant\frac{1}{2\pi}\int_0^{2\pi}\frac{(R^2-\rho^2)|\varphi(\alpha)-\varphi(\theta_0)|\mathrm{d}\alpha}{R^2+\rho^2-2R\rho\cos(\alpha-\theta)}\leqslant\frac{\varepsilon}{2}\frac{1}{2\pi}\int_0^{2\pi}\frac{(R^2-\rho^2)\mathrm{d}\alpha}{R^2+\rho^2-2R\rho\cos(\alpha-\theta)}\leqslant\frac{\varepsilon}{2}$$

当 $|\alpha-\theta_0|\geqslant\delta$ 时,对任意的 $\rho\in[0,R]$,有

$$R^2+\rho^2-2R\rho\cos(\alpha-\theta)\geqslant R^2+\rho^2-2R\rho\cos\delta\geqslant R^2(1-\cos\delta)^2=m>0$$

记 $m_1=\max\{|\varphi(\theta)|\ \big|0\leqslant\theta\leqslant 2\pi\}$,利用上面估计可得

$$|I_2|\leqslant\frac{1}{2\pi}\int_{B_0}\frac{(R^2-\rho^2)|\varphi(\alpha)-\varphi(\theta_0)|\mathrm{d}\alpha}{R^2+\rho^2-2R\rho\cos(\alpha-\theta)}\leqslant\frac{4Rm_1}{2\pi m}\int_{B_0}(R-\rho)\mathrm{d}\alpha\leqslant\frac{4Rm_1}{m}(R-\rho)$$

由于 $\rho\to R$,可选 $\delta_1>0$,使得 $|I_2|<\frac{\varepsilon}{2}$ 当 $R-\rho\leqslant\delta_1$,因此,当 $|\alpha-\theta_0|\leqslant\delta,R-\rho\leqslant\delta_1$ 时,$|u(\rho,\theta)|\leqslant I_1+I_2<\varepsilon$,此即 $\lim\limits_{\substack{\rho\to R,\\ \theta\to\theta_0}}u(\rho,\theta)=\varphi(\theta_0)$,问题得证。

16. **解** 在圆域 $B(P_0,R)$ 上应用调和函数的泊松公式得

$$u(\rho,\theta)=\frac{1}{2\pi}\int_0^{2\pi}\frac{(R^2-\rho^2)u(R\cos\alpha,R\sin\alpha)}{R^2+\rho^2-2R\rho\cos(\alpha-\theta)}\mathrm{d}\alpha$$

取 $\rho=0$,得

$$u(x_0,y_0)=\frac{1}{2\pi}\int_0^{2\pi}\frac{R^2u(R\cos\alpha,R\sin\alpha)}{R^2}\mathrm{d}\alpha=\frac{1}{2\pi R}\int_{\partial B(P_0,R)}u(x,y)\mathrm{d}s$$

此即所要证的结果。

由于对任意 $0<r\leqslant R$,上式都成立,即有

$$u(x_0,y_0)=\frac{1}{2\pi r}\int_{\partial B(P_0,r)}u(x,y)\mathrm{d}s,\Rightarrow ru(x_0,y_0)=\frac{1}{2\pi}\int_{\partial B(P_0,r)}u(x,y)\mathrm{d}s$$

在区间 $[0,R]$ 积分,得

$$\frac{R^2}{2}u(x_0,y_0)=\frac{1}{2\pi}\int_0^R\mathrm{d}r\int_{\partial B(P_0,r)}u(x,y)\mathrm{d}s=\frac{1}{2\pi}\iint_{B(P_0,R)}u(x,y)\mathrm{d}\sigma\Rightarrow$$

$$u(x_0,y_0)=\frac{1}{\pi R^2}\iint_{B(P_0,R)}u(x,y)\mathrm{d}\sigma$$

此即另一平均值公式。

17. **解** 由于 $u$ 在闭域 $\bar{\Omega}$ 连续,所以 $u$ 有最大和最小值。设 $u$ 在点 $P_0(x_0,y_0)\in\Omega$ 达到在闭域 $\bar{\Omega}$ 上的最大值 $M$,由调和函数的平均值公式,只要 $B(P_0,R)\subset\Omega$,有

$$u(x_0,y_0)=M=\frac{1}{\pi R^2}\iint_{B(P_0,R)}u(x,y)\mathrm{d}\sigma$$

由此可推出 $u(x,y)\equiv M,(x,y)\in B(P_0,R)$。这是由于若有某点 $P_1\in B(P_0,R),u(P_1)<M$,则由 $u$ 的连续性可知在该点的一个小领域内 $u(P)<M$ 成立,所以就有

$$u(x_0,y_0)=M=\frac{1}{\pi R^2}\left[\iint_{B(P_1,\delta)}u(x,y)\mathrm{d}\sigma+\iint_{B(P_0,R)-B(P_1,\delta)}u(x,y)\mathrm{d}\sigma\right]<M$$

矛盾。

下面证明,$u$ 在闭域 $\bar{\Omega}$ 为常数 $M$。对于任意的 $P\in\Omega$,由于区域是弧连通的,故有一条在 $\Omega$ 中的弧段 $\Gamma$ 将 $P$、$P_0$ 两点连接。设弧段 $\Gamma$ 到 $\partial\Omega$ 的最短距离为 $2\varepsilon$,可证 $\varepsilon>0$。先取以 $P_0$ 为心 $\varepsilon$ 为半径的圆,由上面已证的结果得 $u$ 在该圆内等于 $M$,然后让该圆的半径不变,而圆心开始沿弧段 $\Gamma$ 由 $P_0$ 向 $P$ 滚动,注意到在每个圆内 $u$ 都等于 $M$,由此可得 $u(P)=M$。由 $P$ 点的任意性便知,$u$ 在 $\Omega$ 内等于 $M$,再由连续性就可知 $u$ 在闭域 $\bar{\Omega}$ 为常数 $M$,问题得证。

18. **提示** 利用第 17 题的结果。

19. **提示** 利用球形域上调和函数的泊松公式,并参考第 16 题的证明方法。

20. **提示** 利用第 18 题的结果。

21. **解** 设 $\xi=\varphi(x,y),\eta=\psi(x,y)$。直接计算可得

$$u_x=u_\xi\varphi_x+u_\eta\psi_x,u_y=u_\xi\varphi_y+u_\eta\psi_y$$

$$u_{xx} = u_{\xi\xi}\varphi_x^2 + 2u_{\xi\eta}\varphi_x\psi_x + u_{\eta\eta}\psi_x^2 + u_\xi\varphi_{xx} + u_\eta\psi_{xx} \tag{1}$$

$$u_{yy} = u_{\xi\xi}\varphi_y^2 + 2u_{\xi\eta}\varphi_y\psi_y + u_{\eta\eta}\psi_y^2 + u_\xi\varphi_{yy} + u_\eta\psi_{yy} \tag{2}$$

由于 $f(z)$ 解析，由柯西-黎曼方程 $\varphi_x = \psi_y, \varphi_y = -\psi_x$，可得 $\Delta\varphi = \Delta\psi = 0$。将上面的(1)和(2)两式相加，利用柯西-黎曼方程和 $\Delta\varphi = \Delta\psi = 0$ 就可得到 $\Delta u = 0$，即 $u$ 是区域 $D$ 内的调和函数。

22. **解**　(1) 由于 $\ln z = \ln|z| + \mathrm{i}\arg z$ 在除去原点和负实轴的区域 $\Omega$ 内解析，所以该函数的实部和虚部都在区域 $\Omega$ 内调和，而虚部 $\arg z = \arctan\dfrac{y}{x}$ 满足：$z$ 在正实轴时，$\arg z = \arctan\dfrac{y}{x} = 0$，而在负实轴时，$\arctan\dfrac{y}{x} = \pi$，由此可得 $f(z) = \dfrac{B-A}{\pi}\ln(z-x_0) + A\mathrm{i}$ 满足该题中的要求。

(2) 易见 $g(z) = z^2$ 将第一象限保形映射到上半平面，将正实轴和正虚轴分别映射到正实轴和负实轴。由本题(1)中结果可得 $w = \dfrac{10}{\pi}\ln z$ 在上半平面解析，其虚部 $\dfrac{10}{\pi}\arctan\dfrac{y}{x}$ 在上半平面调和且满足所给定的边界条件，再由第 21 题的结果便得 $u(x,y) = \dfrac{10}{\pi}\arctan\dfrac{\mathrm{Im}(z^2)}{\mathrm{Re}(z^2)} = \dfrac{10}{\pi}\arctan\dfrac{2xy}{x^2-y^2}$ 为该问题的解。

23. **解**　利用分式线性变换 $w = \mathrm{i}\dfrac{1-z}{1+z}$ 将单位圆映射到上半平面，此变换同时将上半圆周和下半圆周分别映射为负实轴和正实轴。直接计算易得

$$w = \mathrm{i}\frac{1-z}{1+z} = \frac{2y + \mathrm{i}(1-x^2-y^2)}{x^2+y^2+2x+1} = \varphi(x,y) + \mathrm{i}\psi(x,y)$$

而 $\dfrac{1}{\pi}\arctan\dfrac{y}{x}$ 在上半平面调和且满足所给定的边界条件，故

$$u(x,y) = \frac{1}{\pi}\arctan\frac{\psi}{\varphi} = \frac{1}{\pi}\arctan\frac{1-x^2-y^2}{2y}$$

为该问题的解。

24. **提示**　利用变换 $\xi + \mathrm{j}\eta = z^4$ 将 $\pi/4$ 角形域映射为上半平面，同时方程化为 $u_{\xi\xi} + u_{\eta\eta} = 0, \eta > 0, -\infty < \xi < \infty$，而边界条件化为 $u(\xi,0) = 1, \xi < 0, u(\xi,0) = 0, \xi > 0$。即原定解问题化为上半平面的泊松狄利克雷问题，其格林函数为 $G = \dfrac{1}{2\pi}\left(\ln\dfrac{1}{r_{P_0P}} - \ln\dfrac{1}{r_{P_1P}}\right)$，其中 $P_0$ 是上半平面内一点，$P_1$ 是下半平面内 $P_0$ 关于 $\xi$ 轴的对称点。用格林函数法求解变换后的定解问题可得原定解问题的解为，$u = \dfrac{1}{\pi}\displaystyle\int_{-\infty}^{\infty}\dfrac{\eta}{(\xi-\xi_0)^2+\eta_0^2}\mathrm{d}\xi = \dfrac{1}{\pi}\arctan\dfrac{4x^3y-4xy^3}{x^4-6x^2y^2+y^4}$。

25. **解**　首先作指数变换 $\xi + \mathrm{j}\eta = \mathrm{e}^{x+\mathrm{j}y}$，即 $\xi = \mathrm{e}^x\cos y, \eta = \mathrm{e}^x\sin y$，将原问题化为上半平面的问题

$$\begin{cases} u_{\xi\xi} + u_{\eta\eta} = 0, \eta > 0, & -\infty < \xi < \infty \\ u(\xi,0) = 0, & \xi < 1 \\ u(\xi,0) = 1, & \xi > 1 \end{cases}$$

用格林函数法求解该定解问题，可得

$$u(x,y) = \frac{1}{2} - \frac{1}{\pi}\arctan\frac{1-\mathrm{e}^x\cos y}{\mathrm{e}^x\sin y}$$

26. **解**　(1) 利用圆域上调和函数的泊松公式

$$u(r,\theta) = \frac{1}{2\pi}\int_0^{2\pi}\frac{(R^2-r^2)\varphi(\alpha)}{R^2+r^2-2Rr\cos(\alpha-\theta)}\mathrm{d}\alpha$$

得 $u(0,0) = \dfrac{1}{2\pi}\displaystyle\int_0^{2\pi}\varphi(\alpha)\mathrm{d}\alpha$，其中 $\varphi(\alpha) = u(R\cos\alpha, R\sin\alpha) \geqslant 0$。由于

$$(R-r)^2 = R^2+r^2-2Rr \leqslant R^2+r^2-2Rr\cos(\alpha-\theta) \leqslant R^2+r^2+2Rr = (R+r)^2$$

故有

$$\frac{R-r}{R+r}u(0,0)\leqslant u(r,\theta)=\frac{1}{2\pi}\int_0^{2\pi}\frac{(R^2-r^2)\varphi(\alpha)}{R^2+r^2-2Rr\cos(\alpha-\theta)}\mathrm{d}\alpha\leqslant\frac{R+r}{R-r}u(0,0)$$

此即所要证的结果。

(2) 当$(x,y)\in B\left(0,\frac{R}{2}\right)$时,注意到$\frac{R+r}{R-r}\leqslant\left(\frac{R}{2}\right)^{-1}2R=4,\forall\,0\leqslant r\leqslant\frac{R}{2}$,由(1) 中所得不等式$u(r,\theta)\leqslant\frac{R+r}{R-r}u(0,0)$ 可得

$$u(x,y)=u(r,\theta)\leqslant\frac{R+r}{R-r}u(0,0)\leqslant 4u(0,0),\forall\,(x,y)\in B\left(0,\frac{R}{2}\right)$$

在上式中取最大值便得

$$\max_{\Omega_1}u(x,y)\leqslant 4u(0,0) \tag{1}$$

同样利用(1) 中所得不等式$\frac{R-r}{R+r}u(0,0)\leqslant u(r,\theta)$ 可得

$$u(x,y)=u(r,\theta)\geqslant\frac{R-r}{R+r}u(0,0)\geqslant\frac{1}{4}u(0,0),\forall\,(x,y)\in B\left(0,\frac{R}{2}\right)$$

在上式中取最小值便得

$$\min_{\Omega_1}u(x,y)\geqslant\frac{1}{4}u(0,0) \tag{2}$$

结合(1) 和(2) 两式便得$\max\limits_{\bar{\Omega}_1}u(x,y)\leqslant 16\min\limits_{\bar{\Omega}_1}u(x,y)$。

# 习题 6

1. (1)$u(x,t)=(x-2t)^2$。

(2)$u(x,t)=-2\mathrm{e}^{-t}+xt-x-2t+4$。

(3)$u(x,t)=(2x+t)\mathrm{e}^{\frac{x^2}{2}}$。下面给出问题(3) 的解答。

方程的特征方程为$\frac{\mathrm{d}x}{\mathrm{d}t}=-\frac{1}{2}$,所以特征线为$x+\frac{1}{2}t=c$。沿特征线原定解问题化为$\frac{\mathrm{d}u}{\mathrm{d}t}+\frac{1}{2}\left(-\frac{1}{2}t+c\right)u=0,t>0;u(0)=u(c,0)=\varphi(c)$,其中$\varphi(x)=2x\mathrm{e}^{\frac{1}{2}x^2}$。解出$u(t)$为$u(t)=\varphi(c)\mathrm{e}^{\frac{1}{8}t^2-\frac{1}{2}ct}$,将$c=x+\frac{1}{2}t$代入并化简可得$u(x,t)=(2x+t)\mathrm{e}^{\frac{x^2}{2}}$。

(4)$u(x,t)=(\arctan x-t)\mathrm{e}^t$。

2. **解** 特征方程为$\left(\frac{\mathrm{d}x}{\mathrm{d}t}\right)^2-1=0,\Rightarrow\frac{\mathrm{d}x}{\mathrm{d}t}=\pm 1$,所以两族特征线为$x+t=c_1,x-t=c_2$。作变量代换$\xi=x+t,\eta=x-t$,得$u_{tt}-u_{xx}=-4u_{\xi\eta}=0$,即$u(\xi,\eta)=f(\xi)+g(\eta)$,其中$f$、$g$为两个二阶连续可导的任意函数。还原为原来变量得$u(x,t)=f(x+t)+g(x-t)$,利用边界条件可得$\varphi(t)=f(t)+g(-t),\psi(t)=f(2t)+g(0)$,解出$f$、$g$为

$$f(t)=\psi\left(\frac{t}{2}\right)-g(0),g(t)=\varphi(-t)-\psi\left(-\frac{t}{2}\right)+g(0),$$

故有$u(x,t)=\varphi(t-x)+\psi\left(\frac{x+t}{2}\right)-\psi\left(\frac{t-x}{2}\right)$。

记$\Omega=\{(x,t)\mid 0<x<t\}$。$\forall\,(x_0,t_0)\in\Omega$,过该点的两条特征线为$x+t=x_0+t_0$和$x-t=x_0-t_0$,特征线$x+t=x_0+t_0$与$t=x$的交点为$\left(\frac{x_0+t_0}{2},\frac{x_0+t_0}{2}\right)$,特征线$x-t=x_0-t_0$与$Ot$轴的交点为$(0,t_0-x_0)$,所以$(x_0,t_0)$的依赖区间为$Ot$轴上的区间$[0,t_0-x_0]$和半直线$t=x$上以原点和点$\left(\frac{x_0+t_0}{2},\frac{x_0+t_0}{2}\right)$为

端点的区间之并，这两个区间的决定区域为过点$(x_0,t_0)$两条特征线和直线$x=0,t=x$所围成的区域。

由上面分析可得区间$[0,a]$的决定区域为过点$(x_0,t_0)=\left(\frac{a}{2},\frac{3a}{2}\right)$的两条特征线和直线$x=0,t=x$所围成的区域。

3. $u(x,t)=\varphi\left(\frac{t-x}{2}\right)+\psi\left(\frac{x+t}{2}\right)-\varphi(0)$。

4. $u(x,t)=\sin x\sin t$。

5. $u(x,t)=\frac{1}{4}\left[\varphi(x+y)+3\varphi\left(x-\frac{y}{3}\right)\right]+\frac{3}{4}\int_{x-\frac{y}{3}}^{x+y}\psi(\xi)\mathrm{d}\xi$。

6. **解**　利用习题 5 的自变量变换化简方程。直接计算易得

$$u_x=u_\xi-3u_\eta,u_y=u_\xi+u_\eta,u_{xx}=u_{\xi\xi}-6u_{\xi\eta}+9u_{\eta\eta}$$
$$u_{xy}=u_{\xi\xi}-2u_{\xi\eta}-3u_{\eta\eta},u_{yy}=u_{\xi\xi}+2u_{\xi\eta}+u_{\eta\eta}$$

代入到原方程中可得$-16u_{\xi\eta}=\xi$，该方程通解为$u=f(\xi)+g(\eta)-\frac{1}{32}\xi^2\eta$，所以原方程通解为

$$u(x,y)=f(x+y)+g(y-3x)-\frac{1}{32}\xi^2\eta$$

利用初值条件可得

$$f(x)+g(-3x)=-\frac{3}{32}x^3,f'(x)+g'(-3x)=-\frac{5}{32}x^2$$

联立求解可得$f(x)=-\frac{1}{16}x^3,g(x)=\frac{1}{32\times 27}x^3$，故有

$$u(x,y)=-\frac{1}{16}(x+y)^3+\frac{1}{32\times 27}(y-3x)^3-\frac{1}{32}(x+y)^2(y-3x)=-\frac{1}{6}xy^2-\frac{5}{54}y^3$$

7. $u(x,y)=\frac{1}{6}x^3y^2+x^2+\cos y-\frac{1}{6}y^2-1$。

9. **解**　令$v=x+u$，则原问题转化为如下问题

$$\begin{cases}v_t=\frac{1}{1-v}v_x, & -\infty<x<\infty,t>0\\ v(x,0)=x, & -\infty<x<\infty\end{cases}\tag{1}$$

特征方程为

$$\begin{cases}\frac{\mathrm{d}x}{\mathrm{d}t}=\frac{1}{v-1}, & t>0\\ x(0)=c\end{cases}\tag{2}$$

设其解为$x=x(t,c)$，则沿特征线定解问题(1)式简化为

$$\begin{cases}\frac{\mathrm{d}v}{\mathrm{d}t}=0, & t>0\\ v(0)=v(x(0),0)=x(0)=c\end{cases}$$

该问题的解为$v(t)=c$，将其代入到(2)中并求解可得$x=\frac{t}{c-1}+c,c\neq 1$。由此方程解出$\frac{1}{2}[(1+x)\pm\sqrt{(1-x)^2-4t}]=c$，所以问题(1)的解为

$$v(x,t)=c=\frac{1}{2}[(1+x)\pm\sqrt{(1-x)^2-4t}]$$

注意$\forall x_0\in\mathbf{R}$，过点$(x_0,0)$的特征线为$x=\frac{t}{x_0-1}+x_0$，而沿每条特征线问题(2)的解的最大存在区间为$\left[0,\frac{(1-x_0)^2}{4}\right]$，即问题(2)的解仅在区域$\left\{(x,t)\mid x\in\mathbf{R},0\leqslant t\leqslant\frac{1}{4}(1-x)^2\right\}$内存在，这时称该问题具有局部解。最后可得(2)的解为

$$v(x,t)=\begin{cases}\dfrac{1}{2}(1+x)+\dfrac{1}{2}\sqrt{(1-x)^2-4t}, & x>1,4t\leqslant(1-x)^2\\ \dfrac{1}{2}(1+x)-\dfrac{1}{2}\sqrt{(1-x)^2-4t}, & x<1,4t\leqslant(1-x)^2\end{cases}$$

10. **解** 特征方程为

$$\begin{cases}\dfrac{\mathrm{d}x}{\mathrm{d}t}=u, & t>0\\ x(0)=c\end{cases}$$

设其解为 $x=x(t,c)$,而原问题沿特征线简化为

$$\begin{cases}\dfrac{\mathrm{d}u}{\mathrm{d}t}=0, & t>0\\ u(0)=u(x(0),0)=\varphi(x(0))=\varphi(c)\end{cases}$$

该问题的解为 $u(t)=\varphi(c)$,将其代入到特征方程中并求解可得 $x=\varphi(c)t+c$,利用 $\varphi(x)$ 的具体表达式便得

$$x=\begin{cases}t+c, & c<0\\ (1-c)t+c, & 0\leqslant c\leqslant 1\\ c, & c>1\end{cases}$$

$$u(x,t)=\varphi(c)=\begin{cases}1, & x-t<0\\ \dfrac{1-x}{1-t}, & 0\leqslant\dfrac{x-t}{1-t}\leqslant 1\\ 0, & x>1\end{cases}$$

注意到当 $x_0\in[0,1]$ 时,过点 $(x_0,0)$ 的特征线为 $x=(1-x_0)t+x_0$,这些特征线都交于点 $(1,1)$,为使问题解唯一,解的最大存在区间为 $[0,1)$。

11. **解** 方程两边除以 2 可得 $u_x+\dfrac{3}{2}u_y+\dfrac{5}{2}u_z-\dfrac{1}{2}u=0$,要将一阶偏导数项化为关于变量 $x$ 的(全)导数,只需令 $\dfrac{\mathrm{d}y}{\mathrm{d}x}=\dfrac{3}{2},\dfrac{\mathrm{d}z}{\mathrm{d}x}=\dfrac{5}{2}$,解之可得该方程的特征曲线族为 $x=x,y=\dfrac{3}{2}x+c_1,z=\dfrac{5}{2}x+c_2$。沿特征线将原定解问题化为如下问题

$$\begin{cases}\dfrac{\mathrm{d}u}{\mathrm{d}x}-\dfrac{1}{2}u=0, & x>0\\ u(0,y(0),z(0))=\varphi(c_1,c_2)\end{cases}$$

易得其解为 $u(x)=u(x,y(x),z(x))=\varphi(c_1,c_2)\mathrm{e}^{\frac{x}{2}}$,故原问题解为

$$u(x,y,z)=\varphi\left(y-\frac{3}{2}x,z-\frac{5}{2}x\right)\mathrm{e}^{\frac{x}{2}}$$

12. **提示** 类似于第 11 题的求解方法。$u(x,y,z)=\varphi(y-xz+2x^3,z-3x^2)$。

# 习题 7

1. **解** 当 $\alpha=n$ 时,由(7.1.5)可得

$$y_{3,1}(x)=1-\frac{n(n+1)}{2!}x^2+\frac{n(n-2)(n+1)(n+3)}{4!}x^4+\cdots$$
$$+(-1)^k\frac{n(n-2)\cdots(n-2k+2)(n+1)(n+3)\cdots(n+2k-1)}{(2k)!}x^{2k}+\cdots$$

$$y_{3,2}(x)=x-\frac{(n-1)(n+2)}{3!}x^3+\frac{(n-1)(n-3)(n+2)(n+4)}{5!}x^5+\cdots$$
$$+(-1)^k\frac{(n-1)(n-3)\cdots(n-2k+1)(n+2)(n+4)\cdots(n+2k)}{(2k+1)!}x^{2k+1}+\cdots$$

(1)$\alpha=3, y_{3,1}(x)=\frac{3}{2}\sum_{k=0}^{\infty}\frac{2k+2}{(2k-3)(2k-1)}x^{2k}, y_{3,2}(x)=x-\frac{5}{3}x^3$。

(2) 由于 $P_n(x)$ 的首项系数为$\frac{(2n)!}{2^n(n!)^2}$，当 $n=3$ 时，$\frac{(2n)!}{2^n(n!)^2}=\frac{6!}{8\times 36}=\frac{5}{2}$，所以有 $P_3(x)=-\frac{3}{2}y_{3,2}(x)=\frac{5}{2}x^3-\frac{3}{2}x$

(3) 由于 $\forall x\in(-1,1)$ 有 $\left|\frac{2k+2}{(2k-3)(2k-1)}x^{2k}\right|\leqslant 2x^{2k}$，所以级数$\sum_{k=0}^{\infty}\frac{2k+2}{(2k-3)(2k-1)}x^{2k}$ 收敛。当$x=\pm 1$ 时，$\frac{3}{2}\sum_{k=0}^{\infty}\frac{2k+2}{(2k-3)(2k-1)}(\pm 1)^{2k}=\frac{3}{2}\sum_{k=0}^{\infty}\frac{2k+2}{(2k-3)(2k-1)}$，该级数通项等于 $O\left(\frac{1}{k}\right)$且当 $k\geqslant 2$ 时大于零，故有$\frac{3}{2}\sum_{k=0}^{\infty}\frac{2k+2}{(2k-3)(2k-1)}=+\infty$，问题得证。

2. **提示**　和第 1 题类似。

3. $Q_0(x)=\frac{1}{2}\ln\frac{1+x}{1-x}, Q_1(x)=1+\frac{x}{2}\ln\frac{1-x}{1+x}$。

4. **解**　(1) 利用勒让德多项式的具体表达式可得

$$\begin{pmatrix}P_0(x)\\P_1(x)\\P_2(x)\\P_3(x)\end{pmatrix}=\begin{pmatrix}1&0&0&0\\0&1&0&0\\-\frac{1}{2}&0&\frac{3}{2}&0\\0&-\frac{3}{2}&0&\frac{5}{2}\end{pmatrix}\begin{pmatrix}1\\x\\x^2\\x^3\end{pmatrix}=\boldsymbol{A}\begin{pmatrix}1\\x\\x^2\\x^3\end{pmatrix},\boldsymbol{A}^{-1}=\begin{pmatrix}1&0&0&0\\0&1&0&0\\\frac{1}{3}&0&\frac{2}{3}&0\\0&\frac{3}{5}&0&\frac{2}{5}\end{pmatrix}$$

易见 $|\boldsymbol{A}|=\frac{15}{4}\neq 0$，所以$\{P_0(x),P_1(x),P_2(x),P_3(x)\}$ 线性无关。由 $\boldsymbol{A}^{-1}$ 可得，$x^3=\frac{3}{5}P_1(x)+\frac{2}{5}P_3(x)$。也可设 $x^3=\sum_{k=0}^{3}c_kP_k(x)$，再求出系数。

(2) 在生成函数$\frac{1}{\sqrt{1+\rho^2-2\rho x}}=\sum_{n=0}^{\infty}P_n(x)\rho^n$ 中分别取 $x=1$ 和 $x=-1$ 即可。

5. (1)$y(x)=a_0y_{\frac{1}{2},1}(x)+a_1y_{\frac{1}{2},2}(x)$。

(2)$y(x)=c_1P_5(x)+c_2Q_5(x)$。

(3)$z(x)=c_1(1-x^2)^{\frac{1}{2}}P'_2(x)+c_2(1-x^2)^{\frac{1}{2}}Q'_2(x)$。

(4)$z(x)=c_1(1-x^2)y''_{\frac{1}{4},1}(x)+c_2(1-x^2)y''_{\frac{1}{4},2}(x)$。

7. **解**　(2) 根据递推公式

$$nP_n(x)=xP'_n(x)-P'_{n-1}(x), nP_{n-1}(x)=P'_n(x)-xP'_{n-1}(x)$$

由上面两个方程消去 $P_{n-1}(x),P'_{n-1}(x)$ 即可。为此，由第一个方程解出 $P'_{n-1}(x)$ 并代入到第二个方程可得 $nP_{n-1}(x)=(1-x^2)P'_n(x)+nxP_n(x)$，对该方程关于 $x$ 求导得

$$nP'_{n-1}(x)=(1-x^2)P''_n(x)-2xP'_n(x)+nxP'_n(x)+nP_n(x)$$

将 $P'_{n-1}(x)=xP'_n(x)-nP_n(x)$ 代入到上面方程，再整理即得所要结果。

8. **解**　设 $n\neq m$，$P_n(x)$ 和 $P_m(x)$ 分别满足下面方程

$$\frac{\mathrm{d}}{\mathrm{d}x}\left[(1-x^2)\frac{\mathrm{d}P_n}{\mathrm{d}x}\right]+\lambda_nP_n=0,\quad \frac{\mathrm{d}}{\mathrm{d}x}\left[(1-x^2)\frac{\mathrm{d}P_m}{\mathrm{d}x}\right]+\lambda_mP_m=0$$

上面两个方程分别乘 $P_m(x)$ 和 $P_n(x)$，并相减可得

$$(\lambda_m-\lambda_n)P_nP_m=\frac{\mathrm{d}}{\mathrm{d}x}\left[(1-x^2)\frac{\mathrm{d}P_n}{\mathrm{d}x}\right]P_m-\frac{\mathrm{d}}{\mathrm{d}x}\left[(1-x^2)\frac{\mathrm{d}P_m}{\mathrm{d}x}\right]P_n$$

在区间$[-1,1]$积分，并利用分部积分法可得

$$(\lambda_m-\lambda_n)\int_{-1}^{1}P_nP_m\,\mathrm{d}x=(1-x^2)[P'_nP_m-P'_mP_n]\Big|_{-1}^{1}=0$$

此即所要证明的结果。

9. **提示** 参考第 8 题的证明方法。

10. (1)0。 (2)0。 (3) $\frac{4}{15}$。 (4) $\frac{40}{693}$。 (5)0。 (6)$(-1)^n\frac{(2n-1)!!}{(2n+2)!!}$。

11. **提示** 利用罗德里格公式和罗尔定理。

12. **解** (1) 设 $n<k$,$f(x)=(1-x^2)^mP_n^{(m)}(x)$,则 $f(x)$ 是一个次数为$(n+m)$的多项式。当 $m=0$ 时,由勒让德多项式的正交性可得积分值为零。当 $m\geqslant 1$ 时,注意到 $x=\pm 1$ 至少是 $f(x)$ 的 $m$ 重零点,故有 $f^{(l)}(\pm 1)=0,0\leqslant l\leqslant m-1$。连续使用$(m-1)$次分部积分法可得

$$\int_{-1}^{1}(1-x^2)^mP_n^{(m)}(x)P_k^{(m)}(x)\mathrm{d}x=\int_{-1}^{1}f(x)P_k^{(m)}(x)\mathrm{d}x$$
$$=(-1)^{m-1}\int_{-1}^{1}f^{(m-1)}(x)P'_k(x)\mathrm{d}x$$

由于 $k\geqslant m\geqslant 2$,即 $P'_k(\pm 1)=0$,再用一次分部积分法可得

$$\int_{-1}^{1}(1-x^2)^mP_n^{(m)}(x)P_k^{(m)}(x)\mathrm{d}x=(-1)^m\int_{-1}^{1}f^{(m)}(x)P_k(x)\mathrm{d}x$$

注意到 $f^{(m)}(x)$ 是一个 $n$ 次多项式且 $n<k$,由勒让德多项式的正交性便得上面积分等于零,此即所要证的结果。

(2) 当 $n=k\geqslant m$ 时,由(1)中结果得

$$\int_{-1}^{1}(1-x^2)^mP_n^{(m)}(x)P_n^{(m)}(x)\mathrm{d}x=(-1)^m\int_{-1}^{1}f^{(m)}(x)P_n(x)\mathrm{d}x$$

这里的 $f^{(m)}(x)$ 是一个 $n$ 次多项式。记 $l_n=\frac{(2n)!}{2^n(n!)^2}$,则 $f(x)=(1-x^2)^mP_n^{(m)}(x)$ 的次数最高项为$(-1)^ml_nn(n-1)\cdots(n-m+1)x^{n+m}$,所以 $f^{(m)}(x)$ 次数最高项为

$$(-1)^ml_nn(n-1)\cdots(n-m+1)(n+m)(n+m-1)\cdots(n+1)x^n=(-1)^m\frac{(n+m)!}{(n-m)!}l_nx^n$$

利用勒让德多项式的正交性便得

$$\int_{-1}^{1}(1-x^2)^m[P_n^{(m)}(x)]^2\mathrm{d}x=(-1)^m\int_{-1}^{1}f^{(m)}(x)P_n(x)\mathrm{d}x$$
$$=\frac{(n+m)!}{(n-m)!}\int_{-1}^{1}P_n^2(x)\mathrm{d}x=\frac{(n+m)!}{(n-m)!}\frac{2}{1+2n}$$

13. $x^3+x+1=P_0(x)+\frac{8}{5}P_1(x)+\frac{2}{5}P_3(x)$。

14. $f(x)=\sum_{n=0}^{\infty}c_nP_{2n+1}(x)$,其中 $c_n=(-1)^n\frac{(2n-1)!!}{(2n+2)!!}\times\frac{3+4n}{2}$。

15. $f(x)=\frac{1}{4}P_0(x)+\frac{1}{2}P_1(x)+\frac{5}{16}P_3(x)+\cdots$

16. **解** $f(\varphi)=2+\cos 2\varphi-5\cos^3\varphi=1+2\cos^2\varphi-5\cos^3\varphi$,令 $x=\cos\varphi$,得

$$f(\varphi)=P(x)=1+2x^2-5x^3$$

设 $P(x)=\sum_{n=0}^{3}c_nP_n(x)$,其中 $c_n=\frac{2n+1}{2}\int_{-1}^{1}P(x)P_n(x)\mathrm{d}x$。易求出 $c_0=\frac{5}{3}$,$c_1=-3$,$c_2=\frac{4}{3}$。再利用 $P(1)=\sum_{n=0}^{3}c_n$ 可得 $c_3=-2$,最后便得

$$f(\varphi)=\frac{5}{3}-3P_1(\cos\varphi)+\frac{4}{3}P_2(\cos\varphi)-2P_3(\cos\varphi)$$

17. **提示** 易得 $2-3\cos^2\varphi=P_0(\cos\varphi)-2P_2(\cos\varphi)$,定解问题的解为

$$u(r,\varphi)=\sum_{n=0}^{\infty}c_n r^n P_n(\cos\varphi)$$

利用边界条件可得

$$\sum_{n=0}^{\infty}c_n 2^n P_n(\cos\varphi)=2-3\cos^2\varphi=P_0(\cos\varphi)-2P_2(\cos\varphi)$$

由此可得 $c_0=1, c_2=-\frac{1}{2}$，其余系数全为零，故有

$$u(r,\varphi)=1-\frac{1}{2}r^2P_2(\cos\varphi)=1-\frac{1}{4}r^2(3\cos^2\varphi-1)$$

18. **提示**　易得 $\cos^2\varphi=\frac{1}{3}P_0(\cos\varphi)+\frac{2}{3}P_2(\cos\varphi)$，定解问题的解为

$$u(r,\varphi)=\sum_{n=0}^{\infty}c_n r^{-n} P_n(\cos\varphi)$$

利用边界条件可得

$$\sum_{n=0}^{\infty}c_n 3^{-n} P_n(\cos\varphi)=\frac{1}{3}P_0(\cos\varphi)+\frac{2}{3}P_2(\cos\varphi)$$

由此可得 $c_0=\frac{1}{3}, c_2=6$，其余系数全为零，故有

$$u(r,\varphi)=\frac{1}{3}+6r^{-2}P_2(\cos\varphi)=1+3r^{-2}(3\cos^2\varphi-1)$$

# 参考文献


[1] 姜礼尚,陈亚哲,等.数学物理方程讲义[M].2版.北京:高等教育出版社,1996.

[2] 吉洪诺夫 A H,萨马尔斯基 A A.数学物理方程[M].黄克欧,等译.北京:高等教育出版社,1961.

[3] Bleeker D, Csordas G. Basic Partial Differential Equations[M]. Mas-sachusetts:International Press,1996.

[4] 尤秉礼.常微分方程补充教材[M].北京:高等教育出版社,1981.

[5] 约瑟夫·傅里叶.热的解析理论[M].桂质亮,译.武汉:武汉出版社,1993.

[6] 谷超豪,等.应用偏微分方程[M].北京:高等教育出版社,1994.

[7] 姜礼尚,等.数学物理方程选讲[M].北京:高等教育出版社,1997.

[8] 薛兴恒.数学物理偏微分方程[M].合肥:中国科学技术大学出版社,1995.

[9] 姚端正.数学物理方程学习指导[M].北京:科学出版社,2001.

[10] 张自立,等.数学物理方程[M].西安:西安交通大学出版社,1989.

[11] 李惜雯.数学物理方程学习指导[M].西安:西安交通大学出版社,2008.

[12] 西安交通大学高等数学教研室.复变函数[M].4版.北京:高等教育出版社,1996.

[13] Marsden J E. Basic Complex Analysis[M]. San Francisco:W H Freeman,1973.

[14] 南京工学院数学教研室.积分变换[M].3版.北京:高等教育出版社,2000.

[15] 陈恕行,等.数学物理方程[M].上海:复旦大学出版社,2003.

[16] 陈昌平,等.数学物理方程[M].北京:高等教育出版社,1989.

[17] 陈祖墀.偏微分方程[M].合肥:中国科学技术大学出版社,2002.

[18] 庄万.常微分方程习题解[M].济南:山东科学技术出版社,2003.

[19] 菲赫金哥尔茨 Γ M.微积分学教程(2卷.2分册)[M].北京大学高等数学教研室,译.北京:人民教育出版社,1978.

[20] 菲赫金哥尔茨 Γ M.微积分学教程(2卷.3分册)[M].徐献瑜,等译.北京:人民教育出版社,1978.

[21] 宋健.人口控制论[M].北京:科学出版社,1985.

[22] 蒋正华,等.中国人口报告[M].沈阳:辽宁人民出版社,1997.

[23] Kirkwood J R. Mathematical Physics with Partial Differential Equations[M]. New York:Academic Press,2013.